普通高等院校计算机基础教育“十三五”规划教材

Visual Basic 数据库应用系统开发案例教程

张巨俭 主 编

姜 延 杜剑侠 丁 恒
陈春丽 周毅灵 副主编

中国铁道出版社有限公司
CHINA RAILWAY PUBLISHING HOUSE CO., LTD.

内容简介

本书是数据库应用系统开发的入门教材，特点是通过“网上购物系统”案例将数据库建模、应用和开发等内容联系在一起，理实结合、循序渐进。本书由数据库基础、Visual Basic 程序设计基础、综合应用、实验指导四部分构成。数据库基础和 Visual Basic 程序设计基础的知识点在综合应用部分整合成应用系统，可使学生加深对数据库与程序设计基础理论、基本技能、基本应用等的理解。

本书给出了大量案例，这些案例既各自独立又互相联系，各案例集成在一起构成综合案例——“网上购物系统”。通过综合案例，可使学生深入理解各章节知识点，同时，掌握数据库应用系统的整体框架与结构，为其学习和开发数据库应用系统提供支持，达到深入理解数据库原理与程序设计的目的。

本书适合作为高等学校非计算机专业数据库应用系统开发等相关课程教材，也可作为数据库应用系统开发培训用书，还可供相关技术人员学习参考。

图书在版编目（CIP）数据

Visual Basic 数据库应用系统开发案例教程/张巨俭主编. —北京：中国铁道出版社，2019.1（2019.12 重印）

普通高等院校计算机基础教育“十三五”规划教材

ISBN 978-7-113-25229-8

Ⅰ.①V… Ⅱ.①张… Ⅲ.①BASIC 语言-程序设计-高等学校-教材 ②关系数据库系统-高等学校-教材 Ⅳ.①TP312②TP311.138

中国版本图书馆 CIP 数据核字(2019)第 021513 号

书　　名：Visual Basic 数据库应用系统开发案例教程

作　　者：张巨俭　主编

策　　划：魏　娜　　　　**读者热线**：(010) 63550836

责任编辑：贾　星　徐盼欣

封面设计：刘　颖

责任校对：张玉华

责任印制：郭向伟

出版发行：中国铁道出版社有限公司（100054，北京市西城区右安门西街 8 号）

网　　址：http://www.tdpress.com/51eds/

印　　刷：三河市航远印刷有限公司

版　　次：2019 年 1 月第 1 版　　2019 年 12 月第 2 次印刷

开　　本：787 mm×1 092 mm　1/16　印张：21　字数：556 千

书　　号：ISBN 978-7-113-25229-8

定　　价：55.00 元

前 言

信息技术的飞速发展与普及，使得数据库应用系统的应用领域日益广泛。人们的衣食住行、工作学习、社交娱乐都与数据库应用系统密切关联。特别是随着人类逐步进入信息社会，信息经济在国民经济中占据了重要地位，以计算机、微电子、传感和通信技术为主导的信息技术革命时代已经来临。信息管理（Information Management）成为人类有效地开发和利用信息资源，以现代信息技术为手段，对信息资源进行计划、组织和控制的社会活动。数据库应用系统是人们在从事信息管理等社会活动中以处理信息流为目的的人机一体化系统，是以数据库应用软件为核心对信息资源进行全面管理的系统。

“Visual Basic 数据库应用系统开发”主要面向非计算机专业学生，是继“计算机应用基础”之后，帮助学生掌握信息技术应用、提高软件开发能力的一门面向数据库应用系统开发的程序设计课程。其目的是使学生能够全面系统地掌握开发数据库应用系统所必需的数据库基础知识、程序设计语言和应用系统开发方法，并能结合所学专业，有效地开发具有实用价值的数据库应用系统。

本书的主要特色是面向应用和采用统一案例贯穿始终，将面向对象的计算思维要素渗透到内容中，以案例方式将计算思维显式化。基于案例的教学模式使学生更容易理解抽象的理论；将分散的知识点通过统一案例融合在一起，使学生更容易理解和掌握不同知识点的应用环境，从而加深对知识点的掌握并提高应用的灵活性。

在内容安排上，本书采用统一案例（网上购物系统）贯穿始终、由浅入深、循序渐进的思路，介绍了数据库系统的发展、数据模型及数据库系统的概念、关系数据库的基础理论；通过 SQL 语言进行数据定义、数据查询、数据更新；介绍了 Visual Basic 程序设计基础知识，Visual Basic 数据库连接、展示与操作技术；“网上购物系统”案例详细阐述了基于 Visual Basic 开发数据库应用系统的过程。

本书包括数据库基础、Visual Basic 程序设计基础、综合应用、实验指导四部分。前三部分内容涉及数据库系统的发展、数据模型及数据库系统的概念，关系数据库的基础理论，SQL 语言的基本概念、数据查询、数据更新，SQL Server 2012 的数据库操作基础，Visual Basic 程序设计基础、数据库访问技术、数据展示与操作，网上购物系统软件开发案例等内容。第四部分（实验指导）包括 12 个实验，包括数据库管理、数据操作、Visual Basic 程序设计、数据访问和网上购物系统开发等内容。

本书通过大量案例来阐明知识点，这些案例既各自独立又互相联系。在这些案例的基础上，给出综合案例——“网上购物系统”帮助学生进一步理解和串联起前面零散的知识点，进而达到深入理解数据库原理的目的。

本书的特点如下：

（1）针对数据库应用系统开发初学者。

（2）面向数据库应用，使学生更容易理解数据库原理中抽象的理论。

（3）统一案例贯穿始终。将分散的知识点通过统一案例“网上购物系统”融合在一起，使学生更容易理解和掌握不同知识点的应用环境，从而加深对知识点的掌握并提高应用的灵活性。

（4）内容理实结合、循序渐进。

（5）例题经典、阐述精要。

（6）图文并茂，降低初学者的学习难度，更容易为非计算机专业学生掌握。

本书由张巨俭任主编，由姜延、杜剑侠、丁恒、陈春丽、周毅灵任副主编。具体编写分工如下：第1、2章由张巨俭、周毅灵编写，第3章由姜延编写，第4章由陈春丽编写，第5章由姜延、丁恒编写，第6、7章由杜剑侠编写；实验1～4由姜延编写，实验5～8由丁恒编写，实验9～12由杜剑侠编写。

本书虽经多次讨论并反复修改，但限于编者水平，书中可能仍有不妥与疏漏之处，敬请广大读者指正。

编　者

2018年10月

目 录

第一部分 数据库基础

第二部分 Visual Basic 程序设计基础

第三部分 综 合 应 用

第四部分　实 验 指 导

数据库基础

- 什么是数据库系统？数据库系统与我们的生活有什么联系？
- 数据管理技术的发展分为几个阶段？发展趋势又将如何？
- 数据库系统的结构和组成是怎样的？
- 什么是数据模型？常见的数据模型有哪些？
- 现实世界、信息世界、计算机世界之间的转换关系是怎样的？
- 什么是关系型数据库的理论基础？
- 如何进行数据结构与数据库系统设计？
- 为什么说关系数据库的精髓是关系化查询语言——SQL 语言？
- 什么是 SQL 语言？如何利用 SQL 语言解决数据定义、数据查询以及数据更新？
- 怎样用 SQL Server 2012 数据库管理系统管理数据库？

本部分将讨论并回答上述问题。通过本部分学习，应掌握如何应用 SQL Server 2012 数据库管理系统管理数据库。

第 1 章

数据库系统概论 «

计算机技术的发展为科学有效地进行数据管理提供了先进的工具和手段,用计算机管理数据已经渗透到社会的各个领域。数据库系统的核心任务是数据管理。数据库系统已成为计算机应用的一个重要分支。

数据管理是指对数据的分类、组织、编码、存储、查询和维护。一般情况下，数据管理工作应包括下述三个方面的内容:

(1)数据组织和保存数据。为了使数据能够长期保存，数据管理工作需要将得到的数据合理地分类组织，并存储在计算机硬盘、光盘、U 盘等物理载体上。

(2)数据维护。数据管理工作要根据需要随时进行增、删、改数据的操作，即增加新数据、修改原数据和删除无效数据。

(3)数据查询和数据统计。数据管理工作要提供数据查询和数据统计功能，以便快速准确地得到需要的数据，满足各种使用要求。

本章通过网上购物系统这一案例，引入数据库系统的研究对象：数据与数据管理；介绍信息、数据、数据处理、数据管理技术的发展历程以及数据库系统的结构与组成；介绍从现实世界、信息世界到计算机世界的转换，论述数据模型的建立过程，数据库与管理软件的联系，并用实体-联系方法对信息世界模型进行描述，为关系数据库的实现和数据库应用软件的开发打下基础。

1.1 引　　论

1.1.1 数据库应用系统是实现“数字化生活”的关键技术

随着计算机与网络的普及，数字技术正在改变人类所赖以生存的社会环境，并使人类的生活和工作环境具备了更多的数字化特征，也带来了人类生活和工作方式的巨大变化。这种由数字技术和数字化产品带来的更丰富多彩和具有更多自由度的生活方式称为“数字化生活”。可以想象，人们通过计算机和网络足不出户就能做到很多事情，购物、取款、支付账单、查阅文献、学习、协同工作、娱乐休闲、交友、投资等，这一切都预示着“智慧城市”和“数字化生活”的美好前景。数字化给人们的生活带来了很大的方便，而支撑实现数字化的关键技术就是数据库系统，因此，可以说数据库系统与人们的生活密切联系。校园里，食堂用餐[见图 1-1（a）]、图书馆借阅[见图 1-1（b）]、机房上网等活动，都通过校园卡实现身份识别、消费交易和机房管理等功能，这些为人们生活提供便利服务的功能都是通过数据库系统实现的。当人们在 ATM 机存取款[见图 1-1（c）]、超市购物付款[见图 1-1（d）]、乘坐地铁检票[见图 1-1（e）]、网上购物[见图 1-1（f）]时，都在享受着数据库系统的服务。

（a）食堂

（b）图书馆

（c）ATM 机

（d）超市

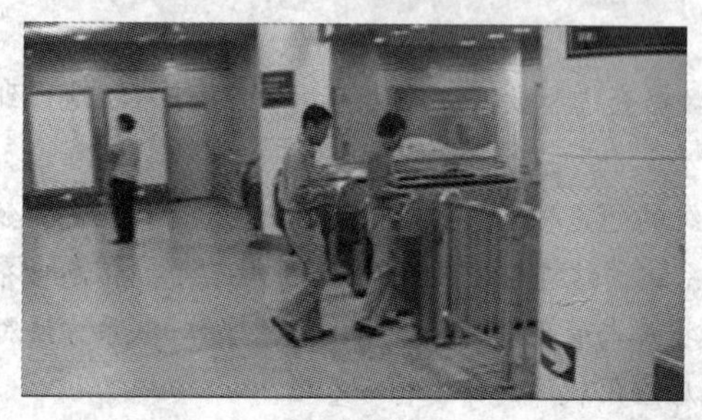
（e）地铁

（f）网上购物

图 1-1　数据库系统应用案例

那么，数据库系统到底是如何构成的？它又是如何为人们提供服务的呢？下面通过数据库应用系统案例——“网上购物系统”来介绍数据库应用系统的工作过程。

1.1.2　数据库应用系统案例——网上购物系统

下面按照一次完整的购物流程来操作“网上购物系统”。在购买过程中有两个角色：一个为顾客；一个为管理员。每个顾客必须注册后方可进入系统购买商品。

1. 顾客注册并登录

系统登录界面如图 1-2 所示。单击“新用户注册”按钮进行注册；然后返回系统登录界面。分别输入未经注册的用户信息和已经注册的用户信息，可验证只有经过注册的用户方可进入。

顾客登录后的操作界面如图 1-3 所示。此时可发现菜单中只有“顾客菜单”和“退出”菜单可用，其他菜单均不可操作。

2. 管理员登录

管理员登录（用户名 admin，密码 admin），管理员操作界面如图 1-4 所示。此时可发现所有的菜单都可用。请结合顾客操作界面（见图 1-3）思考这是为什么。

图 1–2　系统登录界面

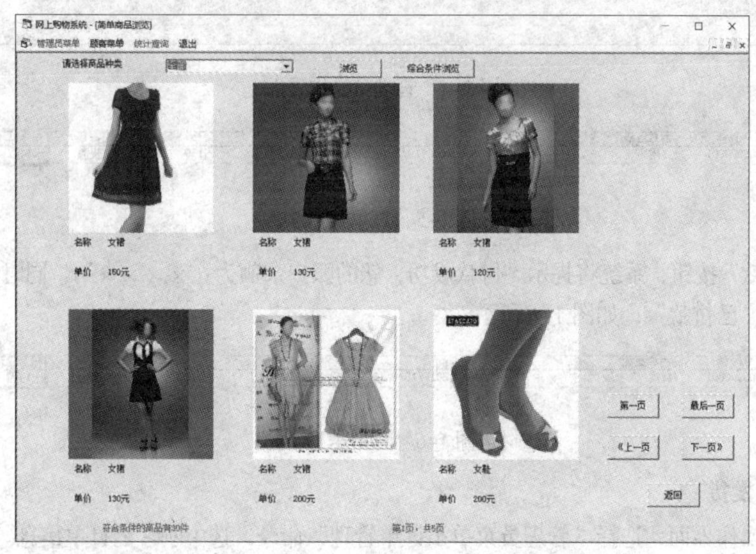

图 1–3　顾客操作界面

在管理员操作界面中增加一款商品，可以发现顾客操作界面中的商品信息也做了相应的修改。请思考这是为什么。

3. 顾客购买商品并付款

在顾客操作界面，单击心仪商品的图片，打开购买窗口。填写“购买数量”及“送货方式”，单击“购买”按钮，将弹出“购买成功，请付款”的提示信息。单击“确定”按钮将进入“我的订单管理”窗口，如图 1–5 所示。请注意，此时订单信息中“付款状态”一栏显示的是“未付款”，“订单状态”一栏显示的是“未发货”。

图 1–4　管理员操作界面

订单号	商品编号	商品名称	数量	时间	单价	总价	送货方式	付款状态	订单状态
0000000013	0000000001	女裙	1	2018/10/2 10:11:25	150	150	快递	未付款	未发货

图 1–5　订单信息 1

单击“付款”按钮，系统将提示“付款成功，您的账户余额为：××××”，同时订单中的“付款状态”改为“已付款”，如图 1–6 所示。

订单号	商品编号	商品名称	数量	时间	单价	总价	送货方式	付款状态	订单状态
0000000013	0000000001	女裙	1	2018/10/2 10:11:25	150	150	快递	已付款	未发货

图 1–6　订单信息 2

4. 管理员发货

在管理员操作界面，选择“管理员菜单 | 订单管理”命令，选中刚才的订单信息。单击“发货”按钮，系统将提示“发货成功，等待用户收货”，单击“确定”按钮，订单信息中的“订单状态”变为“已发货”，如图 1–7 所示。

5. 顾客收货确认

（假设过了几天，心仪的商品已经送到顾客手中，顾客对商品很满意。）在顾客操作界面，选择“顾客菜单 | 我的订单管理”命令，可以看到该订单目前的状态是“已发货”。选中该订单，单击“收货确认”按钮，系统提示“合作愉快，欢迎下次光临”，同时订单状态改为“已收货”，如图 1–8 所示。至此，一个完整的购物流程就完成了。

订单号	用户名	商品号	商品名称	数量	时间	单价	总价	送货方式	付款状态	订单状态
0000000001	test	0000000001	女裙	1	2018/10/2	150	150	快递	已付款	已收货
0000000002	test	0000000006	女鞋	1	2018/10/2	200	200	快递	已退款	取消订单
0000000003	test	0000000011	哈尔斯真空吊带杯	1	2018/10/2	130	130	快递	未付款	未发货
0000000004	毛毛熊	0000000006	女鞋	1	2018/10/2	200	200	快递	已付款	未发货
0000000005	毛毛熊	0000000030	长袜子皮皮	2	2018/10/2	20	40	快递	已付款	已收货
0000000006	毛毛熊	0000000025	窗边的小豆豆	1	2018/10/2	22	22	快递	未付款	未发货
0000000007	小鱼菁菁	0000000027	服装设计视觉词典	1	2018/10/2	40	40	快递	已付款	未发货
0000000008	小鱼菁菁	0000000026	杜拉拉升职记	1	2018/10/2	18	18	快递	已付款	取消订单
0000000009	樱桃	0000000017	三星手机SGH-E848	1	2018/10/2	2600	2600	快递	已付款	未发货
0000000010	樱桃	0000000020	爱国者U盘-2G	1	2018/10/2	120	120	快递	未付款	未发货
0000000011	樱桃	0000000023	不抱怨的世界	1	2018/10/2	20	20	平邮	未付款	取消订单
0000000012	樱桃	0000000028	时装设计元素	1	2018/10/2	45	45	平邮	已付款	已发货
0000000013	jack	0000000001	女裙	1	2018/10/2 10:11:25	150	150	快递	已付款	已发货

图 1-7　订单信息 3

订单号	商品编号	商品名称	数量	时间	单价	总价	送货方式	付款状态	订单状态
0000000013	0000000001	女裙	1	2018/10/2 10:11:25	150	150	快递	已付款	已收货

图 1-8　订单信息 4

体验完整的购物流程之后，请思考如下问题：

（1）为什么注册成功的用户可以登录到系统中，而未经注册的用户不可以登录呢？

（2）为什么顾客可以购买商品，而管理员却不可以购买商品呢？

（3）为什么管理员可以增加或修改商品，而顾客不可以呢？

（4）当商品发生变化时，为什么顾客可以及时得到更新后的商品信息呢？

（5）为什么购买商品时会生成订单？为什么付款后管理员会知道顾客已经付款了？为什么当管理员发货后顾客可以知道该货物已经发出？

所有问题的答案只有一个，就是购物过程中用到的所有信息（用户、商品、订单）都放在了数据库中。

对于问题（1），在数据库中会保存已注册用户的相关信息，而没有未注册用户的相关信息，所以不能登录。

对于问题（2）、（3），顾客与管理员拥有不同的身份，所以权限也会不同。那么用户到底属于管理员还是顾客呢？这个信息也已经存放在了数据库中。

对于问题（4）、（5），虽然顾客和管理员分布于不同的地方，但是他们通过网络共享了数据库中的信息，操作对象是相同的。因此，商品的信息、订单的状态会随着顾客或管理员操作及时发生变化。

那么，如何将购物过程中的数据放到数据库中？如何修改数据库中的数据？如何获取数据库中的数据？又如何通过应用程序来操作数据库？带着这些问题，请开始我们的数据库学习之旅吧！

1.2　信息、数据与数据处理

1.2.1　信息与数据

20 世纪 70 年代，未来学家托夫勒在《第三次浪潮》一书中预言，人类在经历了农业社会、工业社会之后，将进入信息社会。他同时指出，农业社会的经济形态是自给自足的农业经济，工业社会的经济形态是工业化大生产的工业经济，而信息社会的经济形态将是服务经济、体验经济。信息技术的发展与应用程度，已经证明了托夫勒预言的正确性。计算机技术的发展把人类推进到信息社会，同时也将人类淹没在信息的海洋中。

什么是信息（Information）？信息是反映客观世界中各种事物的特征和变化，并可借某种载体加以传递的有用知识。信息是一种消息，通常以文字、声音或图像的形式来表现。在软件开发过程中，所管理的很多文档中针对不同的数据条目通常附有相关的说明，这些说明起到的就是信息的作用。

数据是数据库系统研究和处理的对象，是用来记录信息的可识别的符号，是信息的具体表现形式。数据用型和值来表示。数据的型是指数据内容存储在媒体上的具体形式（例如学生姓名、住址）；值是指所描述的客观事物的本体特性（例如张三、北京市昌平区）。数据一般是指信息的一种符号化表示方法，即用一定的符号表示信息，而采用什么符号则完全是人为规定。例如，为了便于用计算机处理信息，需把信息转换为计算机能够识别的符号，即采用 0 和 1 两个符号编码来表示各种各样的信息。所以，数据的概念包括两个方面的含义：一是数据的内容是信息；二是数据的表现形式是符号。

数据在数据处理领域中涵盖的内容非常广泛，不仅包括数字、字母、文字等常见符号，还包括图形、图像、声音等多媒体数据。

1.2.2 数据处理

数据处理是指将数据转换成信息的过程。这一过程主要是指对所输入的数据进行加工整理，包括对数据的收集、加工和传播等一系列活动。其根本目的是从大量的、已知的数据出发，根据事物之间的固有联系和规律，采用分析、推理、归纳等手段，提取出对人们有价值、有意义的信息，作为某种判断、决策的依据。

例如，网上购物系统中顾客、订单、货物价格、销售数量、库存情况等数据，通过处理可以统计计算出各种货物销售量、销售额、销售排名等信息，这些信息是制订进货计划、销售策略的依据。

数据处理的工作分为以下三个方面：

（1）数据收集。它的主要任务是收集信息，将信息用数据表示并按类别组织保存。数据管理的目的是快速、准确地提供必要的、可能被使用和处理的数据。

（2）数据加工。它的主要任务是对数据进行变换、抽取和运算。通过数据加工可以得到更加有用的数据，以指导或控制人的行为或事物的变化趋势。

（3）数据传播。通过数据传播，信息在空间或时间上以各种形式传递。在数据传播过程中，数据的结构性质和内容不发生改变。数据传播会使更多的人得到信息，并且更加理解信息的意义，从而使信息的作用充分发挥出来。

在数据处理活动中，计算过程相对比较简单，很少涉及复杂的数学模型，却具有数据量大且数据之间有着复杂逻辑联系的特点，因此管理好数据是数据处理任务的焦点。

1.3 数据管理技术及发展

随着计算机硬件和软件的发展，数据管理技术也处在不断的发展过程中。从数据管理方式的角度看，数据管理到目前共经历了手工管理阶段、文件系统阶段和数据库系统阶段。

1.3.1 手工管理阶段

手工管理阶段是在 20 世纪 50 年代以前。该阶段，计算机主要用于科学计算。从硬件上看，外存只有磁带、卡片、纸带，没有磁盘等直接存取的存储设备；从软件上看，没有操作系统，没有管理数据的软件，数据处理方式是批处理。

该阶段数据管理的特点如下：

（1）数据不保存。因为计算机主要应用于科学计算，一般不需要将数据长期保存。只是在计算某一课题时将数据输入，用完就撤走。不仅对用户数据这样处理，有时对系统软件也是这样。

（2）没有专用的软件对数据进行管理。程序员不仅要规定数据的逻辑结构，而且要在程序中设计物理结构，包括存储结构、存取方法、输入/输出方式等。因此，程序中存取数据的子程序随着存储的改变而改变，即数据与程序不具有独立性。这样不仅程序员必须花费许多精力在数据的物理存储上，而且只要数据在存储上有一点改变，就必须修改程序。

（3）只有程序（Program）概念，没有文件（File）概念。数据的组织方式必须由程序员自行设计。

（4）程序与数据之间没有独立性。一组数据对应一个程序，数据是面向应用的。即使两个应用程序涉及某些相同的数据，也必须各自定义，无法互相利用、互相参照。所以程序和程序之间有大量重复的数据。

手工管理阶段程序与数据的关系如图1–9所示。

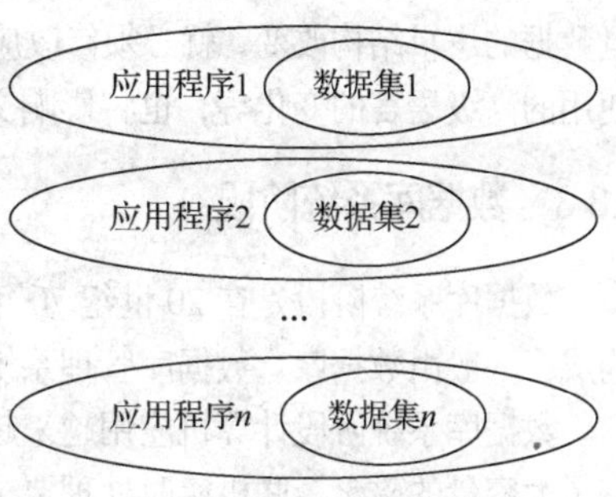

图1–9　手工管理阶段程序与数据的关系

1.3.2　文件系统阶段

文件系统阶段是在20世纪60年代后期。

手工管理阶段的数据管理有许多缺点：数据独立性差；应用程序依赖于物理组织；由于数据的组织是根据用户的要求设计，不同用户之间有许多共同的数据，分别保存在各自文件中，造成很大的数据冗余度，给数据的维护带来不便。

文件系统阶段对上述问题有了较大的改进，从处理方式上讲，不仅有了文件批处理，而且能够联机实时处理。

该阶段数据管理的特点如下：

（1）数据以文件的形式长期保存下来。因为计算机大量用于数据处理，数据需要长期保留在外存上，即经常需要对文件进行查询、修改、插入和删除等操作，所以数据需长期保存。

（2）文件系统可对数据的存取进行管理。程序员只与文件名打交道，不必明确数据的物理存储，大大减轻了程序员的负担。

（3）文件形式多样化。文件组织形式有索引文件、链接文件和直接存取文件等。文件之间是独立的，联系要通过程序构造。

（4）程序与数据之间有一定独立性。数据不再属于某个特定的程序，可以重复使用。但程序对数据的存取仍然基于特定的物理结构和存取方法，因此程序与数据之间有了一定独立性，但依赖关系并未根本改变。

文件系统阶段程序与数据的关系如图1–10所示。

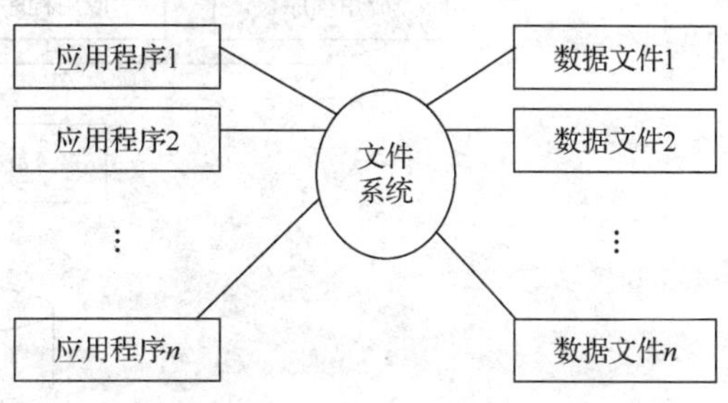

图1–10　文件系统阶段程序与数据的关系

文件系统阶段比人工管理阶段有了很大的改进，但随着数据量的急剧增加和数据管理规模的扩大，文件系统暴露出以下三个缺点。

（1）数据冗余度大。这是由于文件之间缺乏联系，造成每个应用程序都有对应的文件，有可能同样的数据在多个文件中重复存储。

（2）数据不一致。这是由数据冗余造成的，稍不谨慎，就可能造成同样的数据在不同的文件中不一样。

（3）数据和程序独立性低。文件系统中文件是为某一特定应用服务的。文件的逻辑结构对该应用程序来说是优化的。因此，若想对现有的数据再增加一些新的应用是很困难的，系统不容易扩充。一旦数据的逻辑结构改变，就必须修改应用程序和文件结构的定义。而应用程序的改变，如应用程序所使用的高级语言的变化等，也将影响文件的数据结构。

1.3.3 数据库系统阶段

数据库系统阶段是在20世纪70年代后期。数据库系统是指在计算机系统中引入数据库后的系统构成，一般由数据库、数据库管理系统、应用系统、数据库管理员和用户构成。

数据库系统阶段计算机应用越来越广泛，数据量急剧增加，而且数据的共享要求越来越高。此时，有了大容量的磁盘，联机实时处理要求更多了，并开始提出分布处理。

另外，软件价格上升，硬件价格下降，使编制和维护系统软件及应用程序所需的成本相对增加。在这种情况下，为了解决多用户、多应用共享数据的需求，使数据为尽可能多的应用服务，出现了数据库这样的数据管理技术。

该阶段数据管理的特点如下：

（1）采用复杂的数据模型（结构）。数据模型不仅描述数据本身的特点，而且描述数据之间的联系。这种联系通过存取路径实现。通过所有存取路径表示自然的数据联系是数据库与传统文件的根本区别。这样数据不再面向特定的某个或多个应用，而是面向整个应用系统。数据冗余度明显减小，实现了数据共享。

（2）有较高的数据独立性。数据的物理结构与逻辑结构之间的差别可以很大。用户以简单的逻辑结构操作数据而无须考虑数据的物理结构。数据库的结构分成用户的逻辑结构、整体逻辑结构、物理结构三级。用户的数据和外存中的数据之间转换由数据管理系统实现。在物理结构改变时，尽量不影响整体逻辑结构、用户的逻辑结构以及应用程序，这就是物理数据独立性。在整体逻辑结构改变时，尽量不影响用户的逻辑以及应用程序，这就是逻辑数据独立性。而应用程序发生变化，也无须修改数据的物理结构。

（3）数据库系统为用户提供了方便的用户接口，用户可使用查询语言或简单的终端命令操作数据库，也可以用程序方式操作数据库。数据库系统阶段数据管理图如图1–11所示。

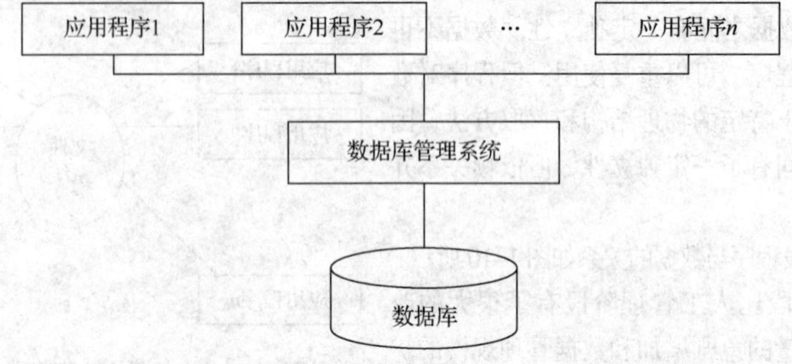

图1–11　数据库系统阶段数据管理图

数据库管理系统提供以下4个方面的数据控制功能：

（1）数据完整性。保证数据库始终包含正确的数据。用户可以设计一些完整性规则以确保数据的正确性。

（2）数据安全性。保证数据的安全和机密，防止数据丢失或被窃取。

（3）数据库的并发控制。避免并发程序之间的相互干扰，防止数据库被破坏，杜绝给用户提供不正确的数据。

（4）数据库的恢复。在数据库被破坏或数据不可靠时，系统有能力把数据恢复到最近某时刻的正确状态。

1.4 数据库系统的结构

1.4.1 数据库系统的体系结构

数据库系统有着严谨的体系结构。虽然各个厂家、各个用户使用的数据库管理系统产品的类型和规模可能相差很大，但它们在体系结构上通常都具有相同的特征——三层模式和两级映像，如图1–12所示。

1. 三层模式体系结构

美国国家标准学会（American National Standards Institute，ANSI）所属的标准计划和要求委员会（Standards Planning And Requirements Committee，SPARC）于1975年公布了关于数据库标准的报告，提出数据库的三级组织结构，称为SPARC分级结构。三级结构对数据库的组织从外到内分三个层次描述，分别称为外模式、模式和内模式，如图1–12所示。

（1）外模式。这是用户与数据库系统的接口，是用户用到的那部分数据的描述。一个数据库可以有多个外模式。外模式也称子模式或用户模式。

（2）模式。这是数据库中全体数据逻辑结构的描述。一个数据库只有一个模式。模式也称逻辑模式。

（3）内模式。这是数据库在物理存储方面的描述，是数据在数据库内部的表示方式。一个数据库只有一个内模式。内模式也称存储模式。

三种模式中，内模式是真正存在的模式，而模式和外模式都是逻辑上的、非真实存在的。

数据库的三级模式结构是对数据的三个抽象级别。它把数据的具体组织留给数据库管理系统去做，用户只要抽象地处理数据，而不必关心数据在计算机中的表示和存储，从而减轻了用户使用系统的负担。

2. 两级映像

由于三层模式的结构差别很大，为了实现三个抽象级别的联系和转换，数据库管理系统在三级模式之间提供了两个层次的映像：外模式/模式

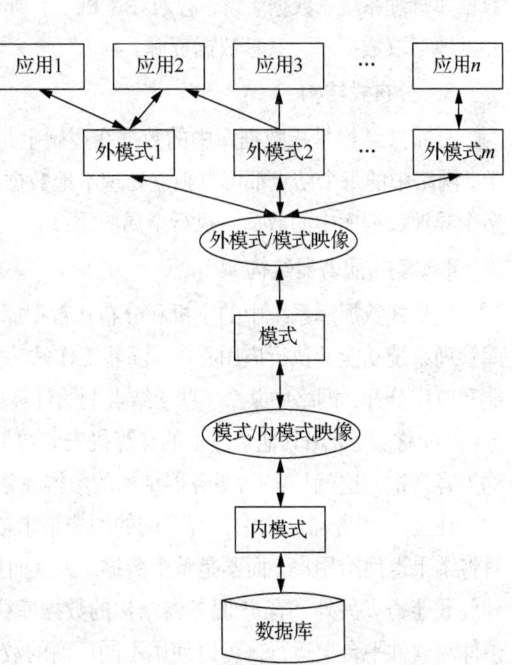

图1–12 数据库系统三层模式两级映像体系结构

映像、模式/内模式映像。

（1）外模式/模式映像用于定义外模式和模式之间的对应性。该映像存在于外模式和模式之间，一般放在外模式中描述。

（2）模式/内模式映像用于定义模式和内模式之间的对应性，即数据的全局逻辑结构与存储结构之间的对应关系。该映像存在于模式和内模式之间，一般放在内模式中描述。

3．数据独立性

三级模式结构与两级映像的存在使得应用程序和数据结构之间相互独立，不受影响，这称为数据库的数据独立性。数据独立性分为物理数据独立性和逻辑数据独立性两个级别。

（1）物理数据独立性。如果数据库的内模式要修改，即数据库的物理结构有所变化，那么只要对模式/内模式映像做相应的修改，可以使逻辑模式尽可能保持不变。

（2）逻辑数据独立性。如果数据库的模式要修改，那么只要对外模式/模式映像做相应修改，可以使外模式和应用程序尽可能保持不变。

1.4.2 数据库系统的功能结构

从最终用户角度来看，数据库系统分为单用户结构、主从式结构、分布式结构和客户/服务器结构。

1．单用户结构

单用户数据库系统是一种最简单的数据库系统。在这种系统中，整个数据库系统（包括应用程序、数据库管理系统、数据）都装在一台计算机上，由一个用户独占，不同机器之间不能共享数据。

2．主从式结构

主从式结构是指一个主机带多个终端的多用户结构。在这种结构中，数据库系统（包括应用程序、数据库管理系统、数据）集中存放在主机上，所有处理任务由主机来完成，各个用户通过主机的终端并发地存取数据库，共享数据资源。

3．分布式结构

分布式结构是指数据库中的数据在逻辑上是一个整体，但物理地分布在计算机网络的不同结点上。网络中的每个结点都可以独立处理本地数据库中的数据，执行局部应用；也可以同时存取和处理多个异地数据库中的数据，执行全局应用。

4．客户/服务器结构

主从式数据库系统中的主机和分布式数据库系统中的每个结点机是一个通用计算机，既执行数据库管理系统功能又执行应用程序。随着工作站功能的增强和广泛使用，人们开始把数据库管理系统功能和应用分开，网络中某个（些）结点上的计算机专门用于执行数据库管理系统功能，称为数据库服务器，简称服务器；其他结点上的计算机安装数据库管理系统的外围应用开发工具，支持用户的应用，称为客户机，这就是客户/服务器结构的数据库系统。

在客户/服务器结构中，客户端的用户请求被传送到数据库服务器，数据库服务器进行处理后，只将结果返回给用户（而不是整个数据），从而显著减少了数据传输量，提高了系统的性能、吞吐量和负载能力。另外，客户/服务器结构的数据库往往更加开放。客户与服务器一般都能在多种不同的硬件和软件平台上运行，可以使用不同厂商的数据库应用开发工具、应用程序具有更强的可移植性，也可以减少软件维护开销。

1.5 数据库系统的组成

数据库系统（DataBase System，DBS）一般由数据库（DataBase，DB）、数据库管理系统（DataBase Management System，DBMS）、应用系统（DataBase Application，DBA）、数据库管理员（DataBase Administrator，DBA）和用户（User）结构组成。数据库系统如图1-13所示。

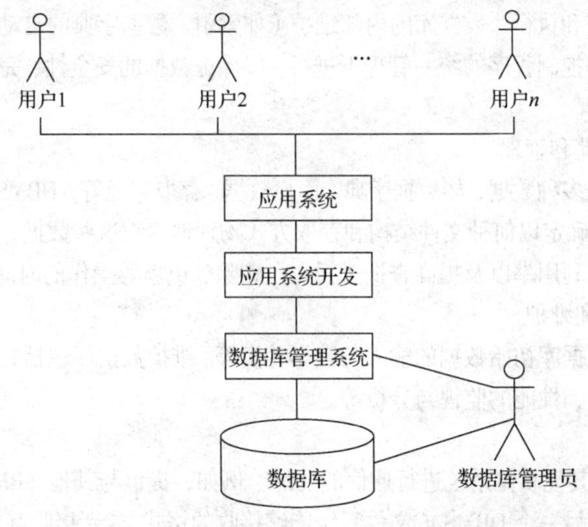

图1-13 数据库系统

1.5.1 数据库

数据库是按照数据结构来组织、存储和管理数据的仓库，这个仓库是在计算机存储设备上，数据是按一定的格式存放的。在科学技术飞速发展的今天，人们在工作和生活中所处理的数据量急剧增加。过去人们把数据存放在文件柜中，现在人们借助于计算机和数据库技术科学地保存和管理大量的数据，以便能方便地利用这些宝贵的信息资源。严格地讲，数据库是长期存储在计算机内的、有组织的、可共享的大量数据的集合。

1.5.2 数据库管理系统

数据库管理系统（DBMS）对收集到的大量数据进行整理、加工、归并、分类、计算、存储等处理，产生新的数据，以便反映事物或现象的本质和特征及其内在联系。例如，在网上销售系统中，销售管理者根据某类商品销售数量及最近的顾客对商品的反馈信息，通过分析、研究，就会得出这类商品的销售策略。管理者可根据这些信息进行分析和评价，做出对该商品增加进货、减少进货或停止进货的决策。DBMS是位于用户与操作系统之间的一层数据管理软件。它使用户方便地定义数据和操纵数据，并能够保证数据的安全性、完整性、多用户对数据的并发使用以及发生故障后的数据恢复。

1. DBMS的主要功能

由于不同DBMS要求的硬件资源、软件环境是不同的，因此其功能与性能也存在差异。一般说来，DBMS的功能主要包括以下6个方面。

1）数据定义

数据定义包括定义构成数据库结构的外模式、模式和内模式，定义各个外模式与模式之间的映射，定义模式与内模式之间的映射，定义有关的约束条件（例如，为保证数据库中数据具有正确语义而定义的完整性规则，为保证数据库安全而定义的用户口令和存取权限等）。

2）数据操纵

数据操纵包括对数据库数据的检索、插入、修改和删除等基本操作。

3）数据库运行管理

对数据库的运行进行管理是DBMS运行时的核心部分，包括对数据库进行并发控制、安全性检查、完整性约束条件的检查和执行、数据库的内部维护（如索引、数据字典的自动维护）等。所有访问数据库的操作都要在这些控制程序的统一管理下进行，以保证数据的安全性、完整性、一致性以及多用户对数据库的并发使用。

4）数据组织、存储和管理

数据库中需要存放多种数据，如数据字典、用户数据、存取路径等，DBMS负责分门别类地组织、存储和管理这些数据，确定以何种文件结构和存取方式物理地组织这些数据，如何实现数据之间的联系，以便提高存储空间利用率以及提高查询、插入、删除、更新等操作的时间效率。

5）数据库的建立和维护

建立数据库包括数据库初始数据的输入与数据转换等。维护数据库包括数据库的转储与恢复、数据库的重组织与重构造、性能的监视与分析等。

6）数据通信接口

DBMS需要提供与其他软件系统进行通信的功能。例如，提供与其他DBMS或文件系统的接口，从而能够将数据转换为另一个DBMS或文件系统能够接收的格式，或者接收其他DBMS或文件系统的数据。

2. DBMS 的组成

为了提供上述6个方面的功能，DBMS通常由以下4部分组成。

1）数据定义语言及其翻译处理程序

DBMS一般都提供数据定义语言（Data Definition Language，DDL）供用户定义数据库的外模式、模式、内模式、各级模式间的映射、有关的约束条件等。用DDL定义的外模式、模式和内模式分别称为源外模式、源模式和源内模式，各种模式翻译程序负责将它们翻译成相应的内部表示，即生成目标外模式、目标模式和目标内模式。

2）数据操纵语言及其编译（或解释）程序

DBMS提供了数据操纵语言（Data Manipulation Language，DML）实现对数据库的查询、插入、修改、更新等基本操作。DML分为宿主型DML和自主型DML两类。宿主型DML本身不能独立使用，必须嵌入主语言中，例如嵌入C、COBOL、FORTRAN等高级语言中。自主型DML又称自含型DML，它们是交互式命令语言，语法简单，可以独立使用。

3）数据库运行控制程序

DBMS 提供了一些负责数据库运行过程中的控制与管理的系统运行控制程序，包括系统初启程序、文件读写与维护程序、存取路径管理程序、缓冲区管理程序、安全性控制程序、完整性检查程序、并发控制程序、事务管理程序、运行日志管理程序等，它们在数据库运行过程中监视着对数据库的所有操作，控制管理数据库资源，处理多用户的并发操作等。

4）实用程序

DBMS通常还提供一些实用程序，包括数据初始装入程序、数据转储程序、数据库恢复程序、性能监测程序、数据库再组织程序、数据转换程序、通信程序等。数据库用户可以利用这些实用程序完成数据库的建立与维护，以及数据格式的转换与通信。

1.5.3 数据库管理员和用户

数据库管理员和用户主要指存储、维护和查询数据的各类使用者。主要有以下三类。

1．最终用户（Enduser，Eu）

最终用户是应用程序的使用者，通过应用程序与数据库进行交互。如我们通过网上购物系统购物或者通过学校的综合信息系统进行选课和查询时，我们就是最终用户。

最终用户通过计算机联机终端存取数据库的数据，具体操作应用程序，通过应用程序的用户界面来完成其业务活动。数据库的模式结构对最终用户是透明的。

注意

计算机领域中的“透明”意指“不可见”。“数据库的模式结构对最终用户是透明的”指对于最终用户而言，数据库的模式结构是不可见的，就像不存在一样。

2．应用程序员（Application Programmer，AP）

应用程序员是指负责设计和编写应用程序的人员，其使用高级语言编写应用程序，以对数据库进行存取操作。数据库系统一般需要一个以上的应用程序员在开发周期内完成数据库结构设计、应用程序开发等任务，在后期管理应用程序，负责使用周期中对应用程序在功能及性能方面的维护、修改工作。

3．数据库管理员（DataBase Administrator，DBA）

数据库管理员的职能是对数据库进行日常的管理，负责全面管理和控制数据库系统。每个数据库系统（如学校的综合信息系统、网上购物系统、ATM 存取款系统等）都需要由数据库管理员对数据库进行日常的管理与维护。数据库管理员的素质在一定程度上决定了数据库应用的水平，所以他们是数据库系统重要的人员。

数据库管理员的主要职责包括：设计与定义数据库系统；帮助最终用户使用数据库系统；监督与控制数据库系统的使用和运行；改进和重组数据库系统，优化数据库系统的性能；备份与恢复数据库：当用户的应用需求增加或改变时，DBA 需要对数据库进行较大的改造，即重新构造数据库。

1.6 数据模型

1.6.1 数据模型的概念

对于模型，人们并不陌生，一张地图、一组住宅设计沙盘、一架模型飞机，都是具体的模型。人们通过模型可以联想到现实生活中的事物。模型是对现实世界中某个对象特征的模拟和抽象。

数据模型（Data Model）也是一种模型，它是对现实世界数据特征的抽象，是用来描述数据、组织数据和对数据进行操作的。

由于计算机不能直接处理现实世界中的具体事物，所以人们必须事先把具体事物转换成计算机能够处理的数据。数据模型就是现实世界的模拟，严格地讲，是从计算机角度看到的模型。

如同在工程设计和施工的不同阶段需要不同的图纸一样，在开发实施数据库应用系统中需要使用不同的数据模型：概念模型、逻辑模型和物理模型。其中，概念模型（Conceptual Model）也称信息模型，它是按用户的观点来对数据和信息建模，主要用于数据库设计；逻辑模型主要包括层次模型（Hierarchical Model）、网状模型（Network Model）、关系模型（Relational Model）等，它们是按计算机系统的观点对数据进行建模，主要用于 DBMS 的实现；物理模型是对数据最低层的抽象，它描述数据在磁盘或磁带上的存储方式和存取方法，是面向计算机系统的。

1.6.2 三个世界的划分及其有关概念

数据库需要根据应用系统中数据的性质、内在联系，按照管理的要求来设计和组织。人们把客观存在的事物以数据的形式存储到计算机中经历了三个领域：现实世界、信息世界和计算机世界。

1. 现实世界

现实世界是存在于人们头脑之外的客观世界。现实世界存在各种事物，事物与事物之间存在联系，这种联系是由事物本身的性质决定的。例如，学校中有教师、学生、课程，教师为学生授课，学生选修课程并取得成绩；商场中有货物、营业员和顾客，顾客购买货物，营业员对货物和顾客进行管理和服务等。

2. 信息世界

信息世界是现实世界在人们头脑中的反映，人们将其用文字或符号记载下来。在信息世界中，有以下与数据库技术相关的术语。

（1）实体（Entity）。客观存在并且可以相互区别的事物称为实体。实体可以是具体的事物，也可以是抽象的事件。如：一个学生、一件货物等属于具体事物；教师的授课、购买货物等活动是比较抽象的事件。

（2）属性（Attribute）。描述实体的特性称为属性。一个实体可以用若干属性来描述，如学生实体由学号、姓名、性别、出生日期等若干属性组成。实体的属性用型（Type）和值（Value）来表示，例如学生是一个实体，学生姓名、学号和性别等是属性的型，也称属性名，而具体的学生姓名（如“张三、李四”）、具体的学生学号（如“20090101”）、描述性别的“男、女”等是属性的值。

（3）键（Key）。唯一标识实体的属性或属性的组合称为键。例如，学生的学号是学生实体的键。

（4）域（Domain）。属性的取值范围称为该属性的域。例如，学号的域为 8 位整数，姓名的域为字符串集合，年龄的域为小于 40 的整数，性别的域为（男，女）。

（5）实体型（EntityType）。具有相同属性的实体必然具有共同的特征质，用实体名及其属性名的集合来抽象和刻画同类实体，称为实体型。例如，学生（学号，姓名，性别，出生日期，系）就是一个实体型。

（6）实体集（EntitySet）。同类实体的集合称为实体集。例如，全体学生、一批货物等。

（7）联系（Relationship）。在现实世界中，事物内部以及事物之间是有联系的，这些联系在信息世界中反映为实体（型）内部的联系和实体（型）之间的联系。实体内部的联系通常是指组成实体的各属性之间的联系，实体之间的联系通常是指不同实体集之间的联系。

两个实体型之间的联系可以分为以下三类：

① 一对一联系（One-to-One Relationship）。如果对于实体集 A 中的每一个实体，实体集 B 中至多存在一个实体与之联系，反之亦然，则称实体集 A 与实体集 B 之间存在一对一联系，记作 1∶1。例如，商场中购物店与店长、乘车旅客与车票之间等都存在一对一的联系，如图 1-14（a）所示。

② 一对多联系（One-to-Many Relationship）。如果对于实体集 A 中的每一个实体，实体集 B 中存在多个实体与之联系；反之，对于实体集 B 中的每一个实体，实体集 A 中至多只存在一个实体与

之联系，则称实体集 A 与实体集 B 之间存在一对多的联系，记作 1∶*n*。例如，一个购物店有许多商品，购物店和商品之间存在一对多联系，如图 1-14（b）所示。

③ 多对多联系（Many-to-Many Relationship）。如果对于实体集 A 中的每个实体，实体集 B 中存在多个实体与之联系；反之，对于实体集 B 中的每一个实体，实体集 A 中也存在多个实体与之联系，则称实体集 A 与实体集 B 之间存在多对多联系，记作 *m*∶*n*。例如，一个顾客可以购买多种商品，一种商品可由多个顾客购买，则商品和顾客之间存在多对多联系，如图 1-14（c）所示。

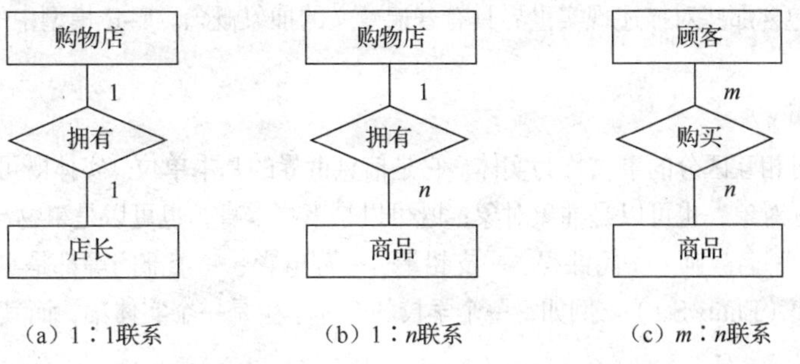

图 1-14　两个实体型之间联系的三种情况

3. 计算机世界

计算机世界又称数据世界，信息世界的信息在机器世界中以数据形式存储。在这里，每一个实体用记录表示，相应于实体的属性用数据项（又称字段）来表示，现实世界中的事物及其联系用数据模型来表示。

可以看出，客观事物及其联系是信息之源，是组织和管理数据的出发点。为了把现实世界中的具体事物抽象、组织为某一 DBMS 支持的数据模型，人们常常首先将现实世界抽象为信息世界，然后将信息世界转换为机器世界。也就是说，首先把现实世界中的客观对象抽象为某一种信息结构，这种信息结构不依赖于具体的计算机系统，不是某一个 DBMS 支持的数据模型，而是概念级的模型；然后把概念模型转换为计算机上某 DBMS 支持的数据模型，这一过程如图 1-15 所示。

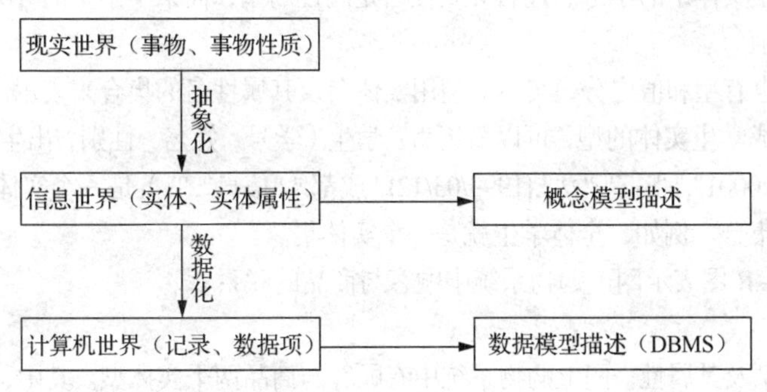

图 1-15　现实世界数据抽象图

1.6.3　概念模型的表示方法：实体-联系方法

概念模型是对信息世界建模，因此概念模型应该能够方便、准确地表示信息世界中的常用概念。实体-联系方法（Entity-Relationship Approach）是表示概念模型最常用的方法。该方法用 E-R 图（E-R Diagram）来描述现实世界的概念模型，也称 E-R 模型。

E–R 图提供了表示实体型、属性和联系的方法：

（1）实体型：用矩形表示，矩形内标明实体名称。

（2）属性：用椭圆表示，椭圆内标明属性名称，用无向线段将属性与实体连起来。

（3）联系：用菱形表示，菱形内标明联系名称，用无向线段与有关实体连接起来，并在无向线段上标明联系类型。

设计 E–R 模型的目标是有效和自然地模拟现实世界，而不是关心它在计算机中如何实现，因此 E–R 模型中只应包含那些对描述现实世界具有普遍意义的抽象概念。E–R 模型中的基本概念有实体、联系、属性等。

1. 实体（Entity）

客观存在并可相互区分的事物称为实体。它是信息世界的基本单位。实体既可以是人，也可以是物；既可以是实际对象，也可以是抽象对象；既可以是事物本身，也可以是事物与事物之间的联系。例如，一名学生、一名教师、一门课程、一支铅笔、一部电影、一个部门等都是实体。同类型的实体的集合称为实体集（Entity Set）。例如，一个学校的全体学生是一个实体集，而其中的每名学生都是实体集的成员。

2. 联系（Relationship）

联系是实体集之间关系的抽象表示，是对现实世界中事物之间关系的描述。例如，公司实体集与职工实体集之间存在“聘任”联系。实体集之间的联系可分为一对一联系（1∶1）、一对多联系（1∶n）和多对多联系（m∶n）三种。

3. 属性（Attribute）

描述实体的特性称为属性。一个实体可由若干属性来刻画。属性的组合表征了实体。例如，商品有商品代码、商品名称、单价、生产日期、进口否、商品外形等属性；铅笔有商标、软硬度、颜色、价格、生产厂家等属性。

唯一标识实体的一个属性集称为键。例如，学号是学生实体的键。属性的取值范围称为域。例如，学生实体中，性别属性的域为（男，女），年龄的域可定为 18～60。这里要注意区分属性的型与属性的值。例如，学生实体中的学号、姓名等属性名是属性的型，而某个学生的“0001”“张三”等具体数据则称为属性值。

相应地，实体也有型和值之分，实体的型用实体名及其属性名的集合来表示。例如，学生以及学生的属性名集合构成学生实体的型，可以简记为：学生（学号，姓名，性别，出生日期，籍贯，专业，是否团员），而（"0001","张三","女",{1999/03/12},"成都"","信息",.T.）是一个实体值。实体集实际上就是同类型实体的集合。例如，全体学生就是一个实体集。

【例 1-1】用 E–R 图表示网上购物系统中顾客与商品的联系。

绘图步骤：

（1）确定实体型及其属性。网上购物系统中有顾客与商品两个实体型。其中，顾客的属性有顾客 ID、密码、姓名和账户余额。商品的属性有商品 ID、商品名称、单价和库存量。分别用矩形和椭圆表示两个实体型及其属性。

（2）确定这两个实体型之间的联系为“购买”。购买后会有数量、时间和送货方式，分别用菱形和椭圆表示联系及其属性。

（3）对实体型和联系用连线组合，并标上联系的方式（m∶n）。最终得到网上购物系统中顾客与商品联系的 E–R 图（见图 1–16）。

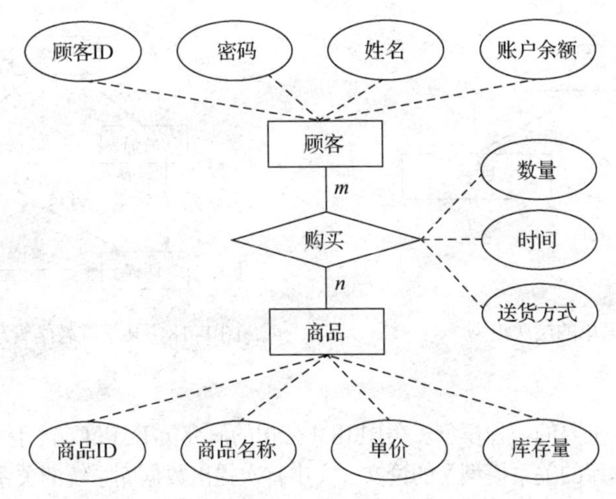

图 1-16 顾客与商品联系的 E-R 图

1.6.4 数据模型

目前最常用的数据模型有层次模型、网状模型和关系模型。其中层次模型和网状模型统称为非关系模型。

1. 层次模型

层次模型是数据库系统中最早出现的数据模型，它用树形结构表示各类实体以及实体间的联系。层次模型数据库系统的典型代表是 IBM 公司的 IMS（Information Management Systems）数据库管理系统，这是一个曾经广泛使用的数据库管理系统。

在数据库中，满足以下两个条件的数据模型称为层次模型：

（1）有且仅有一个结点无双亲，这个结点称为“根结点”。

（2）其他结点有且仅有一个双亲。

若用图来表示，则层次模型是一棵倒立的树。结点层次（Level）从根开始定义，根为第一层，根的孩子称为第二层，根称为其孩子的双亲，同一双亲的孩子称为兄弟。图 1-17 给出了一个简单的层次模型。

层次模型对具有一对多的层次关系的描述非常自然、直观、容易理解，这是层次数据库的突出优点。

2. 网状模型

在数据库中，满足以下两个条件的数据模型称为网状模型：

（1）允许一个以上的结点无双亲。

（2）一个结点可以有多于一个的双亲。

网状数据模型的典型代表是 DBTG 系统，也称 CODASYL 系统，它是 20 世纪 70 年代数据系统语言研究会（Conference On Data Systems Language，CODASYL）下属的数据库任务组（DataBase Task Group，DBTG）提出的一个系统方案。若用图表示，则网状模型是一个网络。图 1-18 所示为某学院教学管理系统的网状模型。

自然界中实体型间的联系更多的是非层次关系，用层次模型表示非树形结构是很不直接的，网状模型则可以克服这一弊病。

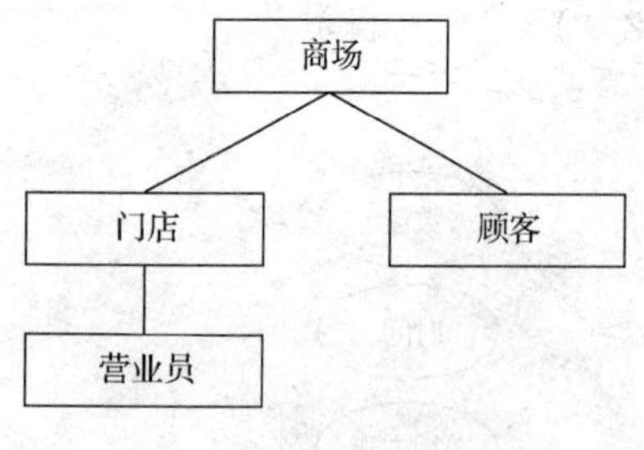

图 1-17　简单的层次模型

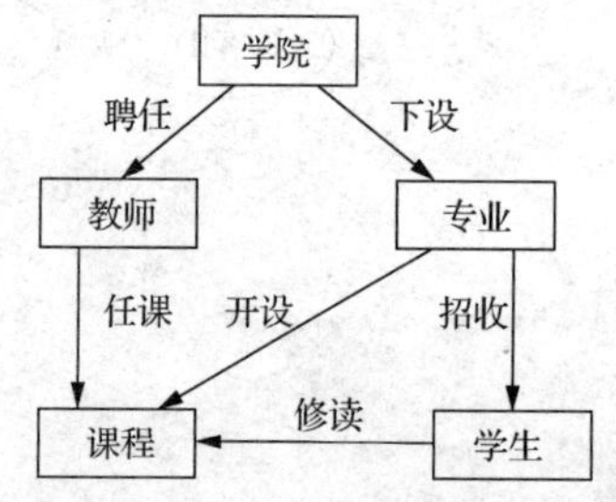

图 1-18　某学院教学管理系统的网状模型

3. 关系模型

关系模型是目前最重要的一种模型。美国 IBM 公司的研究员 E. F. Codd 于 1970 年发表题为《大型共享系统的关系数据库的关系模型》的论文，文中首次提出数据库系统的关系模型。20 世纪 80 年代以来，计算机厂商新推出的数据库管理系统几乎都支持关系模型，非关系系统的产品也大都加上了关系接口。数据库领域当前的研究工作都是以关系数据模型为基础的。本书的重点也将放在关系数据模型上。

1）关系数据模型的数据结构

一个关系模型的逻辑结构是一张二维表，它由行和列组成。每一行称为一个元组，每一列称为一个字段。

2）关系数据模型的数据操纵与完整性约束

关系数据模型的操纵主要包括查询、插入、删除和更新数据。这些操作必须满足关系的完整性约束条件。关系的完整性约束条件包括三大类：实体完整性、参照完整性和用户定义的完整性。其具体含义将在后面介绍。

3）关系数据模型的存储结构

在关系数据模型中，实体及实体间的联系都用表来表示。在数据库的物理组织中，表以文件形式存储，每一个表通常对应一种文件结构。

4）关系数据模型的优缺点

关系模型与非关系模型不同，它是建立在严格的数学概念基础上的。

关系模型的概念单一，无论实体还是实体之间的联系都用关系来表示，对数据的检索结果也是关系（即表），所以结构简单、清晰，用户易懂易用。

关系模型的存取路径对用户透明，从而具有更高的数据独立性和更好的安全保密性，也简化了数据库开发建立的工作。所以，关系数据模型诞生以后发展迅速，深受用户的喜爱。

当然，关系数据模型也有缺点，其中最主要的缺点是：由于存取路径对用户透明，查询效率往往不如非关系数据模型。因此，为了提高性能，必须对用户的查询请求进行优化，这增加了开发数据库管理系统的负担。

1.6.5　数据模型的组成要素

数据模型是实现数据抽象的工具。它决定了数据库系统的结构、数据定义语言和数据操纵语言、数据库设计方法、数据库管理系统软件的设计与实现。了解关于数据模型的基本概念是学习数据库的基础。

一般来说，数据模型是严格定义的概念集合。这些概念精确地描述系统的静态特性、动态特性和完整性约束条件。因此，数据模型通常由数据结构、数据操作和数据的完整性约束三个要素组成。

1. 数据结构

数据结构是研究存储在数据库中的对象类型的集合，这些对象类型是数据库的组成部分。例如，在网上购物系统中有顾客的基本情况（顾客 ID、密码、姓名和账户余额等），这些基本情况说明了每一个顾客的特性，构成在数据库中存储的框架，即对象类型。

顾客在购物时，一个顾客可以购买多种商品，一种商品也可以被多名顾客购买，这类对象之间存在着数据关联，这种数据关联也要存储在数据库中。

数据库系统是按数据结构的类型来组织数据的，因此数据库系统通常按照数据结构的类型来命名数据模型。如层次结构、网状结构和关系结构的模型分别命名为层次模型、网状模型和关系模型。由于采用的数据结构类型不同，通常把数据库分为层次数据库、网状数据库、关系数据库和面向对象数据库等。数据结构是对系统静态特性的描述。

2. 数据操作

数据操作是指对数据库中各种对象的实例允许执行的操作集合，包括操作和有关的操作规则，例如插入、删除、查询、更新等操作。数据模型要定义这些操作的确切含义、操作符号、操作规则以及实现操作的语言等。

数据操作是对系统动态特性的描述。

3. 数据的完整性约束

数据的完整性约束条件是完整性规则的集合，用以限定符合数据模型的数据库状态以及状态的变化，以保证数据的正确、有效和相容。数据模型中的数据及其联系都要遵循完整性规则的制约。例如，数据库的主键不能允许空值、每一个月的天数最多不能超过 31 天等。

另外，数据模型应该提供定义完整性约束条件的机制以反映某一个应用所涉及的数据必须遵守的、特定的语义约束条件。例如，在学生成绩管理中，本科生的累计成绩不得有三门以上不及格等。

数据模型是数据库技术的关键，以上三个方面的内容完整地描述了一个数据模型。

1.7 数据库技术的发展

从 20 世纪 60 年代中期产生到现在，数据库技术发展速度之快、使用范围之广是其他技术望尘莫及的。短短几十年间已从第一代的网状、层次数据库系统，第二代的关系数据库系统，发展到第三代以面向对象模型为主要特征的数据库系统。数据库技术与网络通信技术、人工智能技术、面向对象程序设计技术、并行计算技术等互相渗透、互相结合，成为当前数据库技术发展的主要特征。

数据库技术与其他学科的内容相结合，是新一代数据库技术的显著特征。在结合中涌现出各种新型的数据库，例如：

（1）数据库技术与分布处理技术相结合，出现了分布式数据库。

（2）数据库技术与并行处理技术相结合，出现了并行数据库。

（3）数据库技术与人工智能相结合，出现了演绎数据库、知识库和主动数据库。

（4）数据库技术与多媒体处理技术相结合，出现了多媒体数据库。

（5）数据库技术与模糊技术相结合，出现了模糊数据库。

1.7.1 分布式数据库

分布式数据库系统（Distributed DataBase System）中数据库的数据存储在物理上分布在计算机网络的不同计算机中，系统中每一台计算机被称为一个结点（或场地），在逻辑上属于同一个系统。例如，高校业务管理系统的一般结构如图 1-19 所示。

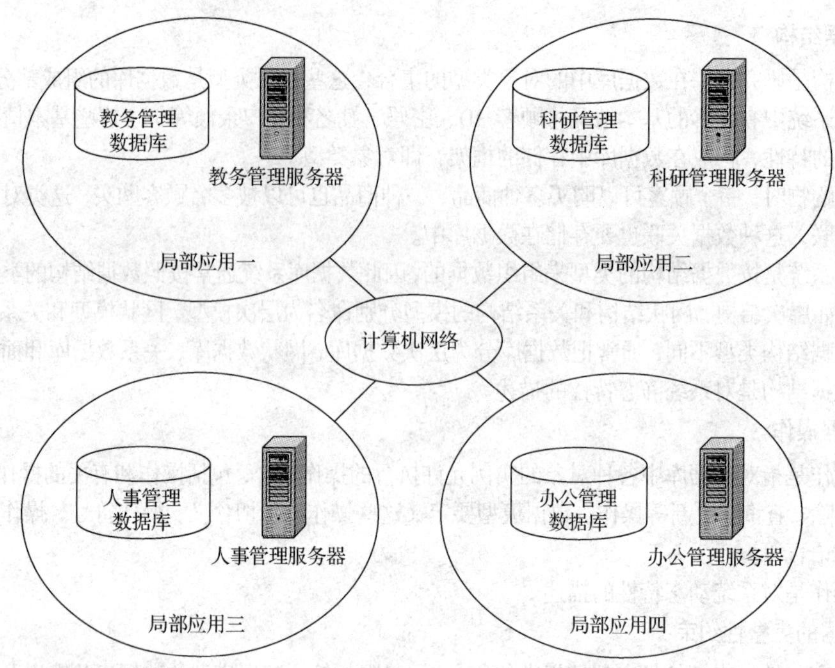

图 1-19　高校业务管理系统的一般结构

分布式数据库系统主要有数据的物理分布性、数据的逻辑整体性和结点的自主性等特点。

分布式数据库兴起于 20 世纪 70 年代，现已发展得相当成熟，其应用领域涵盖了 OLTP 应用、分布式计算、互联网上的应用以及数据仓库的应用。随着计算机网络的广泛普及，新的应用体现了开放性和分布性的特点。从简单的数据系统全球联网查询，逐渐地转向更具有分布式数据库系统特色的应用环境。因此，在当前基于网络，具有分布性、开放性特点的应用环境下，分布式数据库系统将具有更好的发展前景和更广泛的应用领域。

1.7.2　主动数据库系统

主动数据库系统（Active Database System）是指由数据库服务器监控数据库状态和操作，在状态改变时，或在对数据库操作时，根据不同的条件实时地触发响应，这些响应可以自动控制数据库的状态，可以根据权限和业务规则允许或禁止操作，可以根据状态的变化产生用户维护应用系统需要的信息等。这一系列过程遵循“事件—条件—动作”规则（Event-Condition-Action Rules）。这种规则在数据库中定义，存储在数据库中，与用户和应用无关，可以被应用程序共享，由服务器进行优化。

“事件—条件—动作”规则一般描述为：

```
On  event
If  condition
Then  action
```

这些规则也可以在客户端应用程序中定义，事实上最初始的数据库系统也是这样做的。但应用程序开发时不能从整体上考虑数据的一致性和完整性，可能会造成疏忽；不同开发人员考虑的角度不同，反而会人为造成数据的不一致，这也正是提出主动数据库系统的原因。因此，应用数据库系统的一致性和完整性应由数据库设计人员在数据库设计时就充分考虑，通过设计主动数据库系统，避免上述问题的产生。

1.7.3 多媒体数据库

多媒体数据库系统（Multi-media DataBase System，MDBS）是数据库技术与多媒体技术相结合的产物。在许多数据库应用领域中，都涉及大量的多媒体数据，这些与传统的数字、字符等格式化数据有很大的不同，都是一些结构复杂的对象。

1. 多媒体数据库的特点

（1）数据量大。格式化数据的数据量小，而多媒体数据量一般都很大，1 min 视频和音频数据就需要几十兆字节数据空间。

（2）结构复杂。传统的数据以记录为单位，一个记录由多个字段组成，结构简单，而多媒体数据种类繁多、结构复杂，大多是非结构化数据，来源于不同的媒体且具有不同的形式和格式。

（3）时序性。文字、声音或图像组成的复杂对象需要有一定的同步机制，如一幅画面的配音或文字需要同步，既不能超前也不能滞后，而传统数据无此要求。

（4）数据传输的连续性。多媒体数据如声音或视频数据的传输必须是连续、稳定的，不能间断，否则出现失真而影响效果。

2. 多媒体数据库系统的基本功能

从实际应用的角度考虑，多媒体数据库管理系统（MDBMS）应具有如下基本功能：

（1）应能够有效地表示多种媒体数据，对不同媒体的数据（如文本、图形、图像、声音等）能够按应用的不同，采用不同的表示方法。

（2）应能够处理各种媒体数据，正确识别和表现各种媒体数据的特征，各种媒体间的空间或时间关联。

（3）应能够像其他格式化数据一样对多媒体数据进行操作，包括对多媒体数据的浏览、查询检索，对不同的媒体提供不同的操纵，如声音的合成、图像的缩放等。

（4）应具有开放功能，提供多媒体数据库的应用程序接口等。

1.7.4 数据库技术的研究领域

数据库学科的研究范围是十分广泛的，概括地讲包括以下三个领域。

1. 数据库管理系统软件的研制

DBMS 是数据库系统的基础。DBMS 的研制包括研制 DBMS 本身及以 DBMS 为核心的一组相互联系的软件系统，包括工具软件和中间件。研制的目标是提高系统的可用性、可靠性、可伸缩性，提高性能和用户的生产率。

DBMS 核心技术的研究和实现是数据库领域所取得的主要成就。DBMS 是一个基础软件系统，它提供了对数据库中的数据进行存储、检索和管理的功能。

2. 数据库设计

数据库设计的主要任务是在 DBMS 的支持下，按照应用的要求，为某一部门或组织设计一个结构合理、使用方便、效率较高的数据库及其应用系统。其中主要的研究方向是数据库设计方法学和设计工具，包括数据库设计方法、设计工具和设计理论的研究，数据模型和数据建模的研究，计算机辅助数据库设计方法及其软件系统的研究，数据库设计规范和标准的研究等。

3. 数据库理论

数据库理论的研究主要集中于关系的规范化理论、关系数据理论等。近年来，随着人工智能与数据库理论的结合、并行计算技术等的发展，数据库逻辑演绎和知识推理、数据库中的知识发现（Knowledge Discovery from Database，KDD）、并行算法等成为新的理论研究方向。

计算机领域中其他新兴技术的发展对数据库技术产生了重大影响。数据库技术和其他计算机技术的互相结合、互相渗透，使数据库中新的技术内容层出不穷。数据库的许多概念、技术内容、应用领域，甚至某些原理都有了重大的发展和变化。建立和实现了一系列新型数据库系统，如分布式数据库系统、并行数据库系统、知识库系统、多媒体数据库系统等。它们共同构成了数据库系统大家族，使数据库技术不断地涌现新的研究方向。

小　结

本章介绍了数据管理概念、数据库系统及发展史、数据库系统的结构和数据库系统的组成；重点介绍了数据库管理系统和数据模型，并对数据库技术应用作了简要的阐述。

本章重要知识点为数据模型的概念、数据模型的分类、实体联系模型及E-R图、数据模型的组成要素等。

习　题　1

一、选择题

1. 数据库的三级模式之间存在的映像关系正确的是（　　）。

   A. 外模式/内模式　B. 外模式/模式　C. 外模式/外模式　D. 模式/模式

2. 数据库三级结构从内到外的三个层次为（　　）。

   A. 外模式、模式、内模式　B. 内模式、模式、外模式

   C. 模式、外模式、内模式　D. 内模式、外模式、模式

3. 下述关于数据库系统的正确叙述是（　　）。

   A. 数据库系统减少了数据冗余

   B. 数据库系统避免了一切冗余

   C. 数据库系统中数据的一致性是指数据类型一致

   D. 数据库系统比文件系统能管理更多的数据

4. 数据库系统和文件系统的主要区别是（　　）。

   A. 数据库系统复杂，而文件系统简单

   B. 文件系统不能解决数据冗余和数据独立性问题，而数据库系统能够解决

   C. 文件系统只能管理文件，而数据库系统还能管理其他类型的数据

   D. 文件系统只能用于小型、微型机，而数据库系统还能用于大型机

5. 数据库三级模式中，真正存在的是（　　）。

   A. 外模式　B. 子模式　C. 模式　D. 内模式

6. 关系数据库中的关键字是指（　　）。

   A. 能唯一决定关系的字段　B. 不可改动的专用保留字

   C. 关键的很重要的字段　D. 能唯一标识元组的属性或属性集合

7. 在数据库中存储的是（　　）。

   A. 数据　B. 数据模型

   C. 数据及数据之间的联系　D. 信息

8. 数据库的概念模型独立于（　　）。

A. 具体的机器和DBMS　　B. E-R图

C. 信息世界　　D. 现实世界

9. 在数据库系统阶段，数据是（　　）。

A. 有结构的　　B. 无结构的

C. 整体无结构，记录内有结构　　D. 整体结构化的

10. （　　）属于信息世界的模型，实际上是现实世界到机器世界的一个中间层次。

A. 数据模型　　B. 概念模型　　C. E-R图　　D. 关系模型

11. 数据库系统的数据独立性是指（　　）。

A. 不会因为数据的变化而影响应用程序

B. 不会因为系统数据存储结构与数据逻辑结构的变化而影响应用程序

C. 不会因为存储策略的变化而影响存储结构

D. 不会因为某些存储结构的变化而影响其他存储结构

12. 当数据库的（　　）改变了，由数据库管理员对（　　）映像作相应改变，可以使（　　）保持不变，从而保证了数据的物理独立性

（1）模式　（2）存储结构　（3）外模式/模式　（4）用户模式　（5）模式/内模式

A. （3）（1）（4）　　B. （1）（5）（3）

C. （2）（5）（1）　　D. （1）（2）（4）

13. 在数据库中，产生数据不一致的根本原因是（　　）。

A. 数据存储量太大　　B. 没有严格保护数据

C. 未对数据进行完整性控制　　D. 数据冗余

二、填空题

1. 数据管理技术经历了__________、__________、和__________三个阶段。

2. 数据库系统一般是由__________、__________、__________、__________和__________组成。

3. 数据库是长期存储在计算机内、有__________的、可__________的数据集合。

4. DBMS是指__________，它是位于__________和__________之间的一层管理软件。

5. 实体之间的联系可抽象为三类，它们是__________、__________和__________。

6. 由__________负责全面管理和控制数据库系统。

7. 数据库系统与文件系统的本质区别在于__________。

8. 数据库系统阶段的最大改进是__________。

9. 数据独立性又可分为__________和__________。

10. 根据数据模型的应用目的不同，数据模型分为__________、__________和__________。

11. 数据模型是由__________、__________和__________三部分组成的。

12. 按照数据结构的类型来命名，逻辑模型分为__________、__________和__________。

13. __________是对数据系统的静态特性的描述，__________是对数据库系统的动态特性的描述。

14. 关系数据库是采用__________作为数据的组织方式。

15. 数据库的模式有__________和__________两方面，前者直接与操作系统或硬件联系，后者是数据库数据的完整表示。

16. 外模式是__________的子集。

三、简答题

1. 试述数据、数据库、数据库系统、数据库管理系统的概念。

2. 使用数据库系统有什么好处？

3. 试述文件系统与数据库系统的区别和联系。

4. 举出适合用文件系统而不是数据库系统的例子；再举出适合用数据库系统的应用实例。

5. 试述数据库系统的特点。

6. 数据库管理系统的主要功能有哪些？

7. 试述数据模型的概念、数据模型的作用和数据模型的三个要素。

8. 试述概念模型的作用。

9. 定义并解释概念模型中的以下术语：

实体；实体型；实体集；属性；键；实体联系图（E-R 图）

10. 试给出三个实际部门的 E-R 图，要求实体型之间具有一对一、一对多、多对多各种不同的联系。

11. 试给出一个实际部门的 E-R 图，要求有三个实体型，而且三个实体型之间有多对多联系。三个实体型之间的多对多联系和三个实体型两两之间的三个多对多联系等价吗？为什么？

12. 学校中有若干系，每个系有若干班级和教研室，每个教研室有若干教员，其中有的教员指导若干学生；每个班有若干学生，每个学生选修若干课程，每门课程可由若干学生选修。请用 E-R 图画出此学校的概念模型。

13. 某工厂生产若干产品，每种产品由不同的零件组成，有的零件可用在不同的产品上。这些零件由不同的原材料制成，不同零件所用的材料可以相同。这些零件按所属的不同产品分别放在仓库中，原材料按照类别放在若干仓库中。请用 E-R 图画出此工厂产品、零件、材料、仓库的概念模型。

14. 试述层次模型的概念，举出两个层次模型的实例。

15. 试述关系数据模型的特点。

16. 试述数据库系统三级模式结构。这种结构的优点是什么？

第 2 章

关系数据库的基本理论与数据库设计

关系数据库系统是本书的重点，这是因为关系数据库系统是目前使用最广泛的数据库系统，20世纪70年代以后开发的数据库管理系统产品几乎都是基于关系的。关系数据库系统与非关系数据库系统的区别是：关系数据库系统只有“表”这一种数据结构；而非关系数据库系统还有其他数据结构，并且对这些数据结构有其他的操作。

本章系统讲解了关系数据库的重要概念，包括关系模型的数据结构、关系的操作以及关系的完整性。作为关系数据库系统，其应用已经渗透到社会的各个层面，企业信息管理系统大都是通过关系数据库对企业信息进行管理，而企业信息管理系统的设计关键是数据库设计。本章介绍了数据库设计的6个阶段，包括系统需求分析、概念结构设计、逻辑结构设计、物理设计、数据库实施、数据库运行与维护。对于每一阶段，都分别详细讨论了其相应的任务、方法和步骤。

2.1 关系模型的数据结构

关系模型的数据结构是一种二维表格结构。关系数据库所使用关系语言的特点是高度非过程化，即用户只需说明“做什么”而不必说明“怎么做”。用户不必请求数据库管理员为其建立特殊的存取路径，存取路径的选择是由DBMS自动完成的。这也是关系数据库的主要优点之一。

关系：一个关系对应一张二维表。例如，表2-1所示的商品信息记录表就是一个关系。

表 2-1 商品信息记录表

商 品 id	商品名称	商品类型	单价	库存量	销售量	图 片
0000000001	女裙	服装服饰	150	19	1	服装服饰\skirt1.jpg
0000000002	女裙	服装服饰	130	25	0	服装服饰\skirt2.jpg
0000000003	女裙	服装服饰	120	35	0	服装服饰\skirt3.jpg
0000000004	女裙	服装服饰	130	35	0	服装服饰\skirt4.jpg
0000000005	女裙	服装服饰	200	25	0	服装服饰\skirt5.jpg
0000000006	女鞋	服装服饰	200	34	1	服装服饰\shoes1.jpg
0000000007	T恤	服装服饰	30	55	0	服装服饰\Tshirt1.jpg
0000000008	T恤	服装服饰	30	45	0	服装服饰\Tshirt2.jpg
0000000009	T恤	服装服饰	30	45	0	服装服饰\Tshirt3.jpg
0000000010	T恤	服装服饰	30	45	0	服装服饰\Tshirt4.jpg
0000000011	哈尔斯真空吊带杯	日用百货	130	49	1	日用百货\哈尔斯真空吊带杯.jpg
0000000012	六神花露水	日用百货	13	20	0	日用百货\六神花露水.jpg

元组：图中的一行称为一个元组。表 2–1 中有 12 行，就有 12 个元组。

属性：图中的一列称为一个属性。表 2–1 中有 7 列，对应 7 个属性：商品 id、商品名称、商品类型、单价、库存量、销售量、图片。

键：表中的某个属性（组）。若它可以唯一确定一个元组，则称该属性组为“超键”；若超键中无多余属性（多余属性：除去该属性后，剩余的属性组仍然为超键），则称为“候选键”；若一个关系有多个候选键，则选定其中一个为主键。商品关系表中的主键为商品 ID。

域：属性的取值范围。如商品关系表的库存量为大于等于 0 的整数；商品类型的取值范围为该商场销售的商品类型。

分量：元组中的一个属性值。

关系模式：对关系的描述。一般表示为关系名（属性 1，属性 2，…，属性 n）。

关系模型要求关系必须是规范化的：最基本的条件就是，关系的每一个分量必须是一个不可分的数据项，即不允许表中还有表。在关系模型中基本的数据结构是二维表，由行和列组成。一张二维表称为一个关系。在关系模型中，实体和实体间的联系都是通过关系表示的。在二维表中存放了两类数据：实体本身的数据、实体间的联系。

2.1.1 关系的定义及相关概念

1. 关系的数学定义

定义 2.1 域是一组具有相同数据类型的值的集合。域中数据的个数称为域的基数。

例如，{1，3，5，7}，{整数}等都可以是域。

域被命名后用如下方法表示：

D_1 = {王丽，张娟，李婷 }，表示姓名的集合，基数是 3。

D_2 = {英语系，服装系}，表示系别的集合，基数是 2。

定义 2.2 给定一组域 D_1，D_2，…，D_i，…，D_n（可以有相同的域），则笛卡儿积定义为

$$D_1 \times D_2 \times \cdots \times D_i \times \cdots \times D_n = \{(d_1, d_2, \cdots, d_i, \cdots, d_n) \mid d_i \in D_i, i = 1, 2, \cdots, n\}$$

$D_1 \times D_2$ = {（王丽，英语系），（王丽，服装系），（张娟，英语系），（张娟，服装系），（李婷，英语系），（李婷，服装系）}

其中每个（d_1，d_2，…，d_i，…，d_n）叫做元组，元组中的每一个值 d_i 叫做分量，d_i 必须是 D_i 中的一个值。

显然，笛卡儿积的基数就是构成该积所有域的基数累乘积，若 D_i（i = 1，2，…，n）为有限集合，其基数为 m_i（i = 1，2，…，n），则 $D_1 \times D_2 \times \cdots \times D_i \times \cdots \times D_n$ 笛卡儿积的基数 M 为：

$$M = m_1 \times m_2 = 3 \times 2 = 6$$

即该笛卡儿积共有 6 个元组，它可组成一张二维表。

定义 2.3 笛卡儿积 $D_1 \times D_2 \times \cdots \times D_i \times \cdots \times D_n$ 的子集 R 称为在域 D_1，D_2，…，D_i，…，D_n 上的关系，记作 R（D_1，D_2，…，D_i，…，D_n）。其中，R 为关系名，n 为关系的度或目（Degree），D_i 是域组中的第 i 个域名。

当 n=1 时，称该关系为单元关系；当 n=2 时，称该关系为二元关系。依此类推，关系中有 n 个域，称该关系为 n 元关系。

2. 关系中涉及的相关概念

(1)属性(Attribute):列的名字。

(2)超键:若关系中的某一属性组的值能唯一地标识一个元组,则称该属性组为超键(Super Key)。

(3)候选键:无多余属性的超键为候选键(Candidate Key)。多余属性指除去该属性后,剩余的属性组仍然为超键。

(4)主键:若一个关系有多个候选键,则选定其中的一个为主键(Primary Key)。

(5)主属性:候选键的诸属性为主属性(Prime Attribute)。

(6)非主属性:不包含在任何候选键中的属性称为非主属性。

(7)全键:关系模式的所有属性组是这个关系模式的候选键,称为全键(All-key)。

3. 关系分类

一般来说,关系可以分为三种类型:基本关系、查询表和视图表。

(1)基本关系(又称基本表):是实际存在的表,它是实际存储数据的逻辑表示。

(2)查询表:是对基本表进行查询后得到的结果表。

(3)视图表:是由基本表或其他视图导出的表,是一个虚表,不对应实际存储的数据。

2.1.2 关系的性质

关系是一种规范化了的二维表中行的集合。为了使相应的数据操作简化,在关系模型中对关系进行了限制,因此关系具有以下6条性质:

(1)列是同质的,即每一列中的分量是同一类型的数据,来自同一个域。

(2)关系中的任意两个元组不能相同。

(3)关系中不同的列可以来自相同的域,但每一列必须有不同的属性名。

(4)关系中列的顺序可以任意互换,不会改变关系的意义。

(5)行的次序和列的次序一样,也可以任意交换。

(6)关系中每一个分量都必须是不可分的数据项,元组分量具有原子性。

2.1.3 关系模式

在数据库中要区分型和值的概念。关系数据库中,关系模式是型,关系是值。关系模式是对关系的描述,而在关系模型中最主要的组成成分是关系。关系模式常记为:关系模式名(属性名1,属性名2,…,属性名n)。

例如:

顾客(顾客id,密码,类型,姓名,账户余额)

商品(商品id,商品名称,商品类型,单价,库存量,销售量,图片)

购物(订单id,顾客id,商品id,数量,订单时间,送货方式)

分别表示“顾客”关系模式、“店员”关系模式、“购物”关系模式。

关系实际上就是关系模式在某一时刻的状态或内容。也就是说,关系模式是型,关系是它的值。关系模式是静态的、稳定的;而关系是动态的、随时间不断变化的,因为关系操作在不断地更新着数据库中的数据。但在实际应用当中,常常把关系模式和关系统都称为关系,如表2-1~表2-3所示。

表 2-2 顾客关系

顾客 id	密 码	类 型	姓 名	账户余额
admin	admin	管理员		0
test	test	顾客	王燕	9650
毛毛熊	test	顾客	闫弘	9760
小鱼菁菁	test	顾客	黄贺	9942
樱桃	test	顾客	李洋	7355

表 2-3 订单关系

订 单 id	顾 客 id	商 品 id	数 量	订单时间	送货方式
0000000001	test	0000000001	1	2018-7-23	快递
0000000002	test	0000000006	1	2018-7-23	快递
0000000003	test	0000000011	1	2018-7-23	快递
0000000004	毛毛熊	0000000006	1	2018-7-23	快递

每一个关系模式都必须命名，且同一系数据模型中的关系模式名不允许相同。

每一个关系模式都是由一属性组成，关系模式的属性名通常取自相关实体类型的属性名。

2.1.4 关系数据库及其特点

1. 关系数据库

基于关系模型的数据库称为关系数据库，它是一些相关的表和其他数据库对象的集合。

在关系数据库中，信息存放在二维表格结构的表（Table）中。一个关系数据库中包含多个表，每一个表由多个行（记录）和多个列（字段）组成。表与表之间通过主键和外键建立联系。

主键：在一个数据库的一个表中，有且仅有一个主键，不允许为空值且值必须保持唯一性。

外键：当表 A 中的主键同时出现在表 B 中，该列称为表 B 的外键，外键值不要求唯一。

2. 关系数据库的特点

关系数据库具有如下特点：

（1）操作方便：通过应用程序和后台连接，方便了用户对数据的操作，特别是没有编程基础的用户。

（2）易于维护：丰富的完整性大大降低了数据的冗余和数据不一致的概率。

（3）便于访问数据：提供了视图、存储过程、触发器、索引等数据库对象。

（4）更安全和快捷：应用程序可以通过多级安全检查来限制对数据库中数据的访问。

2.1.5 关系数据结构设计

第 1 章所讲的数据库的概念模型，是通过 E-R 图来描述现实世界的信息结构，是构造数据模型的依据，属于概念模型。关系数据库结构设计是指把概念模型转换为具体 DBMS 能处理的数据模型，是数据库的逻辑设计。不同的数据模型，其转换规则不同。相互关联的关系模式的集合构成一个关系模型，从 E-R 模型向关系模型转换时，所有实体和联系都要转换成相应的关系模式。

从 E-R 图出发导出系模型数据结构有两个原则：

（1）对 E–R 图中的每个“实体集”，都应转换成一个关系，该关系内至少要包含对应实体的主要属性，并应根据关系所表达的语义确定哪个属性或哪几个属性组作为“主键”。主键用来标识实体。

（2）对 E–R 图中的“联系”，要根据实体联系的方式，采取不同的方法加以处理，有时需把“联系”自身用一个关系来表示，有时则无须专门用一个关系表示“联系”，而是把“联系”纳入表示实体的关系中。不同联系方式的 E–R 图转换成关系数据结构时，应该遵循下面三个规则。

① 两实体集间 1：n 联系。两实体集间 1：n 联系，可将“1 方”实体的主关键字纳入“n 方”实体集对应的关系中作为“外部关键字”，同时把联系的属性一并纳入“n 方”对应的关系中。

【例 2–1】导出图 2–1 所示商店与店员联系的关系数据结构。

图 2–1 所示的 E–R 图中，存在两个实体，实体的关系模式如下：

商店（商店名，店址，店长）

店员（工号，姓名，专业，年薪，商店名）

因为该 E–R 图为 1：n 关系，所以应将联系“聘任”的属性“年薪”并入“n 端”店长关系中，同时将“1 端”的主键“商店名”也并入到“n 端”店员关系中。创建好的数据结构如图 2–1 所示。

② 两实体集间 m：n 联系。对于两实体集间 m：n 联系，必须对“联系”单独建立一个关系，而且联系关系的属性至少要包括被它所联系的双方实体集的“主键”，如果联系有属性，也要归入这个关系中。

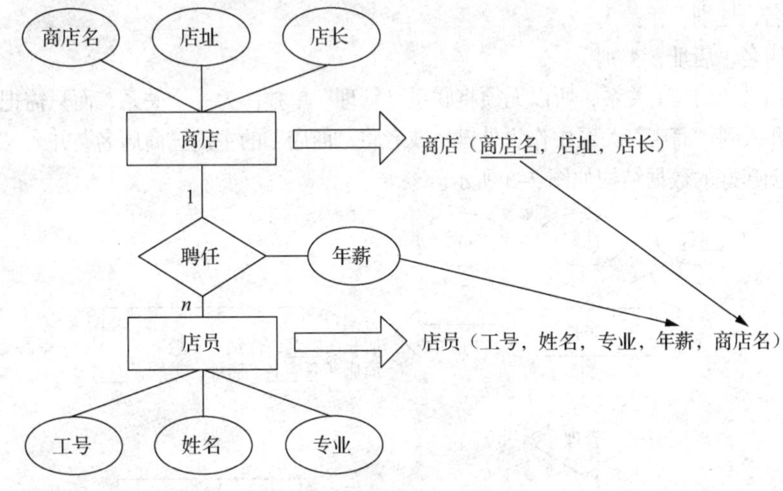

图 2–1　商店与店员联系的 E–R 图和关系数据结构

【例 2–2】导出图 2–2 所示顾客与商品联系的关系数据结构。

图 2–2 所示的 E–R 图中，存在两个实体，实体的关系模式如下：

顾客（顾客 id，密码，类型，姓名，账户余额）

商品（商品 id，商品名称，单价，库存量）

因为该 E–R 图为 m：n 关系，所以应将联系“购买”单独作为一个关系——订单，而“顾客”的主键“顾客 id”并入“订单”关系中作为外键，同时将商品的主键“商品 id”也并入“订单”关系中。创建好的数据结构为：

订单（顾客 id，商品 id，数量，时间，送货方式）

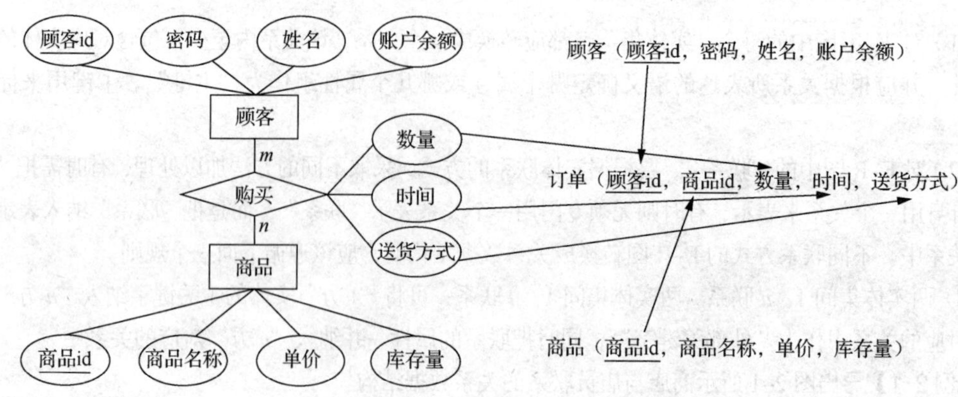

图 2-2　顾客与商品联系的 E-R 图和关系数据结构

③ 两实体集间 1 : 1 联系。假设 A 实体集与 B 实体集是 1 : 1 的联系，联系的转换有三种方法。

方法 1：把 A 实体集的主关键字加入到 B 实体集对应的关系中，如果联系有属性也一并加入。

方法 2：把 B 实体集的主关键字加入到 A 实体集对应的关系中，如果联系有属性也一并加入。

方法 3：建立第三个关系，关系中包含两个实体集的主关键字，如果联系有属性也一并加入。

对于方法 3，由于要为联系建立新的关系，从简便的角度考虑一般不采用，只采用方法 1 和方法 2。

【例 2-3】 导出图 2-3 所示店长与商店联系的关系数据结构。

图 2-3 所示的 E-R 图中，存在两个实体，实体的关系模式如下：

店长（姓名，性别，年龄）

商店（商店名，店址，类别）

因为该 E-R 图为 1 : 1 关系，所以无须将联系“管理”单独作为一个关系，而只需把“店长”的主键“姓名”并入到“商店”关系中作为外键，或者将“商店”的主键“商店名”并入“店长”关系中作为外键。创建好的数据结构如图 2-3 所示。

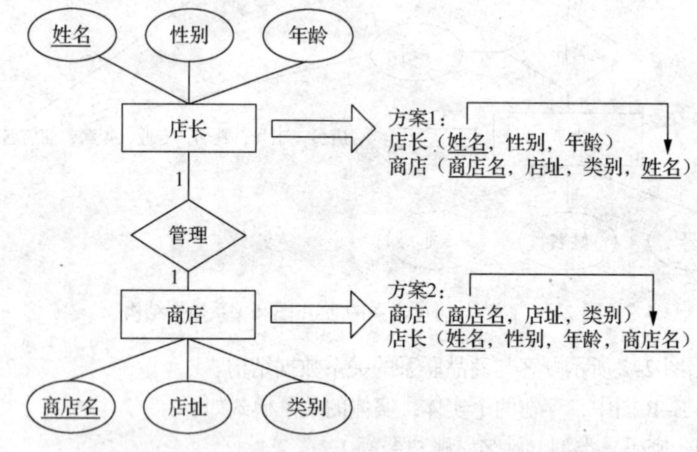

图 2-3　店长与商店联系的 E-R 图和关系数据结构

2.1.6　关系模型的体系结构

关系模型基本上遵循数据库的三级体系结构：关系概念模式、关系内模式和关系外模式。

（1）关系概念模式。一个关系模式对应一个二维表框架。关系概念模式是由若干关系模式组成的集合，描述关系数据库中全部数据的整体逻辑结构。

例如，网上购物系统数据库中有顾客关系模式、商品关系模式和订单关系模式三个关系模式：

顾客（顾客 id，密码，类型，姓名，地址，电话，邮箱，账户余额）

商品（商品 id，商品名称，商品类型，单价，库存量，销售量，图片）

订单（订单 id，顾客 id，商品 id，数量，订单时间，送货方式，付款情况，订单情况）

这三个关系模式集就构成了网上购物系统数据库的概念模式。

（2）关系外模式。关系外模式是关系概念模式的一个逻辑子集，描述关系数据库中数据的局部逻辑结构。通过关系运算可从一个关系概念模式中导出多个关系外模式。

例如，从网上购物系统数据库的概念模式导出顾客购买商品信息模式：

订单（顾客 id，商品 id，数量，时间，送货方式）

该模式就是网上购物系统数据库的外模式。

（3）关系内模式。关系存储时的基本组织方式是文件，一个关系对应一个文件。总的来说，关系数据库的内模式是一组数据文件（包括索引等）的集合。

2.2 关系数据库基本理论

2.2.1 函数依赖

1. 函数依赖的概念

定义 2.4 设 $R(U)$ 是一个关系模式，U 是 R 的属性集合，X 和 Y 是 U 的子集。对于 $R(U)$ 的任意一个可能的关系 r，如果 r 中不存在两个元组，它们在 X 上的属性值相同，而在 Y 上的属性值不同，则称 X 函数确定 Y 或 Y 函数依赖于 X，记作 $X \to Y$。

注意

（1）函数依赖不是指关系模式 R 的某个或某些关系实例满足的约束条件，而是指 R 的所有关系实例均要满足的约束条件。

（2）函数依赖是语义范畴的概念，只能根据数据的语义来确定函数依赖。

（3）$X \to Y$，但 Y 不为 X 的子集，则称 $X \to Y$ 是非平凡函数依赖。$X \to Y$，但 Y 为 X 的子集，则称 $X \to Y$ 是平凡函数依赖。若不特别声明，则指非平凡函数依赖。

（4）若 $X \to Y$，则 X 称为这个函数依赖的决定属性集。

（5）若 $X \to Y$，并且 $Y \to X$，则记为 $X \leftarrow\to Y$。

（6）若 Y 不函数依赖于 X，则记为 X -\→ Y。

2. 完全函数依赖与部分函数依赖

定义 2.5 在关系模式 $R(U)$ 中，如果 $X \to Y$，并且对于 X 的任何一个真子集 X'，都有 $X' \to Y$，则称 Y 完全函数依赖于 X，记作 X f Y。若 $X \to Y$，但 Y 不完全函数依赖于 X，称 Y 部分函数依赖于 X，记作 X P Y。

例如，在订单关系 orders（订单 id，顾客 id，商品 id，数量，订单时间，送货方式，付款情况，订单情况）中，商品数量由顾客 id 和商品 id 共同决定，代表该顾客的一次购买情况，所以函数依赖为：（顾客 id，商品 id）→数量，但是，单独由顾客 id 不能决定购买某一种商品的数量，单独由商品 id 也不能决定某个顾客的购买商品的数量。

3. 传递函数依赖

定义 2.6 在关系模式 $R(U)$ 中，而 X、Y、Z 是 R 的三个不同属性的子集，如果有 $X \to Y$，$Z - Y \neq f$，$Y \to Z$，而 X 不函数依赖于 Y，则称 Z 传递函数依赖于 X。

例如，在关系 PRODUCT（商品号 PID，商品名称 PNAME，商品类型 PTYPE，单价 PRICE，库存量 STOCK，销售量 SALE，简介 PROFILE，图片 PICTURE）中，商品号 PID 决定商品名称 PNAME，即 PID→PNAME，商品名称 PNAME 决定商品价格 PRICE，即 PNAME→PRICE，则 PRICE 传递函数依赖于 PID。

2.2.2 关系的规范化和范式

将结构复杂的关系分解成结构简单的关系，转变不好的关系数据库模式为好的关系数据库模式，即为关系的规范化。规范化的基本思想是消除关系模式中的数据冗余，消除数据依赖中不规范的部分，解决数据插入、删除时发生的异常现象。

范式是符合某一种级别的关系模式的集合。

关系数据库中的关系必须满足一定的要求。满足的要求不同，则范式不同。

范式的概念最早是由 E. F. Codd 提出的，他从 1971 年相继提出了三级规范化形式，即满足最低要求的第一范式（1NF），在 1NF 基础上又满足某些特性的第二范式（2NF），在 2NF 基础上再满足一些要求的第三范式（3NF）。1974 年，E. F. Codd 和 Boyce 共同提出了一个新的范式概念，即 Boyce-Codd 范式，简称 BC 范式（BCNF）。1976 年 Fagin 提出了第四范式（4NF），后来又有人定义了第五范式（5NF）。至此，在关系数据库规范中建立了一个范式系列：1NF、2NF、3NF、BCNF、4NF 和 5NF。

通常把某一关系模式 R 为第 n 范式简记为 $R \in n$NF。

1. 1NF

定义 2.7 如果一个关系模式的所有属性都是不可分的基本数据，则 $R \in$ 1NF。

任何一个关系模式都是 1NF，不满足第一范式的数据库模式不能称为关系数据库。

满足第一范式的关系模式不一定是一个好的关系模式。如关系模式顾客 USERS（顾客编号 UID，密码 UPASSWORD，类型 UTYPE，姓名 UNAME，地址 UADDR，电话 UTEL，邮箱 UEMAIL，账户余额 UACCOUNT）。USERS 满足第一范式，每个属性都不可分。

所谓第一范式，是指数据库表的每一列都是不可分割的基本数据项，同一列中不能有多个值，即实体中的某个属性不能有多个值或者不能有重复的属性。如果出现重复的属性，就可能需要定义一个新的实体，新的实体由重复的属性构成，新实体与原实体之间为一对多关系。在第一范式中表的每一行只包含一个实例的信息。简而言之，第一范式就是无重复的列。

说明

在任何一个关系数据库中，第一范式是对关系模式的基本要求，不满足第一范式的数据库就不是关系数据库。

2. 2NF

定义 2.8 若关系模式 $R \in$ 1NF，并且每一个非主属性都完全函数依赖于 R 的候选键，则 $R \in$ 2NF。

2NF 不允许关系模式的属性之间有这样的函数依赖：$X \to Y$，其中 X 是候选键的真子集，Y 是非主属性。显然，候选键只包含一个属性的关系模式，如果属于 1NF，那么它一定属于 2NF。

第二范式是在第一范式的基础上建立起来的，即满足第二范式必须先满足第一范式。第二范式要求数据库表中的每个实例或行必须可以被唯一区分。为实现区分通常需要为表加上一个列，以存储各个实例的唯一标识。例如，顾客关系表中加上了顾客编号（UID）列，因为每个顾客的编号是唯一的，因此每个员工可以被唯一区分。这个唯一属性列被称为主关键字或主键、主码。

第二范式要求实体的属性完全依赖于主关键字。所谓完全依赖是指不能存在仅依赖主关键字一部分的属性，如果存在，那么这个属性和主关键字的这一部分应该分离出来形成一个新的实体，新实体与原实体之间是一对多的关系。为实现区分通常需要为表加上一个列，以存储各个实例的唯一标识。简而言之，第二范式就是属性完全依赖于主键。

3. 3NF

定义 2.9 如果关系模式 $R<U, F>$ 中不存在候选键 X、属性组 Y 以及非主属性 Z（$Z \not\subseteq Y$），使得 $X \to Y$（$Y \not\to X$），$Y \to Z$ 成立，则 $R \in$ 3NF。

由定义 2.10 可以证明，若 $R \in$ 3NF，则 R 的每一个非主属性既不部分函数依赖于候选键，也不传递函数依赖于候选键。显然，如果 $R \in$ 3NF，则 R 也是 2NF。

满足第三范式必须先满足第二范式。简而言之，第三范式要求一个数据库表中不包含已在其他表中已包含的非主关键字信息。例如，商品信息表中每个商品有商品编号（PID）、名称（PNAME）、商品简介（PROFILE）等信息。那么在订单关系表中列出商品编号后就不能再将商品名称、商品简介等与商品有关的信息再加入订单关系表中。如果不存在商品信息表，则根据第三范式也应该构建它，否则就会有大量的数据冗余。简而言之，第三范式就是属性不依赖于其他非主属性。

4. BCNF

BCNF 比 3NF 又进了一步，通常认为 BCNF 是修正的第三范式，有时也称扩充的第三范式。

定义 2.10 设关系模式 $R<U, F> \in$ 1NF。若 $X \to Y$ 且 $Y \not\subseteq X$ 时 X 必含有候选键，则 $R<U, F> \in$ BCNF。

也就是说，关系模式 $R<U, F>$ 中，若每一个决定因素都包含候选键，则 $R<U, F> \in$ BCNF。

由 BCNF 的定义可以得到结论，一个满足 BCNF 的关系模式有：

（1）所有非主属性对每一个候选键都是完全函数依赖。

（2）所有主属性对每一个不包含它的候选键是完全函数依赖。

（3）没有任何属性完全函数依赖于非候选键的任何一组属性。

5. 4NF

多值依赖对关系模式会产生怎样的影响呢？研究下面的关系模式 R={仓库（W），保管员（S），商品（C）}，假定每个仓库有若干保管员、若干商品，每个保管员保管所在仓库的所有商品，每种商品被所在仓库的所有保管员保管。

可以看出，对于此关系模式上的实例 r，满足 $W \to S$ 及 $W \to C$，即某仓库 W_i 中有 n 个保管员及 m 种商品，则 W 属性值为 W_i 的元组在数据库表中必有 $m \times n$ 个，这样 r 中的数据冗余仍十分可观。为了进一步减少冗余，引入划分更为细致、限制条件更加严格的范式，即 4NF。

6. 关系模式的规范化

规范化的基本思想是逐步消除数据依赖中不合适的部分，使模式中的各关系模式达到某种程度的“分离”，即“一事一地”的模式设计原则。

通过对关系模式进行规范化，可以逐步消除数据依赖中不合适的部分，使关系模式达到更高的规范化程度。关系模式的规范化过程是通过对关系模式的分解来实现的，即把低一级的关系模式分解为若干高一级的关系模式。关系模式的规范化过程如图 2-4 所示。

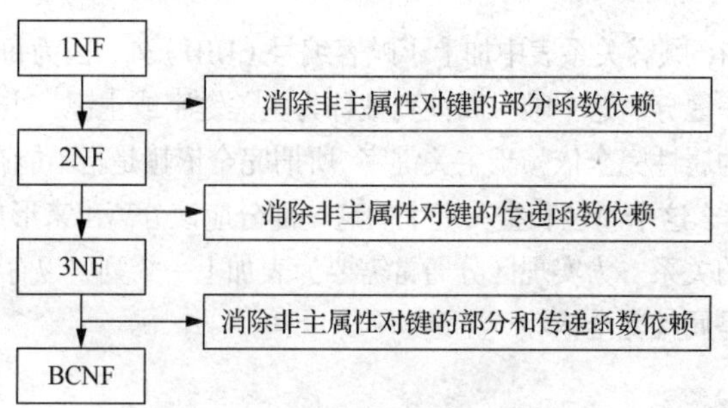

图 2-4　关系模式的规范化过程

2.3　关系的完整性

2.3.1　主键

能唯一标识关系中元组的属性或属性集，且无多余属性的，称为候选键（Candidate Key）。如："顾客关系"中的顾客 ID 能唯一标识每一个顾客，则属性顾客 ID 是顾客关系的候选键。

在"订单关系"中，只有属性的组合"顾客 ID+商品 ID"才能唯一地区分每一条订单记录，则属性集"顾客 ID+商品 ID"是订单关系的候选键。

下面给出候选键的形式化定义：

设关系 R 有属性 A_1，A_2，…，A_n，其属性集 K=（A_i，A_j，…，A_k），当且仅当满足下列条件时，K 被称为候选键：

（1）唯一性（Uniqueness）：关系 R 的任意两个不同元组，其属性集 K 的值是不同的。

（2）最小性（Minimally）：组成关系键的属性集（A_i，A_j，…，A_k）中，任一属性都不能从属性集 K 中删掉，否则将破坏唯一性。

例如，"顾客关系"中的每个顾客的 ID 是唯一的，"订单关系"中"顾客 ID+商品 ID"的组合也是唯一的。对于属性集"顾客 ID+商品 ID"，去掉任一属性，都无法唯一标识订单记录。

如果一个关系中有多个候选键，可以从中选择一个作为查询、插入或删除元组的操作变量，被选用的候选键称为主键（Primary Key）。主键是关系模型中的一个重要概念。每个关系必须选择一个主键，选定以后，不能随意改变。每个关系必定有且仅有一个主键，因为关系的元组无重复，至少关系的所有属性的组合可作为主键，通常用较小的属性组合作为主键。

2.3.2　外键

外键（Foreign key）是一个表中的一个属性或属性组，它们在其他表中作为主键而存在。一个表中的外键被认为是对另外一个表中主键的引用。

实体完整性原则简洁地表明主键不能全部或部分地空缺或为空；引用完整性原则简洁地表明一个外键必须为空或者与它所引用的主键当前存在值相一致。

如果关系 R_2 的一个或一组属性 X 不是 R_2 的主键，而是另一关系 R_1 的主键，则该属性或属性组 X 称为关系 R_2 的外键。并称关系 R_2 为参照关系（Referencing Relation），关系 R_1 为被参照关系（Referenced Relation）。

外键的作用：保持数据一致性、完整性，主要目的是控制存储在外键表中的数据，使两张表形成关联。外键只能引用外表中的列的值。

例如：a、b 两个表，a 表中存有客户号、客户名称，b 表中存有每个客户的订单；有了外键后，只能在确信 b 表中没有客户 x 的订单后，才可以在 a 表中删除客户 x。

建立外键的前提：本表的列必须与外键类型相同（外键必须是被引用表的主键）。

指定主键关键字：Foreign Key（列名）；

引用外键关键字：References <外键表名>（外键列名）；

事件触发限制：on delete 和 on update，可设参数 cascade（跟随外键改动）、restrict（限制外表中的外键改动）、set Null（设空值）、set Default（设默认值）、[默认]no action。

建立主键应该遵循以下原则：

（1）主键应当是对用户没有意义的。如果用户看到了一个表示多对多关系的连接表中的数据，并抱怨它没有什么用处，那就证明它的主键设计得很好。

（2）主键应该是单列的，以便提高连接和筛选操作的效率。

（3）永远不要更新主键。实际上，因为主键除了唯一地标识一行之外，再没有其他用途了，所以也就没有理由去对它更新。如果主键需要更新，则说明主键应对用户无意义的原则被违反了。

（4）主键不应包含动态变化的数据，如时间戳、创建时间列、修改时间列等。

（5）主键应当由计算机自动生成。如果由人来对主键的创建进行干预，就会使它带有除了唯一标识一行以外的意义。一旦越过这个界限，就可能产生人为修改主键的动机，这样，这种系统用来连接记录行、管理记录行的关键手段就会落入不了解数据库设计的人的手中。

一个表中只能有一个主键。如果在其他字段上建立主键，则原来的主键就会取消。主键的值不可重复，也不可为空（NULL）。

2.3.3 关系的完整性规则

关系模型的完整性规则是对关系的某种约束条件。

关系模型中可以有三类完整性约束：实体完整性、参照完整性和用户定义完整性。

1. 实体完整性（Entity Integrity）

实体完整性是指主关系键的值不能为空或部分为空。

2. 参照完整性（Referential integrity）

如果关系 R_2 的外部关系键 X 与关系 R_1 的主关系键相符，则 X 的每个值或者等于 R_1 中主关系键的某一个值，或者取空值。

3. 用户自定义完整性

用户自定义完整性是针对某一具体关系数据库的约束条件。它反映某一具体应用所涉及的数据必须满足的语义要求。

2.4 数据库系统的设计方法

数据库设计的主要任务是在 DBMS 的支持下，按照应用的要求，为某一部门或组织设计一个结构合理、使用方便、效率较高的数据库及其应用系统。其中主要的研究方向包括数据库设计方法、设计工具和设计理论的研究，数据模型和数据建模的研究，计算机辅助数据库设计方法及其软件系统的研究，数据库设计规范和标准的研究等。

数据库技术是信息资源开发、管理和服务最有效的手段，因此数据库的应用范围越来越广，从小型的事务处理系统到大型的信息系统，大都利用了先进的数据库技术来保持系统数据的整体性、完整性和共享性。目前，数据库的建设规模、信息量大小和使用频度已成为衡量一个国家信息化程度的重要标志之一。这就使如何科学地设计与实现数据库及其应用系统成为日益引人注目的课题。

大型数据库设计是一项庞大的工程，其开发周期长、耗资多。它要求数据库设计人员既要具有坚实的数据库知识，又要充分了解实际应用对象。所以可以说数据库设计是一项涉及多学科的综合性技术。设计出一个性能较好的数据库系统并不是一件简单的工作。

2.4.1 数据库系统设计的内容

数据库设计的任务是在 DBMS 的支持下，按照应用的要求，为某一部门或组织设计一个结构合理、使用方便、效率较高的数据库及其应用系统。

数据库设计应包含两方面的内容：一是结构设计，也就是设计数据库框架或数据库结构；二是行为设计，即设计应用程序、事务处理等。

设计数据库应用系统，首先应进行结构设计。一方面，数据库结构设计得是否合理，直接影响系统中各个处理过程的性能和质量。另一方面，结构特性不能与行为特性分离。静态的结构特性的设计与动态的行为特性的设计分离，会导致数据与程序不易结合，增加数据库设计的复杂性。

2.4.2 数据库系统设计的基本方法

目前常用的各种数据库设计方法大部分属于规范设计法，即都是运用软件工程的思想与方法，根据数据库设计的特点，提出各种设计准则与设计规范。这种工程化的规范设计方法也是在目前技术条件下设计数据库的最实用方法。

在规范设计中，数据库设计的核心与关键是逻辑数据库设计和物理数据库设计。逻辑数据库设计是根据用户要求和特定数据库管理系统的具体特点，以数据库设计理论为依据，设计数据库的全局逻辑结构和每个用户的局部逻辑结构。物理数据库设计是在逻辑结构确定之后，设计数据库的存储结构及其他实现细节。

规范设计在具体使用中又可以分为两类：手工设计和计算机辅助数据库设计。按规范设计法的工程原则与步骤手工设计数据库，其工作量较大，设计者的经验与知识在很大程度上决定了数据库设计的质量。计算机辅助数据库设计可以减轻数据库设计的工作强度，加快数据库设计速度，提高数据库设计质量。但目前计算机辅助数据库设计还只是在数据库设计的某些过程中模拟某一规范设计方法，并以人的知识或经验为主导，通过人机交互实现设计中的某些部分。

2.4.3 数据库系统设计的基本步骤

通过分析、比较与综合各种常用的数据库规范设计方法，可以将数据库设计分为 6 个阶段，如图 2–5 所示。

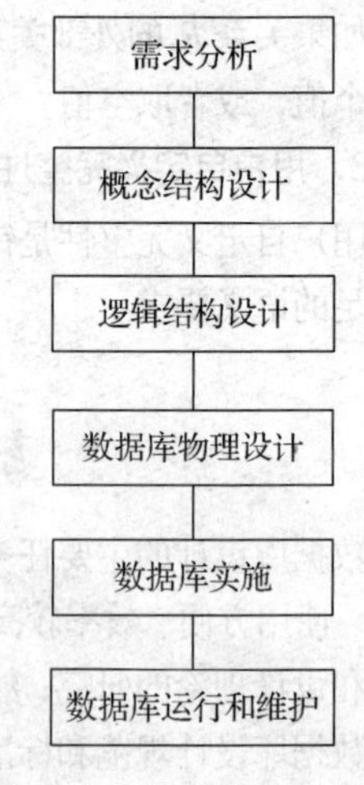

图 2–5　数据库设计的步骤

1. 需求分析

进行数据库设计首先必须准确了解与分析用户需求（包括数据与处理）。需求分析是整个设计过程的基础，是最困难、最耗费时间的一步。需求分析的结果是否准确地反映了用户的实际要求，将直接影响后面各个阶段的设计，并影响设计结果是否合理和实用。

2．概念结构设计

准确抽象出现实世界的需求后，应该考虑如何实现用户的这些需求。由于数据库逻辑结构依赖于具体的DBMS，直接设计数据库的逻辑结构会增加设计人员对不同数据库管理系统的数据库模式的理解负担，因此，在将现实世界需求转化为机器世界的模型之前，先以一种独立于具体数据库管理系统的逻辑描述方法来描述数据库的逻辑结构，即设计数据库的概念结构。概念结构设计是整个数据库设计的关键。

3．逻辑结构设计

逻辑结构设计是将抽象的概念结构转换为所选用的DBMS支持的数据模型，并对其进行优化。

4．数据库物理设计

数据库物理设计是为逻辑数据模型选取一个最适合应用环境的物理结构（包括存储结构和存取方法）。

5．数据库实施

在数据库实施阶段，设计人员运用DBMS提供的数据语言及其宿主语言，根据逻辑设计和物理设计的结果建立数据库，编制与调试应用程序，组织数据入库，并进行试运行。

6．数据库运行和维护

数据库应用系统经过试运行后即可投入正式运行。在数据库系统运行过程中必须不断地对其进行评价、调整与修改。

设计一个完善的数据库应用系统，往往是这6个阶段不断反复的过程。

在数据库设计过程中必须注意以下问题：

（1）数据库设计过程中要注意充分调动用户的积极性。用户的积极参与是数据库设计成功的关键因素之一。用户最了解自己的业务，最了解自己的需求，用户的积极配合能够缩短需求分析的进程，帮助设计人员尽快熟悉业务，更加准确地抽象出用户的需求，减少反复，也使设计出的系统与用户的最初设想更为接近。同时，用户参与意见，双方共同对设计结果承担责任，也可以减少数据库设计的风险。

（2）应用环境的改变、新技术的出现等都会导致应用需求的变化，因此设计人员在设计数据库时必须充分考虑到系统的可扩充性，使设计易于变动。一个设计优良的数据库系统应该具有一定的可伸缩性，应用环境的改变和新需求的出现一般不会推翻原设计，不会对现有的应用程序和数据造成大的影响，而只是在原设计基础上做一些扩充即可满足新的要求。

（3）系统的可扩充性最终都是有一定限度的。当应用环境或应用需求发生巨大变化时，原设计方案可能终将无法再进行扩充，必须推倒重来，这时就会开始一个新的数据库设计的生命周期。但在设计新数据库应用的过程中，必须充分考虑到已有应用，尽量使用户能够平稳地从旧系统迁移到新系统。

小　　结

关系的概念是由“域”引申出来的，它来自“域”的笛卡儿积中有意义的子集，用来表示现实世界的实体。关系可以简单地理解为二维表。表中的列称为属性，DBMS中称为列或字段，取自同一个域；行称为元组，DBMS 中称为行或记录，代表一个实体的值。关系的若干性质应该从二维表加以理解。

本章系统讲解了关系数据库的重要概念，包括关系模型的数据结构、关系的操作以及关系的完整性。关系的完整性约束是保证数据的正确性和相容性的有效手段。深刻理解“键”和“关系完整性”相关概念，是后面学习实际的 DBMS 的基础。关系的规范化是关系数据库设计必须要考虑的问题。在关系数据库设计过程中，怎样建立各关系，使系统既稳定又灵活，数据库既便于维护又利于使用是个重要问题，设计满足范式的关系模式是经常采用的方法之一。

本章主要讨论了数据库设计的方法和步骤，重点介绍了数据库设计的 6 个阶段，包括系统需求分析、概念结构设计、逻辑结构设计、物理设计、数据库实施、数据库运行和维护。对于每一阶段，分别讨论了其相应的任务、方法和步骤。

习 题 2

一、选择题

1. 对关系模式的任何属性（　　）。

A. 不可再分　　B. 可再分

C. 命名在该关系模式中可以不唯一　　D. 以上都不是

2. 在关系 R（R#，RN，S#）和 S（S#，SN，SD）中，R 的主键是 R#，S 的主键是 S#，则 S# 在 R 中称为（　　）。

A. 外键　　B. 候选键　　C. 主键　　D. 以上都不是

3. 取出关系的某些列，并取消重复元组的关系代数运算称为（　　）。

A. 取列运算　　B. 投影运算　　C. 连接运算　　D. 选择运算

4. 关系数据库管理系统应能实现的专门关系运算包括（　　）。

A. 排序、索引、统计　　B. 选择、投影、连接

C. 关联、更新、排序　　D. 显示、打印、制表

5. 根据关系模式的实体完整性规则，一个关系的“主键”（　　）。

A. 不能有两个　　B. 不能成为另一个关系的外键

C. 不允许为空　　D. 可以取值

6. 参加差运算的两个关系（　　）。

A. 属性个数可以不相同　　B. 属性个数必须相同

C. 一个关系包含另一个关系的属性　　D. 属性名必须相同

7. 在基本的关系中，下列说法正确的是（　　）。

A. 行列顺序有关　　B. 属性名允许重名

C. 任意两个元组不允许重复　　D. 列是非同质的

8. $\sigma_{4<'4'}$（S）表示（　　）。

A. 从 S 关系中挑选 4 的值小于第 4 个分量的元组

B. 从 S 关系中挑选第 4 个分量值小于 4 的元组

C. 从 S 关系中挑选第 4 个分量值小于第 4 个分量的元组

D. 向关系垂直方向运算

9. 在连接运算中，如果两个关系中进行比较的分量必须是相同的属性组，那么这个连接是（　　）。

A. 有条件的连接　　B. 等值连接　　C. 自然连接　　D. 完全连接

10. 关系 R 与 S 做连接运算，选取 R 中 A 的属性值和 S 中 B 的属性值相等的那些元组，则 R 与 S 的连接是（　　）。

A. 有条件的连接　　B. 等值连接　　C. 自然连接　　D. 完全连接

二、填空题

1. 在关系模型中，现实世界的__________均用关系表示。

2. 关系模型允许定义三类完整性约束，它们是：__________、__________、__________。

3. 关系可以有三种类型，____________________和__________。

4. 关系模式应当是一个__________元组，它们可以形式化地表示为__________。

5. 关系模型由__________、__________和__________三部分组成。

三、简答题

1. 学校有若干系，每个系有各自的系号、系名和系主任；每个系有若干名教师和学生，教师有教师号、教师名和职称属性，每个教师可以担任若干门课程，一门课程只能由一位教师讲授，课程有课程号、课程名和学分，并参加多项项目，一个项目有多人合作，且责任轻重有个排名，项目有项目号、名称和负责人；学生有学号、姓名、年龄、性别，每个学生可以同时选修多门课程，选修有分数。

（1）设计此学校的教学管理的E-R模型。

（2）将E-R模型转换为关系模型。

2. 现有一局部应用，包括两个实体："出版社"和"作者"，这两个实体是多对多的联系，请设计适当的属性，画出E-R图，再将其转换为关系模型（包括关系名、属性名、键和完整性约束条件）。

3. 设计一个图书馆数据库，此数据库中对每个借阅者保存读者记录，包括读者号、姓名、地址、性别、年龄、单位。对每本书存有书号、书名、作者、出版社。对每本被借出的书存有读者号、借出日期和应还日期。要求给出E-R图，再将其转换为关系模型。

4. 试述数据库设计过程。

5. 试述数据库设计的特点。

6. 什么是数据库的概念结构？试述其特点和设计策略。

7. 试述数据库概念结构设计的重要性和设计步骤。

第 3 章

关系数据库标准语言 SQL

SQL（Structured Query Language，结构化查询语言）是当前最成功、应用最为广泛的关系数据库语言，包括了数据定义、数据查询、数据更新和数据控制等功能。在大多数数据库应用系统中，更新数据库中的数据以及从数据库中提取数据的操作都是使用 SQL 语言来完成的。本章将围绕案例“网上购物系统”，通过大量的例题介绍 SQL 数据定义、数据查询和数据更新的相关内容。

3.1 SQL 语言概述

3.1.1 SQL 语言的发展

SQL 语言的发展主要经历了以下几个阶段。

1. SQUARE 阶段

SQUARE（Special Queries As Relational Expression）是 1972 年美国 IBM 公司为关系数据管理系统 System R 研制的一种查询语言。

2. SEQUEL 阶段

SEQUEL（Structured English Query Language）是 1974 年 IBM 公司在 SQUARE 基础上修改后的数据库语言。两种语言本质上是一致的，只是前者使用了较多的符号，后者看起来更像英语的句子。SEQUEL 后来简称为 SQL（Structured Query Language），用于商用关系数据库。

3. SQL 阶段

1987 年，国际标准化组织（ISO）将 SQL 语言确定为国际标准语言。由于 SQL 语言功能强大，简洁易用，因此得到了广泛的使用。现在 SQL 语言广泛应用于各种关系数据库管理系统，如 Oracle、Sybase、Access 和 SQL Server 等。

3.1.2 T-SQL 语言

由于 SQL 已经成为行业标准，因此不同的数据库产品厂商在各自的数据库系统中都支持 SQL 语言，但又在此标准基础上针对各自的产品对 SQL 进行了不同的修改和扩充。例如，Oracle 的 P/L SQL，Sybase 的 SQL Anywhere 等，而 Transact-SQL 是 Microsoft 针对其自身数据库产品 SQL Server 设计开发并遵循 SQL 标准的结构化查询语言，简称 T-SQL。

T-SQL 的功能是同各种数据库建立联系，进行沟通。它可以提供数据的定义、查询、更新和控制等功能。虽然 T-SQL 具备许多与程序设计类语言类似的功能，但并非是编程语言，也不具备屏幕控制、菜单管理等编程语言的基本功能。程序员使用 T-SQL 的目的只是操作关系型数据库，应用程序和 SQL Server 数据库的所有交流都是通过向服务器发送 SQL 命令来实现的。

T-SQL 在语法的书写和对象的限定上有一定的规则，掌握这些规则，有助于快速理解并掌握

T-SQL 的语法结构。表 3-1 列出了 T-SQL 的参考语法关系。

表 3-1 参考语法关系

约　定	说　明
< >	必选语法项，由用户自己定义
[ ]	任选语法项
{}与 | 组合	表示在多个选项中必须选取其中一项，项目间用 | 分隔
[,…n]	前面的项目可以重复多次

T-SQL 除了具有一般关系数据库语言的特点外，还是一种综合的、功能极强，同时又简单易学的语言。其主要特点如下：

（1）具有极强的数据操作功能。T-SQL 集数据定义语言、数据操纵语言、数据控制语言的功能于一体，语言风格统一，可以独立完成数据库生命周期中的全部活动，为数据库应用系统提供了良好的环境。

（2）高度非过程化。T-SQL 高度非过程化，只要提出“做什么”，而无须指明“怎么做”，减轻了用户的负担，也有利于提高数据独立性。

（3）操作面向集合。T-SQL 语言除了操作对象、查找结果是元组的集合，插入、删除、更新操作的对象也可以是元组的集合。

（4）语法结构高度统一。T-SQL 既是自含式语言，又是嵌入式语言。作为自含式语言，它能够独立地用于联机交互的使用方式，用户可以在终端直接输入 T-SQL 命令对数据库进行操作。作为嵌入式语言，T-SQL 语句能够嵌入到高级语言（例如 C、Visual Basic）程序中，供程序员设计程序时使用。

（5）语言简洁，易学易用。T-SQL 语言结构类似于英语，简单易懂，易学易用，初学者容易掌握。

3.2 数据定义

T-SQL 使用数据定义语言（Data Defined Language，DDL）完成对数据库对象的创建、修改和删除。其中，数据库对象包括数据库、表、视图、索引、触发器等。DDL 的语法非常简单，以下分别是对三种 DDL 语句的简单说明。

（1）Create 语句：用来创建新的数据库对象。

（2）Alter 语句：用来修改已有对象的结构。

（3）Drop 语句：用来删除已有的数据库对象。

3.2.1 操作数据库

1. 数据库的创建

数据库可以被看成包含表、视图、索引以及触发器等数据库对象的容器，每个数据库对应于操作系统中的多个文件。创建数据库前必须先确定数据库的名称、所有者、大小以及用于存储该数据库的文件等。

使用 T-SQL 语言创建数据库的语法如下：

```
Create Database 数据库名称
    [ on [ Primary ]
[<数据文件说明> [,…n] ] [,<文件组> [,…n] ] ]
[ Log on    [<日志文件说明>[,…n] ] ]
```

```
数据文件说明：：=（[ Name = 数据库逻辑名,]
          Filename = 实际使用的路径和文件名
          [ ,Size = 初始容量]
          [ ,Maxsize = { 最大长度 | Unlimited } ]
          [ ,Filegrowth = 文件扩展增量 ]）[,…n]
文件组：：=Filegroup 文件组名称 [,…n]
```

命令说明：

- Create Database：创建数据库的关键字，后面紧跟数据库名称。
- Primary：该选项是一个关键字，指定主文件组中的文件。
- Log on：指定日志文件的名称、地址和长度等属性。
- Name：指定数据库的逻辑名称，是数据库在 SQL Server 中的标识符。
- Filename：指定数据库文件的实际存储路径和文件名。
- Size：指定数据库的初始容量大小。
- Maxsize：指定数据文件最大长度，若用 Unlimited 则表示数据文件可以无限制增长。
- Filegrowth：指定文件增长的递增量或递增方式，可用 MB、KB 指定，也可用百分数。
- <日志文件说明>的内容和格式与<数据文件说明>相同。

在讲解本章例题之前，先简单介绍 Microsoft SQL Server 管理界面的启动及使用方法。选择“开始 | 所有程序 | Microsoft SQL Server | SQL Server Management Studio”命令，在弹出的“连接到服务器”对话框中单击“连接”按钮，即可登录到 SQL Server Management Studio 主界面，如图 3-1 所示。

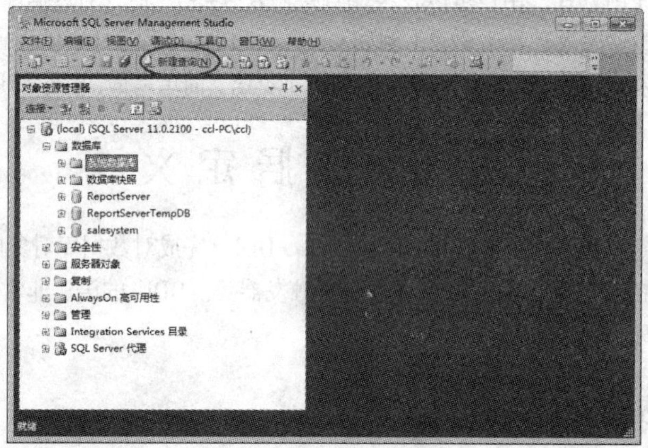

图 3-1　SQL Server Management Studio 主界面

在 SQL Server Management Studio 工具栏中，单击“新建查询”按钮可以打开查询分析器，如图 3-2 所示。

使用查询分析器可以编写和执行 T-SQL 语句，并且迅速查看这些语句的执行结果，以便分析和处理数据库中的数据。具体使用时，先输入要执行的 T-SQL 语句，然后单击“执行”按钮，或按 Ctrl+E 组合键执行该语句，查询结果将显示在下面的窗格中。

【例 3-1】创建 salesystem 数据库，各项参数取系统默认值。

具体操作步骤如下：

（1）在 SQL Server 管理界面中单击“新建查询”按钮，输入下面的 T-SQL 语句。

```
Create  Database  salesystem
```

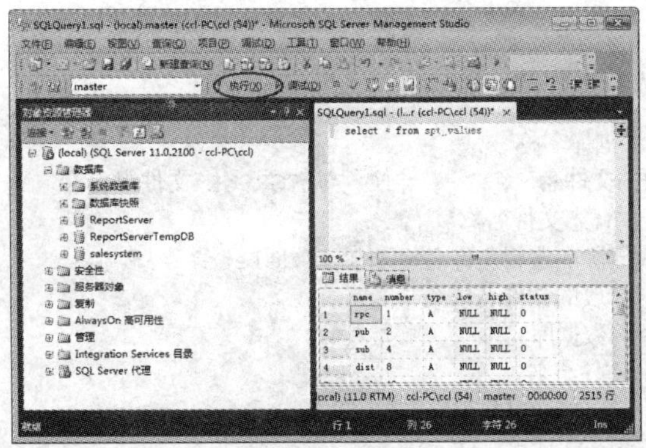

图 3-2 SQL Server Management Studio 查询分析器界面

（2）按 Ctrl+E 组合键或单击“执行”按钮，结果如图 3-3 所示。

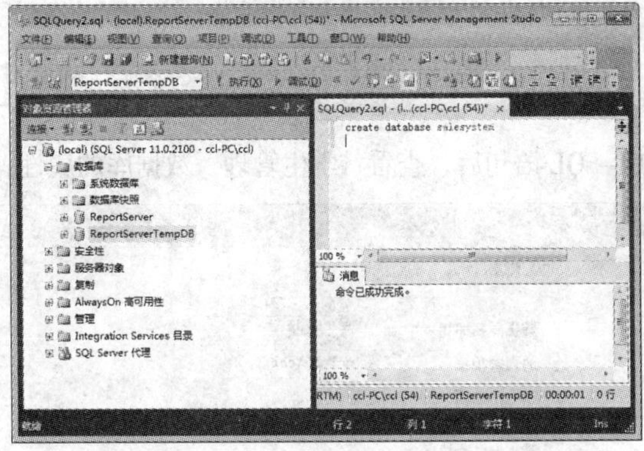

图 3-3 使用 T-SQL 语句创建数据库（参数默认）

注意

salesystem 数据库的属性如图 3-4 所示，其中数据库的初始大小、文件递增方式、存储路径等都按照系统默认参数进行了设置。

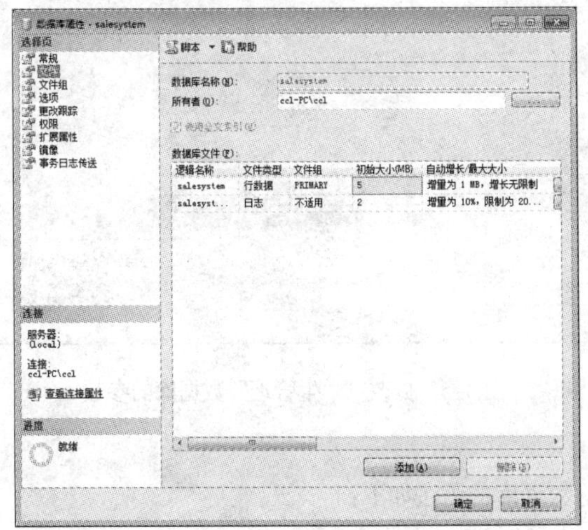

图 3-4 查看 salesystem 数据库的属性

2. 数据库的修改

使用 T-SQL 语言修改数据库的语法如下：

```
Alter Database 数据库名称
{add file  <增加的文件名> [,…n] [TO FILEGROUP 文件组名称]
 | add log file  <日志文件名称> [,…n]
 | remove file  <删除的逻辑文件名> [with delete]
 | modify file  <修改的文件名>
 | modify name=新的数据库名称
 | add filegroup 文件组名称
 | remove filegroup 文件组名称
 | modify filegroup 文件组名称
{filegroup_property|name=新文件组名称}}
```

【例 3-2】将“学生管理”数据库的初始大小修改为 100 MB。

```
Alter Database 学生管理
modify file
(Name=学生管理，Size=100MB)
```

执行完修改数据库的 T-SQL 语句后，查看“学生管理”数据库的属性，如图 3-5 所示。

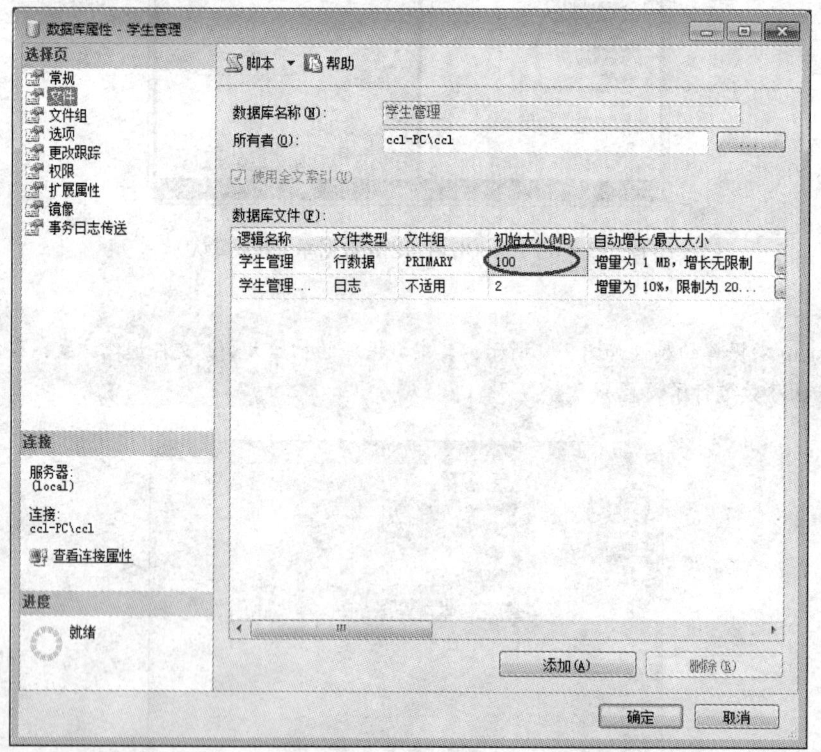

图 3-5　修改“学生管理”数据库的参数

3. 数据库的删除

使用 T-SQL 语言删除数据库的语法如下：

```
Drop Database 数据库名称 [,…n]
```

【例 3-3】删除 salesystem 和“学生管理”数据库。

```
Drop Database  salesystem,学生管理
```

注意

不论是 T-SQL 语句还是 SQL Server 管理工具，都不能删除系统数据库和正在使用的数据库。

3.2.2 操作表

表是数据库最重要的对象之一。一个表由两部分组成，一部分是由各列名称构成的表的结构，即一个关系模式；另一部分是具体存放的数据，称为数据记录。表 3–2 给出的是 users 表的结构，表 3–3 给出的是 users 表的数据记录，请注意区分。

表 3–2 users（用户信息）表的结构

列 名 称	数 据 类 型	说 明	约 束
uid	varchar（20）	用户 ID，最长 20 位字符	主键
upassword	varchar（6）	用户密码，最长 6 位字符	非空
utype	varchar（20）	用户类型，最长 20 位字符	非空
uname	varchar（20）	收货人姓名，最长 20 位字符	非空
uaddr	varchar（50）	收货人地址，最长 50 位字符	非空
utel	varchar（20）	收货人电话，最长 20 位字符	非空
uemail	varchar（30）	收货人电子邮箱，最长 30 位字符	非空
uaccount	float	用户账户余额，系统默认 4 位字符	非空

表 3–3 users（用户信息）表的数据记录

uid	upassword	utype	uname	uaddr	utel	uemail	uaccount
test	test	顾客	王燕	北京市昌平区××街 102 号	133××××6666	wangyan@163.com	9650
毛毛熊	test	顾客	闫弘	北京市西城区××大街 26 号	136××××9005	yanhong@yahoo.com	9760
小鱼菁菁	test	顾客	黄贺	北京市朝阳区××街 303 号	131××××5555	huanghj@sohu.com	9942
樱桃	test	顾客	李洋	北京市海淀区××东路 201 号	139××××8509	liyang@sina.com	7355

1. 数据类型

表的内容取决于表的列属性，其中数据类型是最重要的列属性，它决定了数据的存储格式、长度、精度、小数位数等。对于表中的每一列，应该为其指定数据类型，例如 users 表中，用户 ID 被设置为字符型，而账户余额则被设置为浮点数据类型。表 3–4 列出了 SQL Server 提供的常见数据类型。

表 3–4 SQL Server 提供的常见数据类型

数 据 类 型		名 称	取 值 范 围	字节数
整数数据类型	bigint	长整型	$-2^{63} \sim 2^{63}-1$	8
	int	整型	$-2^{31} \sim 2^{31}-1$	4
	smallint	短整型	$-2^{15} \sim 2^{15}-1$，即–32 768 ~ +32 767	2
	tinyint	微整型	0 ~ 255	1

续表

数据类型		名称	取值范围	字节数
货币数据类型	money	货币型	-922 337 203 685 477.5808 ~ +922 337 203 685 477.5807	8
	smallmoney	小货币型	-214 748.3648 ~ +214 748.3647	4
数字数据类型	decimal, numeric	精确数值类型	-10^{38} ~ 10^{38}+1	5 ~ 17
浮点数据类型	float	浮点型	-1.79×10^{308} ~ $+1.79\times10^{308}$	4 ~ 8
	real	实型	-3.40×10^{38} ~ $+3.40\times10^{38}$	4
日期时间数据类型	datetime	日期时间型	1753/1/1 ~ 9999/12/31，精度 1/300 s	8
	smalldatetime	小日期时间型	1900/1/1 ~ 2079/12/31，精度 1 min	4
字符数据类型	char	定长字符型	1 ~ 8000	
	varchar	变长字符型	1 ~ 8000	
	text	文本型	1 ~ 2^{31}-1	
二进制数据类型	binary	定长二进制型	1 ~ 8000	
	varbinary	变长二进制型	1 ~ 8000	
	image	图像类型	1 ~ 2^{31}-1	

2. 表结构的创建

创建表时，只需要定义表的结构，即定义表名、列名、列的数据类型和约束等。使用 T-SQL 语言创建表结构的命令如下：

```
Create Table 表名
{（<列名> <数据类型> [完整性约束]）} [,…n]
```

命令说明：

- Create Table：创建表的关键字，后面紧跟表的名称。
- 完整性约束的格式为：

```
[Constraint 约束名] Primary Key [（列名）]    /*指定主键约束*/
[Constraint 约束名] Unique [（列名）]         /*指定唯一键约束*/
[Constraint 约束名] [Foreign Key] References 外键表名（列名）/*指定外键约束*/
[Constraint 约束名] Check（检查表达式）        /*指定检查约束*/
[Constraint 约束名] Default 默认值            /*指定默认值*/
```

- [,…n]：表示可以在表中设计 n 个列的定义，每列定义用逗号隔开。

【例 3-4】在 salesystem 数据库中建立一个 users（用户信息）表，表结构如表 3-5 所示。

操作步骤：

（1）在 SQL Server 管理界面中单击“新建查询”按钮，输入下面的 T-SQL 语句。

表 3-5　users（用户信息）表的结构

列名称	数据类型	说明	约束
uid	varchar（20）	用户 ID，最长 20 位字符	主键
upassword	varchar（6）	用户密码，最长 6 位字符	非空
utype	varchar（20）	用户类型，最长 20 位字符	非空

续表

列名称	数据类型	说明	约束
uname	varchar（20）	收货人姓名，最长 20 位字符	非空
uaddr	varchar（50）	收货人地址，最长 50 位字符	非空
utel	varchar（20）	收货人电话，最长 20 位字符	非空
uemail	varchar（30）	收货人电子邮箱，最长 30 位字符	非空
uaccount	float	用户账户余额，系统默认 4 位字符	非空

```
Use  salesystem
Create Table  users
(
    uid          varchar(20)      primary key,          /*定义主键*/
    upassword    varchar(6)       not null,             /*非空约束*/
    utype        varchar(20)      not null,
    uname        varchar(20)      not null,
    uaddr        varchar(50)      not null,
    utel         varchar(20)      not null,
    uemail       varchar(30)      not null,
    uaccount     float            not null              /*最后一列定义不加逗号*/
)
```

（2）按 Ctrl+E 组合键或单击“执行”按钮。

注意

Primary Key 用于定义表的主键，起唯一标识作用，其值不能为空，也不能出现重复，以此来保证实体的完整性，因此，一旦将某列设置为主键，系统会自动为其增加非空约束。另外，一个表中只能定义一个 Primary Key 约束。

【例 3-5】在 salesystem 数据库中建立一个 product（商品信息）表，表结构如表 3-6 所示。

表 3-6　product（商品信息）表的结构

列名称	数据类型	说明	约束
pid	char（10）	商品 ID，最长 10 位字符	主键
pname	varchar（30）	商品名称，最长 30 位字符	非空
ptype	varchar（20）	商品分类，最长 20 位字符	非空
price	float	商品价格，系统默认 4 位字符	非空
stock	int	库存量，系统默认 4 位字符	非空
sale	int	已售出量，系统默认 4 位字符	非空
profile	text	商品简介	
picture	varchar（100）	商品图片路径，最长 100 位字符	

操作步骤：

（1）在 SQL Server 管理界面中单击“新建查询”按钮，输入下面的 T-SQL 语句。

```
Use  salesystem
Create Table product
(
```

```
    pid         char(10)        primary key,            /*定义主键*/
    pname       varchar(30)     not null,
    ptype       varchar(20)     not null,
    price       float           not null,               /*字节数为系统默认值*/
    stock       int             not null,
    saleint                     not null,
    profile     text,                                   /*没有约束，允许为空*/
    picture     varchar(100)
)
```

（2）按 Ctrl+E 组合键或单击“执行”图标。

【例 3-6】在 salesystem 数据库中建立一个 orders（订单）表，表结构如表 3-7 所示。

表 3-7　orders（订单）表的结构

列名称	数据类型	说明	约束
oid	char（10）	订单 ID，最长 10 位字符	主键
uid	varchar（20）	用户 ID，最长 20 位字符	非空，外键
pid	char（10）	商品 ID，最长 10 位字符	非空，外键
pamount	int	商品数量，系统默认 4 位字符	非空
otime	datetime	订单生成时间，系统默认 8 位字符	非空
deliver	char（4）	送货方式，最长 4 位字符	非空
payment	char（6）	商品简介，最长 6 位字符	非空
status	varchar（8）	商品图片路径，最长 8 位字符	非空

操作步骤：

（1）在 SQL Server 管理界面中单击“新建查询”按钮，输入下面的 T-SQL 语句。

```
Use  salesystem
Create Table orders
(
    oid      char(10)     primary key,
    uid      varchar(20)  references  users(uid)    not null,   /*定义外键*/
    pid      char(10)     references  product(pid)  not null,   /*定义外键*/
    pamount  int          not null,
    otime    datetime     not null,
    deliver  char(4)      not null,
    payment  char(6)      not null,
    status   varchar(8)   not null
)
```

（2）按 Ctrl+E 组合键或单击“执行”按钮。

通过例 3-4 ~ 例 3-6 创建了 salesystem 数据库下面的三个用户级表：users（用户信息表）、product（商品信息表）、orders（订单表），如图 3-6 所示。“网上购物系统”的实现正是借助了这三张表之间的联系。图 3-7 所示为利用 SQL Server 管理工具绘制的三张表之间的关系图。

关系图中两表之间的连线就是外键约束，钥匙端表示主键或唯一键所在的表，称为主表；锁链端（∞符号）为外键所在的表，称为从表。可以看出，在“网上购物系统”所使用的三张表中，users 和 product 均为主表，orders 为从表。外键约束要求从表中的外键列的内容必须来自主表中相应的列，例如 orders（订单表）中出现的 uid（用户 ID）必须是在 users 表中曾记录过的 uid，orders（订单表）中出现的 pid（商品 ID）也必须是在 product 表中曾记录过的 pid，否则数据库管理系统会提示出错，不允许进行数据的更新操作。这正是定义完整性约束后数据库管理系统对数据记录实施管理的具体表现。

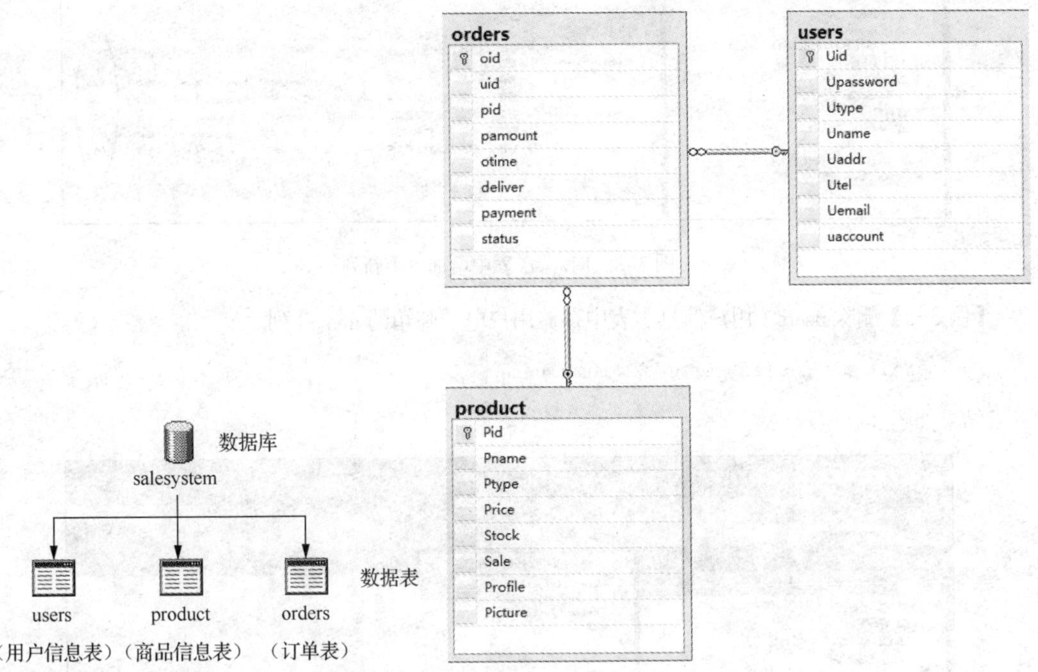

图 3-6　网上购物系统的数据库及表示意图　　　　图 3-7　三张表之间的关系

3. 表结构的修改

对于已经创建好的表结构，若想增加、删除列或修改完整性约束，需要使用 Alter Table 关键字来修改表结构。使用 T-SQL 语言修改表结构的命令如下：

```
Alter Table  表名
{ Add    <新列名> <数据类型>[完整性约束]                /*增加新列*/
| Drop  Column  <列名>[,…n]                          /*删除列*/
| Drop  [Constraint] <约束名>[,…n]                   /*删除完整性约束*/
}
```

命令说明：

- Alter Table：修改表结构的关键字。
- Add：向表中添加新的列，新列中的初始内容一律为 Null。
- Drop Column：删除表中的一列或多列。
- Drop [Constraint]：删除指定约束名的完整性约束。

【例 3-7】向 users（用户信息）表中增加一个表示性别的 sex 列。

```
Alter Table  users  Add  sex  char(2)  Null
```

结果如图 3-8 所示。

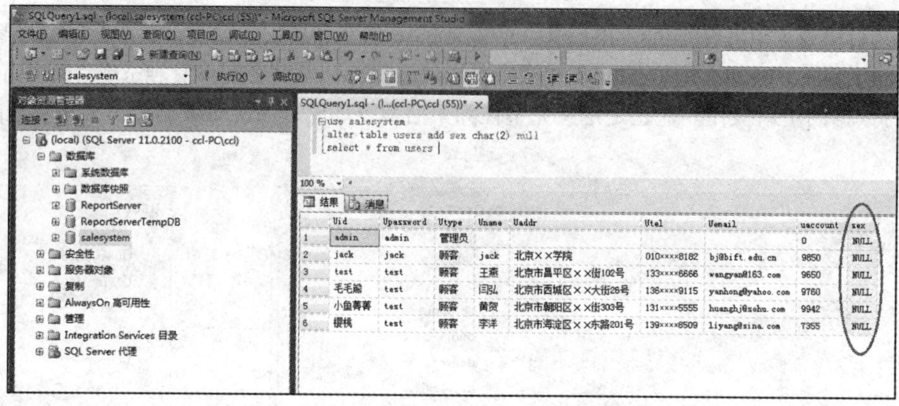

图 3-8　向 users 表中增加一个新列

【例 3-8】删除 users（用户信息）表中存储用户电子邮箱的 uemail 列。

```
Alter Table  users  Drop  Column uemail
```

结果如图 3-9 所示。

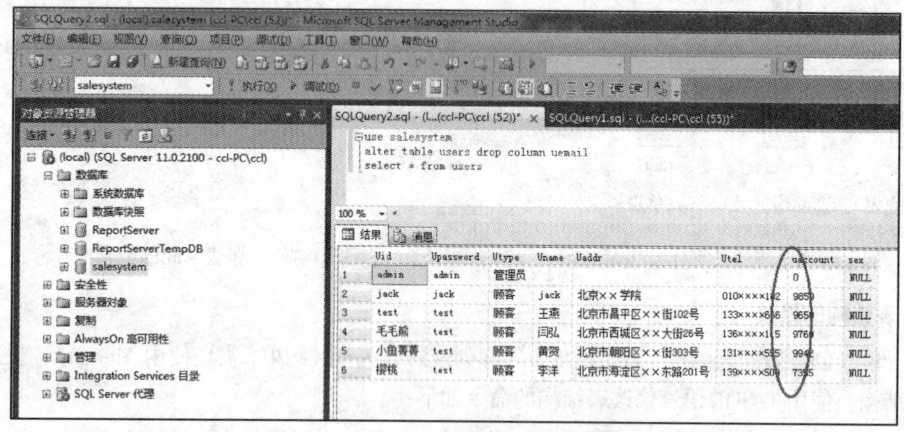

图 3-9　删除 users 表中的 uemail 列

4. 表结构的删除

对于不再需要的表，可以将其删除。一旦删除了表，则它的结构、数据、约束、索引都将被删除，而建立在该表上的视图或查询不会随之删除，系统将继续保留其定义，但已无法正常使用。如果重新恢复该表，这些视图或查询可重新使用。因此，执行删除操作一定要格外小心。删除表的命令格式如下：

```
Drop  Table  表名[,…n]
```

【例 3-9】删除 orders（订单）表。

```
Drop  Table  orders
```

注意

对于“网上购物系统”所使用的三张表，如果都想删除，存在操作顺序的问题，应该先删除从表 orders 表，解除外键约束后，才能删除另外两张主表。

3.2.3 索引的创建和删除

1. 索引的概念

索引是数据库随机检索的常用手段，它实际上就是记录关键字与其相应地址的对应表。如果把数据库表比作一本书，则表的索引就如同书的目录一样。

索引的主要用途是提供一种无须扫描每一页而快速访问数据库表中特定信息的手段。索引是对数据库表中一个或多个列的值进行排序的结构。索引提供指针指向存储在表中指定列的数据值，然后根据指定的排列次序排列这些指针。

在实际的数据库中，所有的查询在有索引和无索引的情况下都是可以工作的，索引仅仅与查询的速度有关，故建立索引的作用就是加快查询速度，并保证行的唯一性。

2. 建立索引

数据库使用索引的方式与书籍使用的目录很相似。通过搜索索引找到特定的值，然后根据指针到达包含该值的行。建立索引的基本命令格式如下：

```
Create [ Unique ] Index  <索引名>  on  <表名>(<列名>[次序] [,…n])
```

命令说明：

- 索引可以建立在一列或多列之上，索引的顺序可以是 Asc（升序）或 Desc（降序），默认为升序。
- 当索引建立在多列上时，首先按第一列排序，第一列相同再考虑第二列，依此类推。
- Unique 表示每一个索引值对应唯一的数据记录。

【例 3-10】 在 users（用户信息）表的 uaccount（用户账户余额）上建立降序索引，名为 users_uaccountindex。

```
Create Index users_uaccountindex On users(uaccount Desc)
```

注意

（1）在为表设置主键时，系统会自动为该列创建一个唯一的聚集索引。

（2）如果某个数据列含有重复的数据项，则在该列创建索引时不能使用 Unique 关键字。

3. 删除索引

索引建立后，系统会自动对其进行维护。无须用户干涉，如果数据频繁地增加、修改、删除，系统会花大量的时间来维护索引，因此，可根据实际情况删除不必要的索引。删除索引的命令格式如下：

```
Drop Index  <索引名>  On  <表名>
```

【例 3-11】 删除例 3-10 创建的索引 users_uaccountindex。

```
Drop  Index users_uaccountindex On users
```

3.3 数据查询

SQL 使用数据查询语言（Data Query Language，DQL）实现其对数据的查询功能。建立数据库的主要目的是查询数据，SQL 语言提供的 Select 语句的作用是让数据库服务器根据客户的要求搜索出所需要的信息，并按规定的格式进行整理，再返回给客户。使用 T-SQL 的 Select 语句除了可以查询普通数据库中存储的信息外，还可以查询 SQL Server 的系统信息。可以说 Select 语句是 SQL 语言的灵魂，也是使用最为频繁的语句。Select 语句的命令格式为：

```
Select      [ All | Distinct ][ Top n [Percent] ] 列名1,列名2,…,列名n
[ Into 新表名]
From        <表名或视图名>
[ Where     <条件表达式>]
[ Group By  <分组汇总表达式> [ Having <分组汇总的筛选条件>] ]
[ Order By  <排序列名>[ Asc | Desc ] ]
```

命令说明：

- 格式中 Select 和 From 子句是必需的，其他则根据查询条件可有可无。
- All | Distinct：All 显示查询到的全部行；Distinct 用于禁止在查询结果数据集中显示重复的行。默认值为 All。
- Top n [Percent]：Top n 用于在查询结果数据集中显示查询到的前 n 行数据。Top n Percent 则显示查询到的前 n%行数据。
- Into 新表名：将查询结果集保存到新表中。
- Asc | Desc：Asc 表示查询结果升序排列；Desc 表示降序排列。
- Group By 与 Having 是一对查询语句，当使用 Group By 分组后，再对分组进行筛选时必须使用 Having，而不是 Where，即 Having 是对分组进行筛选，而 Where 是对记录进行筛选。Having 不可单独使用，必须与 Group By 配合使用。

3.3.1 单表查询

单表查询是指仅涉及一个表的查询，一般只用到 Select 子句、From 子句和 Where 子句，分别说明所查询的列、查询的表以及查询条件。单表查询也称简单查询。

1. Select 子句

1）简单查询列（Select 和 From）

【例 3-12】查询 users 表中所有列的数据。

```
Select  *
From  users
```

查询结果如图 3-10 所示。

注意

如果要查询某个表的所有列，可以使用*代替所有的列名，称为全表查询。*号的使用可以简化用户的书写过程，但是会降低查询的效率，一般应具体指明要查询的列。

【例 3-13】查询 users 表中用户 ID、用户类型、收货人姓名和收货人地址。

```
Select  uid,utype,uname,uaddr
From   users
```

查询结果如图 3-11 所示。

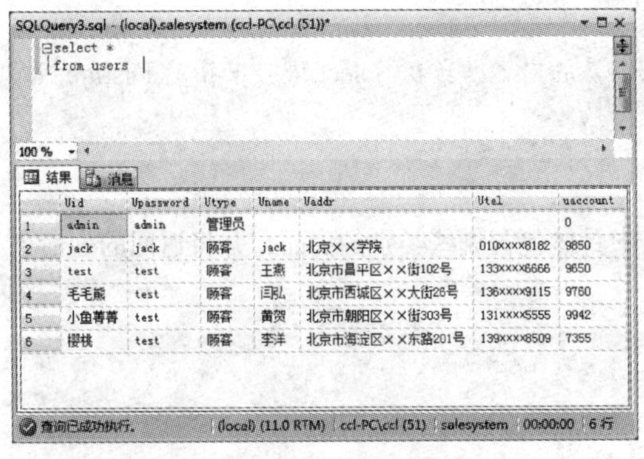

图 3-10　例 3-12 的查询结果

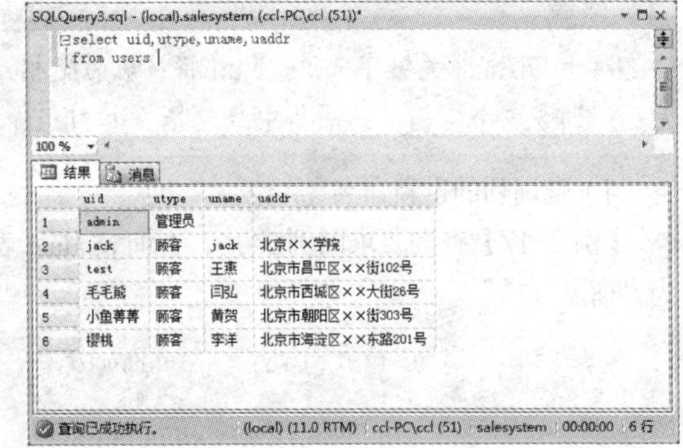

图 3-11　例 3-13 的查询结果

2）限制结果集（Top 和 Percent）

【例 3-14】返回 orders 表前 5 条记录的订单 ID、用户 ID 和送货方式。

```
Select  Top  5  oid,uid,deliver
From   orders
```

查询结果如图 3-12 所示。

注意

若使用 Select　Top 5　*　From　orders 则返回前 5 条记录的全部列。

【例 3-15】返回 product 表前 10%的商品的所有信息。

```
Select  Top 10  percent  *
From   product
```

查询结果如图 3-13 所示。

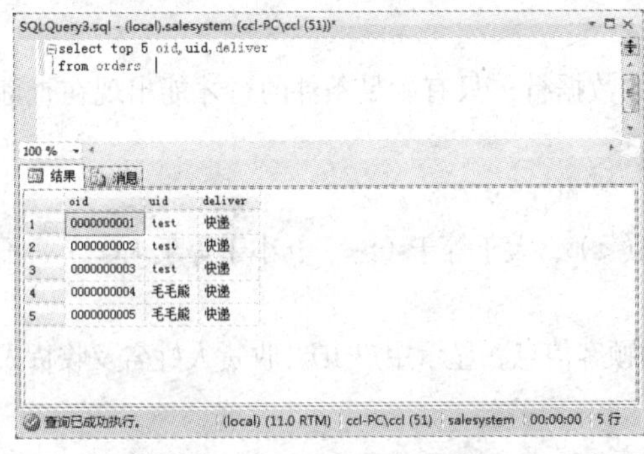

图 3-12　例 3-14 的查询结果

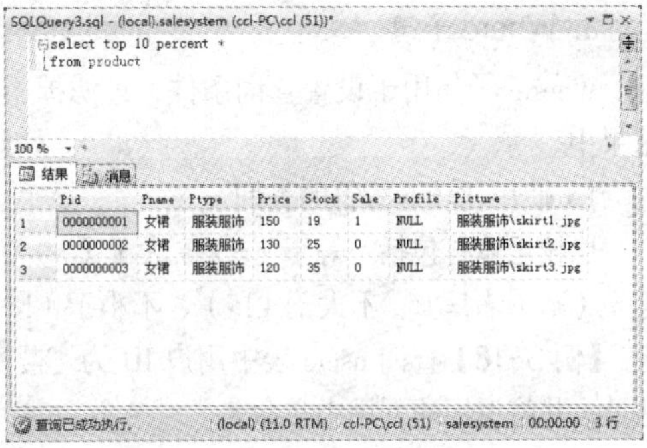

图 3-13　例 3-15 的查询结果

3）过滤结果的重复值（Distinct）

【例 3-16】查询 product 表中具体包含哪些类别的商品。

```
Select  Distinct  ptype
From   product
```

查询结果如图 3-14 所示。

注意

对于 Distinct 关键字来说，Null 将被认为是相互重复的内容。当在 Select 语句中指定 Distinct 时，无论遇到多少个空值，结果集中只包括一个 Null。

4）查询列的重新命名（As）

【例 3-17】 查询要求同例 3-16，查询 product 表中具体包含哪些类别的商品，并将返回的列命名为“商品分类”。

```
Select  Distinct  ptype  As 商品分类
From   product
```

查询结果如图 3-15 所示。

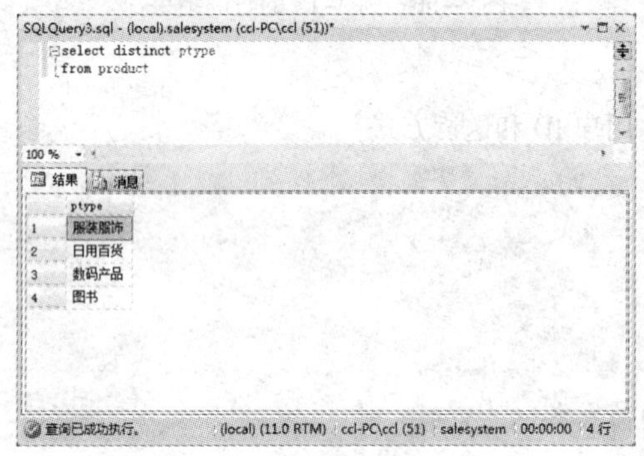

图 3-14　例 3-16 的查询结果

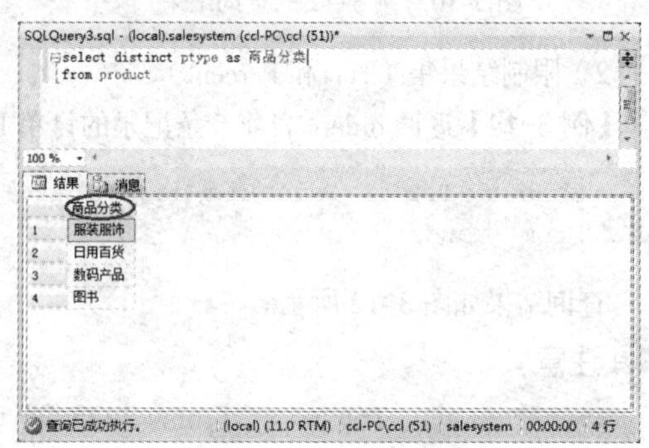

图 3-15　例 3-17 的查询结果

2. From 子句

From 子句指定 Select 语句查询及与查询相关的表或视图。在 From 子句中最多可指定 256 个表或视图，它们之间用逗号分隔，在单表查询中 From 子句后只有一个表名。

3. Where 子句

Where 子句用于设置查询条件，过滤掉不需要的数据行，只有满足条件的行才能出现在查询结果中。

1）使用比较运算符的查询

比较运算符包括：等于（=）、大于（>）、小于（<）、大于等于（>=）、小于等于（<=）、不等于（<>或者!=）、不大于（!>）、不小于（!<）。

【例 3-18】 查询 users 表中用户 ID 为“樱桃”的顾客信息，显示用户 ID、收货人姓名及收货人地址，并将返回的列用中文命名。

```
Select  uid  As 用户 ID,uname As 收货人姓名,uaddr As 收货人地址
From   users
Where  uid='樱桃'
```

查询结果如图 3-16 所示。

【例 3-19】 查询 users 表中用户账户余额超过 9000 元的顾客的所有信息。

```
Select  *
From   users
Where  uaccount>9000
```

查询结果如图 3-17 所示。

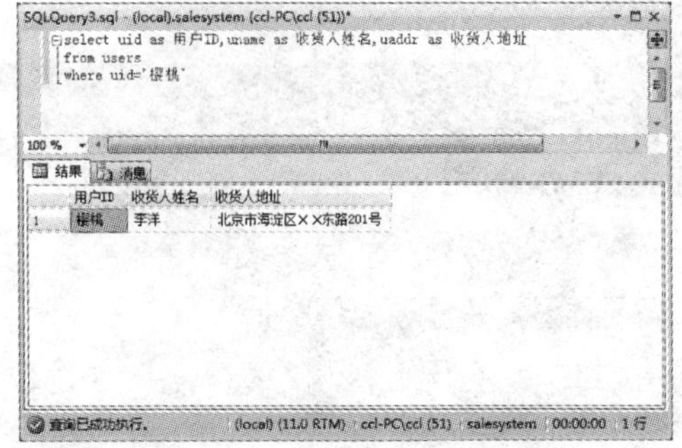

图 3-16　例 3-18 的查询结果

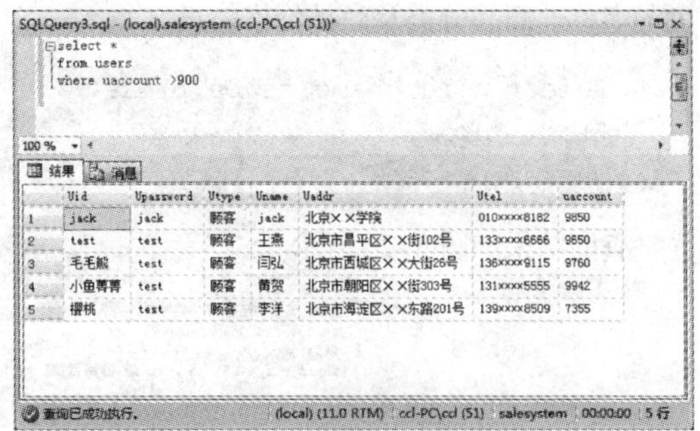

图 3-17　例 3-19 的查询结果

注意

用户账户余额的数据类型为 float，属于数值型数据，因此 9000 不需要加单引号。

【例 3-20】查询 orders 表中在 2018-7-23 之后产生的订单的所有信息。

```
Select  *
From   orders
Where  otime>'2018-7-23'
```

查询结果如图 3-18 所示。

注意

Where 子句中出现的字符数据类型和日期时间数据类型常量需要加单引号，且必须是在西文状态下输入的单引号，否则系统会提示语法错误。

2）使用逻辑运算符的查询（And、Or、Not）

逻辑运算符包括三个：与（And）、或（Or）、非（Not）。

【例 3-21】查询 product 表中商品价格高于 200 元的数码产品类商品，返回商品 ID、商品名称、商品分类及商品价格信息。

```
Select  pid,pname,ptype,price
From   product
Where  price>200 and ptype='数码产品'
```

查询结果如图 3-19 所示。

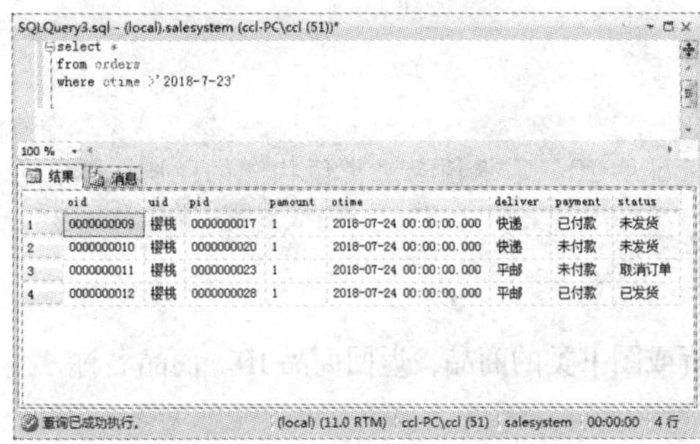

图 3-18　例 3-20 的查询结果

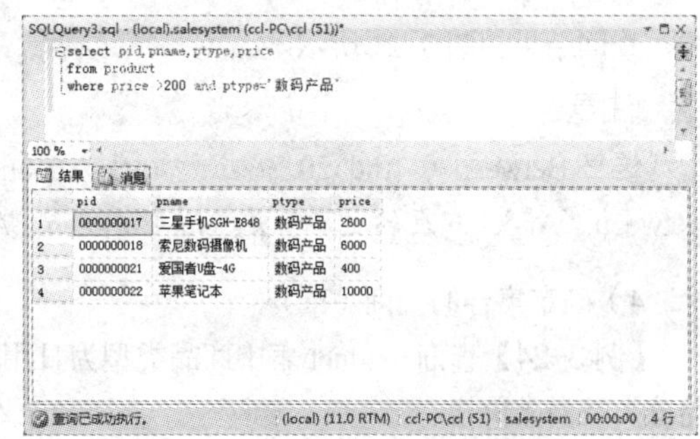

图 3-19　例 3-21 的查询结果

【例 3-22】查询 product 表中商品价格低于 25 元的日用百货类或者图书类商品，返回商品 ID、商品名称、商品分类及商品价格信息。

```
Select  pid,pname,ptype,price
From   product
Where  price<25  and (ptype='日用百货'  or  ptype='图书')
```

查询结果如图 3-20 所示。

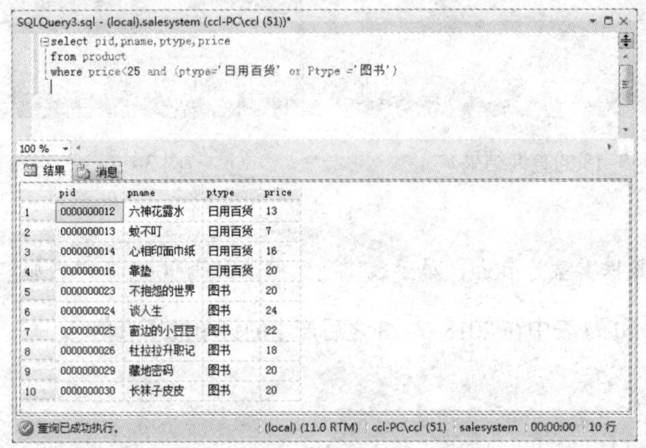

图 3-20　例 3-22 的查询结果

注意

当 Where 子句中的查询条件逻辑关系比较复杂时，建议使用小括号来增加程序的可读性，同时，小括号内还可以再嵌套小括号。

思考

如果去掉例 3-22 Where 子句中的小括号，查询结果是否会发生改变？

3）限定范围的查询（Between 和 And）

【例 3-23】查询 product 表中库存量在 0 ~ 20 范围内的商品，返回商品 ID、商品名称、商品分类及库存量信息。

```
Select  pid,pname,ptype,stock
From   product
Where  stock  Between  0  And  20
```

查询结果如图 3-21 所示。

注意

这里 Between 0 And 20 相当于 stock>=0 and stock<=20，下限值与上限值构成的是闭区间。与 Between…And…相反的运算符是 Not Between…And…。

4）确定集合的查询（In）

【例 3-24】查询 product 表中商品类型为日用百货或图书类的商品，返回商品 ID、商品名称、商品分类及商品价格。

```
Select  pid,pname,ptype,price
```

```
From   product
Where  ptype in ('日用百货' ,'图书')
```

查询结果如图 3-22 所示。

图 3-21　例 3-23 的查询结果

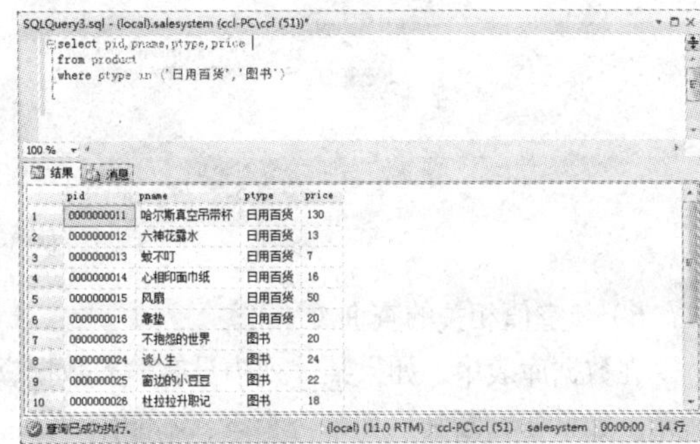

SQLQuery3.sql - (local).salesystem (ccl-PC\ccl (51))*

```
select pid,pname,ptype,price
from product
where ptype in ('日用百货','图书')
```

	pid	pname	ptype	price
1	0000000011	哈尔斯真空吊带杯	日用百货	130
2	0000000012	六神花露水	日用百货	13
3	0000000013	蚊不叮	日用百货	7
4	0000000014	心相印面巾纸	日用百货	16
5	0000000015	风扇	日用百货	50
6	0000000016	靠垫	日用百货	20
7	0000000023	不抱怨的世界	图书	20
8	0000000024	谈人生	图书	24
9	0000000025	窗边的小豆豆	图书	22
10	0000000026	杜拉拉升职记	图书	18

查询已成功执行。 (local) (11.0 RTM) ccl-PC\ccl (51) salesystem 00:00:00 14 行

图 3-22　例 3-24 的查询结果

注意

这里 ptype in ('日用百货','图书') 相当于 ptype='日用百货' or ptype='图书'，当集合内的项目数量较多时，这种书写方式更加简洁易读。与 In 相反的运算符是 Not In，用于查找不属于指定集合的数据记录。

5）模糊查询（Like）

当不清楚要查找信息的精确值时，通常采用 Like 关键字进行模糊查找。Where 子句实现对字符串的模糊匹配时，需要用到通配符。在 SQL Server 中常用的通配符是%（百分号，代表任意多个字符）和_（下画线，代表单个字符）。

【例 3-25】 查询 product 表中商品名称中含有“设计”字样的图书类商品，返回商品 ID、商品名称、商品分类及商品价格。

```
Select  pid,pname,ptype,price
From   product
Where  ptype ='图书'  and  pname  like  '%设计%'
```

查询结果如图 3-23 所示。

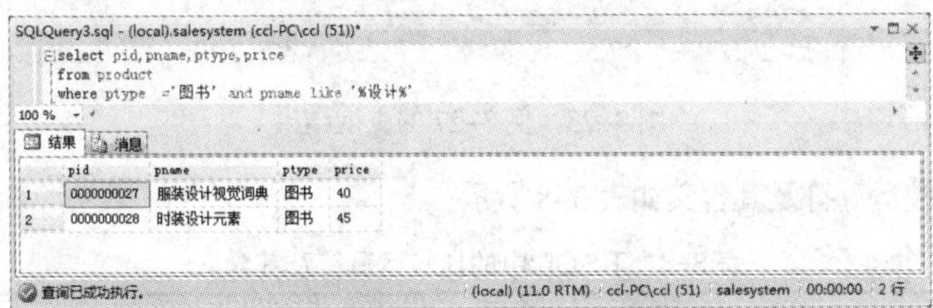

SQLQuery3.sql - (local).salesystem (ccl-PC\ccl (51))*

```
select pid,pname,ptype,price
from product
where ptype  ='图书' and pname like '%设计%'
```

	pid	pname	ptype	price
1	0000000027	服装设计视觉词典	图书	40
2	0000000028	时装设计元素	图书	45

查询已成功执行。 (local) (11.0 RTM) ccl-PC\ccl (51) salesystem 00:00:00 2 行

图 3-23　例 3-25 的查询结果

【例 3-26】 查询 product 表中商品名称以“服装”字样开头的图书类商品，返回商品 ID、商品名称、商品分类及商品价格。

```
Select  pid,pname,ptype,price
From   product
Where  ptype ='图书'  and  pname  like  '服装%'
```

查询结果如图 3-24 所示。

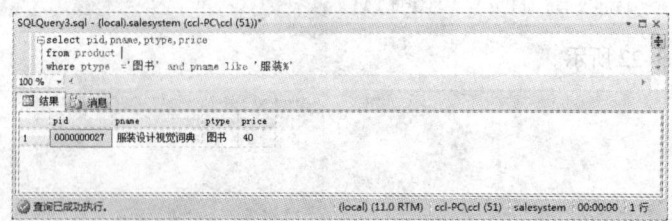

图 3-24　例 3-26 的查询结果

6）与空值相关的查询（Null）

在数据库表中，如果某一列中没有输入数据，则它的值就为空，空值用一个特殊的数据 Null 来表示。如果要判断某一列是否为空，不能用“=Null”或者“<>Null” 来比较，只能用“is Null”或“is not Null”来表达。

【例 3-27】查询 product 表中哪些商品填写了商品简介信息，返回商品 ID、商品名称、商品分类及商品简介。

```
Select  pid,pname,ptype,profile
From   product
Where  profile  is not Null
```

查询结果如图 3-25 所示。

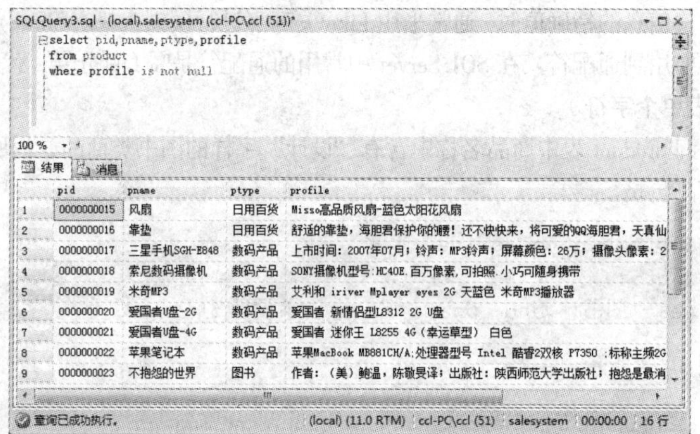

图 3-25　例 3-27 的查询结果

T-SQL 中的比较运算符及其含义如表 3-8 所示。

表 3-8　T-SQL 中的比较运算符及其含义

查询条件	运算符	含义
比较大小	=、>、<、>=、<=、!=、!>、!<	进行数值和字符串的比较
确定范围	Between … And…	数据范围在 And 连接的两个数值之间
确定集合	In、Not In	检查一个属性值是否属于集合中的值
字符匹配	Like、Not Like	用于构造条件表达中的字符匹配
空集	Is Null、Is Not Null	用于判断属性值是否为空
多重条件	And、 Or	用于构造复合表达式

7）使用聚合函数的查询（Count、Sum、Avg、Max、Min）

SQL Server 2005 提供了强大的函数功能，常用的系统函数包括聚合函数、数学函数、字符串函数、数据类型转换函数、日期时间函数等。这里仅介绍几个常用的聚合函数。

聚合函数可以对一组数据执行某种计算并返回结果，常用的聚合函数包括以下几种。

- Count：返回一组值中项目的数量。
- Sum：返回一组值的和。
- Avg：返回一组值的平均值。
- Max：返回一组值中的最大值。
- Min：返回一组值中的最小值。

注意

Sum、Avg、Max、Min 所引用的列必须是数值型数据。

【例 3-28】查询 product 表中共有多少款商品，并将返回的列命名为“商品数量”。

```
Select  Count（*） As  商品数量
From   product
```

查询结果如图 3-26 所示。

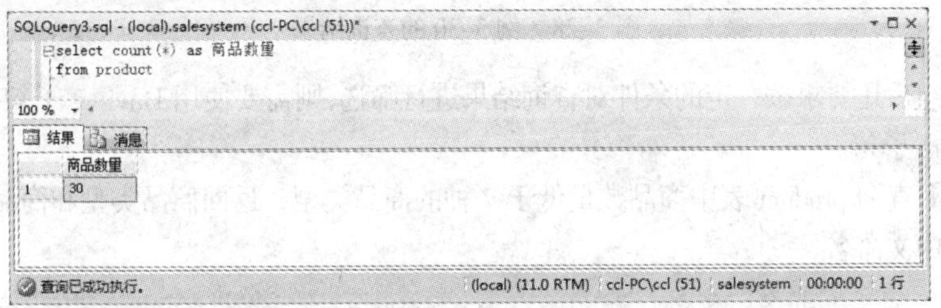

图 3-26 例 3-28 的查询结果

【例 3-29】查询 product 表中图书类商品的平均价格，并将返回的列命名为“图书类平均价格”。

```
Select  Avg（price） As  图书类平均价格
From   product
Where  ptype='图书'
```

查询结果如图 3-27 所示。

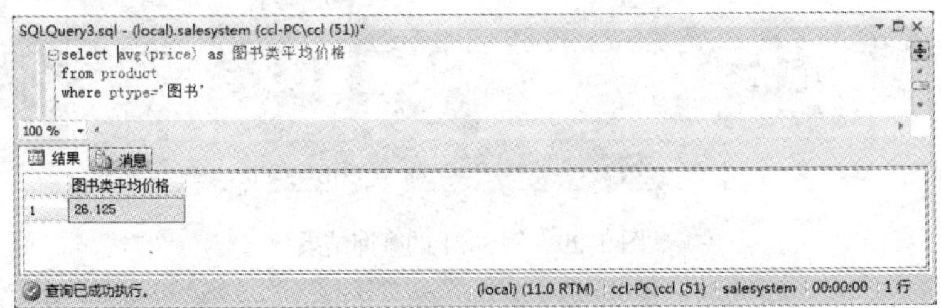

图 3-27 例 3-29 的查询结果

注意

模仿例 3-29，将聚合函数 Avg 改为 Max 或 Min 即可得到图书类商品中价格最高和最低的商品价格。

4. Group By 子句

Group By 子句可以将查询结果按一列或多列的数据值进行分组。分组的目的是细化聚合函数的作用对象，起到分类汇总的作用。

【例 3-30】查询 product 表中每类商品的具体数量，返回商品类型和商品数量，并将返回的列分别用中文命名。

```
Select  ptype  As 商品类型,Count(*) As 商品数量
From   product
Group by  ptype
```

查询结果如图 3-28 所示。

图 3-28　例 3-30 的查询结果

如果在分组后还要求按一定的条件对查询结果进行筛选，则需要使用 Having 子句指定筛选条件，不能使用 Where 子句。

【例 3-31】查询 product 表中商品数量低于 7 种的商品类型，返回商品类型和商品数量，并将返回的列分别用中文命名。

```
Select  ptype  As 商品类型,Count(*) As 商品数量
From   product
Group By  ptype
Having   Count(*)<7
```

查询结果如图 3-29 所示。

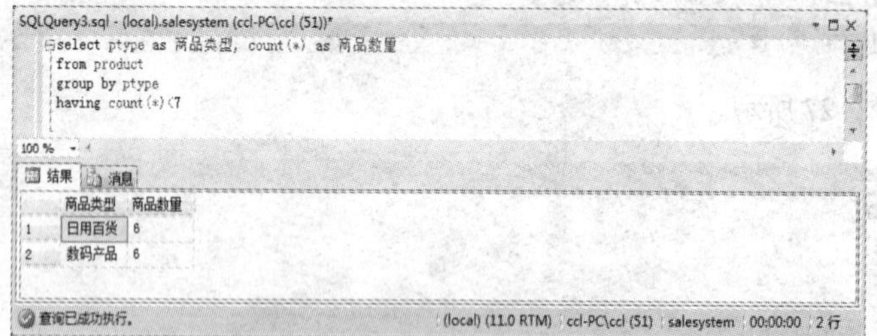

图 3-29　例 3-31 的查询结果

注意

Where 子句与 Having 子句都表示查询的条件，但它们的作用对象不同。Where 子句作用于表或视图，从中选择满足条件的记录；Having 子句作用于组，从组中选择满足条件的记录。当在一个 SQL 查询中同时使用 Where 子句、Group By 子句和 Having 子句时，系统按照 Where→Group By→Having 的顺序执行。有 Having 子句，必须有 Group By 子句；而有 Group By 子句，却不一定要有 Having 子句。

5. Order By 子句

如果没有指定查询结果的显示顺序，系统将按其最方便的顺序（通常是记录在表中的先后顺序）输出查询结果。用户也可以用 Order By 子句指定按照一个或多列的升序（Asc）或降序（Desc）重新排列查询结果。

【例 3-32】查询 product 表中图书类商品的商品名称、商品分类、商品价格及库存量，并将查询结果按照商品价格降序排列。

```
Select  pname,ptype,price,stock
From  product
Where  ptype='图书'
Order By  price  Desc
```

查询结果如图 3-30 所示。

注意

例 3-32 由于是按照输出的第 3 列进行排序的，因此也可以写成 Order By 3 Desc。

【例 3-33】查询 product 表中图书类商品的商品名称、商品分类、库存量及商品价格，并将查询结果按照库存量降序排列，库存量相同的再按价格降序排列。

```
Select  pname,ptype,stock,price
From  product
Where  ptype='图书'
Order By  stock Desc,price Desc
```

查询结果如图 3-31 所示。

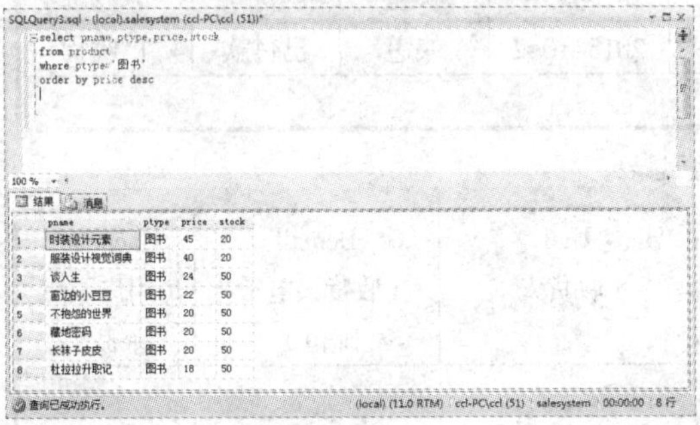

图 3-30　例 3-32 的查询结果

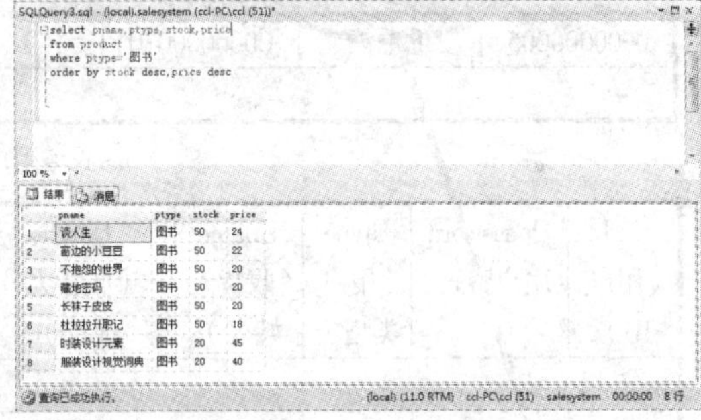

图 3-31　例 3-33 的查询结果

3.3.2　连接查询

涉及两个及两个以上表的查询称为连接查询。从多个表中选择和操作数据，这正是 SQL 的特色之一。如果没有连接查询功能，就不得不将一个应用程序所需的全部数据集中在一个表中或是在多个表中保存相同的数据，这样就违反了关系型数据库设计的基本原则，通过各个表之间的共同列的相关性可以很容易地从多个表中查询到所需要的数据记录。连接查询又分为内连接、外连接、交叉连接和自连接，这里仅介绍最基本也是最常用的内连接。

内连接也叫自然连接，是指将本表内的数据与另一个表内的行数据相互连接，产生的结果行数取决于参加连接的行数，也就是说当对两个表中指定列进行比较时，仅将两个表中满足连接条件的行组合起来作为结果集。

进行多表连接查询时，当两个或多个表中具有相同名称的列时，必须在该列前使用表名作为前缀，并用“.”来分隔，避免出现列的混淆。另外，由于连接查询涉及的表数量较多，通常的做法是给表起个简短的别名，例如：a、b、c，这样做既避免了重复书写表名所带来的麻烦，又使得查询语句显得简单明了。本节所有例题都采用了这样的做法。

【例 3-34】 查询 orders 表中订单 ID 为 0000000004 的订单，返回订单 ID、用户 ID、收货人姓名及收货人地址信息。

分析： 收货人姓名、收货人地址信息是存储在 users 表中的，而订单 ID 却存放在 orders 表中，所以例 3-34 的查询将涉及 users 和 orders 两个表中的数据。两个表之间的联系是通过两个表都具有的列 uid（用户 ID）来实现的，如图 3-32 所示。因此要查询订单 ID 为 0000000004 的收货人信息，必须将两个表中具有相同 uid 的记录连接起来。

```
Select  oid,a.uid,uname,uaddr
From   orders as a,users as b
Where (a.uid = b.uid) And (oid ='0000000004')
```

orders（订单表）

Oid（订单 ID）	Uid（用户 ID）	Pid（商品 ID）	Pamount（商品数量）	Otime（订单生成时间）	Deliver（送货方式）	Payment（付款情况）	Status（订单情况）
…							
0000000002	test	0000000006	1	2018-10-2	快递	已退款	取消订单
0000000003	test	0000000011	1	2018-10-2	快递	未付款	未发货
0000000004	毛毛熊	0000000006	1	2018-10-2	快递	已付款	未发货
0000000005	毛毛熊	0000000030	2	2018-10-2	快递	已付款	已收货
…							

users（用户信息表）

Uid（用户 ID）	Upassword（用户密码）	Utype（用户类型）	Uname（收货人姓名）	Uaddr（收货人地址）	Utel（收货人电话）	Uemail（收货人电子邮箱）	Uaccount（用户账户余额）
…							
test	test	顾客	王燕	北京市昌平区××街102号	133××××6666	wangyan@163.com	9650
毛毛熊	test	顾客	闫弘	北京市西城区××大街26号	136××××9005	yanhong@yahoo.com	9760
小鱼菁菁	test	顾客	黄贺	北京市朝阳区××街303号	131××××5555	huanghj@sohu.com	9942
…							

图 3-32 users 表和 orders 表的联系

查询结果如图 3-33 所示。

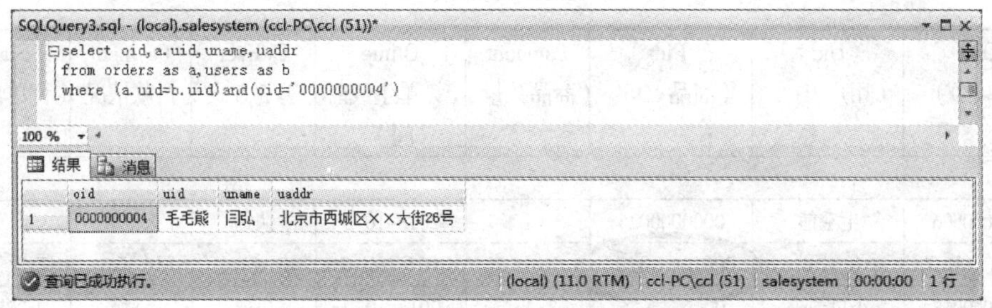

图 3-33 例 3-34 的查询结果

注意

如果将连接查询中 Where 子句的连接条件（a.uid = b.uid）去掉，将会出现图 3-34 所示的结果，即 users 表中的所有用户都被返回了，这个结果显然是错误的。原因是当在 From 子句后写下两个表的名称时，系统将按照交叉连接的方式将两个表不加任何约束地组合起来。users 表中原本有 5 条记录，orders 表中有 12 条记录，交叉连接后将组合出 5×12=60 条记录，当然其中大多数是冗余数据。连接查询就是通过对指定的列进行连接，有效过滤冗余记录的，即通过在 Where 子句中增加两个表的共有字段 uid（用户 ID），并进行等值连接来实现。从查询结果中不难发现，只有 orders 表中的 uid 字段与 users 表中的 uid 字段都显示为“毛毛熊”的那一条记录才是本题所需要的查询结果。

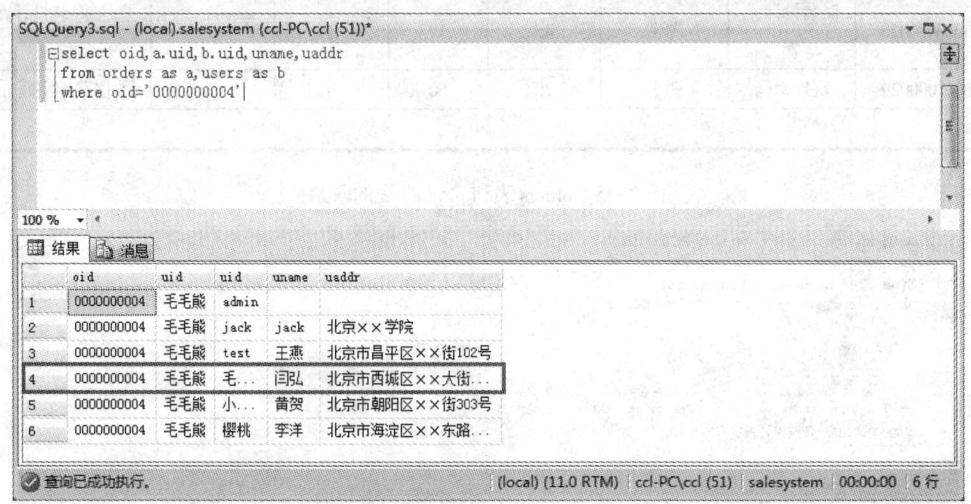

图 3-34 例 3-34 未使用连接查询条件时的错误结果

【例 3-35】 查询 orders 表中订单 ID 为 0000000007 的订单，返回订单 ID、商品名称、商品价格及库存量信息。

orders 表和 product 表的联系如图 3-35 所示。

```
Select  oid,pname,price,stock
From   orders as a,product as b
Where (a.pid=b.pid) And (oid='0000000007')
```

查询结果如图 3-36 所示。

orders（订单表）

Oid（订单 ID）	Uid（用户 ID）	Pid（商品 ID）	Pamount（商品数量）	Otime（订单生成时间）	Deliver（送货方式）	Payment（付款情况）	Status（订单情况）
…							
0000000006	毛毛熊	0000000025	1	2018-10-2	快递	未付款	未发货
0000000007	小鱼菁菁	0000000027	1	2018-10-2	快递	已付款	未发货
0000000008	小鱼菁菁	0000000026	1	2018-10-2	快递	已付款	取消订单
0000000009	樱桃	0000000017	1	2018-10-2	快递	已付款	未发货

product（商品信息表）

Pid（商品 ID）	Pname（商品名称）	Ptype（商品分类）	Price（商品价格）	Stock（库存量）	Sale（已售出量）	Profile（商品简介）	Picture（商品图片）
…							
0000000026	杜拉拉升职记	图书	18	50	0		图书\杜拉拉升职记.jpg
0000000027	服装设计视觉词典	图书	40	19	1		图书\服装设计视觉词典.jpg
0000000028	时装设计元素	图书	45	19	1		图书\时装设计元素.jpg
0000000029	藏地密码	图书	20	50	0		图书\藏地密码.jpg
…							

图 3-35　orders 表和 product 表的联系

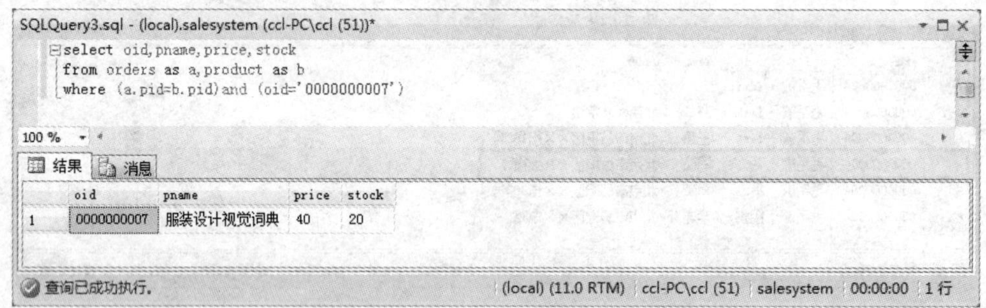

图 3-36　例 3-35 的查询结果

注意

例 3-35 借助 orders 表和 product 表共有的字段 pid（商品 ID）建立了两表间的连接查询，进而得到订单所对应商品的详细信息。

【例 3-36】 查询 orders 表中每条订单的详细信息，返回订单 ID、商品名称、商品价格、收货人姓名、收货人地址。

分析： 该查询共涉及 5 个字段，其中订单 ID 来自 orders（订单表），商品名称、商品价格来自

product（商品信息表），收货人姓名、收货人地址来自 users（用户信息表），而在这三张表中起到连接作用用的关键字段就是 orders 的外键 pid（商品 ID）和 uid（用户 ID）。借助三张表之间的关系图（见图 3–37）可以更加清晰地了解它们之间的联系：uid 是 users 表和 orders 表的共有字段，pid 是 product 表和 orders 表的共有字段，将两个连接查询条件加入 Where 子句中，就可以避免查询结果中包含冗余数据了。

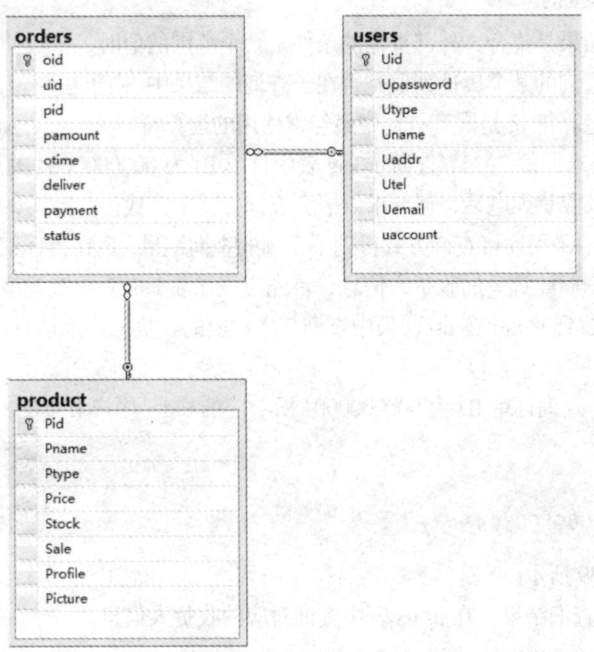

图 3–37　三张表的关系

```
Select  oid,pname,price,uname,uaddr
From   orders as a,product as b,users as c
Where (a.pid = b.pid) And (a.uid = c.uid)
```

查询结果如图 3–38 所示。

	oid	pname	price	uname	uaddr
1	0000000001	女裙	150	王燕	北京市昌平区××街102号
2	0000000002	女鞋	200	王燕	北京市昌平区××街102号
3	0000000003	哈尔斯真空吊带杯	130	王燕	北京市昌平区××街102号
4	0000000004	女鞋	200	闫弘	北京市西城区××大街26号
5	0000000005	长袜子皮皮	20	闫弘	北京市西城区××大街26号
6	0000000006	窗边的小豆豆	22	闫弘	北京市西城区××大街26号
7	0000000007	服装设计视觉词典	40	黄贺	北京市朝阳区××街303号
8	0000000008	杜拉拉升职记	18	黄贺	北京市朝阳区××街303号
9	0000000009	三星手机SGH-E848	2600	李洋	北京市海淀区××东路201号
10	0000000010	爱国者U盘-2G	120	李洋	北京市海淀区××东路201号
11	0000000011	不抱怨的世界	20	李洋	北京市海淀区××东路201号
12	0000000012	时装设计元素	45	李洋	北京市海淀区××东路201号

orders表　　product表　　users表

图 3–38　例 3–36 的三张表连接查询的结果

3.3.3 嵌套查询

在一个 Select 语句中嵌入另一个完整的 Select 语句称为嵌套查询。嵌入的 Select 语句称为子查询，而包含子查询的 Select 语句称为外部查询。子查询既可以嵌套在 Select 语句中，也可以嵌套在 Update、Delete、Insert 语句中。子查询还可以再嵌套子查询，T-SQL 对于嵌套的层数没有限制。

1. 使用 In 的嵌套查询

当子查询返回的结果是集合，外部查询的条件是某个范围的值时，一般使用 In 运算符。In 运算符主要用于判断外部查询的某个属性列值是否在子查询的结果中。由于在嵌套查询中子查询的结果往往是一个集合，所以运算符 In 是嵌套查询中最经常使用的运算符。

【例 3-37】 查询要求同例 3-34，查询 orders 表中订单 ID 为 0000000004 的订单，返回订单的收货人姓名、收货人地址及收货人电话，但要求以嵌套查询方式来完成。

分析：在例 3-34 中采用连接查询方式得到了正确的查询结果，现在再仔细分析一下该查询要求：查询订单 ID 为 0000000004 订单的收货人信息，首先应该在 orders 表中查询该订单所对应的 uid（用户 ID），然后根据查找到的 uid 在 users 表中查询与之对应的收货人详细信息。查询可以分为如下两个步骤：

（1）在 orders 表中查询订单 ID 为 0000000004 所对应的 uid（用户 ID）。

```
Select  uid
From    orders
Where  oid='0000000004'
```

查询结果如图 3-39 所示。

（2）根据（1）的查询结果，在 users 表中查询对应的收货人信息。

```
Select  uname,uaddr,utel
From    users
Where  uid='毛毛熊'
```

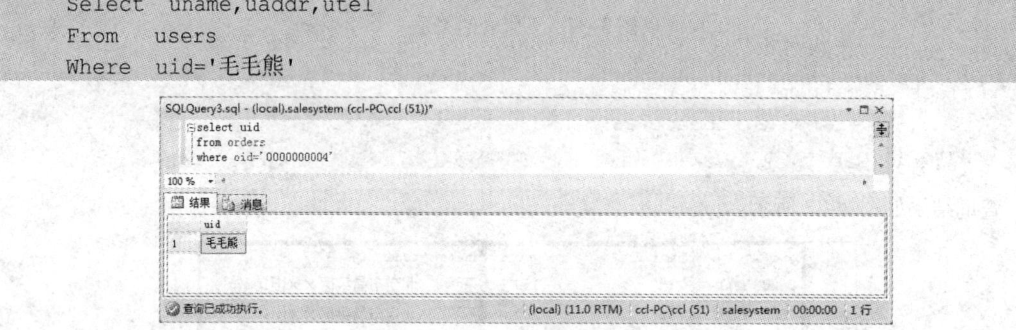

图 3-39 步骤（1）的查询结果

查询结果如图 3-40 所示。

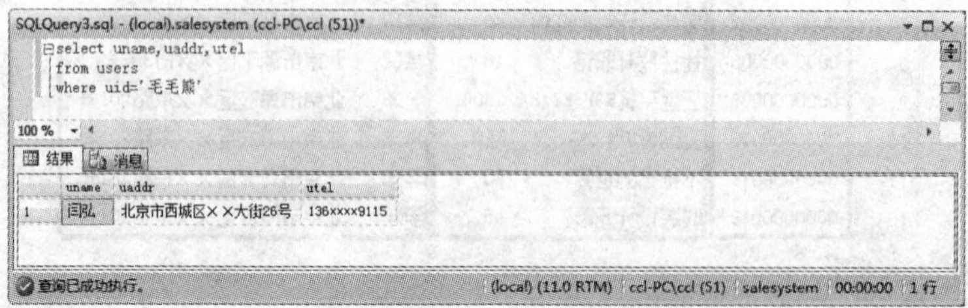

图 3-40 例 3-37 的查询结果

上述两个单表查询过程可以用一个嵌套查询来实现：

```
Select  uname,uaddr,utel
From   users
Where  uid In ( Select  uid
               From   orders
               Where  oid='0000000004'
             )
```

注意

上述例题中的子查询只有一个返回值，即“毛毛熊”，因此外部查询的查询条件也可以写成“Where uid=（子查询）”的形式，但如果子查询拥有多个返回值，则要使用 In 来连接子查询，因此，在嵌套查询中使用 In 比 = 具有更强的适用性。很多情况下，嵌套查询和连接查询是可以相互替换的。

【例 3-38】查询网上购物系统中一直未被订购过的商品信息，返回商品 ID、商品名称及库存量，并将返回的列用中文命名。

```
Select  pid  as 商品ID,pname  as 商品名称,stock  as 库存量
From   product
Where  pid  Not In (Select  pid  From   orders)
```

查询结果如图 3-41 所示。

子查询（select pid from orders）返回的结果是 orders 表中已经存在的商品 ID，即这些商品曾经被订购过，外部查询在 product 表中进行，由于 where 子句巧妙使用 not in 作为判断的条件，从而很容易得到了题目要求的“一直未被订购过商品”的相关信息。

2. 使用比较运算符的嵌套查询

【例 3-39】查询图书类商品中价格高于同类商品平均价格的商品信息，返回商品名称、商品价格及库存量，并将返回的列用中文命名。

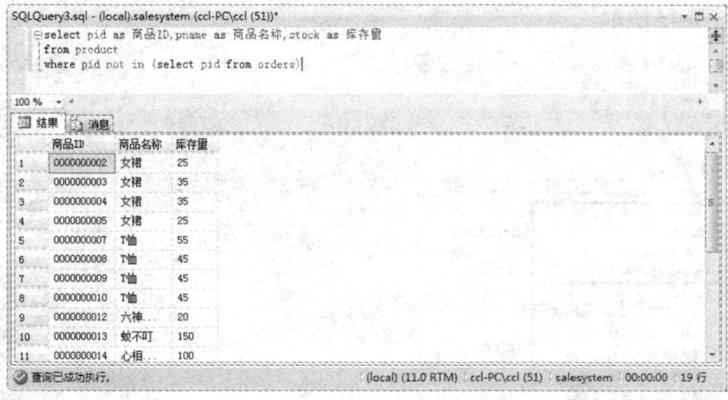

	商品ID	商品名称	库存量
1	0000000002	女裙	25
2	0000000003	女裙	35
3	0000000004	女裙	35
4	0000000005	女裙	25
5	0000000007	T恤	55
6	0000000008	T恤	45
7	0000000009	T恤	45
8	0000000010	T恤	45
9	0000000012	六神...	20
10	0000000013	蚊不叮	150
11	0000000014	心相...	100

图 3-41　例 3-38 的查询结果

```
Select  pname as 商品名称,price as 商品价格,stock as 库存量
From   product
Where  ptype='图书'  And  price> ( Select Avg(price)
                                  From      product
                                  Where  ptype='图书' )
```

查询结果如图 3-42 所示。

SQLQuery3.sql - (local).salesystem (ccl-PC\ccl (51))*

```
select pname as 商品名称,price as 商品价格,stock as 库存量
from product
where ptype='图书' and price>(select avg(price) from product where ptype='图书')
```

	商品名称	商品价格	库存量
1	服装设计视觉词典	40	20
2	时装设计元素	45	20

查询已成功执行。 (local) (11.0 RTM) ccl-PC\ccl (51) salesystem 00:00:00 2 行

图 3-42　例 3-39 的查询结果

注意

由于事先不知道图书类商品的平均价格，因此需要先使用子查询确定出该价格，再将子查询的结果嵌入外部查询中。

3.3.4　联合查询

使用 Union 子句的查询称为联合查询，它可以将两个或更多查询的结果集组合为一个单个结果集，该结果集包含联合查询中所有查询结果集中的全部数据记录。联合查询不同于连接查询，连接查询是匹配两个表中的列，而联合查询是组合两个表中的行。联合查询中，系统会自动屏蔽重复的行，同时还要求参加 Union 操作的结果集具有相同的列数，对应列的数据类型也必须相互兼容。

【例 3-40】 将 users 表中的用户 ID、收货人姓名、用户账户余额和 product 表中的商品 ID、商品名称、商品价格组成一组数据。

```
Select  uid,uname,uaccount  From  users
Union
Select  pid,pname,price  From  product
```

查询结果如图 3-43 所示。

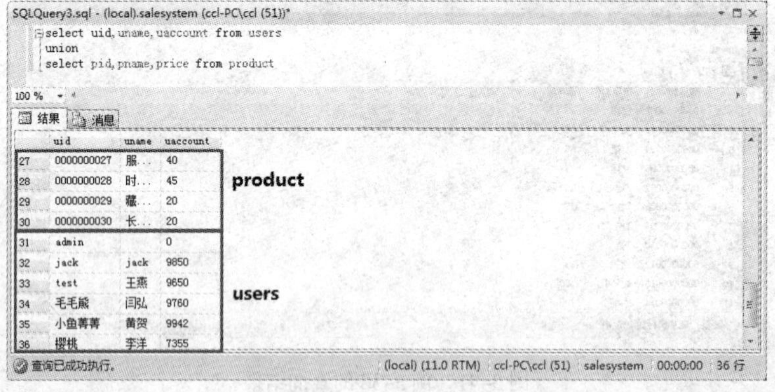

图 3-43　例 3-40 的查询结果

注意

联合查询的返回结果是一个结果集，受系统默认排序方式的影响，来自不同表的记录可能会穿插在一起，而不像图 3-43 所表现的界线清晰。通过合理使用 Order By 子句可以规范查询结果的显示方式。

3.4 数据更新

SQL 使用数据操纵语言实现其对数据库的操纵功能。一个数据库能否保持信息的正确性、及时性，很大程度上依赖于数据库更新功能的强弱与实时控制功能的强弱。数据库的更新包括插入、删除和修改三种操作。由于表中的记录是以“行”的形式存在的，因此向表中插入、删除数据时都将针对记录所在的行进行操作，即一次插入或删除一行或者多行，但是对表中数据的修改是针对数据记录中某一个或几个字段进行的。

3.4.1 插入数据

新创建的表中是不含有数据的，因此当表结构设计好之后，接下来的工作就是向表中插入数据。SQL Server 中使用 Insert 语句向指定的表中添加数据，命令格式如下：

```
Insert  [ Into]  表名 [( <列名 1>[,…n] )]
Values(<常量 1>[,…n])
```

命令说明：

- 表名指要插入新记录的表。
- Values 子句指定待添加数据的具体值，字符型和日期时间型数据必须用单引号括住。
- Values 子句中的常量个数必须与 Insert 子句中列的个数相同，数据类型相互兼容。如果是向表中的每一列都插入数据，则 Insert 子句中可以省略列名。

【例 3-41】向 product 表中插入表 3-9 所示两条新的商品信息。

表 3-9 待插入的商品信息

商品 ID	商品名称	商品类型	商品价格	库存量	已售出量	商品简介	商品图片
0000000031	佳能 IXUS95	数码产品	1500	30	0	本周销量冠军	数码产品\佳能 IXUS95.jpg
0000000032	数据库原理与应用	图书	21	20	0		

```
Insert  Into product
Values('0000000031','佳能 IXUS95','数码产品',1500,30,0,'本周销量冠军','数码产品\
佳能 IXUS95.jpg ')
Insert  Into product
Values('0000000032','数据库原理与应用','图书',21,20,0,Null, Null)
```

执行结果如图 3-44 所示。

product 表中的数据更新如图 3-45 所示。

注意

（1）例 3-41 向 product 表中的 picture（商品图片）列插入的仅是描述存放商品图片相对路径的字符数据，因此在执行完该命令后还需要把图像文件复制到指定的路径下面，否则登录“网上购物系统”时会提示“文件未找到”，从而影响系统的正常使用。

（2）在例 3-41 中，书写一条 Insert 语句只能向表中插入一条记录，如果想要批量插入数据可以构造一个嵌套查询，将子查询的结果（可以是一条或多条记录）一次性全部插入指定的表中。

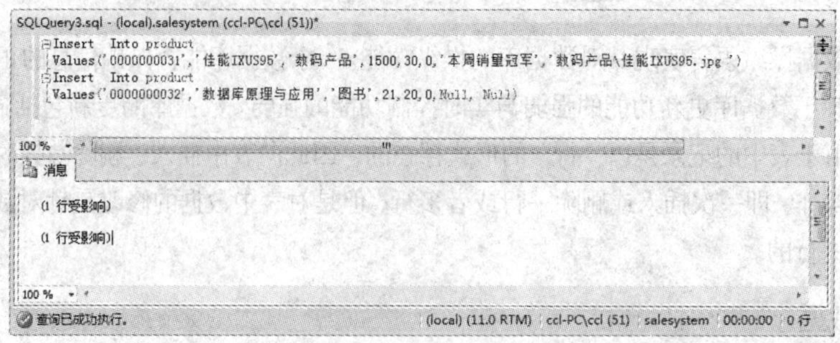

图 3-44　例 3-41 的执行结果

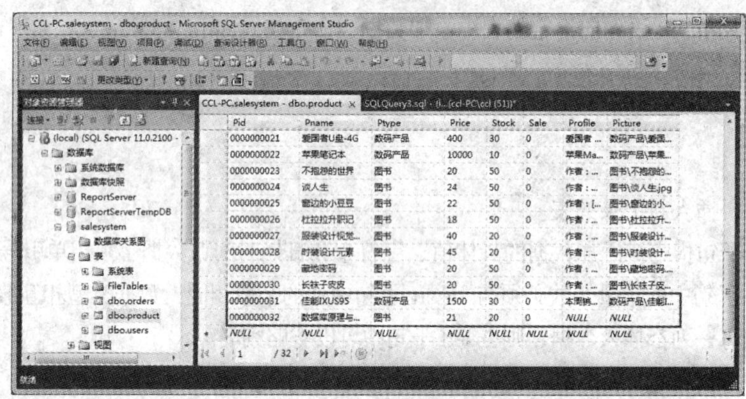

图 3-45　product 表中的数据更新

【例 3-42】创建新表 product_1，其列来自 product 表的商品 ID、商品名称和商品价格三列。

```
Select pid,pname,price
Into   product_1
From   product
```

product_1 表中的数据信息如图 3-46 所示。

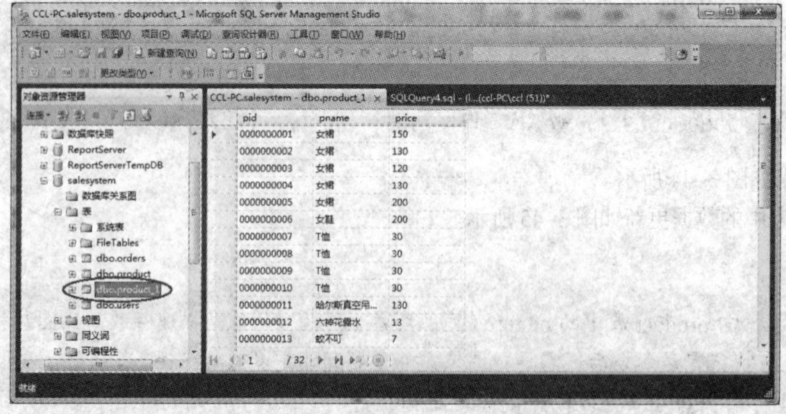

图 3-46　product_1 表中的数据信息

注意

执行例 3-42 的操作时，SQL Server 会自动创建 product_1 表，其列数等于预插入的列数，数据类型与 product 表对应的列相一致，但 product 表中的约束关系不会被带入新表中。

3.4.2 修改数据

SQL 语言提供了 Update 语句，用于修改表中的数据，其语法格式如下：

```
Update  表名
Set      <列名>=<表达式>[,…n]
[Where  <条件表达式>]
```

命令说明：

- 表名指要修改的表的名称。
- Set 子句指出要修改的列及其修改后的值。
- Where 子句指定待修改的记录应当满足的条件，Where 子句省略时，则修改表中的所有记录。

1. 修改一个元组的值

【例 3-43】修改 product 表中商品 ID 为 0000000001 的商品价格为 170，库存量为 10。

```
Update  product
Set     price=170,stock=10
Where   pid='0000000001'
```

注意

当 Set 子句后的修改项目超过一项时，用逗号将其连接，不要使用 And。

2. 修改多个元组的值

【例 3-44】 修改 product 表中图书类商品的价格改为原来的 90%。

```
Update  product
Set     price= price*0.9
Where   ptype='图书'
```

注意

price= price*0.9 是一个赋值表达式，含义是将等号右边的计算结果赋给等号左边，这样原来的价格信息就被覆盖了；如果还想保留原始价格，可以先修改表结构，插入一个新列，再将调整后的价格存入新列中。

3. 带子查询的修改语句

子查询也可以嵌套在 Update 语句中，用以构造执行修改操作的条件。

【例 3-45】修改 product 表中商品价格比同类商品均价高的图书类商品，价格改为原来的 80%。

```
Update  product
Set     price= price*0.8
Where   ptype='图书'
        And price>(Select Avg(price)From product Where ptype='图书')
```

注意

Update 语句一次只能操作一个表。如果一个数据同时在多个表中存在，当其中的一个表使用了 Update 语句，应注意将其他几个表中的数据也用 Update 语句进行修改，以保证数据库中数据的一致性。

3.4.3 删除数据

当表中的某些记录不再需要时，需要删除这些多余的记录，以免影响查询速度。删除语句的语法格式如下：

```
Delete
From  表名
[Where  <条件表达式>]
```

命令说明：

- 表名指要删除数据的表。
- Where 子句指定待删除记录应当满足的条件，Where 子句省略时，则删除表中的所有记录。
- Delete 语句的功能只是删除满足条件的记录，但对表的结构没有任何影响，注意和 Drop Table 命令加以区分。

1. 删除一个元组的值

【例 3-46】删除 orders 表中订单 ID 为 0000000003 的订单。

```
Delete
From   orders
Where  oid='0000000003'
```

注意

删除操作以行为单位，不能只删除一行中指定字段内的数据，若想实现上述操作可以通过 Update 语句来实现，将该字段的内容修改为 Null。

2. 删除多个元组的值

【例 3-47】删除 orders 表中所有的订单记录。

```
Delete
From   orders
```

注意

执行该语句后，orders 表即为一个空表，但表的定义仍然存在于数据库中。

3.5 视　图

3.5.1 视图的基本概念

视图是从一个或几个基本表中导出的表。视图的结构和数据是建立在对表的查询基础上的，数据库中只存放视图的定义，而不存放视图对应的数据，这些数据仍存放在原来的基本表中。视图一经定义，就可以和基本表一样被查询、删除，也可以在一个视图上再定义新的视图，但对视图的更新（增

加、修改、删除）操作则有一定的限制。

1. 视图的特点

（1）视图是一种虚表，不是物理存在的表。

（2）基本表中的数据发生变化，从视图查询出的数据也随之改变。

（3）视图可以屏蔽数据来源表中的某些信息，有利于数据库的安全性。

（4）视图在数据库里是作为查询来保存的，因此执行视图就是执行查询。

（5）视图拥有表的几乎所有操作，通过对视图数据的修改可转换为对基本表数据的修改。

（6）删除视图后，表和视图所基于的数据并不受到影响。

2. 视图的优点

（1）视图能够集中数据，简化用户的数据查询操作。通过定义视图，使用户所见的数据库结构简单、清晰，并且可以简化用户的数据查询操作。

（2）视图使用户能以多种角度看待同一数据。视图机制能使不同的用户以不同的方式看待同一数据，当许多不同种类的用户使用同一个数据库时，这种灵活性是非常重要的。

（3）视图对重构数据库提供了一定程度的逻辑独立性。数据的逻辑独立性是指当数据库重构时，如增加新的表或在表中增加新的字段时，用户和应用程序不会受到影响。

（4）视图能够提高数据的安全性。有了视图机制，就可在设计数据库应用系统时，对不同的用户定义不同的视图，使机密数据不出现在无此权限的用户视图中，这样就由视图的机制自动提供了对机密数据的安全保护功能。

3.5.2 创建视图

视图实际上是根据对基本表的查询需求来定义的。使用 T-SQL 创建视图的命令格式如下：

```
Create  View  视图名 [ (<列名 1>[,…n] ) ]
[ With Encryption]
As
Select 语句
[ With Check Option]
```

命令说明：

- Create View 是创建视图的关键字。
- [With Encryption]子句表示对视图加密。
- Select 语句用于定义创建视图时所用到的选择查询，其中可以引用多个表或视图。
- [With Check Option]子句强制视图上执行的所有数据修改语句都必须符合由 Select 语句设置的准则。

【例 3-48】建立包含顾客类用户的用户 ID、收货人姓名、收货人地址的视图。

```
Create  View  users_view
As
Select  uid,uname,uaddr
From   users
Where  utype='顾客'
```

注意

视图 users_view 中屏蔽了用户密码，用户账户余额及管理员类用户的重要信息。像这样从单个基本表导出，并且去掉了表中某些行和列信息的视图称为行列子集视图。

【例 3-49】创建一个视图，满足以下的查询要求：

查询每张订单的订单 ID、商品名称、商品价格、收货人姓名、收货人地址信息。

```
Create  View  orders_detail
As
Select  oid,pname,price,uname,uaddr
From   orders as a,product as b,users as c
Where  (a.pid = b.pid)  And  (a.uid = c.uid)
```

查询结果如图 3-47 所示。

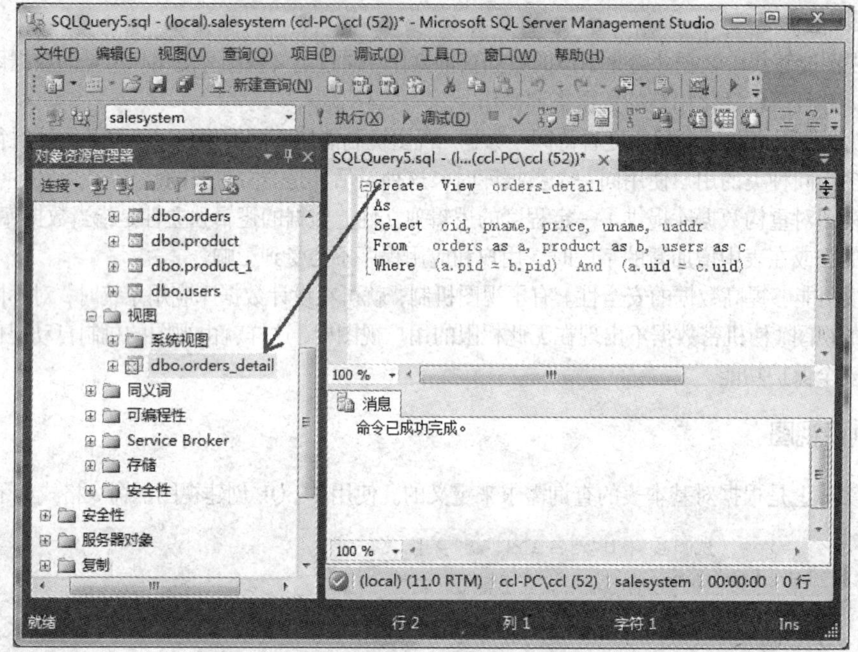

图 3-47　查看用户创建的视图 orders_detail

注意

创建好的视图 orders_detail 将出现在左侧对象资源管理器，salesystem 数据库下“视图”结点的下方，如图 3-47 所示。再进行同样查询操作时，视图将起到简化操作的作用。

3.5.3　查询视图

定义视图后，用户就可以像对基本表进行查询一样对视图进行查询了。

DBMS 执行对视图的查询时，首先进行有效性检查，检查查询涉及的表、视图等是否在数据库中存在，如果存在，则从数据字典中取出查询涉及的视图定义，把定义中的子查询和用户对视图的查询结合起来，转换成对基本表的查询，然后执行这个经过修正的查询。将对视图的查询转换为对基本表的查询的过程称为视图消解（View Resolution）。

【例 3-50】查询例 3-49 中创建的视图 orders_detail。

```
Select  *  From  orders_detail
```

查询结果如图 3-48 所示。

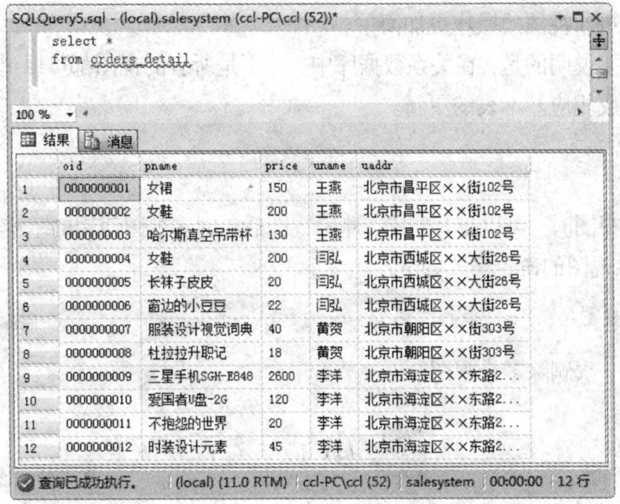

图 3-48 例 3-50 的查询结果

3.5.4 更新视图

更新视图是指通过视图来插入、删除和修改基本表中的数据。为防止用户通过视图对数据进行不合理的操作，可在定义视图时加上 With Check Option 子句，这样在视图上更新数据时，DBMS 会进一步检查视图定义中的条件，若不满足条件，则拒绝执行该操作。

【例 3-51】 修改例 3-49 创建的视图 orders_detail，将订单 ID 为 0000000001 的商品价格调整为 120。

```
Update      orders_detail
Set         price=120
Where       oid='0000000001'
```

以上的更改若直接在基本表上操作，则对应的 T-SQL 语句为：

```
Update      product
Set         price=120
Where       pid  In  (Select pid From orders Where oid='0000000001')
```

例 3-51 的执行结果如图 3-49 所示。

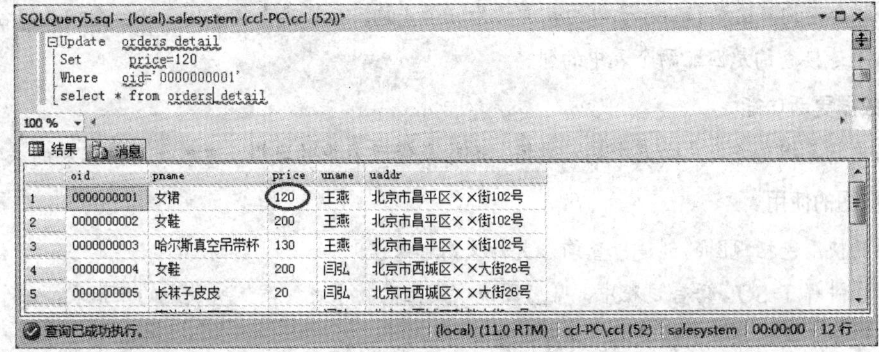

图 3-49 例 3-51 的执行结果

相比之下，直接更新视图的操作更加简单。

关于视图更新需要说明的是：在关系数据库中，并不是所有的视图都可以更新，因为有些视图的更新不能唯一地转换成相应基本表的更新。

3.5.5 删除视图

当不再需要某个视图时，可以将其删除，删除视图后，创建视图使用的基本表及数据并不受到影响。使用T-SQL删除视图的命令格式如下：

```
Drop View 视图名[,…n]
```

使用该语句可以一次删除多个视图。

小 结

本章详细介绍了T-SQL语言的数据定义功能、数据查询功能和数据更新功能。

1. 数据定义功能

数据定义中介绍了对数据库、表、索引几类常见的数据库对象的定义操作，引入了Create、Alter、Drop关键字。重点介绍了对表的操作，具体包括定义表结构和修改表结构两部分。定义表结构包含定义字段名称、数据类型、约束条件和索引等，修改表结构是对表中字段设置、数据类型、完整性约束的编辑工作。

2. 数据查询功能

数据查询是创建数据库的主要目的，故本章使用了比较大的篇幅介绍各种查询方法，并按照单表查询、连接查询、嵌套查询和联合查询的顺序逐一举例分析。

（1）单表查询。单表查询中仅涉及一个表，是最基本的查询，本章从Select子句、From子句、Where子句、Group By子句和Order By子句这5个方面对数据查询的创建给出了比较全面的介绍。

（2）连接查询。在实际应用中经常会使用两个以上的表建立查询，这种查询称为连接查询。本章主要介绍了使用最广泛的内连接查询。

（3）嵌套查询。在一个Select语句中嵌入另一个完整的Select语句称为嵌套查询。本章根据外部查询与子查询的连接符号将嵌套查询分为使用In的嵌套查询和使用比较运算符的嵌套查询。

（4）联合查询。使用Union子句的查询称为联合查询。与连接查询不同，联合查询是组合两个表中的行，而连接查询是匹配两个表中的列。

3. 数据更新功能

数据更新是指允许用户向表中插入数据，删除或修改表中的数据，也就是对数据表的编辑。

4. 视图的使用

视图的使用包括视图的创建、查询、更新及删除操作。

本章在讲解T-SQL语言过程中，紧密围绕“网上购物系统”案例所使用的三张表，每个知识点的讲解都配合了实际操作的结果图，便于读者学习。

习 题 3

一、选择题

1. SQL 语言具有的功能是（　　）。

A. 关系规范化、数据操纵、数据控制　　B. 数据定义、数据操纵、数据查询

C. 数据定义、数据规范化、数据控制　　D. 数据定义、关系规范化、数据操作

2. 下列（　　）约束所约束的字段中不允许出现空值。

A. 主键　　B. 外键　　C. 默认键　　D. Unique

3. 查询语句中系统最先执行的操作是搜索查询所使用的表，所以最先执行的语句是（　　）子句。

A. Select　　B. From　　C. Where　　D. Group By

4. 在 SQL 语句中，用来插入数据和更新数据的关键字是（　　）。

A. Update，Insert　　B. Insert，Update

C. Delete，Update　　D. Create，Insert

5. 若用如下的 T-SQL 语句创建一个表 Student:

```
Create Table Student
( Sno Char(4) Not Null,
 Sname Char(8) Not Null,
 Ssex Char(2),
 Sage Int)
```

则可以插入 Student 表中的是（　　）。

A. （'1031','小明',男,23）　　B. （'1031','小明',Null,Null）

C. （Null,'小明','男','23'）　　D. （'1031',Null,'男',23）

6. 下列 T-SQL 语句中，修改表结构的关键字是（　　）。

A. Alter　　B. Create　　C. Update　　D. Insert

7. SQL 语言的数据操作语句包括 Select、Insert、Update 和 Delete。其中最重要也是使用最频繁的语句是（　　）。

A. Select　　B. Insert　　C. Update　　D. Delete

8. 在匹配查询条件中，若查询条件为查询姓“吴”的学生的相关信息，则相应的 Like 子句应该表示为（　　）。

A. Like '吴*'　　B. Like '吴%'　　C. Like '吴？'　　D. Like '*吴'

二、填空题

1. SQL 是___________的缩写。

2. 数据查询常用的 4 种方法是___________、___________、___________、___________。

3. 在一个表中只能定义一个 Primary Key 约束，但 Unique 约束可以定义___________个。

4. 定义了 Unique 约束的列被称为唯一键，唯一键允许___________，但系统为保证其唯一性，最多只可以出现___________Null 值。

5. Select 语句的 Having 子句一般跟在___________子句后面。

6. SQL 语言定义表使用的关键字是___________，修改表结构使用的关键字是___________，删除表使用的关键字是___________。

第 4 章

SQL Server 2012 <<<

SQL Server 是由 Microsoft 公司开发的一款具有“客户/服务器”架构的关系型数据库管理系统，它使用 T-SQL 语言在客户端和服务器之间传递客户端的请求和服务器的响应。

1996 年，Microsoft 公司推出了 SQL Server 6.5 版本，1998 年推出了 SQL Server 7.0 版本，2000 年推出了 SQL Server 2000，2008 年推出了 SQL Server 2008，2012 年推出了 SQL Server 2012，2015 年推出了 SQL Server 2015。本章以 SQL Server 2012 版本为例进行讲解。

4.1 SQL Server 2012 的安装与配置

4.1.1 SQL Server 2012 的版本

SQL Server 2012 提供了 5 种不同的版本，具体描述如下：

1．企业版（Enterprise Edition）

企业版达到了支持超大型企业进行联机事务处理（OLTP）、高度复杂的数据分析、数据仓库系统和网站所需的性能水平。企业版是最全面的 SQL Server 2012 版本，是超大型企业的理想选择，能够满足最复杂的要求。

2．标准版（Standard Edition）

标准版是适合中小型企业的数据管理和分析平台。它包括电子商务、数据仓库和业务流解决方案所需的基本功能。标准版是需要全面的数据管理和分析平台的中小型企业的理想选择。

3．商业智能版（Business Intelligence Edition）

对于那些需要在大小和用户数量上没有限制的数据库的小型企业，商业智能版是理想的数据管理解决方案。商业智能版可以用作前端 Web 服务器，也可以用于部门或分支机构的运营。它包括 SQL Server 产品系列的核心数据库功能，并且可以轻松地升级至标准版或企业版。商业智能版是理想的入门级数据库，具有可靠、功能强大且易于管理的特点。

4．开发版（Developer Edition）

开发版使开发人员可以在 SQL Server 上生成任何类型的应用程序。它包括企业版的所有功能，但有许可限制，只能用于开发和测试系统，而不能用于商业目的。

5．精简版（Express Edition）

精简版是一个免费、易用且便于管理的数据库。精简版是低端服务器用户、创建 Web 应用程序的非专业开发人员以及创建客户端应用程序的编程爱好者的理想选择。

4.1.2 环境需求

安装 SQL Server 2012 系统的最低配置如下所述。

1．处理器

32 位系统：至少具有 1 GHz（或同等性能的兼容处理器）或速度更快的处理器（建议使用 2 GHz 或速度更快的处理器）的计算机。

64 位系统：1.4 GHz 或速度更快的处理器。

2．内存

至少 1 GB RAM，推荐 2 GB 或更大的 RAM。

3．硬盘

完全安装需要 2.2 GB 可用硬盘空间。

4．操作系统

SQL Server 2012 支持的操作系统：Windows 7/8/10、Windows Server 2008 R2、Windows Server 2008 SP2 等。

4.1.3 SQL Server 2012 的安装

如果是本地安装，必须以管理员身份运行安装程序，如果通过远程共享安装 SQL Server，则必须使用对远程共享具有读取和执行权限的域账户。

1. 安装准备

事先准备好安装 SQL Server 所需要的文件，如图 4-1 所示。

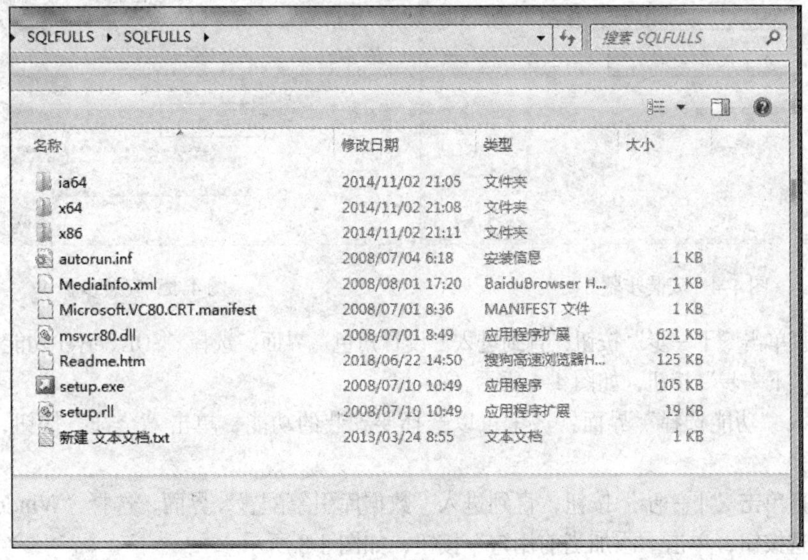

图 4-1 安装文件

2. 安装 SQL Server 2012

（1）双击 SQL Server 安装文件中的 Setup.exe，运行安装程序，如图 4-2 所示。

（2）在“SQL Server 安装中心”窗口中单击左侧的“安装”选项，选中右侧的第一项“全新 SQL

Server 独立安装或向现有安装添加功能”，如图 4–3 所示。

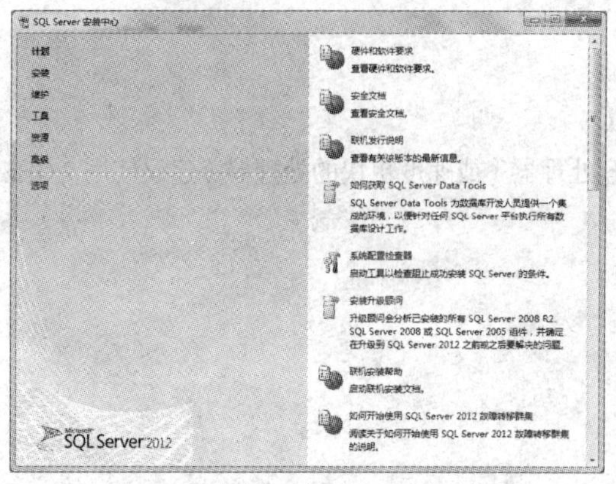

图 4–2　安装步骤 1

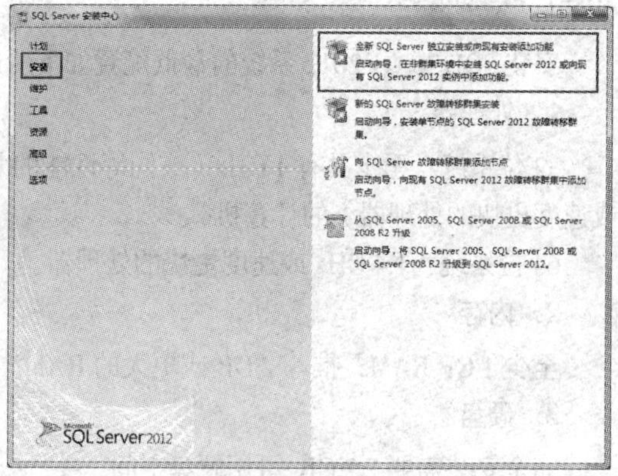

图 4–3　安装步骤 2

（3）进入“安装程序支持规则”界面，单击“确定”按钮，进入“产品密钥”界面，输入产品密钥（可从“新建文本文档.txt”中得到），如图 4–4 所示。

（4）单击“下一步”按钮，进入“许可条款”界面 ，如图 4–5 所示。选中“我接受许可条款”复选框，单击“下一步”按钮。

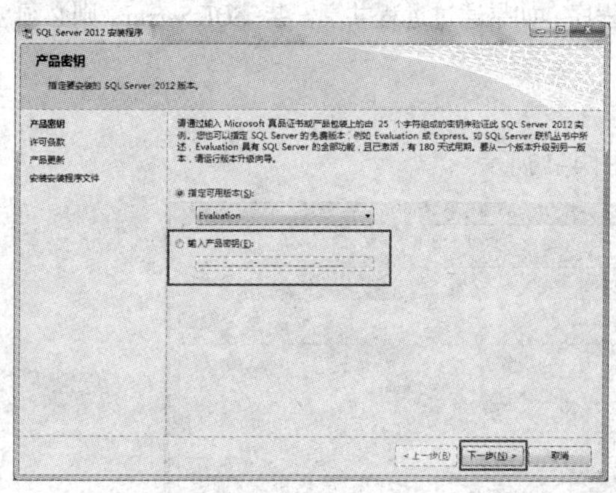

图 4–4　安装步骤 3

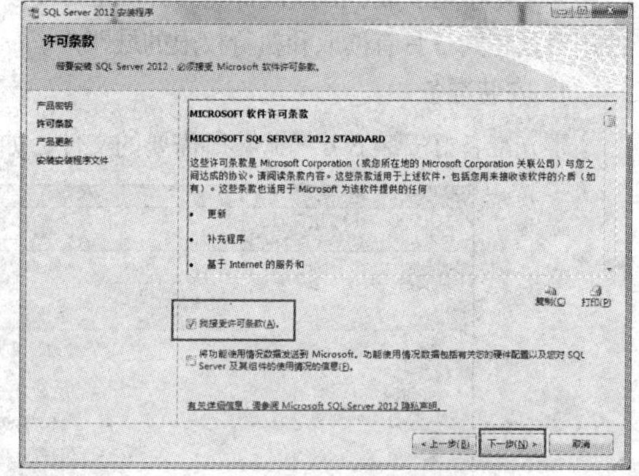

图 4–5　安装步骤 4

（5）一直单击“下一步”按钮，直到进入“设置角色”界面，选择“SQL Server 功能安装”单选按钮，单击“下一步”按钮，如图 4–6 所示。

（6）进入“功能选择”界面，这里可以选择要安装的功能，单击“全选”按钮，如图 4–7 所示。

（7）一直单击“下一步”按钮，直到进入“数据库引擎配置”界面，选择“Windows 身份验证模式”单选按钮，单击“添加当前用户”按钮，如图 4-8 所示。

提示

如果选择“Windows 身份验证”单选按钮，安装程序会创建一个 sa 账户，该账户在默认情况下是被禁用的。选择“混合模式”单选按钮时，需输入并确认系统管理员（sa）登录名。密码是抵御入侵者的第一道防线，因此，对于保密级别高的数据库系统，设置强密码是绝对必要的。

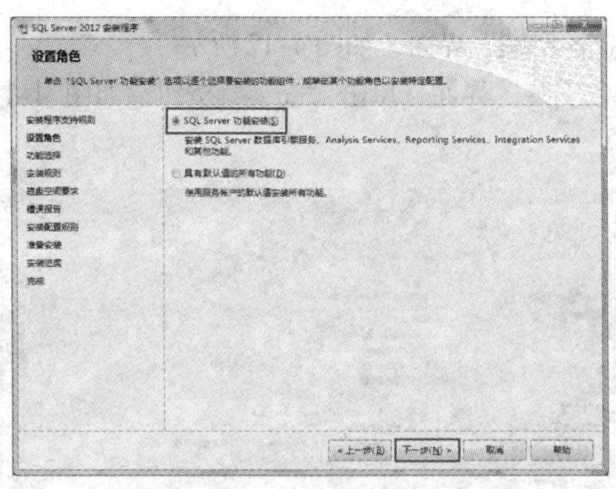

图 4-6　安装步骤 5

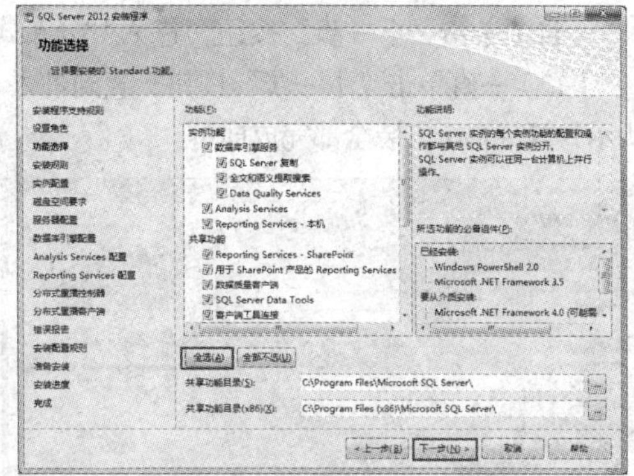

图 4-7　安装步骤 6

（8）单击“下一步”按钮，进入“Analysis Services 配置”界面，并单击“添加当前用户”按钮，如图 4-9 所示。

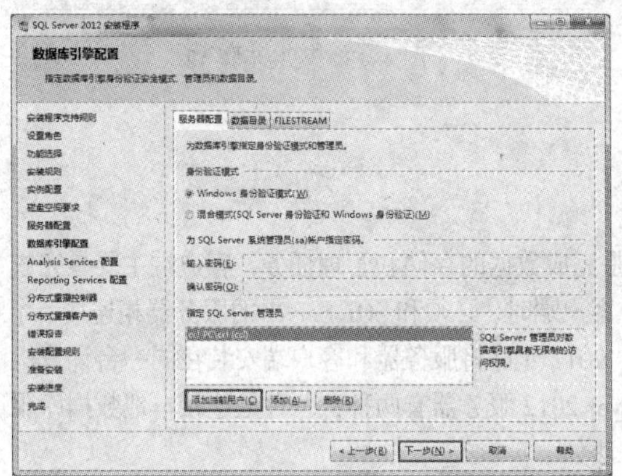

图 4-8　安装步骤 7

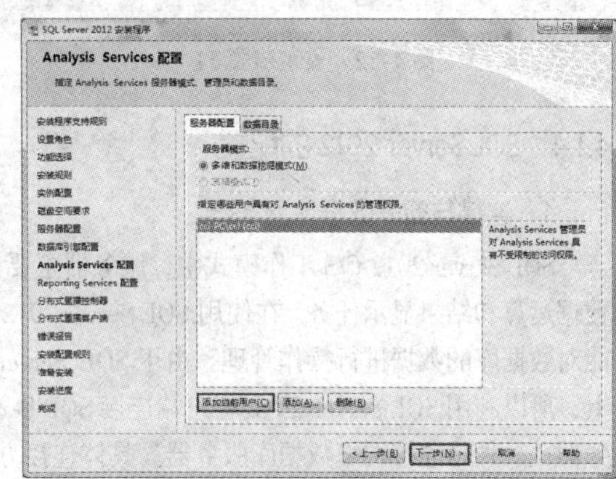

图 4-9　安装步骤 8

（9）单击“下一步”按钮，进入“Reporting Services 配置”界面，选择“安装和配置”单选按钮，如图 4-10 所示。

（10）单击“下一步”按钮，进入“分布式重播控制器”界面，单击“添加当前用户”按钮，如图 4-11 所示。

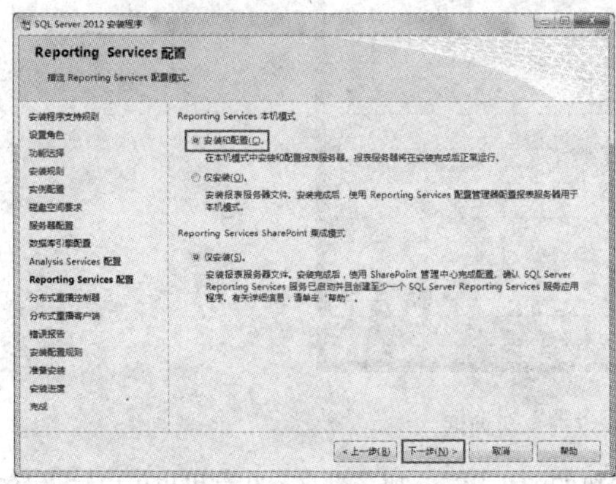

图 4-10　安装步骤 9

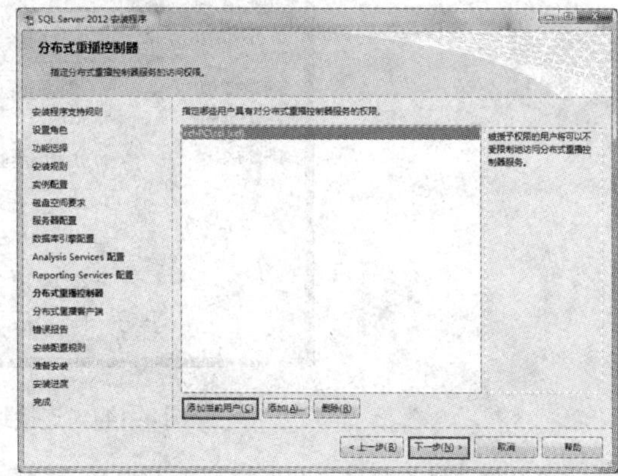

图 4-11　安装步骤 10

（11）单击“下一步”按钮，进入“分布式重播客户端”界面，如图 4–12 所示。

（12）一直单击“下一步”按钮，直到进入“准备安装”界面，单击“安装”按钮，如图 4–13 所示，等待直至安装全部完成即可。

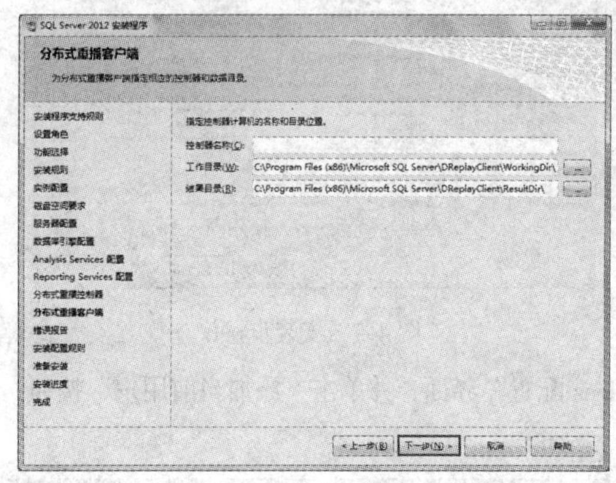

图 4–12　安装步骤 11

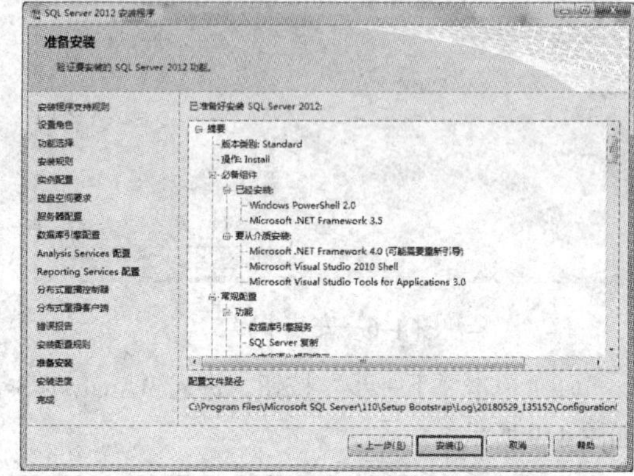

图 4–13　安装步骤 12

4.1.4　SQL Server 2012 的配置

1. 连接与断开数据库服务器

SQL Server 2012 C/S 工作模式中，服务器主要是完成数据的存储和管理任务，客户端主要是完成数据运算和结果显示任务。在使用 SQL Server 2012 客户端时，必须和 SQL Server 的服务器相连接，才能对数据库的数据进行操作管理。由于 SQL Server 2012 允许将服务器和客户端安装在同一台计算机上，所以利用 SQL Server 2012 客户端连接 SQL Server 2012 服务器有两种：一种是连接本地数据库服务器；一种是连接网络数据库服务器。具体连接方法如下：

（1）启动 Microsoft SQL Server 2012，选择 SQL Server Management Studio。

（2）在图 4–14 所示的“连接到服务器”对话框中，“服务器类型”有数据库引擎、Analysis Services、Reporting Services、SQL Server Mobile、Integration Services 等 5 种，此处选择常用的“数据库引擎”服务器。

图 4–14　“连接到服务器”对话框

（3）在“服务器名称”下拉列表框中显示的是本机的 SQL Server 服务器名，在这里也可以输入其他服务器的名称。如果要连接的是命名实例，则用“服务器名\实例名”来连接。

提示

在 SQL Server 2012 中，可以把不同类型的数据库服务器安装在不同的计算机上。所以在输入服务器名称时，要先确定它是不是这个服务器类型的数据库服务器。

（4）如果在“服务器名称”下拉列表框中没有找到所要连接的服务器，可以选择“<浏览更多>”，弹出图 4–15 所示的“查找服务器”对话框，在“本地服务器”选项卡中可以选择要连接的服务器类型和服务器名称及实例名称。

（5）如果要连接的数据库服务器不是本地服务器，则在图 4–15 所示的“查找服务器”列表框中选择“网络服务器”选项卡，出现图 4–16 所示的列表框。在这个列表框中，可以选择网络上的 SQL Server 服务器和实例。

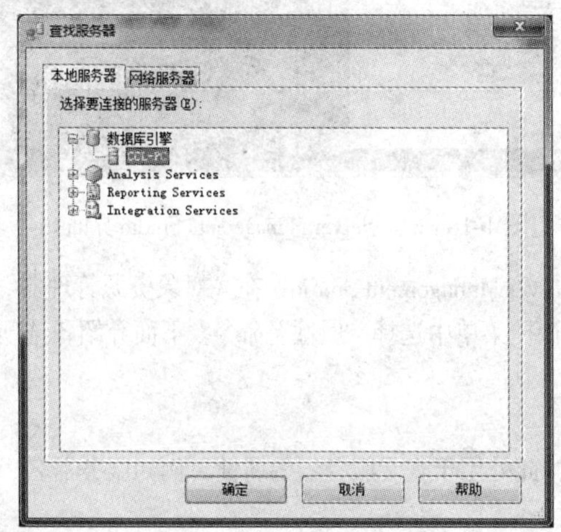

图 4–15 “查找服务器”对话框

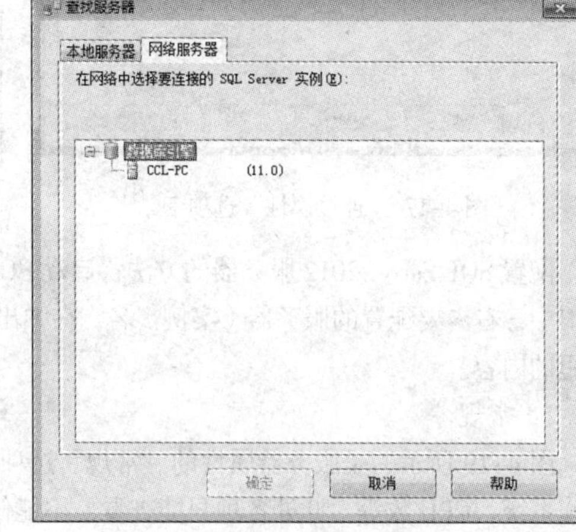

图 4–16 “网络服务器选项”选项卡

（6）选择完毕后，单击“确定”按钮，回到如图 4–14 所示对话框。在“身份验证”下接列表框中可选“Windows 身份验证”和“SQL Server 身份验证”两种方式，如果选择的是“SQL Server 身份验证”方式，还要输入用户名和密码。

（7）单击“选项”按钮，出现图 4–17 所示的“连接属性”选项卡。在“连接到数据库”下拉列表框中可以选择用户登录服务器后的默认数据库。在“网络协议”下拉列表框中可选项有“Shared Memory”、“TCP/IP”和“Named Pipes”3 种协议。在“网络数据包大小”微调框中可以输入要发送的网络数据包的大小，默认为 4096 字节。在“连接超时值”微调框中可以输入 SQL Server 客户端和服务器建立连接超时之前等待建立的秒数，如果网络较慢，值可以设得稍大一点，默认值是 15 s。在“执行超时值”微调框中可以输入在服务器上完成任务执行之前等待的秒数，默认为 0 s，也就是说无超时限制。

如果选中“加密连接”复选框，则强制对连接进行加密。需要注意的是，SQL Server 2012 客户端和服务器端都必须安装数字证书后才能使用“加密连接”。

（8）设置完毕后，单击“连接”按钮，连接到数据库服务器上。连接后的 SQL Server Management Studio 界面如图 4–18 所示。

2. 配置 SQL Server 2012 服务器

服务与服务器是两个不同的概念。服务器是提供服务的计算机，配置服务器主要是对内存、处理器、安全性等几个方面配置。SQL Server 2012 服务器的设置参数比较多，这里选一些比较常用的介绍。

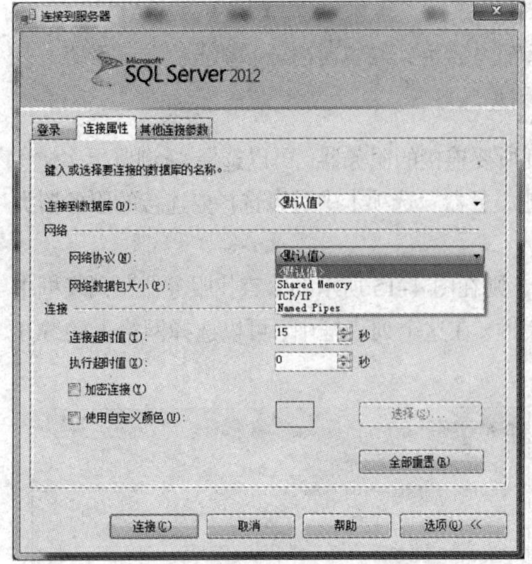

图 4-17 “连接属性”选项卡

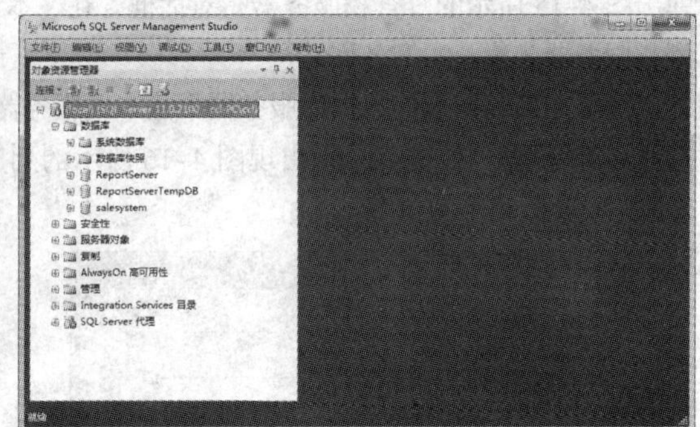

图 4-18 SQL Server Management Studio 界面

配置 SQL Server 2012 服务器的方法：启动 SQL Server Management Studio，在“对象资源管理器”窗口中，右击要配置的服务器（实例）名，在弹出的快捷菜单中选择“属性”命令。下面介绍各选项卡里的内容。

1）常规

图 4-19 所示的是服务器属性的“常规”选项卡，此处用于查看服务器的属性，例如服务器名、操作系统、CPU 数等。此处各项只能查看，不能修改。

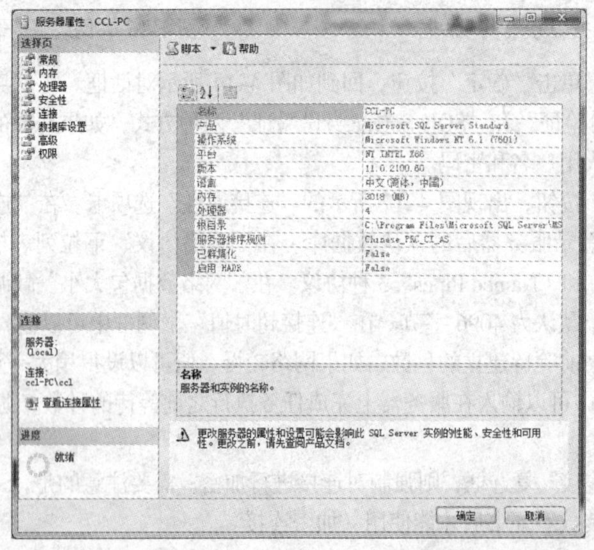

图 4-19 “常规”选项卡

2）内存

服务器的“内存”选项卡中包括以下项目：使用 AWE 分配内存、最小服务器内存、最大服务器内存、创建索引占有的内存、每次查询占用的最小内存、配置值和运行值。

3）处理器

服务器的“处理器”选项卡可以查看或修改 CPU 选项，一般来说，只有安装多个处理器时才需要配置此项。

4）安全性

服务器的“安全性”选项卡可用来查看或修改服务器的安全选项。选项卡里有以下项目：服务器身份验证、登录审核、服务器代理账户、启用 C2 审核跟踪、跨数据库所有权链接。

5）连接

服务器的“连接”选项卡中包括以下项目：最大并发连接数、使用查询调控器防止查询长时间运行、允许远程连接到此服务器、需要将分布式事务用于服务器到服务器的通信。

6）数据库设置

服务器的“数据库设置”选项卡中包括以下项目：默认索引填因子、备份和还原、恢复、数据库默认位置。

7）高级

服务器的“高级”选项卡中包括以下项目：并行的开销阈值、查询等待值、锁、技巧、最大并行度、网络数据包大小、技巧、远程登录超时值、两位数年份截止、默认全文语言、默认语言、启动时扫描存储过程、游标阈值、允许触发器激发其他触发器、最大文本复制大小。

8）权限

服务器的“权限”选项卡用于授予或撤销账户对服务器的操作权限。

3. 启动、停止、暂停、重新启动服务

在 SQL Server Management Studio 中启动、停止、暂停或者重新启动的具体步骤如下：

（1）启动 SQL Server Management Studio，连接到 SQL Server 数据器上。

（2）右击服务器名称，在弹出的快捷菜单里选择“启动”、“停止”、“暂停”或“重新启动”命令即可。

4.2 数据库的创建与管理

4.2.1 了解 SQL Server 中的数据库

数据库就是用户存储数据的地方。一个 SQL Server 实例可以支持多个数据库。其中每一数据库既可以存储与其他数据库的相关数据，也可以存储不相关数据。打开 SQL Server Management Studio，并在左侧“对象资源管理器”窗格中展开数据库实例下的“数据库”结点，可以看到当前数据库实例下管理的所有数据库，如图 4-20 所示。

从图 4-20 中可以看到，SQL Server 2012 中的数据库主要分为两类，即系统数据库和用户数据库。系统数据库主要用于记录系统级的数据和对象，各数据库的主要功能如下。

（1）master 数据库：记录 SQL Server 系统的系统级信息，包括实例管理下的所有元数据（例如登录账户）、端点、链接服务器和系统配置设置。同时，master 数据库还记录了所有其他数据库的存在、数据库文件的位置以及 SQL Server 的初始化信息。因此，在 master 数据库中不能创建任何用户对象，如果它不可用，也就无法启动 SQL Server。

（2）model 数据库：用于在 SQL Server 实例上创建所有数据库的模板。

（3）msdb 数据库：用于 SQL Server 代理计划警报和作业。

（4）tempdb 数据库：一个工作空间，用于保存临时对象或中间结果集。

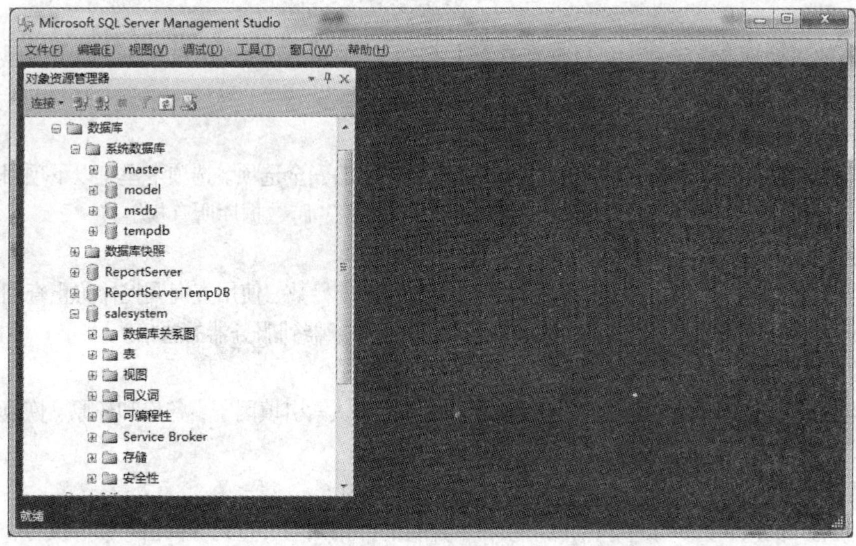

图 4-20　SQL Server 中的数据库

用户数据库就是用户的数据库应用系统保存数据的数据库，通常情况下由用户自己创建（例如图 4-20 中的 salesystem 数据库）。

所有数据库下都包含了一些对象，例如表、视图、函数、存储过程或触发器、用户、角色、架构等。这些对象从逻辑上描述了数据库保存的数据结构、针对数据的约束以及数据库安全性等信息，也就是说，SQL Server 数据库不仅保存了数据，而且保存了与数据处理相关的信息。

4.2.2　数据库的组成——数据文件和日志文件

SQL Server 2012 将数据库映射为一组操作系统文件。数据和日志信息分别存储在不同的文件中，而且每个数据库都拥有自己的数据和日志信息文件。因此，SQL Server 数据库的文件有两种类型：数据文件和日志文件。这两种文件的结构不同，了解这两种文件的物理结构，对合理地执行创建和管理数据库的操作很有帮助。

1. 数据文件

SQL Server 数据库通过数据文件保存与数据库相关的数据和对象。在 SQL Server 中有两种类型的数据文件。

（1）主数据文件。主数据文件是数据库的起点，其中包含了数据库的初始信息，并记录数据库还拥有哪些文件。每个数据库有且只能有一个主数据文件。主数据文件是数据库必需的文件。Microsoft 建议的主数据文件的扩展名是 .mdf。

（2）次要数据文件。除主数据文件以外的所有其他数据文件都是次要数据文件。次要数据文件不是数据库必需的文件。但是如果需要存储的数据量很大，超过了 Windows 操作系统对单一文件大小的限制，就需要创建次要数据文件来保存主数据文件无法存储的数据。另外，如果系统中有多个物理磁盘，也可以在不同的磁盘上创建次要文件，以便将数据合理地分配在多个物理磁盘上，提高数据的读写效率。Microsoft 建议的次要数据文件的扩展名是 .ndf。

提示

文件扩展名.mdf 和.ndf 并不是强制使用的，但使用它们有助于标识文件的类型和用途。

所有的SQL Server 2012数据文件都会拥有两个文件名：逻辑文件名和物理文件名。逻辑文件名是在Transact-SQL语句中引用物理文件时所使用的名称。SQL Server要求逻辑文件名必须符合SQL Server标识符规则。在数据库中，逻辑文件名必须是唯一的。物理文件名是包括路径在内的物理文件名，它必须符合操作系统文件的命名规则。

SQL Server的数据文件可以保存在FAT或NTFS文件系统中。可读/写数据文件组和日志文件不能保存在NTFS压缩文件系统中。只读数据库和只读次要文件可以保存在NTFS压缩文件系统中。

用户可以指定数据文件的尺寸能够自动增长：在定义文件时，指定一个特定的增量，每次扩大文件尺寸时，均按此增量来增长。另外，每个文件可以指定一个最大尺寸，如果达到最大尺寸，文件就不再增长。如果没有指定最大尺寸，文件可以一直增长到磁盘没有可用空间为止。

2. 日志文件

每个SQL Server 2012数据库至少拥有一个自己的日志文件（也可以拥有多个日志文件）。日志文件的大小最小是1 MB，用来记录数据库的事务日志，即记录了所有事务以及每个事务对数据库所做的修改。事务日志是数据库的重要组件，如果系统出现故障，就需要使用事务日志将数据库恢复到正常状态。

SQL Server 2012的日志文件从逻辑上看记录的是一连串日志记录。每条日志记录都由日志序列号（LSN）标识。每条新的日志记录均写入日志的逻辑结尾处，并使用一个比前面记录的更大的日志序列号。

从物理结构上看，SQL Server将每个日志文件都分成了多个虚拟日志文件。虚拟日志文件没有固定大小，并且日志文件所包含的虚拟日志文件数量也不固定。SQL Server在创建或扩展日志文件时，动态选择虚拟日志文件的大小。在扩展日志文件后，虚拟文件的大小是现有日志大小和新文件增量大小之和。管理员不能配置或设置虚拟日志文件的大小或数量。日志文件的大小最小是1 MB，默认扩展名是.ldf。

提示

文件扩展名 .ldf不是强制使用的，但使用它有助于标识文件的类型和用途。

4.2.3 创建数据库的方法

从物理结构上讲，每个数据库都包含有数据文件和日志文件。开始使用数据库前，必须先创建数据库，以便生成这些文件。下面将利用 SQL Server Management Studio 创建一个示例数据库——salesystem数据库。

（1）选择“开始 | 所有程序 | Microsoft SQL Server 2012 | SQL Server Management Studio”命令，打开SQL Server Management Studio资源管理器窗口。

（2）使用“Windows身份验证”连接到SQL Server 2012数据库实例。

（3）展开SQL Server实例，右击“数据库”，然后从弹出的快捷菜单中选择“新建数据库”命令，打开“新建数据库”窗口，如图4-21所示。

（4）在“新建数据库”窗口中，输入数据库名称salesystem。

提示

数据库的名称必须遵循SQL Server 2012命名规则。名字的长度在1～128个字符之间；名称的第一个字符必须是字母或者“_”、“@”和“#”中的任意字符；名称中不能包含空格和SQL Server 2012的保留字（如master）。

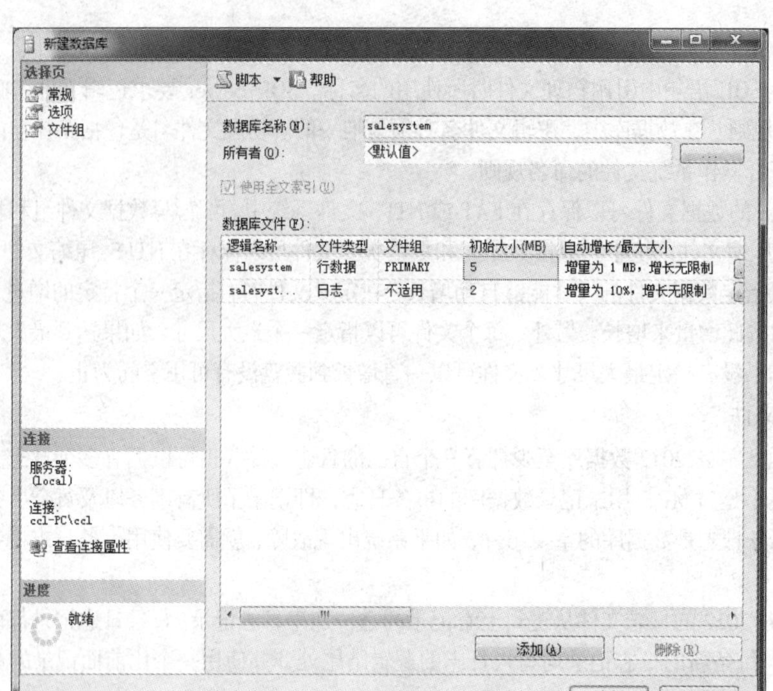

图 4–21 “新建数据库”窗口

（5）如果接受所有系统默认值，可以单击“确定”按钮结束数据库的创建工作。创建的数据库 salesystem 如图 4–22 所示。若不采用系统默认值，还可以继续下面的操作步骤。

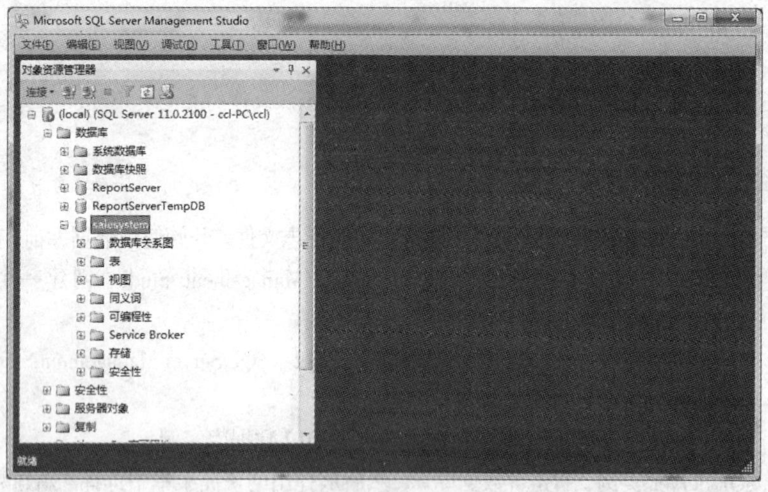

图 4–22 创建了一个新的数据库 salesystem

（6）在“所有者”下拉列表框中可以选择数据库的所有者。数据库的所有者是对数据库有完全操作权限的用户。默认值表示当前登录 Windows 系统的是管理员账户。Salesystem 数据库不需要更改所有者名称，如果更改，则单击“...”按钮，打开“选择数据库所有者”对话框，如图 4–23 所示。在这个对话框中单击“浏览”按钮，打开“查找对象”对话框，如图 4–24 所示，在对话框中选择要登录的对象作为数据库的所有者。

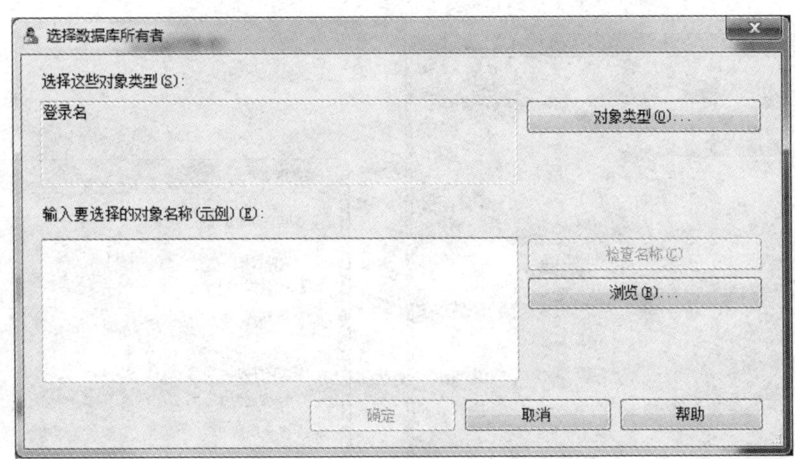

图 4–23 “选择数据库所有者”对话框

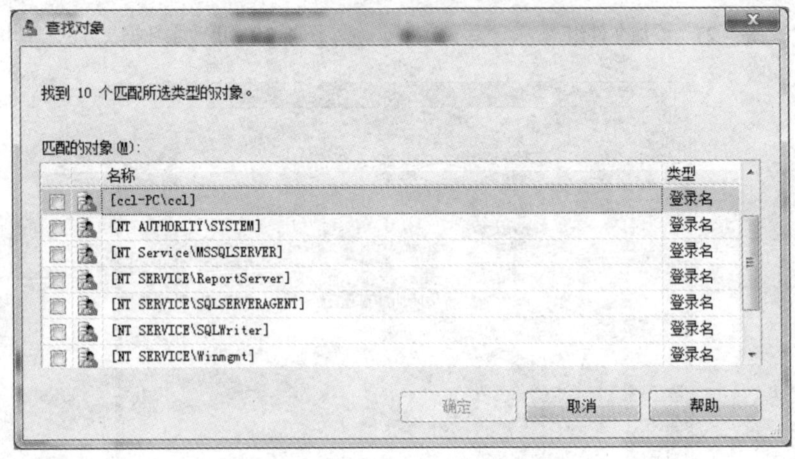

图 4–24 “选择对象”对话框

（7）选中“使用全文索引”复选框，启用数据库的全文搜索。这样数据库中的变长复杂数据类型列也可以建立索引。

（8）在 salesystem 上添加新文件组。选中“文件组”选项，单击“添加”按钮，接着输入文件组的名称 DefaultGroup，并选中这个文件组的“默认值”复选框，如图 4–25 所示。

（9）如果要更改主数据文件和事务日志文件的默认值，可以在“数据库文件”列表框中单击相应的单元并输入新值。对于 salesystem 数据库，需要在主数据文件的“初始大小”栏中输入新的初始大小值 3 MB；接着单击“自动增长”栏中的 ... 按钮，打开“更改自动增长”对话框（见图 4–26），选中“按 MB”单选按钮，将值更改为 2 MB，并选中“无限制”单选按钮；如果修改日志文件的路径，在日志文件的“路径”栏中输入新的日志文件路径即可。

（10）如果在 salesystem 数据库中添加新的数据文件 salesystem1，可以在“常规”选项中单击“添加”按钮，在“数据库文件”列表框中会添加一个新行，在“逻辑名称”栏中输入文件的名称 salesystem1，在“文件类型”栏中选择“行数据”类型。在“文件组”中选择 DefaultGroup 文件组，其他接受默认值，如图 4–27 所示。

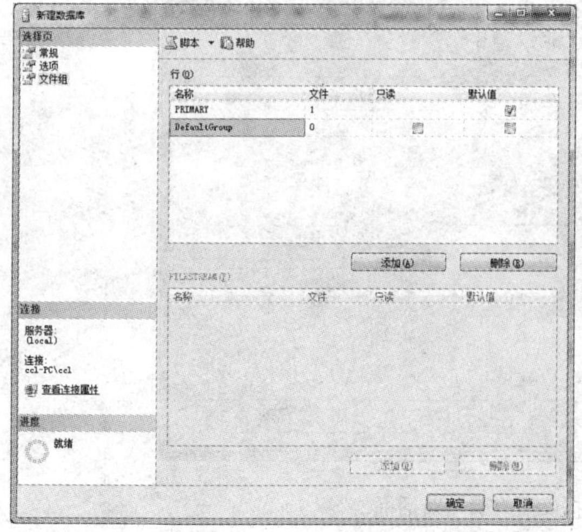

图 4-25　添加文件组

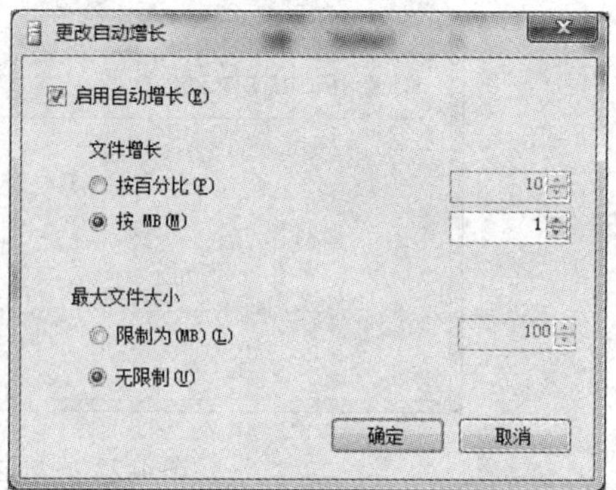

图 4-26　更改主数据文件的自动增长设置

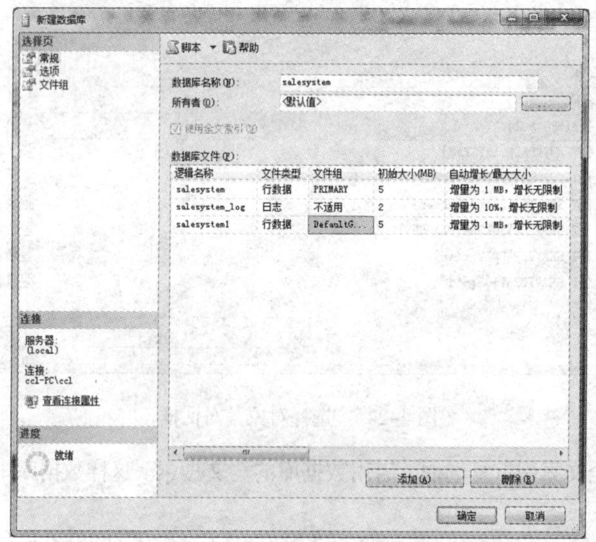

图 4-27　添加数据文件和日志文件

（11）在 salesystem 数据库中添加新的日志文件 salesystem_Log1。在“常规”选项卡中单击“添加”按钮，在“数据库文件”列表框中会添加一个新行，在“逻辑名称”栏中输入文件的名称 Customers_log1，在“文件类型”栏中选择“日志”类型，其他接受默认值。

（12）如果要更改数据库的排序规则，可以选择“选项”选项卡，如图 4-28 所示，然后在“排序规则”下拉列表框中选择一种排序规则。Salesystem 数据库使用默认的排序规则。

（13）如果要更改恢复模式，可以在“选项”页的“恢复模式”下拉列表框中选择一种恢复模式，如图 4-29 所示。Salesystem 数据库使用“完整”模式。

（14）如果要更改数据库选项，可以选择“选项”选项卡，然后修改数据库的选项。Salesystem 数据库不需要更改这些选项。

（15）单击“确定”按钮完成数据库的创建。

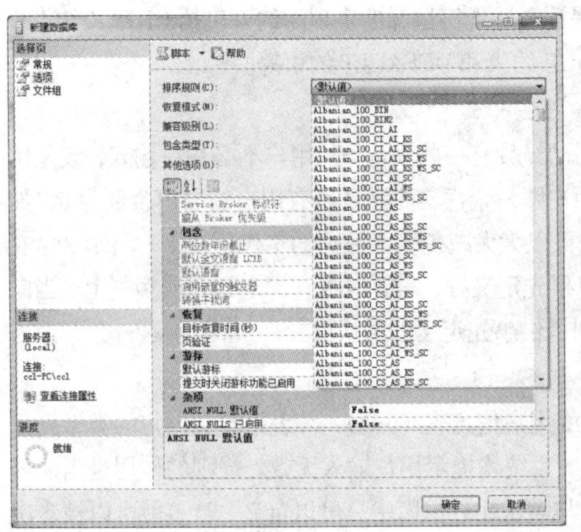
图 4-28　选择数据库的排序规则

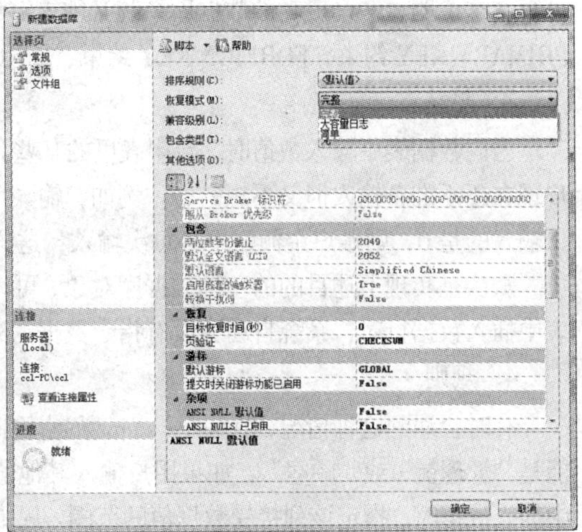
图 4-29　选择恢复模式

4.2.4　删除数据库

如果数据库毁坏且无法修复，用户可以删除这个数据库。具体步骤如下。

（1）打开 SQL Server Management Studio 并连接到数据库实例。

（2）在"对象资源管理器"窗格中展开数据库实例下的"数据库"项。

（3）选中需要删除的数据库名称并右击，在弹出的快捷菜单中选择"删除"命令，单击"确定"按钮，执行删除操作。数据库删除成功后，在"对象资源管理器"中将不会出现被删除的数据库。

提示

不能删除系统数据库以及正在使用的数据库。

4.3　表的创建与管理

4.3.1　概述

1．数据表

创建用户数据库之后，接下来的一个工作是创建数据表。因为要使用数据库就需要在数据库中找到一种对象能够存储用户输入的各种数据，而且以后在数据库中完成的各种操作也是在数据表的基础上进行的，所以数据表是数据库中最重要的对象。

在 SQL Server 中每个数据库最多可存储 20 亿个数据表，每个数据表可以有 1024 列，每行最多可以存储 8060 个字节。在 SQL Server 中有两种表：永久表和临时表。永久表是在创建后一直存储在数据库文件中，除非用户删除该表；临时表是在系统运行过程中由系统创建的，当用户退出或系统修复时，临时表将被自动删除。

2．约束

在了解如何创建用户数据库以及在数据库中创建数据表来存储数据后，读者会知道数据库中的数据是现实世界的反映，并且各个数据之间有一定的联系和存在规则。如用户的 ID 号必须是唯一的，用户名可能相同，但 ID 号一定不一样；每个用户的账户余额只能是等于 0 或大于 0。类似的例子有许多，这说明，一个成功的数据库系统必须能够保证上述现实情况的实现。约束包括 CHECK 约束、PRIMARY KEY 约束、FOREIGN KEY 约束、UNIQUE 约束和 DEFAULT 约束等。

3．默认

当向数据表中输入数值时，希望表里的某些列已经具有一些默认值，用户不必一一输入，或是用户现在还不准备输入但又不想空着。例如，输入用户账户余额，先默认所有用户的账户余额为 0，如果输入的是 0，则账户余额列不必每次输入，这样可以大大减少输入数据的工作量。

默认是实现上述目的的一种数据库对象，可以事先定义好，需要时将它绑定到列或多列上。当向表中插入数据行时，系统自动为没有指定数据的列提供事先定义的默认值。

4．规则

有时会遇到这种情况，在 salesystem 数据库中的用户信息表（users），表中定义用户的类型列只能是“管理员”或“顾客”，如果用户输入其他值，系统均提示用户输入无效。规则的作用是当向表中插入数据时，指定该列接受数据值的范围。规则与默认在数据库中只可以定义一次，就可以被多次应用在任意表中的一列或多列上。

4.3.2 表的创建

网上购物系统数据库中共有三张表：Users（用户信息表）、Product（商品信息表）、Orders（订单表），具体的表结构请参考附录 D。

在 SQL Server Management studio 的“对象资源管理器”面板中，展开 salesystem 数据库选项。右击“表”选项，在弹出的快捷菜单中选择“新建表”命令，如图 4-30 所示。

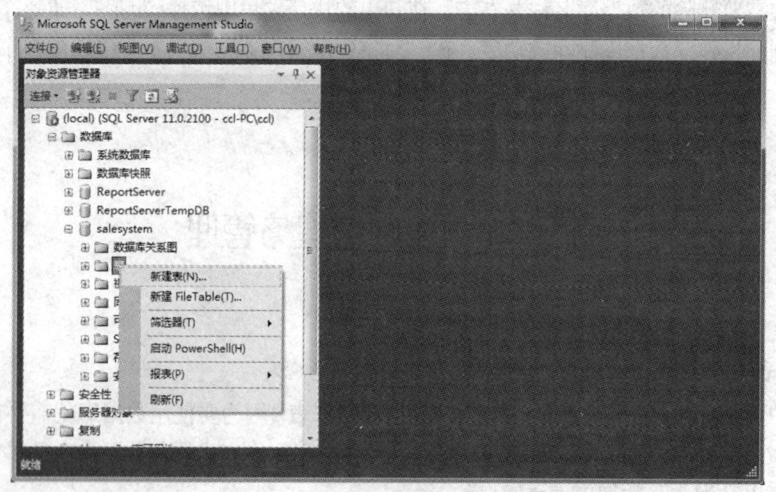

图 4-30　新建表窗口

在弹出的“编辑”面板中分别输入各列的名称、数据类型长度、是否允许为空等属性（可以参考 Users 表的结构），如图 4-31 所示输入完各列属性，单击“保存”按钮，弹出“选择名称”对话框，如图 4-32 所示。在“选择名称”对话框中输入表的名称 users，表创建完成。

提示

创建表时必须完成的操作是设置表名、列名，确定字段的数据类型，选做的包括设置约束及字段描述等。

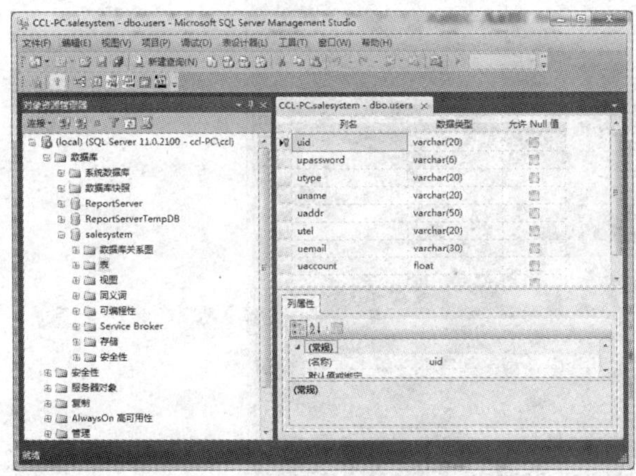

图 4–31　输入表结构

图 4–32　输入表名称

4.3.3　修改表结构

数据表创建以后，在使用过程中可能要对原先定义的表的结构进行修改，例如更改表名、增加列、删除列、修改已有列的属性等。

1. 修改表名

SQL Server 允许修改一个表的名称，但当表名改变后，与此相关的某些对象（如视图、存储过程等）将无效，因为它们都与表名有关。因此，一般不建议随便更改一个已有的表名，特别是已经在表上定义了视图等对象时。

在 SQL Server Management Studio 的“对象资源管理器”面板中展开 users 选项，再展开“表”选项，选择其中的 dbo.users 选项并右击，在弹出的快捷菜单中选择“重命名”命令，如图 4–33 所示，然后，在原表上输入表的名称即可，如图 4–34 所示。

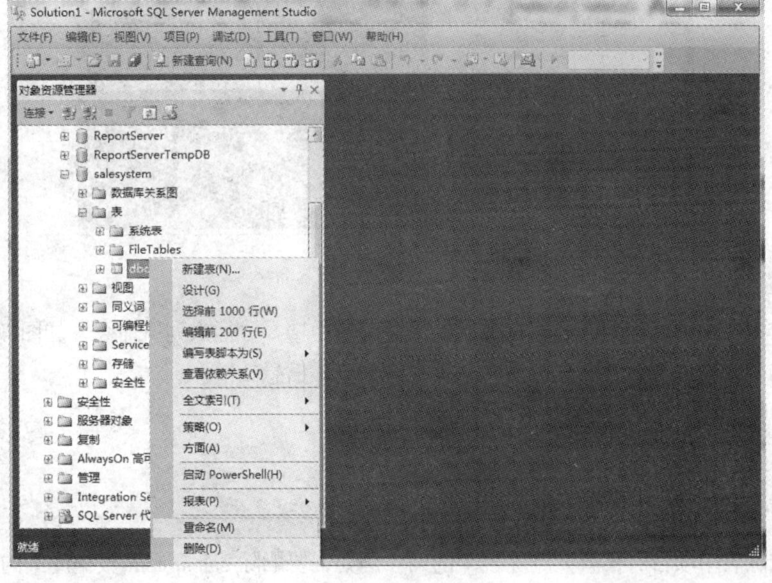

图 4–33　表重命名

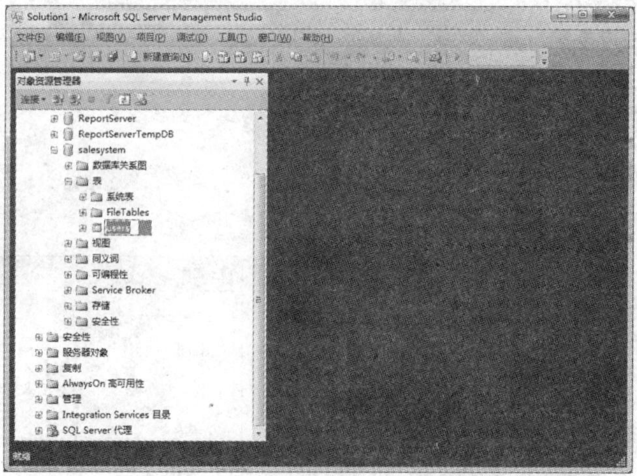

图 4-34　输入新的表名

2. 增加列

当需要向表中增加项目时，就要向表中增加列。例如，对 salesystem 数据库中的 users 表增加一列“用户性别”的操作如下：

（1）在 SQL Server Management Studio 的“对象资源管理器”面板中展开 salesystem 选项，再展开“表”选项，右击 dbo.users，在弹出的快捷菜单中选择“设计”命令，如图 4-35 所示。

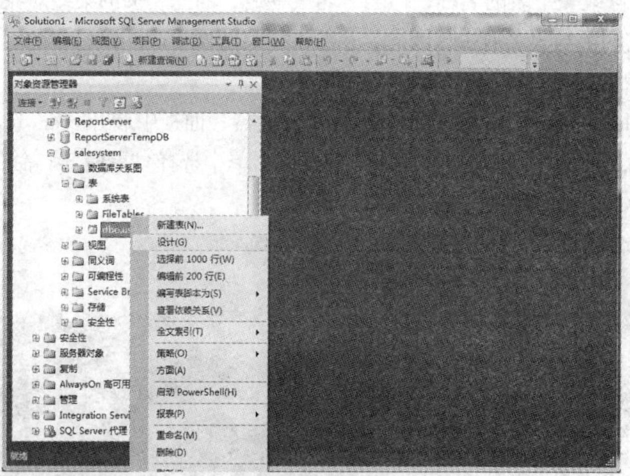

图 4-35　选择“设计”命令

（2）在右窗口中的标记列右击，在弹出的快捷菜单中选择“插入列”命令，如图 4-36 所示，插入需要插入的列，输入列名、数据类型和是否允许为空等信息。

3. 删除列

注意

在 SQL Server 中被删除的列不能再恢复。

当需要删除表中项目时，就要删除表中的列。例如，要删除 salesystem 数据库中的 users 表新增加的一列“用户性别”的操作如下：

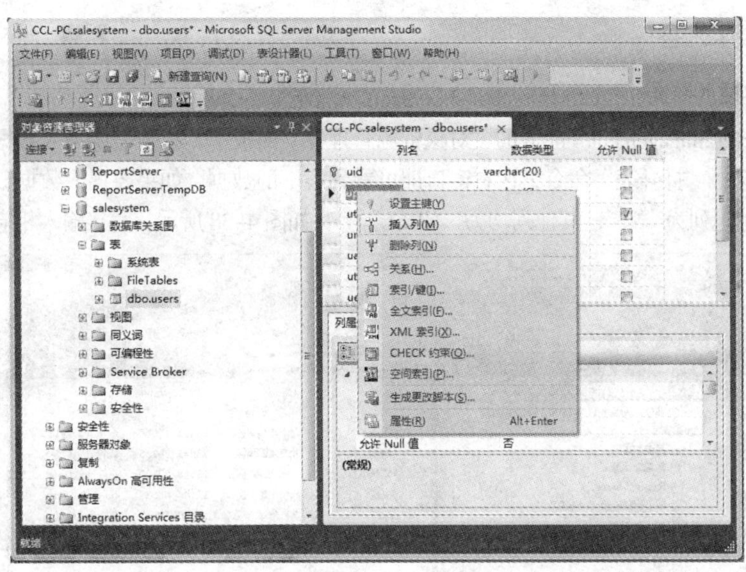

图 4-36 插入列

在 SQL Server Management Studio 的“对象资源管理器”面板中展开 salesystem 选项，再展开“表”选项，右击 dbo.users，在弹出的快捷菜单中选择“设计”命令，如图 4-35 所示。在右窗口中将鼠标指针指向要删除的列，右击，在弹出的快捷菜单中选择“删除列”命令，如图 4-37 所示，就可以删除要删除的列。

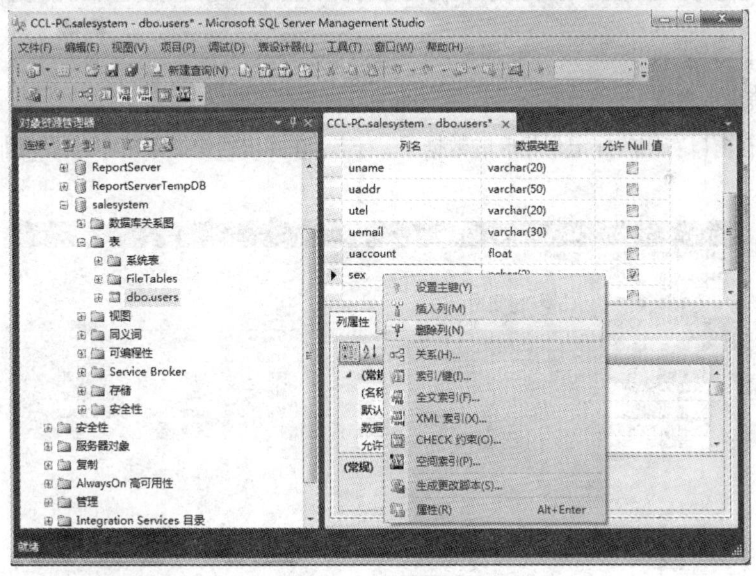

图 4-37 删除列

4. 修改已有列的属性

当需要修改表中项目的属性时，在 SQL Server Management studio 的“对象资源管理器”面板中展开 salesystem 选项，再展开“表”选项，右击 dbo.users，在弹出的快捷菜单中选择“设计”命令，如图 4-35 所示。在右窗口中将鼠标指针指向要修改列相应的属性，直接修改即可。

4.3.4 更新表中内容

1. 向表中插入数据

在 SQL Server Management Studio 的“对象资源管理器”面板中，右击需要插入数据的表，在弹出的快捷菜单中选择“打开表”命令，在右窗口即可看到表中的数据，如果要插入数据，将光标放在最后一条记录（标记列为“*”，其他列均为“NULL”），如图 4–38 所示，直接输入相应的数据即可。

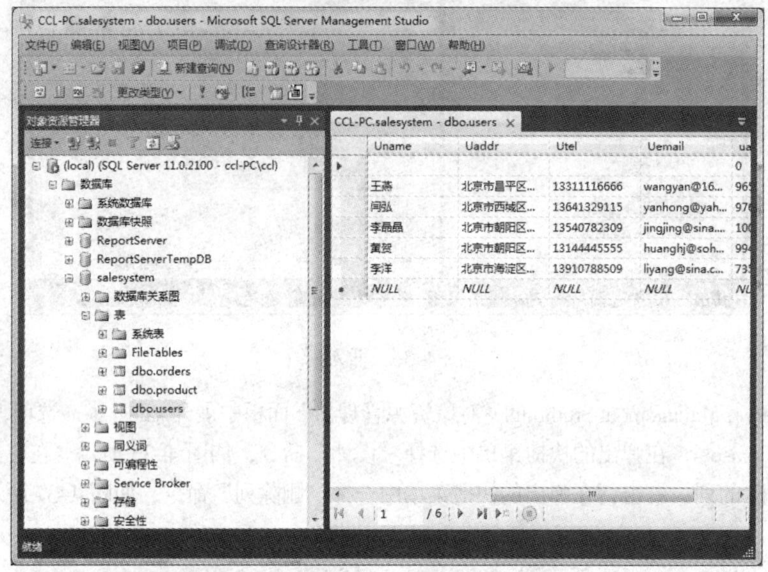

图 4–38 在表中插入数据

2. 删除表中的数据

将光标放在窗口右侧的标记列相应的数据项，右击，在弹出的快捷菜单中选择“删除”命令即可，如图 4–39 所示。

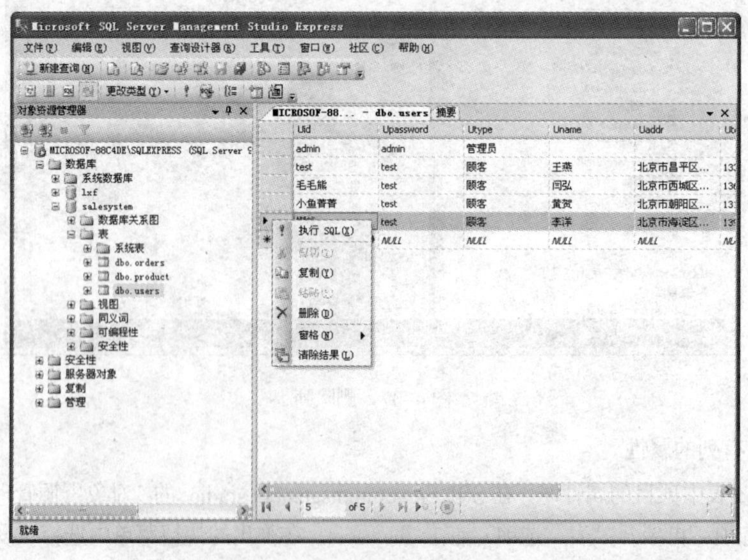

图 4–39 删除表中数据项

4.3.5 定义约束

1. 约束的类型

通常创建表的步骤为首先定义表结构，即给表的每一列取列名，并确定每一列的数据类型、数据长度、列数据是否可以为空等，然后设置每列输入值的取值范围，以保证输入数据的正确性。本节将介绍在创建表的过程中如何设置约束。SQL Server 中有 5 种约束类型，分别是 CHECK 约束、DEFAULT 约束、PRIMARY KEY 约束、FOREIGN KEY 约束和 UNIQUE 约束。

1）CHECK 约束

CHECK 约束用于限制输入一列或多列的值的范围，通过逻辑表达式来判断数据的有效性。一个列的输入内容必须满足 CHECK 约束的条件，否则，数据无法正常输入，从而强制数据的域完整性。

2）DEFAULT 约束

若在表中某列定义了 DEFAULT 约束，用户在插入新的数据行时，如果该列没有指定数据，那么系统将默认值赋给该列，该默认值可以是空值（NULL）。

3）PRIMARY KEY 约束

在表中经常有一列或多列的组合，其值能唯一标示表中的每一行，这样的一列或多列成为表的主键，通过它可以强制表的主体完整性。一个表只能有一个主键，而且主键约束中的列不能为空值。如将用户信息表中的用户 ID（uid）设为该表的主键，因为它能唯一标识该表，且该列的值不为空。如果主键约束定义在不止一列上，则一列中的值可以重复，但主键约束定义中的所有列的组合的值必须唯一，因为该组合列是表的主键。

4）FOREIGN KEY 约束

外键是用于建立和加强两个表（主表与从表）的一列或多列数据之间的连接的，当添加修改或删除数据时，通过参照完整性来保证它们之间数据的一致性。

定义表间的参照完整性的顺序是先定义主表的主键，再对从表定义外键约束。

5）UNIQUE 约束

UNIQUE 约束用于确保表中的两个数据行在非主键中没有相同的列值。与 PRIMARY KEY 约束类似，UNIQUE 约束也强制唯一性，为表中的一列或多列提供主体完整性。但 UNIQUE 约束用于非主键的一列或多列组合且一个表可以定义多个 UNIQUE 约束。另外，UNIQUE 约束可以用于定义多列组合，且一个表可以定义多个 UNIQUE 约束。UNIQUE 约束可以用于定义允许空值的列，而 PRIMAYR KEY 约束只能用在唯一列上且不能为空值。

2. 约束的创建、查看和删除

下面介绍各种约束的创建、查看和删除等操作，这些操作均可在 SQL Server Management Studio 的“对象资源管理器”面板中进行，也可使用 Transact-SQL 语句进行。

1）CHECK 约束的创建、查看和删除

在 salesystem 数据库中建立用户信息表（users），表中定义用户的类型列只能是“管理员”或“顾客”，从而避免用户输入其他的值。要解决此问题，需要用到 CHECK 约束，使用户的类别列的值只有“管理员”或“顾客”两种可能，如果用户输入其他值，系统均提示用户输入无效。

下面介绍在 SQL Server Management Studio 的“对象资源管理器”面板中是如何解决这个问题的。首先，在 SQL Server Management Studio 的“对象资源管理器”中右击 dbo.users 表，在弹出的快捷菜单中选择“设计”命令，弹出图 4-40 所示的窗口，选中 utype，然后单击“设计表”窗口工具栏中的“管理 CHECK 约束”按钮，弹出图 4-41 所示的对话框。在“CHECK 约束”对话框，单击“添加”按钮，选择表达式，如图 4–42 所示，单击后面的 [...] 进入图 4–43 所示的“CHECK 约束表达式”对话框，在“表达式”文本框中输入约束表达式“utype='管理员' or utype='顾客'”，然后单击“确定”按钮。最后，在“设计表”窗口单击“保存”按钮，即完成创建并保存 CHECK 约束的操作，以后在用户输入数据时，若输入用户类型不是“管理员”或“顾客”，系统将报告输入无效。

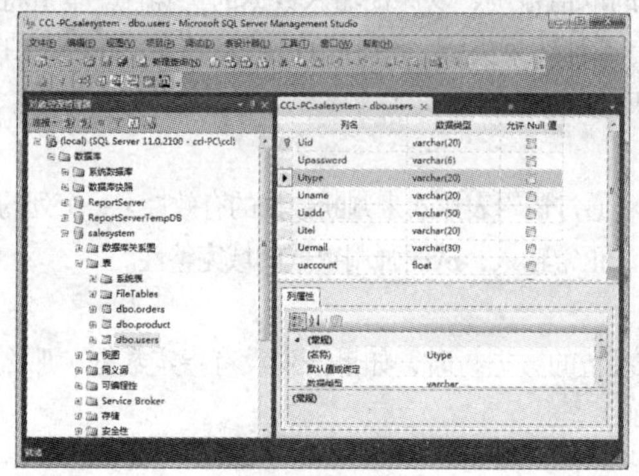

图 4–40　表设计窗口

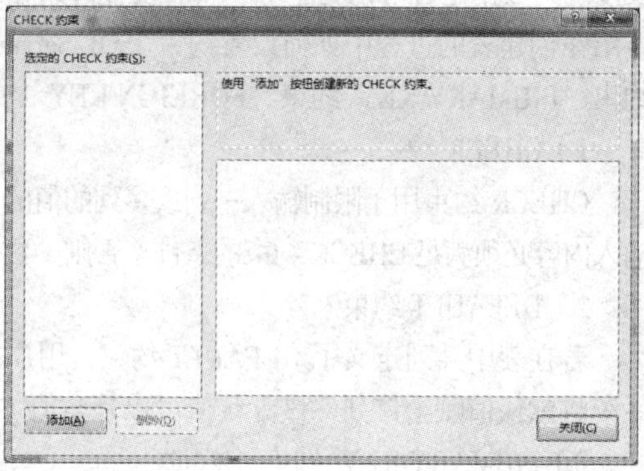

图 4–41　“CHECK 约束”对话框

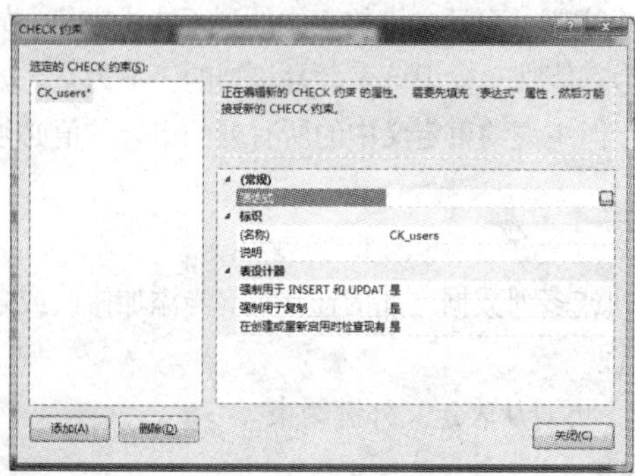

图 4–42　添加 CHECK 约束表达式

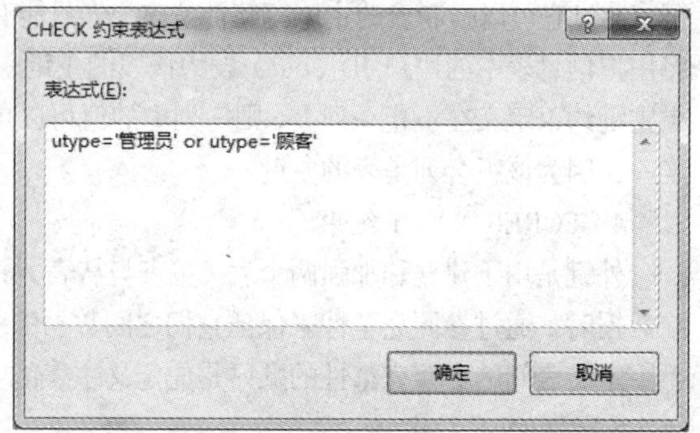

图 4–43　“CHECK 约束表达式”对话框

要想删除上面创建的 CHECK 约束，在图 4–44 所示的“CHECK 约束”对话框中单击“删除”按钮，然后单击“关闭”按钮即可。

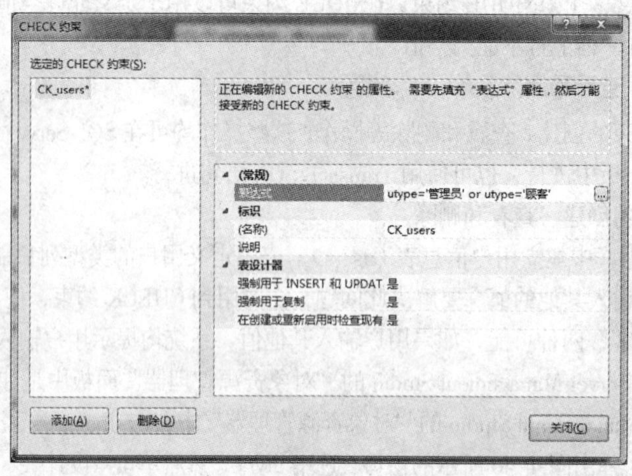

图 4–44　“CHECK 约束”对话框

2）DEFAULT 约束的创建、查看和删除

在 SQL Server Management Studio 的“对象资源管理器”面板中定义 users 表的 DEFAULT 约束，要求用户信息表的账户余额（uaccount）列的默认值为 0，如图 4–45 所示，单击 uaccount 列，然后在“列属性”选项卡中选择“默认值或绑定”，其值输入 0，然后单击“保存”按钮。

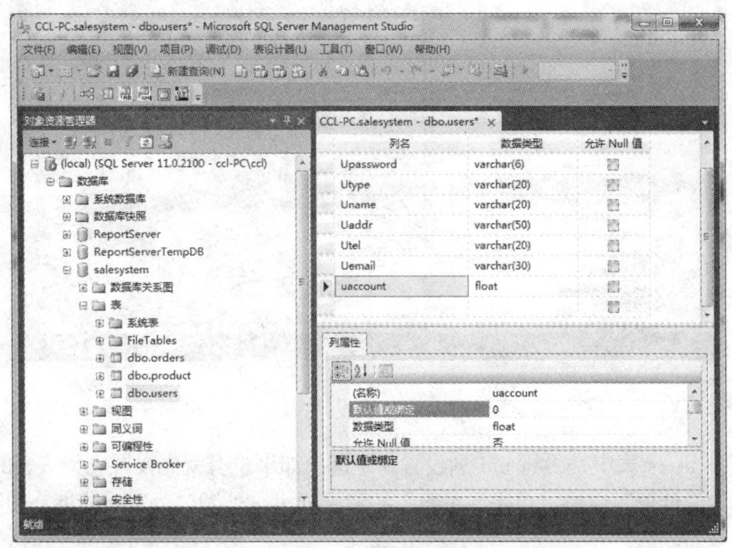

图 4–45　表设计窗口

要想在 SQL Server Management Studio 窗口中删除已建立的 DEFAULT 约束，只需在图 4–45 中删除该列的默认值，然后保存即可。

3）PRIMARY KEY 约束的创建、查看和删除

在 SQL Server Management Studio 的“对象资源管理器”面板中定义 users 表的用户 ID 号为主键（PRIMARY KEY）。其操作如下：右击 dbo.users 选项，在弹出的快捷菜单中选择“设计”命令，弹出图 4–46 所示的表设计窗口。右击 uid 列，在弹出的快捷菜单中选择“设置主键”命令，即可将用户 ID 列设为主键。也可先用鼠标选择 uid 列，然后单击工具栏的“设置主键”按钮图标即可，最后保存。还可以在 uid 列上创建 PRIMARY KEY 约束，方法同 DEFAULT 约束的创建。如果再次单击“设置主键”按钮，就可以取消刚才设置的主键。

如果主键由多列组成，先选中此列，然后按下 Ctrl 键不放，同时用鼠标选择其他列，最后单击“设置主键”按钮，即可将多列组合设置成主键。

4）FOREIGN KEY 约束的创建、查看和删除

FOREIGN KEY 用于建立和加强两个表（主表与从表）数据之间连接的一列或多列，当数据被添加修改或删除时，通过参照完整性保证它们之间数据的一致性。根据它的概念来看，salesystem 数据库 users 表中有用户号（uid），orders 表中记录订单的订单号、用户号、商品号、商品数量、订单生成时间、送货方式、付款方式和订单情况等，如果要从 users 表中查询某人订货的数量，需要将两张表连接起来。设置外键（FOREIGN KEY）就是实现两张表的连接。

建立外键的关键是某列必须是两张表中的同名、同数据类型，且该列为一张表的主键，为另一张表的外键。

下面通过在 SQL Server Management Studio 的“对象资源管理器”面板来创建 users 表和 orders 表之间的外键约束关系。

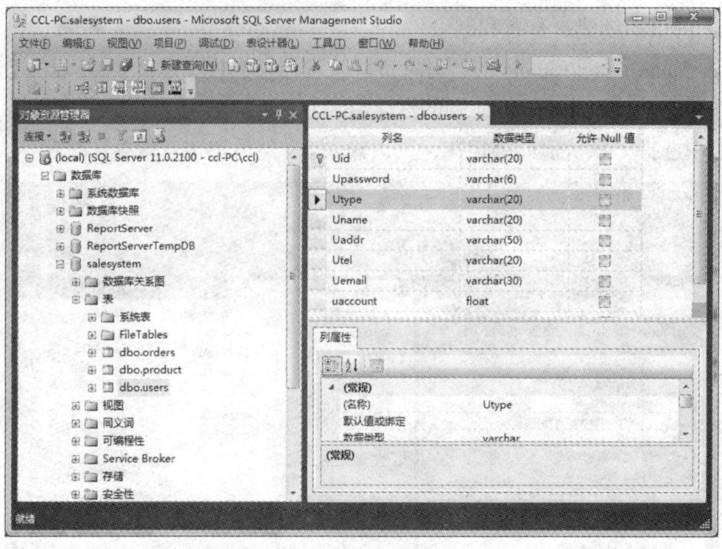

图 4–46　表设计窗口

首先，检查在 users 表中是否将 uid 列设置为主键，如果没有就先设置它为该表的主键。接着，打开 orders 表的“设计器”窗口，单击“关系”按钮，弹出“外键关系”对话框，如图 4–47 所示。

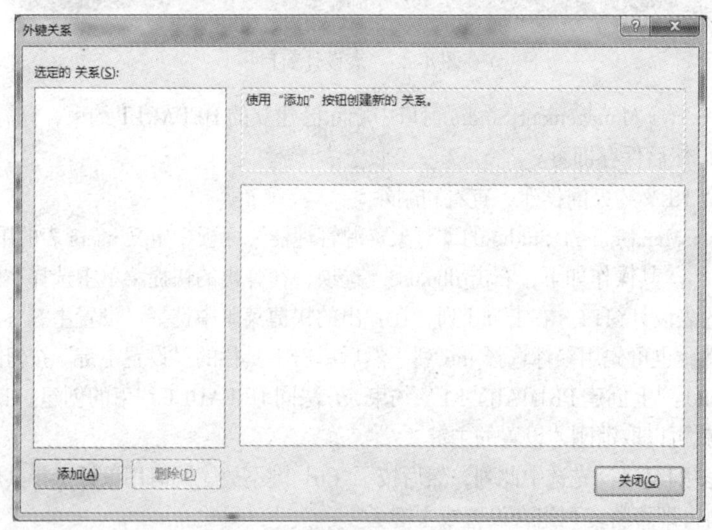

图 4–47　“外键关系”对话框

在“外键关系”对话程中，单击“添加”按钮，选中“表和列规范”，如图 4–48 所示，单击 按钮，进入图 4–49 所示的“表和列”对话框，“主键表”下拉列表框中选择 users，并在主键表的下拉列表中选择 uid，“外键表”下拉列表框中选择 orders，并在外键表的下拉列表框中选择 uid。如果想重命名外键约束名，可以在“关系名”文本框中输入新的名称。最后，单击“确定”按钮，即完成外键约束的创建。这样，两张表即通过用户号连接起来。

5）UNIQUE 约束的创建、查看和删除

使用 SQL Server Management Studio 的“对象资源管理器”面板创建表，并且要一并创建所需的 UNIQUE 约束，可以按下列步骤进行：

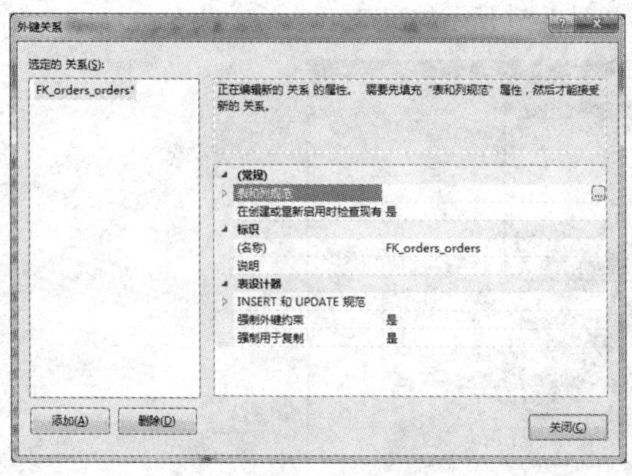

图 4-48　添加外键关系

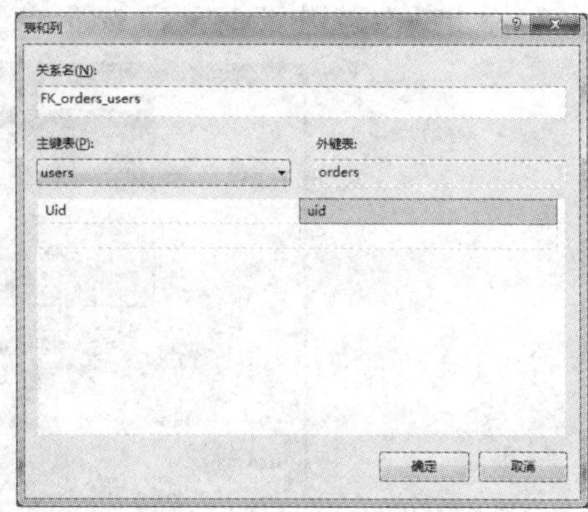

图 4-49　“表和列”对话框

在“修改”定义窗口（右击相应的表，然后在弹出的快捷菜单上选择“修改”命令）完成所有列的定义后，单击工具栏中的“管理表索引和建”按钮，打开“索引/键”窗口，单击“添加”按钮。此时，可以为所需的列创建 UNIQUE 约束的名称。

SQL Server 要求在同一个数据库中各个约束的名称不能相同，即使这些约束是不同的类型。就此处而言，指派给 UNIQUE 约束的名称必须是数据库中唯一的，也就是它不能与同一个数据库中所有表的现有各类型约束名称相同。

4.4　查询的设计

使用 T-SQL 代码，用户可以设计出各种灵活、适合自己程序需要的查询，但对于一般的查询，Management Studio 专门提供了可视化查询工具，用户只需指出查询的条件和排序、分组依据，系统会自动完成相关代码的生成，极大地提高用户的工作效率。

通过 Transact-SQL 代码设计查询在上一章已经讲过，下面介绍在编辑器中如何创建查询。

（1）在 SQL Server Management Studio 的“对象资源管理器”面板中选择要查询的数据库 salesystem，在工具栏中单击“新建查询”按钮，查询窗口如图 4-50 所示。

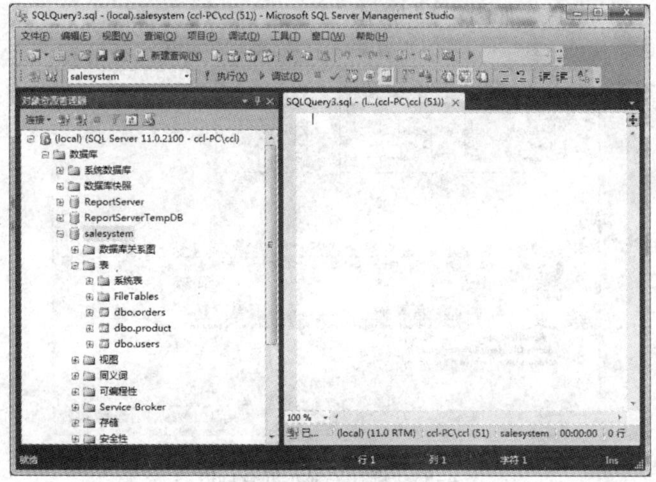

图 4-50　查询窗口

（2）单击在“编辑中设计查询”按钮，打开图 4-51 所示的窗口。

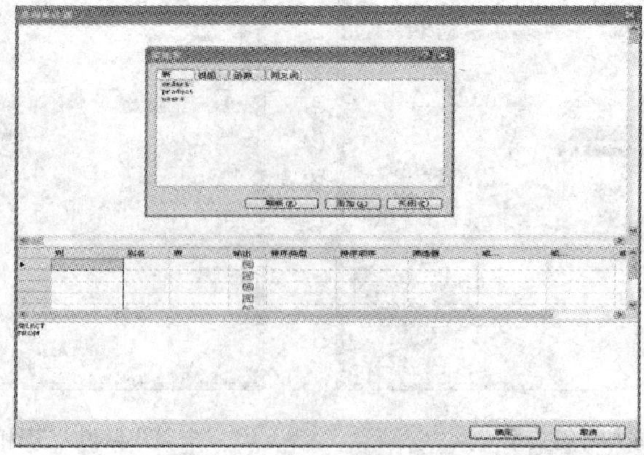

图 4-51　添加数据表窗口

（3）添加要查询数据所在的数据表，如图 4-52 所示。

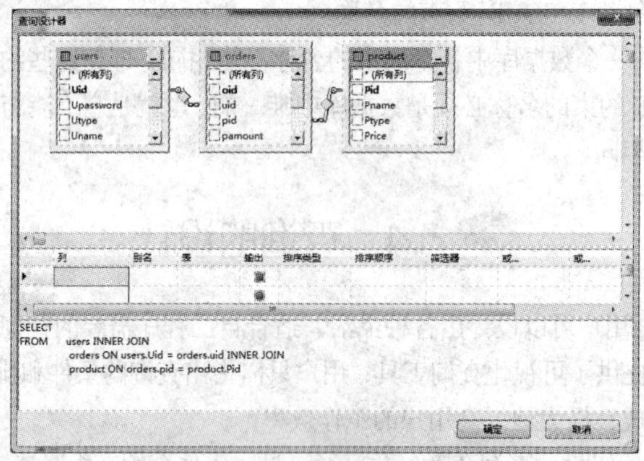

图 4-52　添加数据表

（4）在数据表中选择要显示的内容字段，也可以在“关系图窗格”里选择数据表字段输出复选框，还可以设置要过滤的查询条件，如图 4-53 所示。

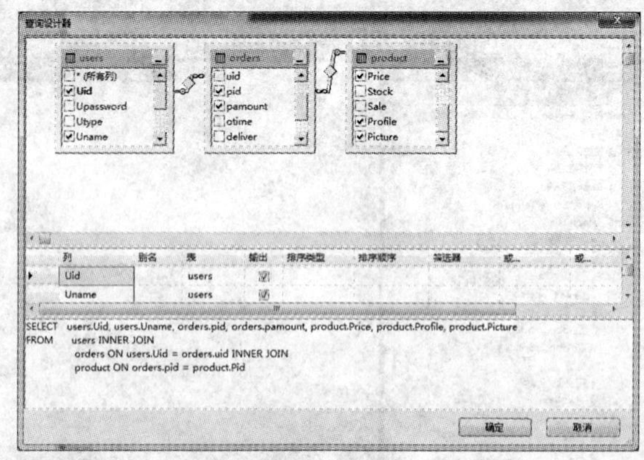

图 4-53　选择要显示的查询内容

（5）单击“确定”按钮，得到图4-54所示的窗口，设置完后的SQL语句会显示在“SQL窗格”里，这个Select语句也就是查询语句。

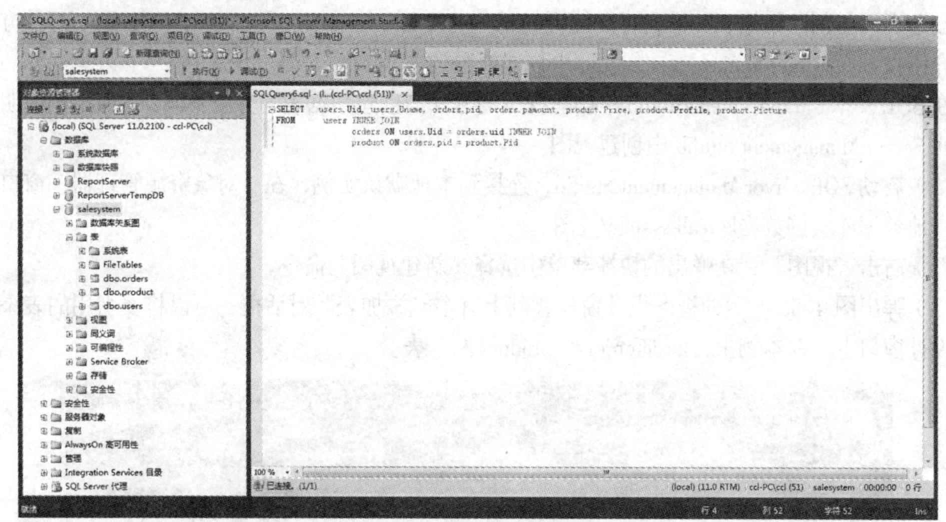

图4-54　设置完的SQL语句

（6）单击“执行”按钮，得到图4-55所示的查询结果。

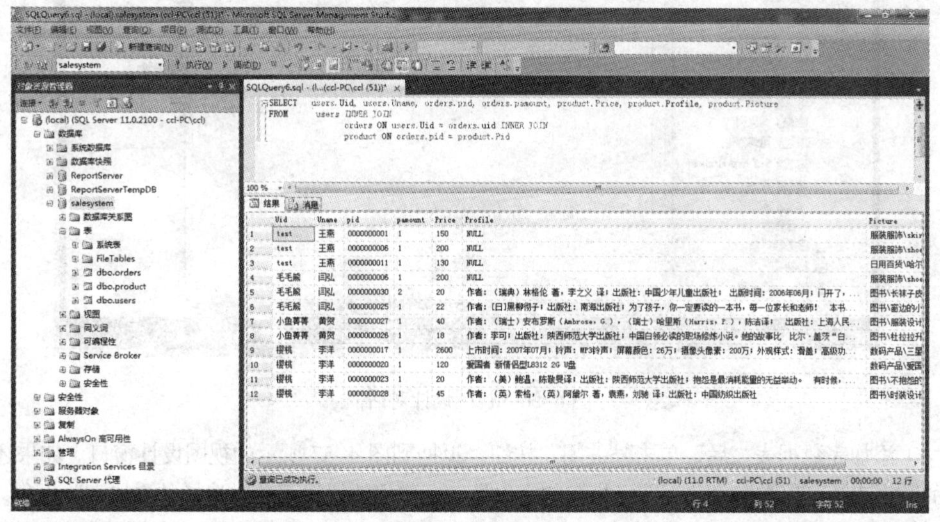

图4-55　查询结果

4.5　视图的创建与管理

视图是一个虚拟的表，该表中的记录是由一个查询语句执行后所得到的查询结果所构成的。与表一样，视图也是由字段和记录组成，只是这些字段和记录来源于其他被引用的表或视图，所以，视图并不是真实存在的，而是一张虚拟的表；视图中的数据同样也并不是存在于视图当中，而是存在于被引用的数据表当中，当被引用的数据表中的记录内容改变时，视图中的记录内容也会随之改变。

4.5.1 创建视图

创建视图与创建数据表一样，可以使用 SQL Server Management Studio 和 T-SQL 语句两种方法。下面介绍在 SQL Server Management Studio 中创建视图的方法。

在 SQL Server Management Studio 中创建视图的方法与创建数据表的方法不同，下面举例说明如何在 SQL Server Management Studio 中创建视图。

（1）启动 SQL Server Management Studio，连接到本地默认实例，在“对象资源管理器”窗口中，选择本地数据库实例数据库/salesystem/视图。

（2）右击“视图”，在弹出的快捷菜单中选择“新建视图”命令。

（3）弹出图 4-56 所示的视图设计窗口，其上有个“添加表”对话框，可以将要引用的表添加到视图设计窗口上，在本例中，添加 orders、product 两个表。

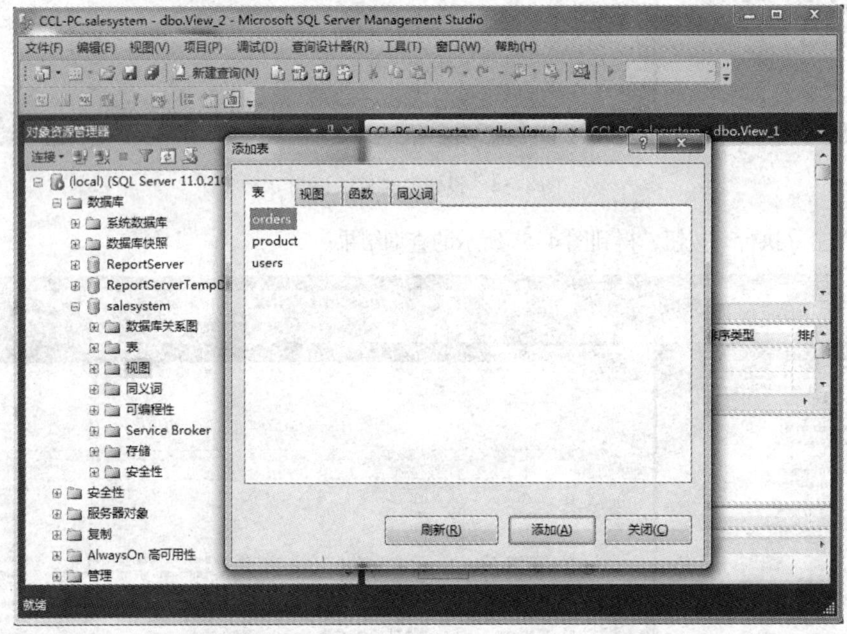

图 4-56 视图设计对话框

（4）添加完数据表之后，单击“关闭”按钮，返回到图 4-57 所示的视图设计窗口。如果还要添加新的数据表，可以右击“关系图窗格”的空白处，在弹出的快捷菜单中选择“添加表”命令，则会弹出“添加表”对话框，然后继续为视图添加引用表或视图。如果要移除已经添加的数据表或视图，可以在“关系图窗格”中选择要移除的数据表或视图，右击，在弹出的快捷菜单中选择“移除”命令，或选中要移除的数据表或视图后，直接按 Delete 键移除。

（5）在“关系图窗格”里，可以建立表与表之间的 JOIN...ON 关系，如 product 表的 pid 与 orders 表中的 pid 相等，那么只要将 product 表中的 pid 字段拖动到 orders 表中的 pid 字段上即可。此时两个表之间将会有一根线连着的。

（6）在“关系图窗格”里选择数据表字段前的复选框，可以设置视图要输出的字段，同样，在“条件窗格”里也可设置要输出的字段。

（7）在“条件窗格”里还可以设置要过滤的查询条件。

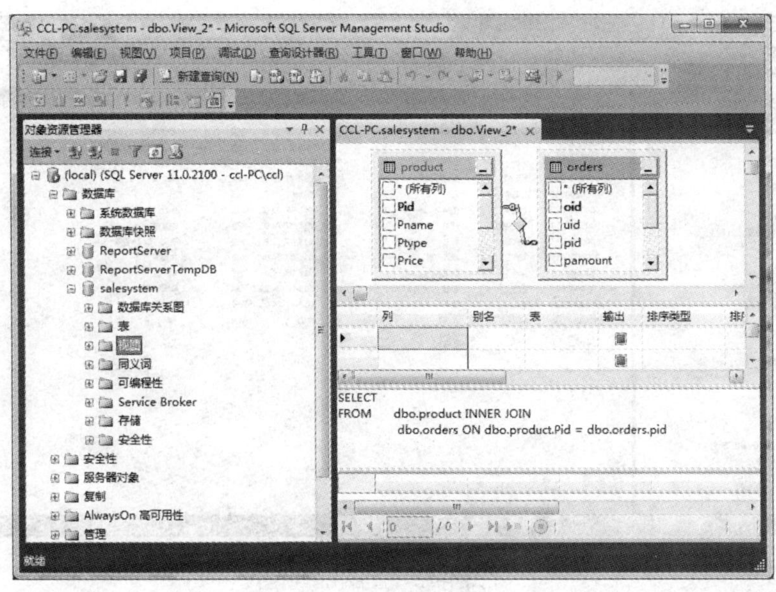

图 4-57 视图设计

（8）设置完后的 SQL 语句会显示在“SQL 窗格”里，这个 Select 语句也就是视图所要存储的查询语句。

（9）所有查询条件设置完毕之后，单击“执行 SQL”按钮，测试 Select 语句是否正确。

（10）在一切测试都正常之后，单击“保存”按钮，在弹出的对话框里输入视图名称，再单击“确定”按钮完成操作。

4.5.2 管理视图

由于视图与数据表很类似，所以在查看视图内容方面，与查看数据表内容十分相似，但在修改视图方面有些区别。

1. 查询视图

在 SQL Server Management Studio 中查看视图内容的方法与查看数据表内容的方法几乎一致，下面介绍查看视图的步骤：

（1）启动 SQL Server Management Studio，连接到本地默认实例，在“对象资源管理器”窗口里，选择本地数据库实例数据库/salesystem/视图/view_1。

（2）右击 view_1，在弹出的快捷菜单中选择“打开视图”命令，出现图 4-58 所示查看视图窗口，该窗口与查看数据表的窗口几乎一致，在此不再赘述。

在 T-SQL 语句里，使用 Select 语句可以查看视图的内容，其用法与查看数据表内容的用法一样，区别只是把数据表名改为视图名，在此不再赘述。

2. 修改视图

使用 SQL Server Management Studio 修改视图事实上只是修改该视图所存储的 T-SQL 语句。下面以修改视图 view_1 为例介绍如何在 SQL Server Management Studio 中修改视图。

（1）启动 SQL Server Management Studio，连接到本地默认实例，在“对象资源管理器”窗口里，选择本地数据库实例数据库/salesystem/视图/view_1。

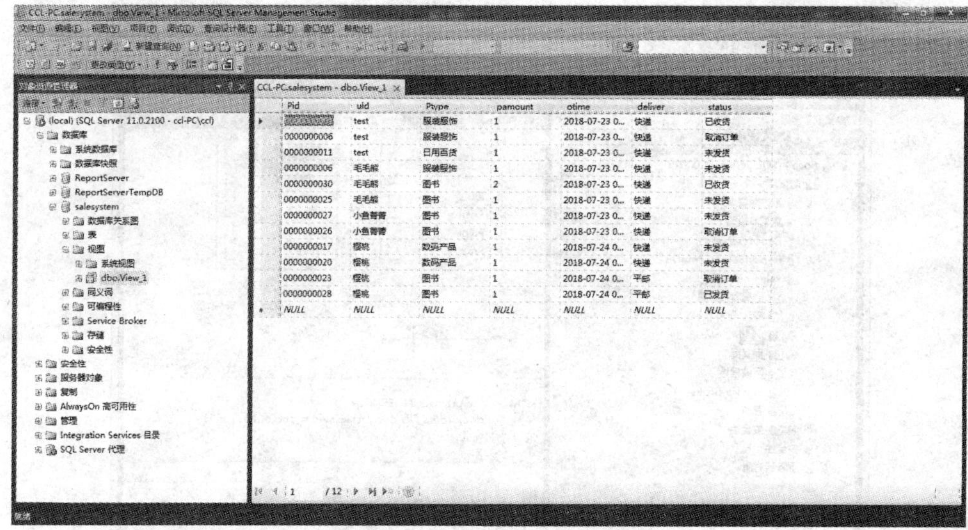

图 4–58　查看视图

（2）右击 view_1，在弹出的快捷菜单中选择“设计”命令，出现图 4–59 所示修改视图窗口，该窗口与创建视图窗口相似，其操作十分类似，在此不再赘述。

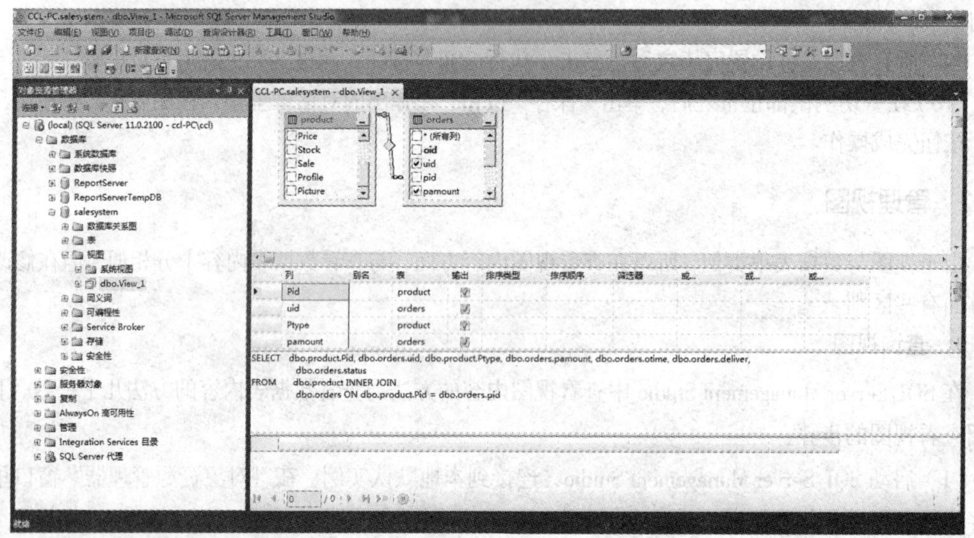

图 4–59　修改视图

（3）修改完毕后注意存盘。

4.5.3　更新视图中的记录

由于视图与数据表十分类似，所以对视图的操作与数据表也十分相似。但是，要编辑视图中的记录会有一些限制，以下几点是必须要注意的：

（1）Timestamp 和 binary 类型的字段不能编辑。

（2）如果字段的值是自动产生的（如带标识字段、计算字段等），也不能编辑。

（3）经编辑的字段内容必须符合引用表的字段定义。

（4）在引用表的中可以不用输入内容的字段，如可以为null的或有默认值的字段，在视图中也可以不输入内容。

（5）在视图中修改的字段最好是同一个引用表中的字段，避免出现一些未知的结果。

（6）在视图中修改的字段内容，实际上就是在数据表中修改的字段内容。

打开视图，找到要修改的记录，在记录上直接修改字段内容，修改完毕之后，只需将光标从该记录上移开，定位到其他记录上，SQL Server就会保存修改的记录。同理，在视图中插入记录及删除记录的操作与操作数据表类似。

提示

在视图中删除记录时，如果会同时在多个数据表中删除记录，操作会失败，因为SQL Server无法判断要删除的是哪个数据表里的哪条记录。

4.5.4 删除视图

当一个视图不再需要使用时，也可以将其删除，操作步骤如下：在“对象资源管理器”窗口中，展开树形目录，定位到某个视图，右击视图名称，在弹出的快捷菜单中选择“删除”命令。

4.5.5 重命名视图

在SQL Server Management Studio中为视图重命名的操作步骤如下：在“对象资源管理器”窗口中，展开树形目录，定位到要改名的视图上，右击视图名称，在弹出的快捷菜单中选择“重命名”命令，输入新的视图名，再按Enter键完成操作。

4.6 数据库的备份与还原

任何系统都不可避免地会出现各种形式的故障，而某些故障可能会导致数据库灾难性的破坏，所以做好数据库的备份工作极为重要。备份可以创建在磁盘、磁带等备份设备上。与备份对应的是还原。

4.6.1 数据库的备份

备份是在某种介质（磁盘、磁带等）存储数据库（或者其中一部分）的副本。

对SQL Server 2012 数据库或事务日志进行备份，就是记录在进行备份这一操作时数据库中所有数据的状态，以便在数据库遭到破坏时能够及时地将其还原。执行备份操作必须拥有对数据库备份的权限许可，SQL Server 2012只允许系统管理员、数据库所有者和数据库备份执行者备份数据库。

下面在SQL Server Management Studio中，以salesystem数据库为例，介绍数据库的备份操作：

（1）右击salesystem数据库，在弹出的快捷菜单中选择“任务/备份”命令，弹出“备份数据库-salesystem”窗口，如图4-60所示。

（2）在“数据库”下位列表框选择salesystem数据库作为准备备份的数据库。在“备份类型”下拉列表框中，选择需要的类型，这里选择“完整”选项，在“名称”文本框中输入要备份的名称。

（3）由于没有磁带设备，磁带设备不能选，所以只能备份到“磁盘”。单击“添加”按钮，选择路径，如图4-61所示。可以单击[...]按钮选择要存放备份文件的路径。

（4）单击窗口左边的“选项”选项，如图4-62所示。在“备份到现有介质集”选项中选中“追加到现有备份集”单选按钮。

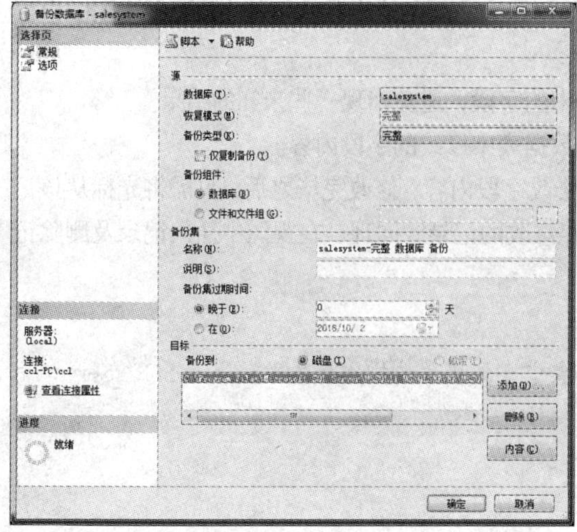

图 4–60　数据库备份界面

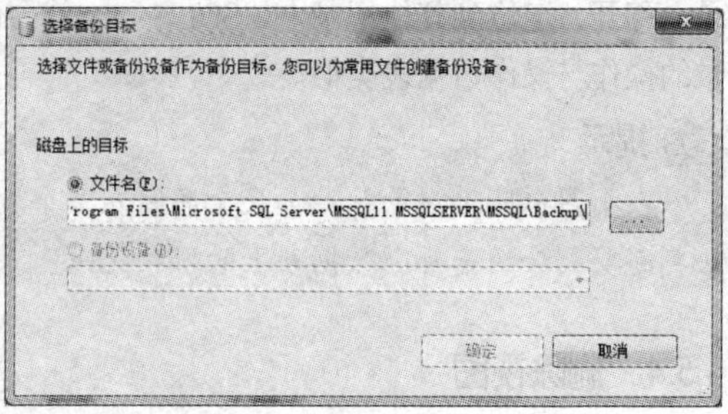

选择备份目标
选择文件或备份设备作为备份目标。您可以为常用文件创建备份设备。
磁盘上的目标
文件名(F):
rogram Files\Microsoft SQL Server\MSSQL11.MSSQLSERVER\MSSQL\Backup\
备份设备(B):
确定　取消

图 4–61　选择备份设备和路径

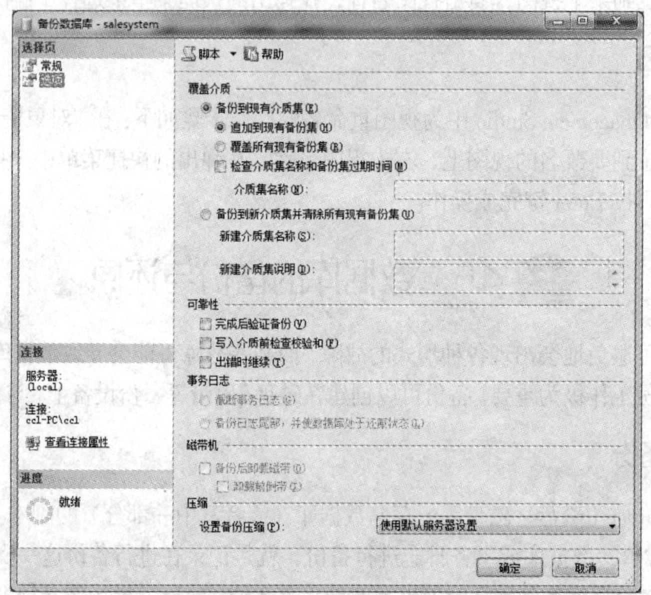

图 4–62　选项窗口

“备份到现有介质集”有两个选项：“追加到现有备份集”和“覆盖所有现有备份集”。其中“追加到现有备份集”是媒体上以前的内容保持不变，新的备份在媒体上次备份的结尾处写入；“覆盖所有现有备份集”是重写备份设备中任何现有的备份，备份媒体的现有内容被新备份重写。

（5）单击“确定”按钮，数据备份完成，如图 4–63 所示。

图 4–63　数据备份完成

SQL Server 2012 中数据库恢复模型有以下三种：

（1）简单恢复：允许将数据库恢复到最新的备份。

（2）完全恢复：允许将数据库恢复到故障点状态。

（3）大容量日志记录恢复：允许大容量日志记录操作。

4.6.2 数据库的还原

备份可以防止数据库遭受破坏、介质失效或用户误操作。备份是还原数据库最容易和最能防止意外的有放方法。没有备份，所有的数据都可能会丢失，而且将造成不可挽回的损失，这时就不得不从源头重建数据；有了备份，万一数据库被损坏，就可以使用备份来还原数据库。还原数据库是一个装载数据库的备份，然后应用事务日志重建的过程。应用事务日志之后，数据库就会回到最后一次事务日志备份之前的状况。在数据库备份之前，应该检查数据库中数据的一致性，这样才能保证顺利地还原数据库备份。在数据库的还原过程中，用户不能进入数据库，当数据库被还原后，数据库中的所有数据都被替换掉。

如果数据库做过完全备份和事务日志备份，那么还原它是很容易的。倘若保持着连续的事务日志，那么就能快速地重新构造和建立数据库。在还原一个失效的数据库之前，调查失效背后的原因是很重要的，如果数据库的损坏是由介质错误引起的，那么就需要替换失败的介质。倘若是由用户的问题而引起的，那么就需要针对发生的问题和今后如何避免采取相应的对策。还原数据库是一个装载最近备份的数据库和应用事务日志来重建数据库到失效点的过程。定点还原可以把数据库还原到一个固定的时间点，这种选项仅适用于事务日志备份。当还原事务日志备份时，必须按照它们建造的顺序还原。

下面在 SQL Server Management Studio 中，以 salesystem 数据库为例，介绍数据库的还原操作。

（1）展开数据库，右击 salesystem 数据库，在弹出的快捷菜单中选择“任务｜还原｜数据库”命令，弹出“还原数据库-salesystem”窗口，如图 4-64 所示。

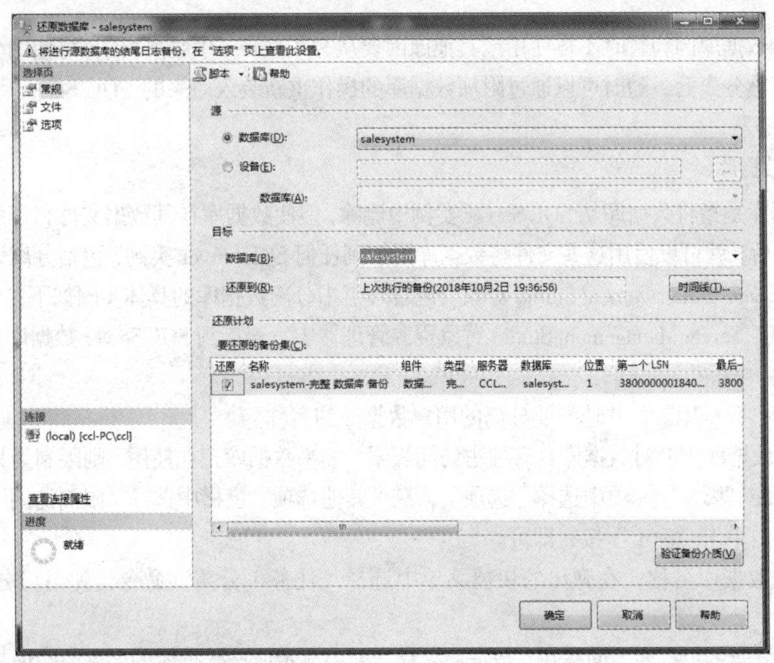

图 4-64 “还原数据库-salesystem”窗口

（2）选择左边的“选项”选项卡，如图 4–65 所示。

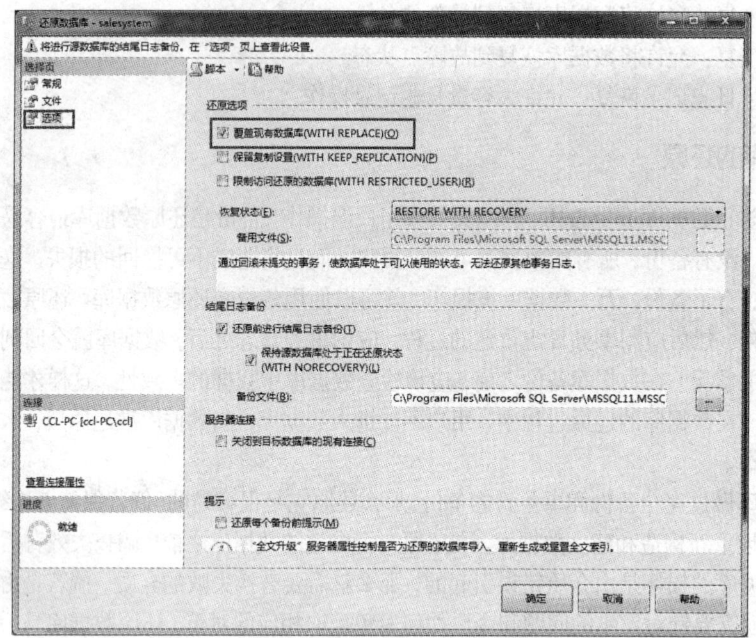

图 4–65 “选项”选项卡

（3）在“还原选项”选项区域中，勾选“覆盖现有数据库（WITH REPLACE）”复选框。选择“备份文件”路径，单击“确定”按钮。

4.6.3 分离和附加数据库

如果某个数据库因为暂时不再使用或其他原因要从 SQL Server 中脱离出来，可使用分离数据库的操作。数据库被分离后，随时可以通过附加数据库的操作重新装入原来的 SQL Server 服务器或其他 SQL Server 服务器。

1. 分离数据库

分离数据库是指将数据库从 SQL Server 实例中删除，但使数据库在其数据文件和事务日志文件中保持不变。之后，就可以使用这些文件将数据库附加到任何 SQL Server 实例，包括分离该数据库的服务器。在 SQL Server Management Studio 对象资源管理器中分离数据库的具体步骤如下：

（1）在 SQL Server Management Studio 对象资源管理器中，连接到 SQL Server 数据库引擎的实例，再展开该实例。

（2）展开“数据库”，并选择要分离的用户数据库的名称。

（3）分离数据库需要对数据库具有独占访问权限。如果数据库正在使用，则限制为只允许单个用户进行访问。在“属性”一项中选择“选项”，在“其他选项”窗格中选择“限制访问”选项，更改为“单用户”，单击“确定”按钮即可。

（4）右击数据库名称，在弹出的快捷菜单中选择“任务 | 分离”命令，弹出“分离数据库”对话框。

（5）“要分离的数据库”网格在“数据库名称”列中显示所选数据库的名称。验证其是否为要分离的数据库。

（6）默认情况下，分离操作将在分离数据库时保留过期的优化统计信息。若要更新现有的优化统计信息，应选中“更新统计信息”复选框。

（7）默认情况下，分离操作保留所有与数据库关联的全文目录。若要删除全文目录，应清除“保留全文目录”复选框。

（8）“状态”列将显示当前数据库状态（“就绪”或者“未就绪”）。如果状态是“未就绪”，则“消息”列将显示有关数据库的超链接信息。当数据库涉及复制时，“消息”列将显示 Database replicated。数据库有一个或多个活动连接时，“消息”列将显示 <活动连接数> 个活动连接，例如 1 个活动连接。在可以分离数据列之前，必须选中“删除连接”复选框来断开与所有活动连接的连接。

（9）若要获取有关消息的详细信息，单击超链接即可。

（10）分离数据库准备就绪后，单击“确定”按钮。

2. 附加数据库

可以附加复制的或分离的 SQL Server 数据库。在 SQL Server 2012 中，数据库包含的全文文件随数据库一起附加。附加数据库时，所有数据文件（MDF 文件和 NDF 文件）都必须可用。如果任何数据文件的路径不同于首次创建数据库或上次附加数据库时的路径，则必须指定文件的当前路径。在 SQL Server Management Studio 对象资源管理器中附加数据库的具体步骤如下：

（1）在 SQL Server Management Studio 对象资源管理器中，连接到 Microsoft SQL Server 数据库引擎实例，然后展开该实例。

（2）右击“数据库”，在弹出的快捷菜单中选择“附加”命令，打开“附加数据库”对话框。

（3）在“附加数据库”对话框中，若要指定要附加的数据库，则单击“添加”按钮，然后在“定位数据库文件”对话框中选择数据库所在的磁盘驱动器并展开目录树，以查找并选择数据库的.mdf 文件。

（4）或者，若要为附加的数据库指定不同的名称，则在“附加数据库”对话框的“附加为”列中输入名称。

（5）或者，通过在“所有者”列中选择其他项来更改数据库的所有者。

（6）准备好附加数据库后，单击“确定”按钮。

小　　结

本章介绍了 SQL Server 2012 的主要功能、安装与配置、数据库的创建与管理、表的创建与管理、视图的创建与管理、查询的设计、数据更新、数据库的备份与还原等。主要介绍使用 SQL Server Management Studio 的可视化工具来创建和修改数据库、数据表，利用查询编辑器来设计数据查询等，这些都可以通过 T-SQL 语句来完成，可以参照前面章节的相关代码加以比较。视图同样是 SQL Server 2012 中重要的数据对象，通过使用视图，可以方便用户实用查询，同时实现原始数据表和数据库用户的隔离，提高系统安全性。由于系统故障、事务故障、介质故障、计算机病毒等不安全因素的存在，数据备份和恢复是数据库管理中很重要的一项工作，本章介绍了数据库备份和还原的具体操作。通过本章的学习，可以掌握 SQL Server Management Studio 这一可视化工具的基本操作。

习 题 4

一、选择题

1. 关于 SQL Server 文件组的叙述正确的是（　　）。
   A. 一个数据库文件不能存在于两个或两个以上的文件组里
   B. 日志文件可以属于某个文件组
   C. 文件组可以包含不同数据库的数据文件
   D. 一个文件组只能放在同一个存储设备中
2. 关于 SQL Server 实例描述正确的有（　　）。
   A. 每个实例只能有一个数据库
   B. 实例和数据库是同一个概念
   C. 每个实例可以有多个数据库，但是最多不能超过 32 767 个数据库
   D. 实例启动时都会启动固定个数的进程
3. 下面几项中，关于视图叙述正确的是（　　）。
   A. 视图是一张虚表，所有的视图中不含有数据
   B. 用户不允许使用视图修改表数据
   C. 数据库中的视图只能使用所属数据库的表，不能访问其他数据库的表
   D. 视图既可以通过表得到，也可以通过其他视图得到
4. 下列关于数据库备份的叙述错误的是（　　）。
   A. 如果数据库很稳定就不需要经常备份，反之要经常备份以防数据库损坏
   B. 数据库备份是一项复杂的任务，应该由专业的管理人员来完成
   C. 数据库备份也受到数据库恢复模式的制约
   D. 数据库备份策略的选择应该综合考虑各方面因素，并不是备份越多越全就越好
5. 关于 SQL Server 的恢复模式叙述正确的是（　　）。
   A. 简单恢复模式支持所有的文件恢复
   B. 大容量日志模式不支持时间点恢复
   C. 完全恢复模式是最好的安全模式
   D. 一个数据库系统中最好是用一种恢复模式，以避免管理的复杂性
6. 按照数据模型划分，SQL Server 是一个（　　）。
   A. 混合型数据库管理系统　　B. 层次型数据库管理系统
   C. 关系型数据库管理系统　　D. 网状型数据库管理系统
7. 定义表结构时，以下说法正确的是（　　）。
   A. 要定义数据库名、字段类型、字段长度
   B. 要定义字段名、字段类型、字段长度
   C. 要定义数据库、字段名、字段类型
   D. 要定义数据库、字段类型、字段长度
8. 数据库备份的作用是（　　）。
   A. 数据的转储　　B. 一致性控制
   C. 保障安全　　D. 故障后的恢复

二、填空题

1. SQL Server 2012 的集成管理器是________________________，利用它能完成原 SQL Server 2000 企业管理器及查询分析器等程序的管理与操作功能。

2. SQL Server Management Studio 分为左右两区域，一般__________、__________分布在左边，__________等以选项卡形式在右边区域。

3. 在 T-SQL 的模式匹配中，使用__________符号表示匹配任意长度的字符串。

4. 在 SQL Server 2012 中，可以把数据库分为__________和__________。

5. 在 SQL Server 2012 中，系统数据库是__________、_________、_________和__________。

6. 在 SQL Server 2012 中，文件分为三大类，它们是_________、_________和_________；文件组也分为三类，它们分别是_________、_________和_________。

7. 默认情况下，SQL Server 2012 数据库的默认文件组是_________，用户可以更新定义默认文件组，但只能有_________个文件组是默认文件组。

8. 在 SQL Server 2012 中，视图分为三类，即：_________、_________、_________。

9. 一般情况下，视图是一张_________，是通过_________来定义视图.

10. 在 SQL Server 2012 中可以使用_________、_________、_________技术来保证数据的完整性和有效性。

11. SQL Server 2012 除了提供了用户定义的标准表外，还提供了一些特殊用途的表，分别是_________、_________和_________。

12. SQL Server 数据库恢复模式有三种类型，分别是______________、______________和_________。

Visual Basic 程序设计基础

- 什么是程序设计？什么是程序设计语言？
- 什么是面向对象的程序设计方法？
- 如何应用 Visual Basic 开发应用程序？开发应用程序需要掌握哪些基础知识？
- 应用程序结构有哪些？用户界面如何设计？数据库与程序之间如何联系？
- 如何用 Visual Basic 控件连接数据库并对数据库数据进行操作？

本部分将讨论并回答上述问题。本部分阐述了 Visual Basic 程序设计的结构、用户界面设计方法、通过 ADODC 控件和 ADO 数据对象连接操纵数据库的方法，为开发界面友好、功能完善的数据库应用系统打下基础。

第 5 章 Visual Basic 语言及编程基础

通过前 4 章的学习，读者已经掌握了数据库的基本概念、关系数据库的理论、SQL 语言和数据库管理系统。这些知识仅仅是构建数据库系统的一个组成部分，要真正创建具有友好界面的、功能完善的数据库应用系统，还需要利用前端的应用程序开发工具（如 Visual Basic、.NET、Java 等）。

Visual Basic（以下简称 VB）是美国 Microsoft 公司推出的在 Windows 操作系统上广泛应用的一种可视化程序设计语言，它具有简单易学、灵活方便的特点。

本章主要介绍 VB 语言基础知识，具体包括：Visual Basic 概述、基本数据类型、常量与变量、运算符与表达式、程序设计三种基本结构、函数与过程。

5.1 Visual Basic 概述

5.1.1 Visual Basic 简介

Visual 的含义是“可视化”，即直观的编程方法；Basic 是 Beginners All-Purpose Symbolic Instruction Code 的缩写，即“初学者通用符号指令代码”。Visual Basic 在原有 Basic 语言的基础上进一步发展，既继承了 Basic 语言编程的简易性，又具有 Windows 环境下图形界面的操作特征。

5.1.2 Visual Basic 集成开发环境

集成开发环境是指在一个公共环境里融合了众多不同的功能，涵盖了开发应用程序设计、代码编辑、编译运行、跟踪调试等各个方面。VB 集成开发环境如图 5-1 所示，由标题栏、菜单栏、工具栏、窗体设计器、属性窗口、工程资源管理器、代码窗口、工具箱等组成。

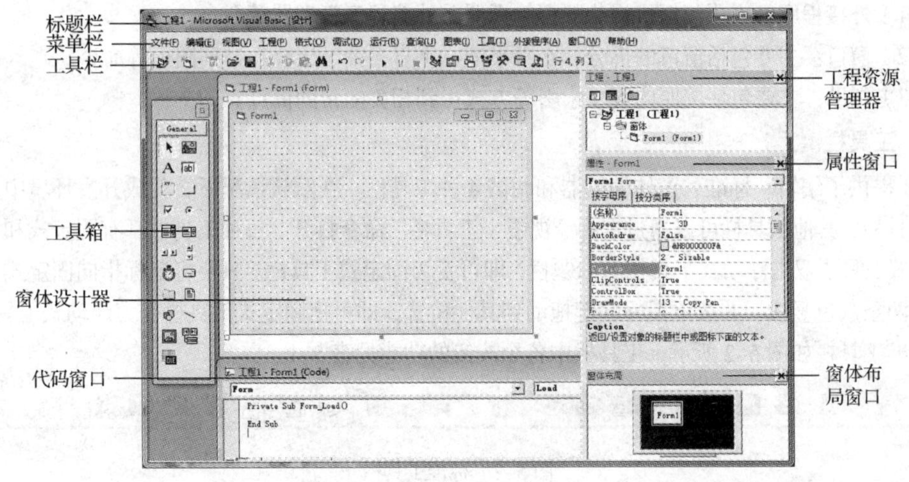

图 5-1　VB 集成开发环境

1. 标题栏

标题栏中标题是“工程 1-Microsoft Visual Basic[设计]”，说明现在集成开发环境是设计模式。VB 有[运行]模式和[中断]模式，不同的模式下，中括号内的文字将发生相应的变化。VB 有三种工作模式：

（1）设计模式：该模式下，用户可以设计与修改窗体界面、编写与修改事件代码。

（2）运行模式：该模式下，应用程序被系统编译，这时不能编辑代码，不能编辑窗体界面。

（3）中断模式（Break）：该模式下，应用程序被暂时中止运行，这时可以编辑代码，但是不可修改界面。按 F5 键或者单击“继续”按钮▶，继续程序的运行；单击“结束”按钮■，停止程序的运行。

2. 菜单栏

在标题栏下方是集成环境的菜单栏，菜单栏中的菜单命令提供了开发、调试和保存应用程序所需要的工具。VB6.0 中文版的菜单栏共有 13 个菜单项，即文件、编辑、视图、工程、格式、调试、运行、查询、图表、工具、外接程序、窗口、帮助。下面分别说明这 13 个菜单项里各自所包含的主要菜单命令。

（1）文件：主要包括对工程的新建、打开、添加、移动、保存、另存为、生成工程 1.exe 等命令，以及显示最近操作过的工程文件。

（2）编辑：主要包括恢复、撤销、剪切、复制、粘贴、移动、查找、替换等编辑命令。

（3）视图：主要包括集成开发环境各个窗口的显示以及 4 种工具栏命令。

（4）工程：主要包括添加窗体、添加 MDI 窗体、添加模块、部件（添加 ActiveX 控件）以及工程属性的设置等命令。

（5）格式：主要包括对齐、统一尺寸、水平间距、垂直间距等窗体控件的格式化命令。

（6）调试：主要包括逐语句、逐过程、添加监视、切换断点等关于程序调试和差错的命令。

（7）运行：主要包括启动、全编译执行、中断、结束、重新启动命令。

（8）查询：这是 VB6.0 新增加的，当使用数据库时用于设计 SQL 属性。

（9）图表：这是 VB6.0 新增加的，当使用数据库时用于编辑数据库的命令。

（10）工具：主要包括添加过程、过程属性、菜单编辑器、选项等命令。

（11）外接程序：主要包括可视化数据管理器、外接程序管理器等命令。

（12）窗口：主要包括窗口的拆分、水平平铺、垂直平铺、层叠、排列图标等命令。

（13）帮助：主要包括按照内容、索引等方式得到相关的帮助信息。

3. 工具栏

VB 提供了编辑、标准、窗体编辑器和调试 4 种工具栏。在默认情况下，集成开发环境中只显示标准工具栏，其他工具栏可以通过选择“视图 | 工具栏”命令打开。每种工具栏都有固定式和浮动式两种形式，只要双击浮动式工具栏的标题栏，即可变为固定式工具栏。只要将鼠标指向固定式工具栏左边的两条灰色竖线，并按下鼠标左键拖动到其他位置，即可把固定式工具栏变为浮动式工具栏。

标准工具栏如图 5-2 所示，工具栏中各个按钮的功能见表 5-1。

0, 0

图 5-2　标准工具栏

表 5-1 标准工具栏按钮的功能

按钮图标	名 称	功 能
	添加工程	添加一个新的工程，相当于菜单命令“文件｜添加工程”。单击该按钮右边的下拉按钮，可以选择添加工程类型
	添加窗体	添加一个新的窗体，相当于菜单命令“文件｜添加窗体”。单击该按钮右边的下拉按钮，可以选择添加其他对象
	菜单编辑器	打开“菜单编辑器”。相当于菜单命令“工具｜菜单编辑器”
	打开工程	打开一个已有的 VB 工程文件。相当于菜单命令“文件｜打开工程”
	保存工程	保存当前的工程文件。相当于菜单命令“文件｜保存工程”
	剪切	把当前选择的内容剪切到剪贴板。相当于菜单命令“编辑｜剪切”
	复制	把当前选择的内容复制到剪贴板。相当于菜单命令“编辑｜复制”
	粘贴	把剪贴板的内容复制到当前插入位置。相当于菜单命令“编辑｜粘贴”
	查找	打开“查找”对话框，相当于菜单命令“编辑｜查找”
	撤销	撤销前面的操作
	重做	恢复撤销的操作
	启动	运行当前工程。相当于菜单命令“运行｜启动”
	中断	暂停程序的运行。相当于菜单命令“运行｜中断”；可以按 F5 键或单击▶按钮继续
	结束	结束应用程序的运行，回到设计窗口，相当于菜单命令“运行｜结束”
	工程资源管理器	打开工程资源管理器窗口。相当于菜单命令“视图｜工程资源管理器”
	属性窗口	打开“属性”窗口。相当于菜单命令“视图｜属性窗口”
	窗体布局窗口	打开“窗体布局”窗口。相当于菜单命令“视图｜窗体布局窗口”
	对象浏览器	打开“对象浏览器”窗口。相当于菜单命令“视图｜对象浏览器”
	工具箱	打开“工具箱”窗口。相当于菜单命令“视图｜工具箱”
	数据视图窗口	打开“数据视图”窗口。相当于菜单命令“视图｜数据视图窗口”
	控件管理器	打开可视组件管理器，添加相关文档或控件

4. 窗体设计器

窗体设计器主要用来设计应用程序的用户界面。窗体（Form）就像一块画板，在这块画板上可以画出组成应用程序的各个控件，各种图形、图像、数据、按钮等都是通过窗体或窗体中的控件显示出来的。程序员根据程序界面设计要求，从工具箱中选择所需要的工具，并在窗体上画出来，这样就完成了应用程序设计的第一步。

启动 VB 之后，系统自动建立一个名称为 Form1 的窗体（如果需要多个窗体，窗体名称默认为 Form1、Form2、Form3 等）。窗体中布满了网格点，以方便用户对齐窗体上的控件。如果想去掉网格点或者想改变网格点的间距，可以通过菜单命令“工具 | 选项”中的“通用”选项卡来调整。网格点的间距单位是缇（Twip）。1 英寸=1440 缇。网格点默认的高度和宽度均为 120 缇。

5. 属性窗口

在 VB 中，窗体和控件被称为对象，每个对象都可以用一组属性来描述其特征，如大小、字体、颜色等，属性窗口就是用来设置窗体和窗体中控件属性的。属性窗口如图 5-3 所示。除窗口的标题栏外，属性窗口由 4 部分组成：对象列表框、属性显示方式、属性列表框、属性解释。

（1）对象列表框：单击其右边下拉按钮，可以显示所选窗体所包含的对象列表。其内容为应用程序中每个对象的名字及对象的类型。随着窗体中控件的增加，将把这些新增对象的有关信息加入到对象列表框中。

（2）属性显示方式：有按字母顺序显示和按分类顺序显示两种。

（3）属性列表框：列出所选对象在设计模式下可更改的属性以及默认值，属性列表框左边部分列出的是属性名称；右边部分列出的是对应的属性值。不同的对象具有不同的属性名称，在属性列表部分可以滚动显示当前选定对象的所有属性，以便观察或设置每项属性的当前值。属性值的变化将改变相应对象的特性。有些属性值的取值有一定限制，必须从默认的属性值中选择；有些属性值必须由用户自行设置。在实际应用中，用户根据需要设置对象的部分属性，大部分属性使用默认值。

（4）属性解释：当在属性列表框中选择某种属性时，在“属性解释”部分会显示该属性名称和属性含义。

6. 工程资源管理器

工程资源管理器如图 5-4 所示。在工程资源管理器窗口中，包含一个应用程序所需要的文件清单，它采用 Windows 资源管理器风格的界面，窗口中以树状列表形式显示当前工程的组成。工程资源管理器窗口中的文件可以分为 6 类，即窗体文件（.frm）、程序模块文件（.bas）、类模块文件（.cls）、工程文件（.vbp）、工程组文件（.vbp）、资源文件（.res）。

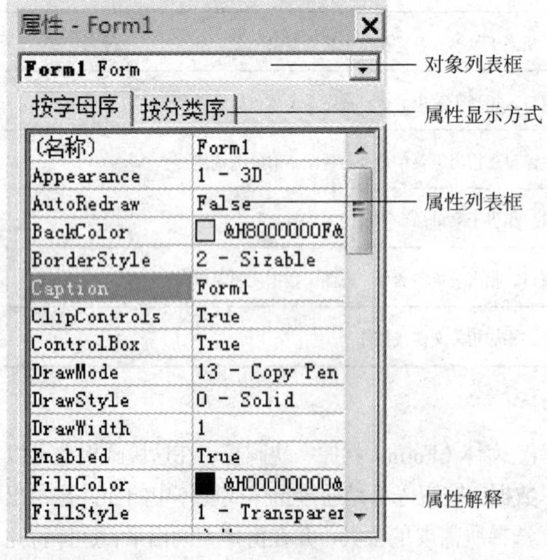

图 5-3　属性窗口

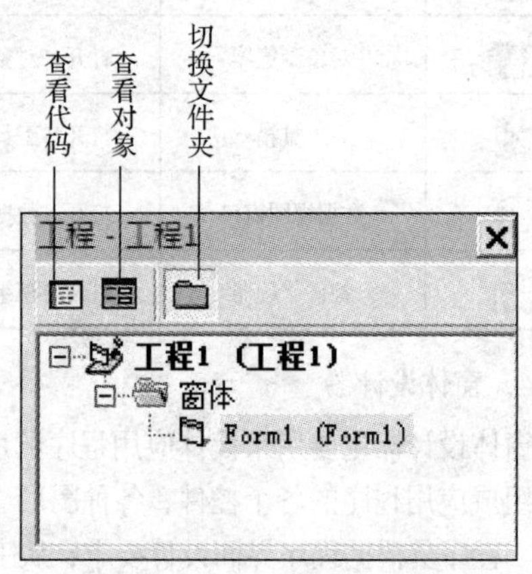

图 5-4　工程资源管理

工程资源管理器窗口标题栏的下方有三个快捷按钮，分别是查看代码、查看对象、切换文件夹。

（1）查看代码按钮：切换到代码窗口，显示和编辑程序代码。

（2）查看对象按钮：切换到窗体窗口，显示和编辑窗体上的对象。

（3）切换文件夹按钮：切换文件夹的显示方式，显示各类文件所在的文件夹。

7．代码窗口

代码窗口如图 5-5 所示。专门用来显示和编写代码。每个窗体都有一个代码窗口。

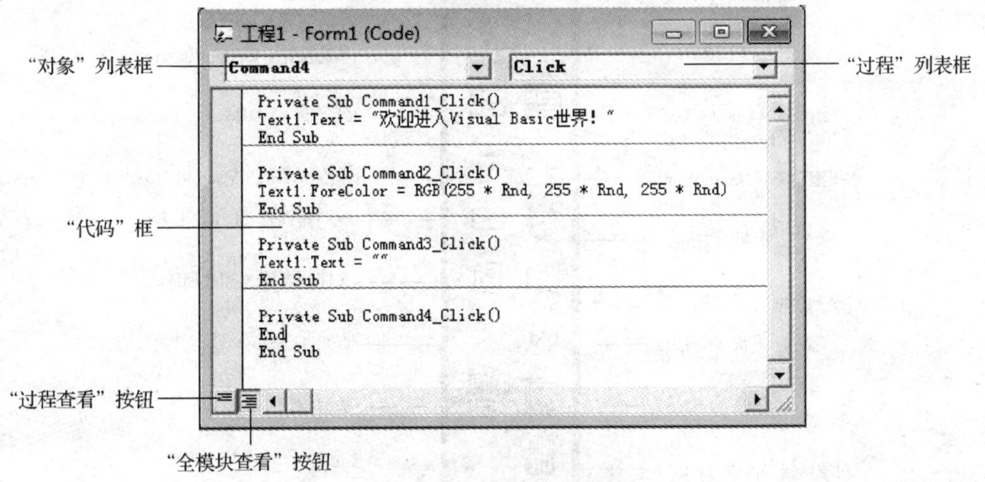

图 5-5　代码窗口

代码窗口主要有以下部分构成：

（1）“对象”列表框：单击右边的下拉按钮，可以显示选中窗体上所有对象的名称。其中“通用”表示与特定对象无关的通用代码，一般在此声明窗体级变量或用户自定义的过程。

（2）“过程”列表框：单击右边的下拉按钮，可以显示“对象”列表框中对象的所有事件过程名称。

（3）“代码”框：编写和修改各个事件过程代码。

（4）“过程查看”按钮：只能显示所选的一个过程代码。

（5）“全模块查看”按钮：显示模块中全部过程代码。

8．工具箱

工具箱如图 5-6 所示。工具箱由各种图标组成，这些图标称为对象或者控件。利用这些工具图标，用户就可以在窗体上设计各种控件。

工具箱中的工具分两类：一类称为内部控件或标准控件；一类称为 ActiveX 控件。一般情况下，工具箱上有 20 个标准控件和 1 个指针。指针不是控件，它仅用于移动窗体和控件以及调整它们的大小。在设计阶段，工具箱总是出现的，可以单击工具箱的“关闭”按钮将其关闭；如果要显示工具箱，可以通过菜单命令“视图 | 工具箱”显示。

图 5-6 显示的是只有一个选项卡 General 的标准工具箱，用户还可以根据实际应用的需要往工具箱里添加选项卡。添加选项卡的方法是在工具箱空白位置右击，在弹出的快捷菜单中选择“添加选项卡”命令，在弹出的对话框中输入新选项卡的名称。当一个新选项卡添加完成后，就可以从已有选项卡（包括 General 选项卡）里拖动所需控件到新建的选项卡里，也可以通过菜单命令“工程 | 部件”向新建选项卡里添加 ActiveX 控件。

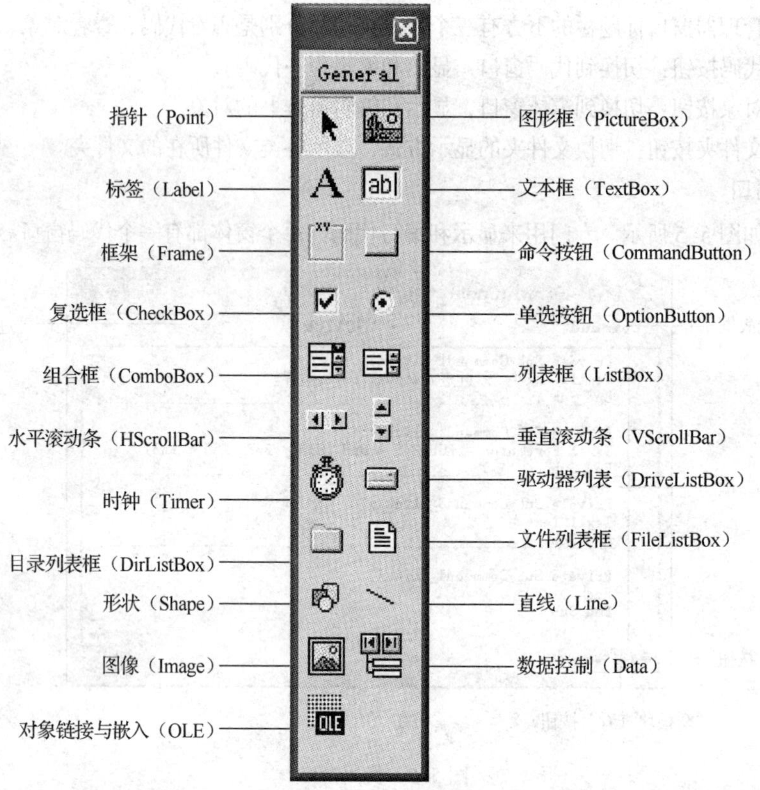

图 5-6　工具箱

5.1.3　建立 Visual Basic 应用程序的步骤

Visual Basic 所建立的工程文件扩展名为.vbp。在工程文件中，至少包含一个窗体文件，扩展名为.frm。在工程文件中，可以根据需要添加窗体、模块、类等。本小节以工程文件仅包含一个窗体文件为例，介绍 Visual Basic 建立应用程序的基本步骤。

用 Visual Basic 建立简单应用程序，分为以下几个步骤：

（1）启动 VB，新建一个工程文件。

（2）绘制窗体。

（3）设置控件属性。

（4）编写代码。

（5）保存窗体及工程文件（窗体 .frm、工程 .vbp）。

（6）运行程序。

（7）生成可执行文件（.exe 文件）。

（8）关闭当前工程，退出 VB 环境。

下面通过一个例题说明用 Visual Basic 建立简单应用程序的过程。

【例 5-1】用 Visual Basic 建立简单应用程序。

程序功能：

（1）运行程序时，单击“欢迎”按钮，文本框中显示“欢迎进入 Visual Basic 世界”。

（2）单击“改变颜色”按钮，文本框中文字颜色发生随机改变。

（3）单击“清除”按钮，清除文本框中显示的内容。

（4）单击“结束”按钮，关闭程序。

（5）设计模式和运行模式效果图如图 5-7 所示。

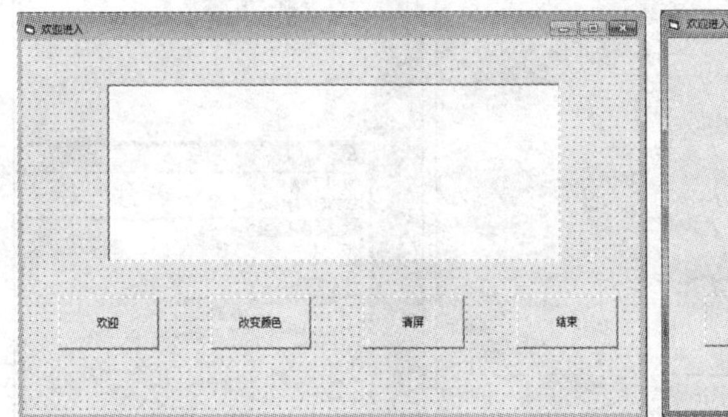

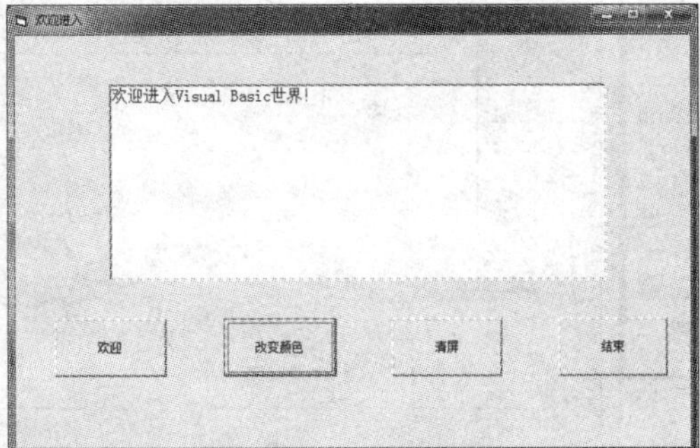

图 5-7　例 5-1 设计模式和运行模式效果图

1. 启动 VB，新建一个工程文件

在 Windows 环境下，单击“开始”菜单，在“Microsoft Visual Basic 6.0 中文版”中找到对应选项，即可启动 VB。VB 启动后，显示“新建工程”对话框，如图 5-8 所示。

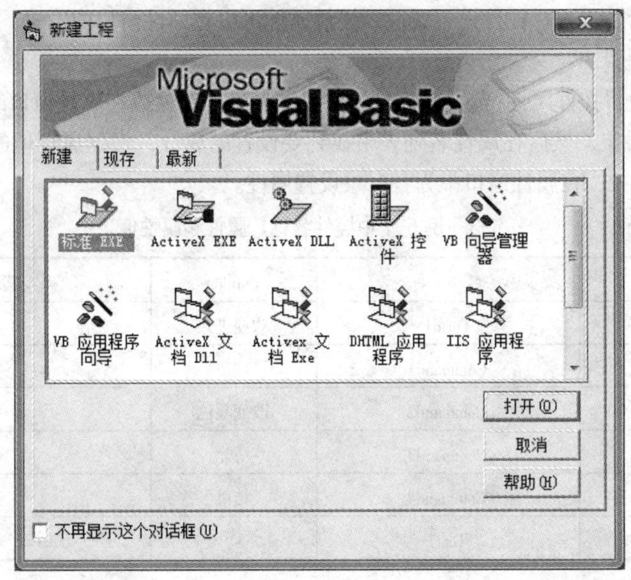

图 5-8　“新建工程”对话框

在对话框中选择默认的“标准 EXE”，单击“打开”按钮，即可进入 VB 集成开发环境，此时系统已经自动创建了一个新的工程。

2. 绘制窗体

根据应用程序的需要绘制界面，将左侧工具箱中的控件添加到窗体中。添加方法可以是单击工具箱中要添加的控件图标，在窗体中适当位置拖动鼠标；也可以直接双击工具箱中要添加的控件。

例 5-1 中需要添加 4 个命令按钮（CommandButton）、1 个文本框（TextBox），添加对象后的窗体如图 5- 9 所示。

图 5-9 绘制窗体

3. 设置控件属性

绘制好窗体之后，需要对控件设置属性。控件属性可以在属性窗口中设置，如图 5-10 所示，也可以在代码窗口中设置。

在属性窗口中设置控件属性，需要事先选中要设置属性的对象或在属性窗口的对象名称列表框中选择要设置属性的对象，然后在属性名列表中找到要设置的属性，根据属性值的要求设置。例 5-1 中的属性值参见表 5-2，在属性窗口中为各对象设置属性。

表 5-2 例 5-1 中控件名称、属性和属性值

控 件 类 型	名 称	Caption	其 他 属 性
Form	Form1	欢迎进入	
CommandButton	Command1	欢迎	
CommandButton	Command2	改变颜色	
CommandButton	Command3	清除	
CommandButton	Command4	结束	
TextBox	Text1		Text= "",Font=宋体，小四

除了利用属性栏之外，还可以在代码窗口中设置控件的属性，格式为：

```
对象名称.属性名=属性值
```

例如：

```
Form1.Caption="欢迎进入"
```

在代码窗口中设置的控件属性，在工程文件运行时，执行代码，才能完成属性的设置。

4. 编写代码

双击控件，在对应的代码窗口（Code）中为控件编写程序，从而完成指定的功能，如图 5-11 所示。

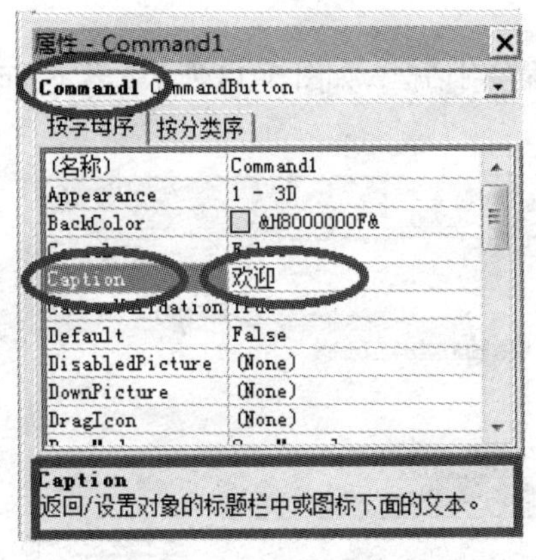

图 5-10　设置控件属性

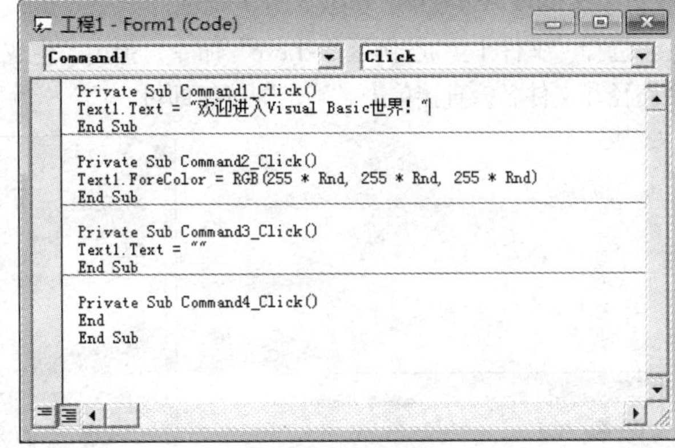

图 5-11　编写代码

【讲解】

（1）Text 属性是控制文本框中显示信息的属性。代码 Text1.Text = "欢迎进入 Visual Basic 世界! "是修改对象 Text1 的 Text 属性。

（2）ForeColor 属性是控制文本框中字体颜色。Rnd 函数可以产生[0,1）区间的随机数，是 VB 中常用的随机函数。RGB 函数的作用是设置颜色。代码 Text1.ForeColor = RGB（255 * Rnd，255 * Rnd，255 * Rnd）可以将文字颜色设置为某个随机色。

（3）工程结束语句：End。

5. 运行程序

单击工具栏中的“启动”按钮▶或使用按 F5 键可运行当前的工程，进而测试步骤 4 中所编写的代码是否可用。

6. 保存窗体及工程文件（窗体 .frm，工程 .vbp）

选择“文件 | 保存工程”命令或单击“标准”工具栏中的“保存工程”按钮。在对话框中设置保存路径，“保存类型”列表中给出文件类型。例 5-1 中，窗体文件保存为“例题 5-1.frm”，工程文件保存为“例题 5-1.vbp”，如图 5-12 所示。

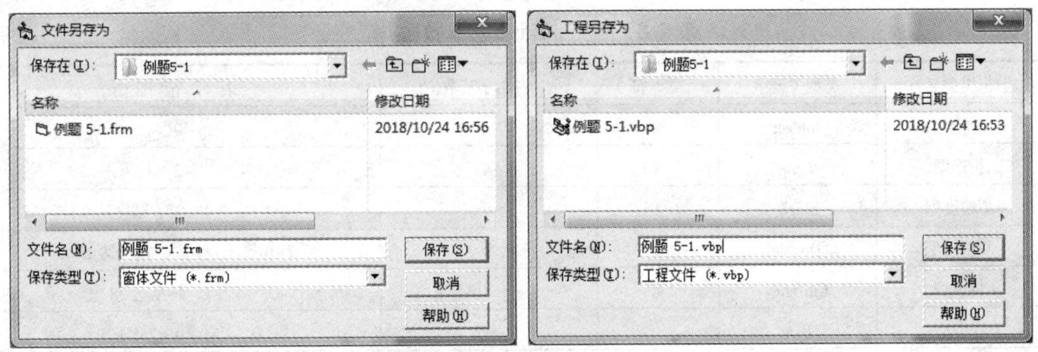

图 5-12　保存窗体及工程文件

已经保存过的工程文件，再执行保存操作时，不再出现另存为对话框。如果要更改文件名称或文件保存位置，可以选择“文件”菜单中的“工程另存为”命令或“窗体文件名.frm 另存为”命令。保存好的应用程序名称在工程资源管理器中显示，如图 5-13 所示。

7. 生成可执行程序（EXE 文件）

选择“文件 | 生成 例题 5-1.exe”命令，弹出“生成工程”对话框，如图 5-14 所示。若不需改变路径和文件名，直接单击“确定”按钮即可。

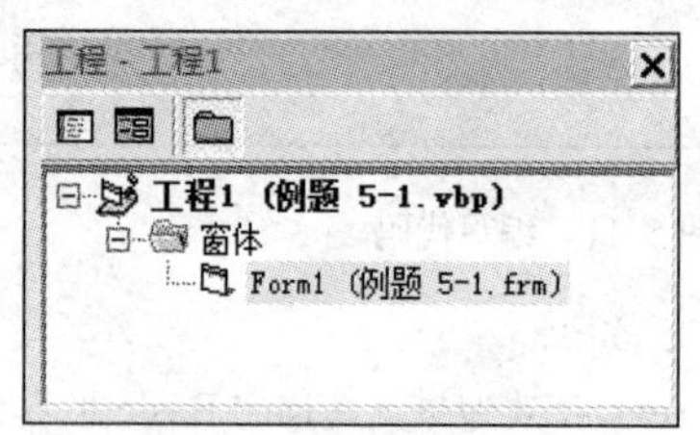

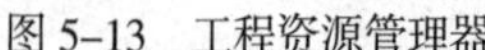
图 5-13　工程资源管理器

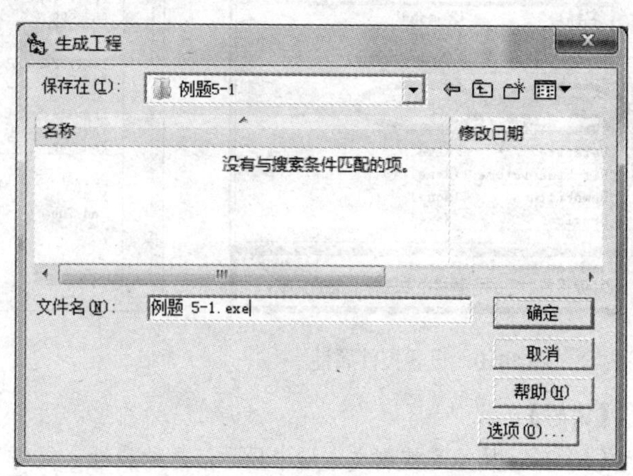

图 5-14　“生成工程”对话框

8. 关闭当前工程，退出 VB 环境

结束一个应用程序的全部内容之后，可选择“文件 | 移除工程”命令，关闭当前工程，再单击 Visual Basic 标题栏中的“关闭”按钮，退出 VB 集成开发环境。

5.2　基本数据类型

数据是客观事物的符号化表示。例如，商品名称为“女裙”，价格为 150，订单生成时间为 2018-7-23 等。根据数据的表现形式不同，将数据划分为不同的数据类型。例如，商品名称“女裙”为字符型数据；价格为 150 为数值型；订单生成时间 2018-7-23 为日期型数据。

不同的数据类型在内存所占存储空间大小不同，数据表现形式不同，参与的运算也不同。表 5-3 归纳了 Visual Basic 支持的基本数据类型的名称、类型关键字、类型符、占用字节数和表示范围等。

表 5-3　Visual Basic 基本数据类型

数据类型名称	类型关键字	类型符	占用字节数	表示范围
整型	Integer	%	2	-2^{15} ~ $2^{15}-1$
长整型	Long	&	4	-2^{31} ~ $2^{31}-1$
单精度型	Single	!	4	-3.4×10^{38} ~ 3.4×10^{38}，精度达 7 位
双精度型	Double	#	8	-1.7×10^{308} ~ 1.7×10^{308}，精度达 15 位
货币型	Currency	@	8	-2^{96} ~ $2^{96}-1$，精度达 28 位
字节型	Byte		1	0 ~ $2^{8}-1$（0 ~ 255）
字符型	String	$	与字符串长度有关	0 ~ 65 535 个字符
逻辑型	Boolean		2	True 与 False
日期型	Date		8	01,01,100 ~ 12,31,9999

5.3 常量与变量

常量是程序执行过程中始终保持不变的量。变量是指在程序运行过程中，其值可以改变的量。例如，在关系式 Y=3*X+6 中，3 和 6 是常量，X 和 Y 是变量。每个变量都有一个唯一的名字以区别其他变量，变量与常量在内存中均要占据一定的存储空间。

5.3.1 常量

Visual Basic 中有三种形式的常量：直接常量、用户定义的符号常量和系统内部符号常量。

1. 直接常量

根据数据的表现形式，将直接常量划分为数值常量、字符常量、日期常量和逻辑常量。

1）数值常量

数值常量又可以细分为整型、长整型、单精度型、双精度型、字节型和货币型 6 种。其中，整型、长整型和字节型常量除了使用十进制数表示之外，还可以使用八进制和十六进制表示。八进制常数在数值前加&O 或&，十六进制常数在数值前加&H。例如：

61、3.14 为十进制表示的数值型常量，&O55、&60.5 为八进制表示的数值型常量，&H0F01、&HA1B 为十六进制表示的数值型常量。

2）字符常量

字符常量是用西文双引号（""）括起来的任意字符序列。例如：

```
"欢迎进入 Visual Basic 世界"
```

3）日期常量

日期常量是用号码符（##）括起来的任何字面上可以表达日期和时间的字符。例如：

```
#23/7/2018#
```

4）逻辑常量

逻辑常量只有 True 和 False 两种取值。

2. 用户定义的符号常量

符号常量是用户根据需要定义的常量，符号常量一经定义，在代码中就可以用符号常量名代替所定义的常量。

用 Const 语句定义用户定义的符号常量，其格式为：

```
Const  <符号常量名> [As <类型关键字>] = <表达式>
```

例如：

```
Const PI = 3.14
'定义了单精度型常量 PI，其值为 3.14
Const CMIN As Integer = 0          '
'定义了整型常量 CMIN，其值为 0
```

注意

符号常量一旦定义，在其后的代码中只能引用符号常量，不能修改符号常量的值。

3．系统内部符号常量

除了用户根据需要定义的符号常量外，Visual Basic 系统还提供了系统定义的符号常量。这些符号常量可以与应用程序中的对象、方法和属性一起使用。选择“视图|对象浏览器”命令，打开“对象浏览器”窗口，可以查看到系统所提供的所有内部符号常量，在代码窗口中可以直接使用。

例如：

```
Text1.Alignment = vbCenter
Text1.Alignment = 2
```

系统符号常量 vbCenter 相当于文本框对齐属性值 2，都是设置文本框的对齐方式为居中对齐。

5.3.2 变量

变量是值可以改变的数据，在执行应用程序期间，用变量临时存储数据。变量的使用包括变量的命名、变量的类型、变量的赋值等。

1．变量的命名规则

用户通过变量的名称使用变量，变量的命名要符合下面的规则：

（1）变量名必须以字母或汉字（中文系统中可用）开头，由字母、汉字、数字或下画线组成。例如，Score、XM、地址_1 等都是合法的变量名，而 2X、X? y 等都不是合法的变量名。

（2）变量名的长度应小于等于 255 个字符。

（3）Visual Basic 不区分变量名中英文字母的大小写。如果两个变量名仅仅是字母的大小写不同，则 Visual Basic 将其视为同一个变量。例如，XY、Xy、xy 等表示的是同一个变量。

（4）不能使用 Visual Basic 中的关键字作为变量名。例如，If、For 等是不能用做变量名的。

（5）变量的命名最好是与其表达的意义有关，做到见名知意。

2．变量的声明

Visual Basic 中，变量可以先声明再使用，也可以不声明直接使用。在窗体或标准模块的通用段中，如果有 Option Explicit 语句，那么，在代码中用到的变量都必须先声明再使用；如果没有 Option Explicit 语句，那么，在代码中用到的变量可以声明，也可以不声明直接使用。对于初学者，为了调试程序方便，建议对使用的变量进行声明。

1）变量的声明

在 Visual Basic 中，可以用 Dim 语句显式声明变量，其格式为：

```
Dim <变量名 1> [As <类型关键字>] [,<变量名 2> [As <类型关键字>]],…
```

例如：

```
Dim X  As  Long
'Long 为长整型类型关键字，声明 X 为长整型变量
Dim Str  As String
'String 为字符型类型关键字，声明 St 为字符型变量
Dim  Flag  As Boolean
'Boolean 为逻辑型类型关键字，声明 Flag 为逻辑型变量
```

上面几条 Dim 语句等价于：

```
Dim X As Long,Str As String,Flag As Boolean
```

变量声明后，其能够接收的数据类型就确定了，在代码中给变量赋值或运算时，变量只接收与所

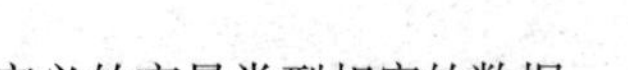

定义的变量类型相容的数据。

例如：

```
Dim X  As  Long
X=100
```

定义 X 是长整型的变量，给 X 赋值 100 是正确的，但如果给 X 赋值"李明"则是错误的，因为数据类型与变量不一致。

2）隐式声明

在 Visual Basic 中，如果没有强制要求变量声明，那么变量可以不加声明而直接使用，称为隐式声明。隐式声明的变量都是 Variant 类型的。

例如：

```
P = 100
'P 接收的数据类型为整型
P = "程序设计教程"
'P 接收的数据类型为字符类型
```

3. 变量的默认值

在 Visual Basic 中，变量被声明后，变量类型不同，拥有不同的默认值。在变量被赋值之前，变量的值就是其默认值。所有数值类型的变量默认值都是 0；字符型变量和变体型变量的默认值为空字符串（""）；逻辑型变量的默认值为 False。

5.4 运算符与表达式

运算符是表示实现某种运算的符号。VB 具有丰富的运算符，包括算术运算符、字符串运算符、关系运算符和逻辑运算符 4 类。通过运算符和操作数组合成表达式，实现程序中的大量操作，而且不同类型的数据具有不同的运算符，可以参与不同的运算，上述 4 种运算符分别构成数值表达式、字符串表达式、关系表达式和逻辑表达式。

5.4.1 运算符

1. 算术运算符

算术运算符用来对数值型数据进行简单运算。VB 提供了 8 种算术运算符，表 5-4 按照优先级列出了这些运算符及它们的功能。

表 5-4 VB 算术运算符

运算符	含义	优先级	实例	运算结果
^	幂运算	1	2^3	8
–	负号	2	–10	–10
*	乘法	3	10*2	20
/	浮点除法	3	10/3	3.333333333
\	整数除法	4	10\3	3
Mod	取模（取余数）	5	10 Mod 3	1
+	加法	6	10+3	13
–	减法	6	10–3	7

在这 8 个运算符中，除负号（-）是单目运算符外，其他均为双目运算符（需要两个运算量）。加（+）、减（-）、乘（*）、除（/）等几个运算符的含义与数学中基本相同。

2．字符串运算符

常用的字符串运算符是“&”，它可以将两个字符串连接起来。在字符串变量后面使用运算符“&”时应该注意，变量名与运算符“&”之间要加一个空格。

例如：

```
Dim str As String
str = "欢迎使用Visual Basic"
str = str & "开发数据库应用系统"
Print str
```

结果是“欢迎使用 Visual Basic 开发数据库应用系统”。

3．关系运算符

关系运算符又称比较运算符，用来比较两个操作数的大小。如果关系成立，则返回 True（真）；如果关系不成立，则返回 False（假）。关系运算符的优先级相同。表 5-5 列出了 VB 中的关系运算符。

表 5-5　关系运算符

运 算 符	含 义	例 子	结 果
=	等于	"ABC"="ABC123"	False
>	大于	"ABC">"ABC123"	False
>=	大于或等于	30>=20	True
<	小于	"A"<"a"	True
<=	小于或等于	"BC"<="abc"	True
<>	不等于	"BC"<>"abc"	True

说明

（1）字符串数据的比较是按照 ASCII 码顺序对各字符逐一进行比较。首先比较两个字符串中的第一个字符，其 ASCII 码值大的字符串为大；如果第一个字符相同，则比较第二个字符，依此类推，直到出现不同的字符为止。

（2）数值型数据按照其大小进行比较。

（3）汉字以机内码为序进行比较。先将汉字转化为相应的汉语拼音字符，然后再进行比较。如“男”和“女”比较，首先转化为“nan”和“nv”，因为第一个字符相同，因此比较第二个字符，而“a”小于“v”，因此“男”<“女”，结果为 True。

（4）数学上判断 x 是否在[a,b]时，习惯上写成 $a \leqslant x \leqslant b$，但是在 VB 中不能写成 a <= x <= b，而应写成 a <= x AND x<= b。

4．逻辑运算符

逻辑运算也叫布尔运算。用逻辑运算符连接两个或多个逻辑量组成的式子称为逻辑表达式。VB 的逻辑运算符有 6 个。表 5- 6 给出了 VB 中的逻辑运算符和优先级。

表 5-6 逻辑运算符

运算符	含 义	优先级	说 明
Not	取反	1	当操作数为 True 时，结果为 False；当操作数为 False 时，结果为 True
And	与	2	当两个操作数均为 True 时，结果才为 True
Or	或	3	当两个操作数有一个为 True 时，结果为 True
Xor	异或（求异）	3	当两个操作数不相同时，即一个为 True 一个为 False 时，结果才为 True；否则为 False
Eqv	等价（求同）	4	当两个操作数相同时，结果才为 True
Imp	蕴含	5	当第 1 个操作数为 True，第 2 个操作数为 False 时，结果才为 False；其余情况结果都为 True

5.4.2 表达式

1．表达式的组成

由常量、变量、运算符、函数和圆括号按一定的规则组成的式子叫表达式。表达式经过运算后产生一个结果，运算结果的类型由参与运算的数据和运算符共同决定。

2．表达式的书写规则

（1）算术表达式中的乘号不能省略。例如：X*Y、(a+3)*5。

（2）表达式不论有几个层次，均使用小括号。例如：4*(a+b*(12+score))/(5−x)。

（3）表达式所有的内容写在一行上，无高低上下之分、无上标下标之分。

（4）表达式中不能使用 α、β、λ、ξ、π 等符号，可以用其他的合法变量名称代替。

3．不同数据类型的转换

在算术运算中，如果操作数具有不同的数据精度，则 VB 规定运算结果的数据类型采用精度相对高的数据类型，即小精度数据自动向高精度数据转换。转换原则如下：

```
Integer<Long<Single<Double<Currency
```

当 Long 型数据与 Single 型数据进行运算时，结果为 Double 型数据。

4．表达式的优先级

前面介绍了算术运算符、字符串运算符、关系运算符和逻辑运算符，其中算术运算符和逻辑运算符都有各自不同的优先级；字符串运算符和关系运算符各自的优先级相同。当一个表达式中出现多种不同类型的运算符时，不同类型的运算符之间的优先级如下：

算术运算符>字符串运算符>关系运算符>逻辑运算符。

5.5 Visual Basic 面向对象编程方法

面向对象程序设计是当前程序设计的主流方向，是程序设计在思维和方法的一次飞跃。面向对象程序设计方式是一种模仿人们建立现实世界模型的程序设计方式，是对程序设计的一种全新认识。

面向对象的程序设计方法与编程技术不同于标准的过程化程序设计。程序设计人员在采用面向对象程序设计方法时，不是单纯地从代码的第一行一直编到最后一行，而是考虑如何创建对象，利用对象来简化程序设计，提高代码的可重用性。

用户在使用应用程序时，通过操作应用程序的窗口和对话框等来完成某一特定功能，达到预期的操作目标，窗口和对话框在 Visual Basic 中是由窗体和窗体中的控件实现的，而所采用的程序设计方法就是面向对象程序设计方法。类和对象是面向对象程序设计中两个最基本的元素。

5.5.1 Visual Basic 中的类与对象

类是具有相同数据特征和行为特征的所有事物的统称。例如，学生是一个类，所有学生都具有相同的数据特征，即学号、姓名、年龄、学院及班级等；同时又具有相同的行为特征，即学习、考试等。类所具有的数据特征称为属性，类所具有的行为特征称为方法。

对象是类的一个实例，对象具有属性、事件和方法三要素。类包含了有关对象的数据特征和行为信息，它是对象的蓝图和框架，属性指对象的数据特征，方法指对象的行为特征。对象的属性由对象所基于的类决定。每个对象都可以对发生在其上面的动作进行识别和响应，发生在对象上的动作称为事件。事件是预先定义好的特定动作，由用户或系统激活。大多数情况下，事件是通过用户的交互操作激活的。例如，对于学生类有上课铃声事件，学生听到上课铃声，就要回到教室上课。方法是与对象相关联的过程，方法与对象紧密地连接在一起。用户不能创建新的事件，方法却可以无限扩展。

例如，针对学生类，具体到某一名学生，即为学生类中的对象，如阿红同学，学号为 201813061003，年龄为 18，所在学院为商学院 610 班等具体的数据特征为阿红这一对象的属性；学习等行为特征为方法；上课铃响为事件。

1. Visual Basic 中的类

Visual Basic 提供了大量可以直接使用的类，使用这些类可以定义或派生其他的类（子类），这样的类称为基类或基础类，在 Visual Basic 中通常称为控件。

2. Visual Basic 中的对象

将工具箱中的控件添加到窗体中，就创建了相应类的对象。窗体也是一种特殊的对象。基于不同的类创建不同的对象，基于同一个类可以创建多个同一类的对象。同一类的对象拥有相同的属性，但可以拥有不同的属性值。例如，在窗体中添加两个标签 Label1 和 Label2，这两个标签都具有高度（Height）和宽度（Width）属性，但可以有不同的高度（Height）和宽度（Width）属性值。同样，这两个标签可以拥有各自的字体大小、字形效果、在窗体中的位置等不同的属性值。以下通过控件说明 Visual Basic 中的对象属性的设置方法。

5.5.2 控件

VB 中的控件从存在形式可以分为标准控件、ActiveX 控件和可插入对象三大类。

（1）标准控件：又称内部控件，是 VB 集成开发环境中工具箱默认包含的控件。

（2）ActiveX 控件：一种 ActiveX 部件，包含了第三方开发商提供的控件。ActiveX 部件的扩展名为.vcx，这些控件可以添加到工具箱中，与标准控件一样使用。

用户要使用 ActiveX 控件，首先要将 ActiveX 控件添加到工具箱中。

选择“工程”菜单中的“部件”命令或右击工具箱中空白位置，显示图 5-15 所示的“部件”对话框，在“控件”选项卡中选择要添加的控件，单击“应用”按钮，在工具箱中就会显示刚添加的控件，单击“确定”按钮，结束 ActiveX 控件的添加操作。

（3）可插入对象：可插入对象能够添加到工具箱中，添加方法与添加 ActiveX 控件相似，可以把它们当作控件使用。其中一些支持 OLE，使用这类控件可以在 VB 应用程序中控制另一个应用程序的对象，例如，Microsoft Word 等。

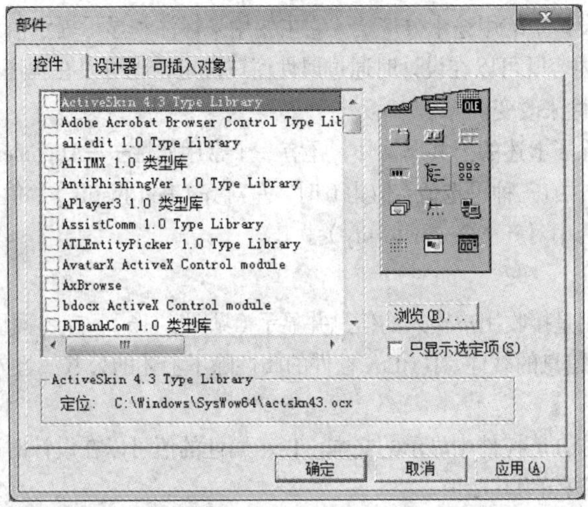

图 5-15 “部件”对话框

VB 提供的标准控件非常丰富，本节只介绍其中应用比较广泛的部分标准控件，如表 5-7 所示。如果想了解更全面的 VB 控件，请参阅其他 VB 学习教程。

表 5-7 常用标准控件

控 件	图 标	备 注	控 件	图 标	备 注
Label	A	标签	Frame		框架
Textbox	abl	文本框	Combobox		组合框
Commandbutton		命令按钮	Image		图像
Optionbutton		单选按钮	Shape		形状
Checkbox		复选框			

这些控件有一些公共属性：Name、Caption、Font、Height、Width、Left、Top、visible。

（1）Name：控件的名称，控件的唯一标识。在一个窗体中，每个控件的 Name 属性不可重复。当需要对某个控件进行某种操作时，就是通过 Name 属性引用该控件的。

（2）Caption：控件的标题，控件的外观显示。如某个 Label 控件，其 Name=Label1,Caption = “请输入姓名”。则用户看到的是“请输入姓名”。若是需要引用该控件则只能通过 Name 属性引用，即 Label1.alignment = 2（将标签的内容设置为居中对齐）。

（3）Font：控件内容的字体设置，如字体样式、字形、大小、效果等。

（4）Height、Width：控件的尺寸大小，高和宽。

（5）Left、Top：控件在窗体中的位置，左侧坐标和顶部坐标。

（6）Visible：控件是否可见。True 可见，false 不可见。

1. Label 控件 A

Label 控件的作用是显示文本（见图 5-16），且仅用于显示文本，不具有文本输入的功能。

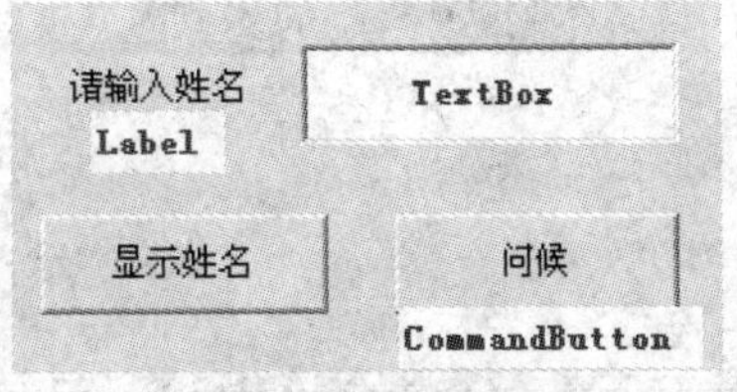

图 5-16 Label / TextBox / CommandButton 控件

Label 控件在界面设计中的用途十分广泛，它主要用来标注和显示提示信息。

Label 控件显示的内容既可以在设计时通过属性窗口设定，也可以在程序运行时通过程序代码修改其标题（caption）属性来改变。

Label 控件的属性除了上述的公共属性外，还有一个常用属性——Alignment。它用于设置 Caption 属性中文本的对齐方式，有三种可选值：值为 0 时，左对齐（Left Justify）；值为 1 时，右对齐（Right Justify）；值为 2 时，居中对齐（Center Justify）。

2. TextBox 控件 abl

TextBox 控件的作用是接收用户输入的信息并显示（见图 5-16）。在界面设计中，经常用 TextBox 控件作为用户输入文本信息的载体。TextBox 控件的属性除了上述的公共属性外，还有两个常用属性：Text 和 Enabled。

（1）Text 属性：TextBox 控件中显示的文本。Text 属性的值可以在设计时通过属性窗口设置，也可以在运行时通过赋值语句为其赋值。

（2）Enabled：设置是否可以接受用户的输入，True 为可以，False 为不可以。

3. CommandButton 控件

在 Visual Basic 应用程序中，CommandButton 控件是使用最多的控件对象之一，常常用它来接收用户的操作信息，激发某些事件，一般也称命令按钮（见图 5-16）。

- CommandButton 控件常用属性除了上述的公共属性外，还有一个属性——Enabled。它决定 CommandButton 控件是否可以接收用户的命令，True 为可以，False 为不可以。
- CommandButton 控件常用事件是 Click 事件：用户单击命令按钮时，将触发 Click 事件，并调用和执行已写入 Click 事件过程中的代码。

【例 5-2】Label、CommandButton、TextBox 控件的使用。

1）程序功能

（1）在 TextBox 中输入姓名。

（2）单击“显示姓名”按钮，在下面显示输入的姓名。

（3）单击“问候”按钮，在下面显示“××你好”。

（4）运行界面如图 5-17 所示。

2）窗体设计

按照图 5-18 进行窗体设计。该窗体中包括 5 个控件，控件的属性如表 5-8 所示。

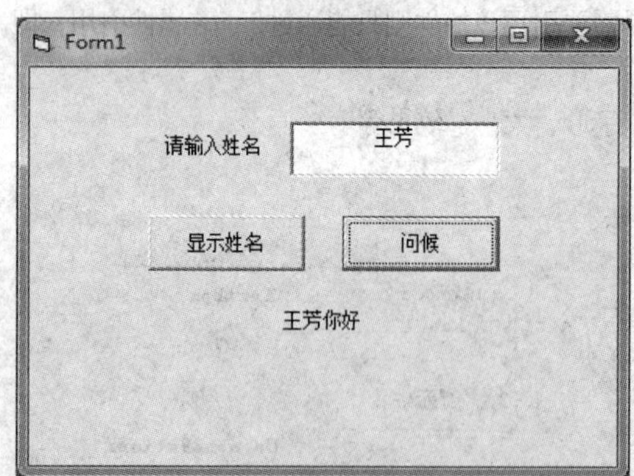

图 5-17　例 5-2 运行界面

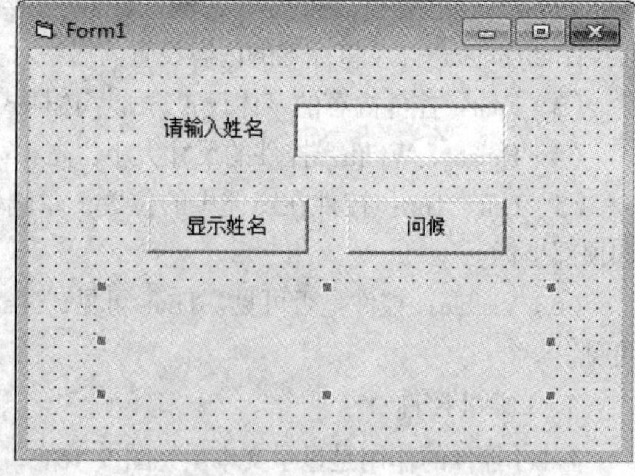

图 5-18　例 5-2 设计界面

表 5-8 控件属性表

Caption	名 称	控 件 类 型	其 他 属 性
请输入姓名	Label1	Label	Alignment = 2
	Text1	Textbox	Text ="";Alignment = 2
显示姓名	Command1	CommandButton	
问候	Command2	CommandButton	
	Label2	Label	Alignment = 2

3）代码编写

分别双击 command1 和 command2 按钮，为其添加 click 事件，代码如下：

```
Private Sub Command1_Click()
   Label2.Caption = Text1.Text
End Sub
Private Sub Command2_Click()
   Label2.Caption = Text1. Text  &  "你好"
End Sub
```

4. Optionbutton 控件 和 Frame 控件

OptionButton 控件主要用于在提供的多种功能中由用户选择一种功能的情况，一般也称单选按钮。

OptionButton 必须成组出现，彼此相互排斥，任何时候用户只能从中选择一个选项，实现“单项选择”的功能。被选中项目的对应圆圈中会出现一个黑点。

Frame 控件将若干 OptionButton 控件组成一组。Frame 控件与 OptionButton 控件的外观如图 5-19 所示。

图 5-19 OptionButton / Frame 控件

OptionButton 控件的常用属性除了公共属性外，还有一个属性——value：当 OptionButton 控件被选中时，其 value 值为 True，否则为 False。

5. CheckBox 控件

CheckBox 控件主要用于在提供的多种功能中由用户选择其中几种功能的情况，一般也称多选按钮。

CheckBox 控件可单独出现，也可成组出现。用户可以在一组多选按钮中选择一项或者多项，实现“多项选择”的功能。被选中项目的对应方框中会出现“√”。

Frame 可以将若干 CheckBox 控件组成一组。Frame 与 CheckBox 控件组合使用的外观如图 5-20 所示。

CheckBox 控件的常用属性除了公共属性外，还有一个属性——value：当 Checkbox 控件被选中时，其 value 值为 vbchecked；未选中时其值为 vbunchecked；当控件被禁用时，其值为 grayed。

图 5-20　CheckBox/ Frame 控件

6. ComboBox 控件

ComboBox 控件可以直接输入数据（功能类似于 TextBox），也可通过下拉菜单选择进行选择。ComboBox 控件外观如图 5-21 所示。

图 5-21　ComBobox 控件

Combobox 控件特有的属性较多，主要有 List、ListCount、ListIndex 和 Text。此外还有常用的方法 AddItem、Clear。

1）List 属性

Combobox 控件含有多个字符串，如图 5-21 中的“全部”“服装服饰”等。这些字符串构成一组，每个字符串就是一个列表项目。

列表项目引用形式为：

```
对象名.List（i）
```

（1）对象名为 ComboBox 控件名称。

（2）i 为项目的索引号，取值范围是 0 ~ ListCount-1。

因此，对象名.List(i)返回列表中第 i 项的项目内容。例如，在图 5-21 中，设 ComboBox 控件名称为 List1，则 List1.list(0)="全部"，List1.list(3)="数码产品"。

2）ListCount 属性

ListCount 属性表示 ComboBox 中列表项目的个数。在图 5-21 中，List1.ListCount=5。

3）ListIndex 属性

ListIndex 属性返回或设置 ComboBox 控件中当前选择项目的索引号，第一个项目的索引号为 0，而最后一个项目的索引为 ListCount-1。如果没有选中，则 ListIndex 属性值为-1。该属性只能在程序中设计和引用。在图 5-21 中，List1 的 ListIndex 为 0。

4）Text 属性

Text 属性为被选定的项目内容，在图 5-21 中，List1 的 Text 为“全部”。

5）AddItem 方法

AddItem 方法用于将列表项目添加到 ComboBox 控件中。其使用格式如下：

```
ComboBox 对象名.AddItem  Item
```

其中，对象名指 ComboBox 控件的名称；Item 为字符串表达式，是将要添加到对象的项目。例如，将字符串“日用百货”添加到组合框中，可使用如下语句：

```
ComboBox1.AddItem("日用百货")
```

6）Clear 方法

Clear 方法用于将 ComboBox 控件中的列表项目清空。其使用格式如下：

```
ComboBox 对象名.Clear
```

7. Image 控件

Image 控件是用来显示图像的控件，其外观表现如图 5-22 所示。

图 5-22 Image 控件

Image 控件除了公共属性外，还有两个重要属性：Picture 和 Stretch。

（1）Picture 属性：该属性保存了将要在 Image 控件中显示图片的路径信息。其值的设置有两种途径。①通过属性窗口，选择图片的路径②通过代码，具体语句为：

```
Picture 对象名.picture = LoadPicture("路径")
```

将 Image 控件中的图片清除的方法有两种：

```
Image 对象名.picture = LoadPicture("")
```

或者

```
Image 对象名.picture = Nothing
```

（2）Stretch 属性：自动调整 Image 控件中图像的大小。该属性取值范围为 true 或 false。当值为 true 时，将调整图像的大小与 Image 控件的大小相适应。当值为 false 时，图像大小不变，调整 Image 控件的大小与图像大小相适应。

【例 5-3】 动态载入图片。

1）程序功能

（1）当单击“加载图片”按钮时，图像框显示图片 IT.jpg。

（2）当单击“删除图片”按钮时，图像框中的图片删除。

（3）运行界面如图 5-23 所示。

2）窗体设计

按照图 5-24 进行窗体设计。该窗体中包括三个控件，控件的属性如表 5-9 所示。

图 5-23 例 5-3 运行界面

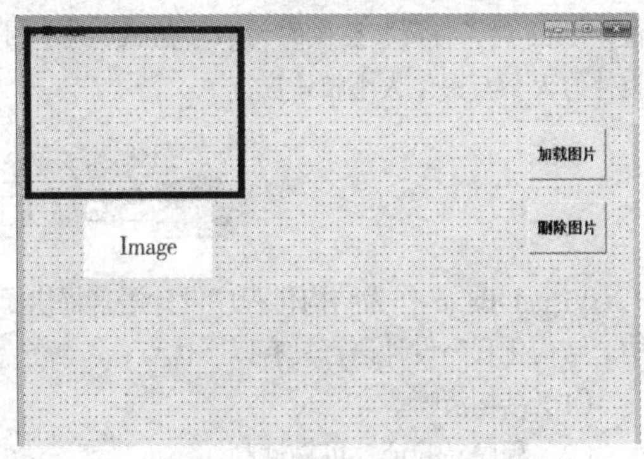

图 5-24 例 5-3 设计界面

表 5-9　控件属性表

控件类型	名　称	Caption	其他属性
Form	Form1	图片加载	
Image	Image1		Stretch=False
CommandButton	cmdLoad	加载图片	
CommandButton	cmdCls	删除图片	

3）代码编写

分别双击 cmdLoad 和 cmdCls 按钮，为其添加 click 事件，代码如下：

```
Private Sub cmdload_Click()
  Image1.Picture = LoadPicture(App.Path + "\IT.jpg")
End Sub

Private Sub CmdCls_Click()
  Image1.Picture = LoadPicture()
End Sub
```

【讲解】

（1）在控件上加载图片就是设置 Picture 属性的值。设置方法有两种：

① 在设计阶段：在“属性窗口”中，选择 Picture 属性，选择需要装入的文件。

② 运行阶段，利用 LoadPicture 函数装入图形。

```
对象名.Picture =LoadPicture（“路径\图像文件名”）
对象名.Picture = LoadPicture(App.Path + “\图像文件名")
```

App.Path 表示预加载的图片文件与应用程序在同一文件夹。图像文件名称必须完整，即文件名+扩展名。运行程序之前，要将图片 IT.jpg 和应用程序保存在同一个文件夹中。

（2）删除 Picture 属性的方法：

① 在设计阶段，在“属性窗口”中，选择 Picture 属性，按 Delete 键删除。

② 在运行阶段，利用 LoadPicture 函数删除图片。

```
对象名.Picture = LoadPicture()
```

本例题用第 2 种方法，即通过 Loadpicture 函数删除图片。

（3）Image 控件还有一个重要属性 Stretch。Stretch 属性是自动调整 Image 控件中图片的大小。当值为 True 时，将调整图像的大小与 Image 大小相适应。当值为 False 时，图像大小不变，调整 Image 控件的大小与图像大小相适应。

5.6　程序控制结构

Visual Basic 作为结构化程序设计语言提供了三种基本控制结构：顺序结构、选择结构和循环结构。结构化程序设计语言具有以下优点：

（1）结构清晰。

（2）程序易验证、可靠性高。

（3）便于自顶向下逐步求精。

（4）易于理解和维护。

本节重点介绍这三种程序控制结构。

5.6.1 顺序结构程序设计

顺序结构就是按照语句出现的次序，自上而下逐一执行，流程如图 5–25 所示。顺序结构的主要语句是赋值语句、输入/输出语句。在 VB 中获取数据可以通过赋值语句、文本框控件、标签控件、InputBox 函数和过程来获得，输出数据可以通过 Print 方法、文本框、MsgBox 函数和过程等来实现。下面通过例题说明顺序结构程序设计。

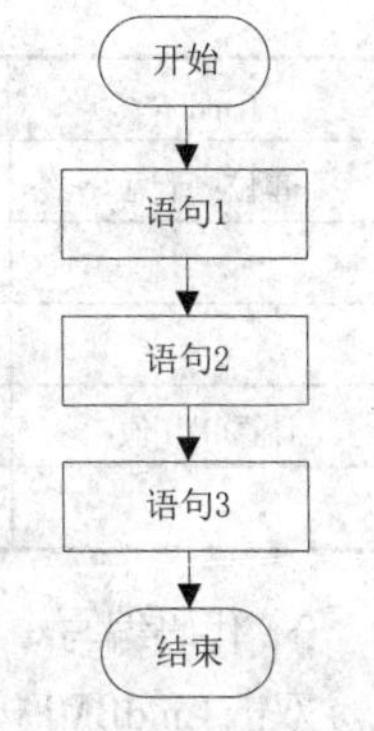

图 5–25 顺序结构程序设计流程图

【例 5–4】根据身高和体重值，计算人的身体质量指数。

说明

身体质量指数（Body Mass Index，BMI）是目前国际上常用的衡量人体胖瘦程度以及是否健康的一个标准。计算公式为 BMI=体重 kg/（身高 m*身高 m），成年人的理想 BMI 值在 18.5～23.9 之间。

1）程序功能

（1）用户输入身高和体重值。

（2）单击“计算 BMI 值”按钮时，系统输出计算结果。

（3）运行界面如图 5–26 所示。

2）窗体设计

按照图 5–27 进行窗体设计。该窗体中包括 9 个控件，控件的属性如表 5–10 所示。

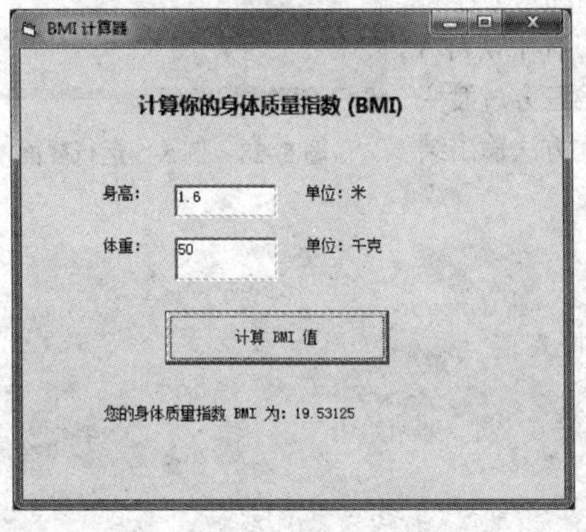

图 5–26 例 5–4 运行界面

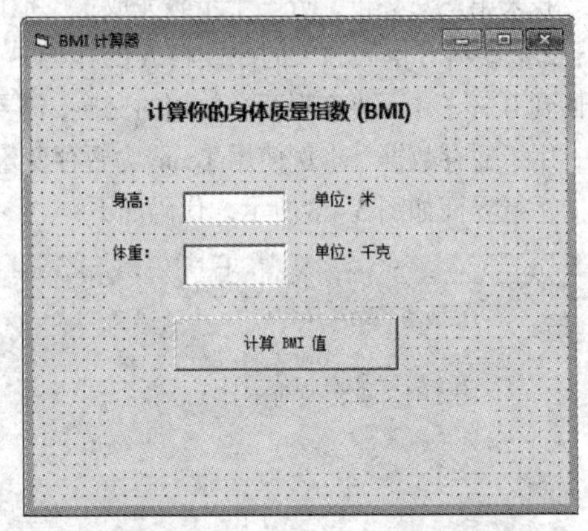

图 5–27 例 5–4 设计界面

表 5–10 控件属性表

Caption	名 称	控件类型	其 他 属 性
计算你的身体质量指数（BMI）	Label1	Label	Alignment = 2 Font 微软雅黑，粗体，小四
身高：	Label2	Label	Text ="";Alignment = 2
体重：	Label3	Label	
单位：米	Label4	Label	

续表

Caption	名　称	控件类型	其 他 属 性
单位：千克	Label5	Label	
	Txt_a	Textbox	Text=""
	Txt_b	Textbox	Text=""
计算 BMI 值	CmdBMI	CommandButton	
	Label6	Label	

3）代码编写

双击 CmdBMI 按钮，为其添加 click 事件，代码如下：

```
Private Sub CmdBMI_Click()
  Dim a As Single,  b As Single,  c As Single
  a = Val(Txt_a.Text)
  b = Val(Txt_b.Text)
  c = b /(a * a)
  Label6.Caption = "您的身体质量指数 BMI 为：" & c
End Sub
```

【讲解】

Val(Txt_a.Text)的作用是将文本型数据转换为数值型。

【例 5-5】假设数值 a=10,b=5，编程实现 a 和 b 数值的交换。

说明：首先设想一下在现实生活中，如果要将两杯饮料互换，需要找来第三只杯子，分三个步骤完成：①把饮料 A 倒入空杯 C 中；②把饮料 B 倒入原来的原饮料 A 的杯子中；③把 C 杯中饮料 A 倒回到 B 杯子中。要实现两个数据的交换，需要设置第三方过渡变量，用于暂存数据。本例使用 Temp 为暂存变量，Print 方法输出结果。运行界面如图 5-28 所示，代码如下：

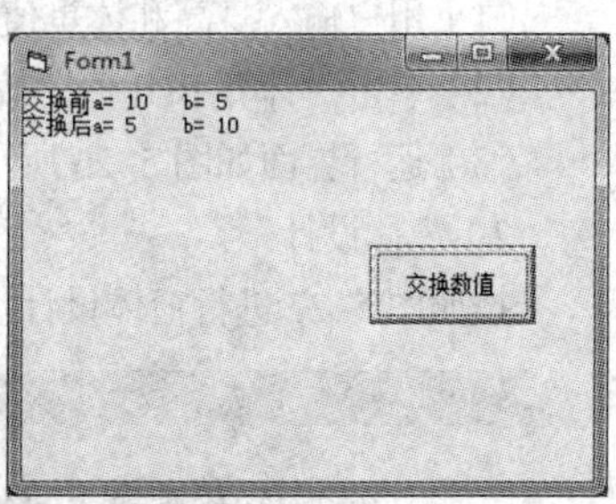

图 5-28　例 5-5 运行界面

```
Private Sub Command1_Click ()
    Dim a As Integer, b As Integer, temp As Integer
    a = 10 : b = 5                  '给 a 和 b 赋值
    Print  "交换前 a="; a, "b="; b
    temp = 0                        '设置第三方变量，并初始化
    temp = a
    a = b
    b = temp
    Print  "交换后 a="; a, "b="; b
End Sub
```

5.6.2　选择结构程序设计

选择结构就是对给出的条件进行分析、比较和判断，并根据判断结果采取不同的操作。根据选择时分支的数目，分为单分支、双分支和多分支结构。VB 中用来实现选择结构程序设计的是 IF 和 Select Case 语句。

IF 语句的形式分三种，流程图如图 5-29 所示。

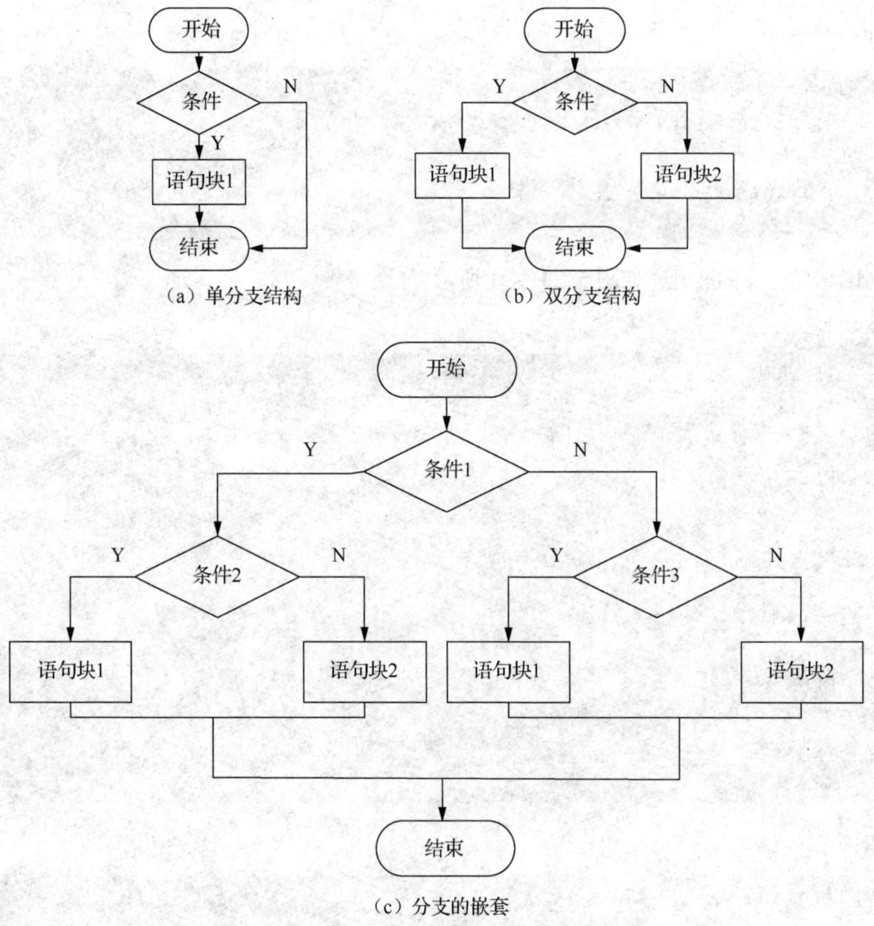

图 5-29　IF 语句流程图

(1) IF 语句单分支结构，如图 5-29 (a) 所示。

语法：

```
IF 条件 THEN
…
END IF
```

例如：

```
    If  grade >= 60 Then
       Print  "考评结果为：及格"
    End If
```

(2) IF 语句双分支结构，如图 5-29 (b) 所示。

语法：

```
IF 条件 THEN
    …
ELSE
    …
END IF
```

例如：

```
If grade  >= 60  Then
   Print  "考评结果为：及格"
Else
   Print  "考评结果为：不及格"
End If
```

（3）IF 语句分支的嵌套，如图 5-29（c）所示。

语法：

```
IF 条件 THEN
     IF 条件 THEN
        …
     ELSE
        …
     END IF
ELSE
     IF 条件 THEN
        …
     ELSE
        …
     END IF
END IF
```

例如：

```
If grade  >= 60 Then
    If grade >=80 then
        Print  "考评结果为：优秀"
    Else
        Print  "考评结果为：及格"
    End if
Else
   Print "考评结果为：不及格"
End If
```

多分支结构流程图如图 5-30 所示，Select Case 语句的形式如下。

语法：

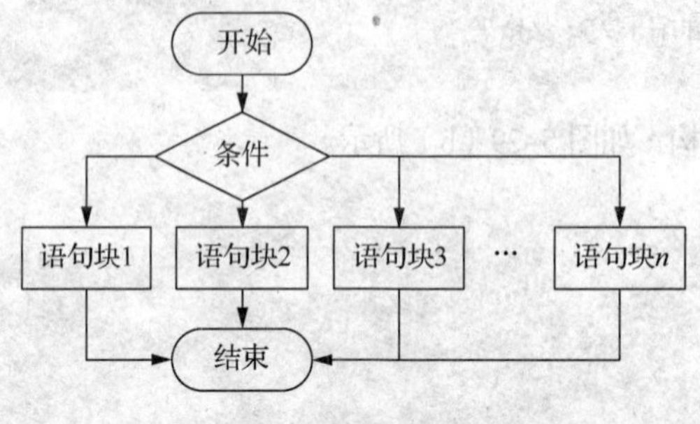

图 5-30　多分支结构流程图

```
Select Case 表达式
    Case 值1
        …
    Case 值2
        …
End Select
```

例如，根据成绩判断学生的考评结果代码如下：

```
Select Case  grade\10
        Case 8,9
            Print     "考评结果为：优秀"
        Case 6,7
            Print     "考评结果为：及格"
        Case 0,1,2,3,4,5
            Print  "考评结果为：不及格"
End Select
```

【例 5-6】完善例 5-4 的程序功能，不仅要根据身高和体重值计算身体质量指数 BMI，还要依据已有标准，告知测试人身体状态为“偏瘦”、“正常”、“过重”或“肥胖”，具体划分依据如表 5-11 所示。

表 5-11　BMI 划分依据

BMI 值范围	评　价
BMI≤18.4	偏瘦
18.4 < BMI≤24	正常
24 < BMI < 28	过重
BMI≥28	肥胖

双击 CmdBMI 按钮，为其添加 click 事件，代码如下：

```
Private Sub CmdBMI_Click()
Dim a As Single, b As Single, c As Single
a = Val(Txt_a.Text)
b = Val(Txt_b.Text)
c = b / (a * a)
If c <= 18.4 Then
  Label6.Caption = "您的身体质量指数 BMI 为：" & c & " ，身体状态：偏瘦"
ElseIf  c > 18.4 And c <= 24 Then
  Label6.Caption = "您的身体质量指数 BMI 为：" & c & " ，身体状态：正常"
    ElseIf  c > 24 And c < 28 Then
      Label6.Caption = "您的身体质量指数 BMI 为：" & c & " ，身体状态：过重"
        Else
          Label6.Caption = "您的身体质量指数 BMI 为：" & c & " ，身体状态：肥胖"
End If
End Sub
```

以上多分支结构也可以用 4 个简单的 IF 单分支结构来实现，代码如下：

```
If c <= 18.4 Then
  Label6.Caption = "您的身体质量指数 BMI 为：" & c & " ，身体状态：偏瘦"
```

```
End If
If c > 18.4 and c <= 24 Then
  Label6.Caption = "您的身体质量指数 BMI 为：" & c & " ，身体状态：正常"
End If
If c > 24 and c < 28 Then
  Label6.Caption = "您的身体质量指数 BMI 为：" & c & " ，身体状态：过重"
End If
If c >= 28 Then
  Label6.Caption = "您的身体质量指数 BMI 为：" & c & " ，身体状态：肥胖"
End If
```

【例 5-7】组合框与 Select Case 语句实现多分支结构。

1）程序功能

（1）输入姓名，并选择等级。

（2）根据等级判断该同学的成绩。

优秀：90～100；

良好：80～89；

中等：70～79；

及格：60～69；

不及格：0～59。

（3）单击“确定”按钮后，在下面显示“××的考评结果为：××”。

（4）运行界面如图 5-31 所示。

2）窗体设计

按照图 5-32 进行窗体设计。该窗体中包括 6 个控件，控件的属性如表 5-12 所示。

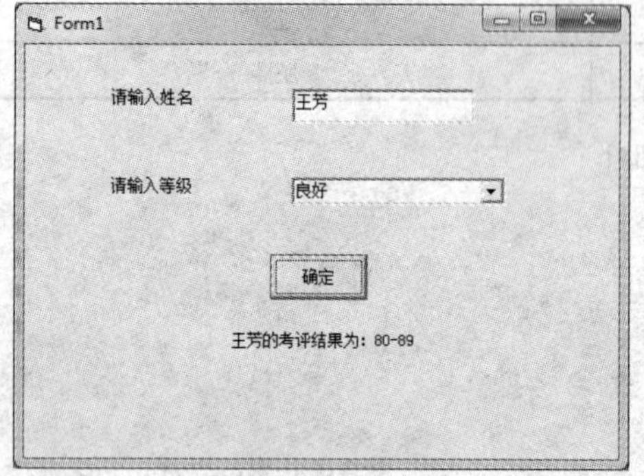

图 5-31　例 5-7 运行界面

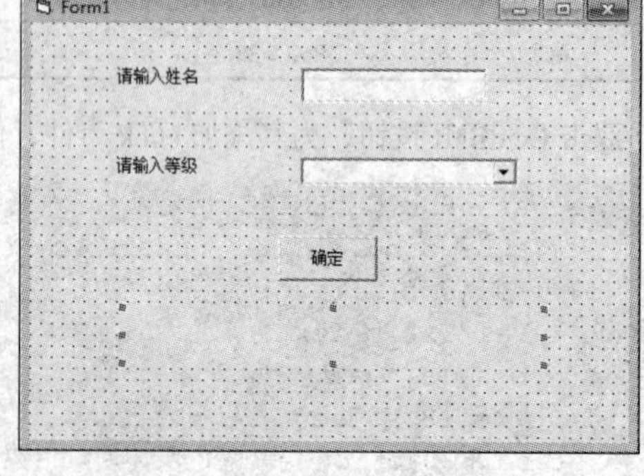

图 5-32　例 5-7 设计界面

表 5-12　控件属性表

控 件 类 型	名　称	Caption	其 他 属 性
Label	Label1	请输入姓名	
Label	Label2	请输入等级	
Label	Label3		
Textbox	Text1		Text = ""
ComboBox	Combo1		Text = ""
CommandButton	Command1	确定	

3）代码编写

分别为窗体和确定按钮添加事件，代码如下：

```
Private Sub Form_Load( )
    Combo1.AddItem ("优秀")
    Combo1.AddItem ("良好")
    Combo1.AddItem ("中等")
    Combo1.AddItem ("及格")
    Combo1.AddItem ("不及格")
    Combo1.ListIndex = 0                  '默认 combo1 的默认选项是第 0 项
End Sub
Private Sub Command1_Click()
    Select Case Combo1.ListIndex
        Case  0
            Label3 = Text1 & "的考评结果为：90-100"
        Case  1
            Label3 = Text1 & "的考评结果为：80-89"
        Case  2
            Label3 = Text1 & "的考评结果为：70-79"
        Case  3
            Label3 = Text1 & "的考评结果为：60-69"
        Case  4
            Label3 = Text1 & "的考评结果为：0-59"
    End Select
End Sub
```

【讲解】

（1）为 Form1 添加 Load 事件的方法：在 Form1 的任何空白处双击即可。

（2）ComboBox 控件的 list 属性可以通过两种方式设置：

① 在属性窗口中静态添加 list 属性。

② 在代码中动态添加。

（3）本例题中，ComboBox 控件的 list 属性的设置采用第 2 种方式。动态添加 list 的语句为：Combo1.Additem（""）。双引号中内容为要加入的列表内容。

5.6.3 循环结构程序设计

循环结构是指在指定的条件下多次重复执行一组语句。根据条件判断的时机，循环结构可分为当型循环和直到型循环两种，如图 5-33 所示。VB 提供了三种类型的循环语句：①for 循环语句；②do while…loop 循环语句；③do… loop until 循环语句。

1. for 循环语句

语法：

```
For 循环变量= 初值 To 终值  [Step  步长]
    语句序列
Next[循环变量]
```

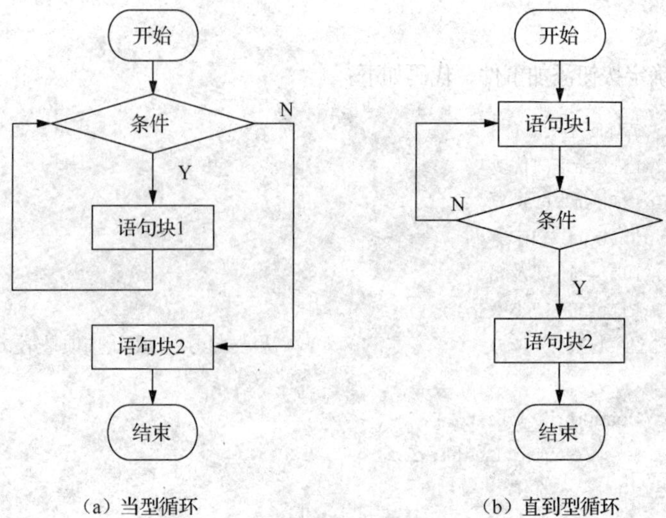

图 5-33 循环结构流程图

说明

(1) “循环变量”：也叫循环控制变量，必须是数值型。

(2) “初值”：循环变量的初始值，它是一个数值表达式。

(3) “终值”：循环变量的终值，它也是一个数值表达式。

(4) “步长”：循环变量的增量。当步长是正数（递增循环）时，初值≤终值；当步长是负数（递减循环）时，初值≥终值。步长不能为0，如果步长为1，则可以省略不写。

(5) “语句序列”：被重复执行的循环体。可以是一个或多个语句。

(6) Next：循环终端语句。

(7) For 与 Next 语句必须成对出现，不能单独使用。

(8) 循环次数：n=int((终值-初值)/步长+1)。

例如，自然数1到100的累加求和，代码如下：

```
Dim  Sum as Integer, i as Integer
Sum=0
For  i = 1 to 100
   Sum = Sum+i
Next  i
Print Sum
```

2. Do while …loop 循环语句

语法：

```
Do while 条件
   …
Loop
```

例如，自然数1～100的累加求和，代码如下：

```
Dim Sum as Integer, i as Integer
Sum=0
```

```
i=1
Do while i<=100
      Sum = Sum+i
      i = i+1
Loop
Print Sum
```

3. Do …loop until 循环语句

语法：

```
Do
    …
Loop until 条件
```

例如，自然数 1～100 的累加求和，代码如下：

```
Dim Sum As Integer, i As Integer
Sum = 0
i=1
Do
   Sum=Sum+i
   i = i+1
Loop until  i>100
Print Sum
```

以上三种循环结构最终实现的累加求和结果都是一致的，即 5050。因此三种不同的循环结构在大多数情况下是可以彼此替代的。

【例 5-8】累加计算 1～100 范围内所有奇数的和。

本例题不需要进行界面设计，编写代码如下：

```
Private Sub Form_Click ()
  Dim Sum as Integer, i as Integer
  Sum = 0                '设置变量初始值
  For i = 1 To 100 Step 2
    Sum = Sum + i
  Next i
  Print  "1～100 奇数的和=";  Sum
End Sub
```

运行结果：

```
1～100 奇数的和= 2500
```

说明

（1）当退出循环后，循环变量的值保持退出时的值，在例 5-8 中，退出循环后，i 的值是 101。

（2）累加是程序设计常用的运算，进行累加前，一定要设置累加变量初始值为 0，并且语句的位置一定要放在 For 语句之前。

（3）累乘也是程序设计常用到的运算，进行累乘前，一定要设置累乘变量初始值为 1，并且语句的位置一定要放在 For 语句之前。

（4）在循环体内对循环控制变量可多次引用，但不要对它赋值，否则会影响原来循环控制的规律。

【例 5-9】根据公式$\frac{\pi}{4}=1-\frac{1}{3}+\frac{1}{5}-\frac{1}{7}+\ldots+\frac{1}{(2n-1)}$，计算π的近似值（当最后一项的绝对值小于$10^{-4}$时停止计算），输出结果，运行界面如图 5-34 所示。

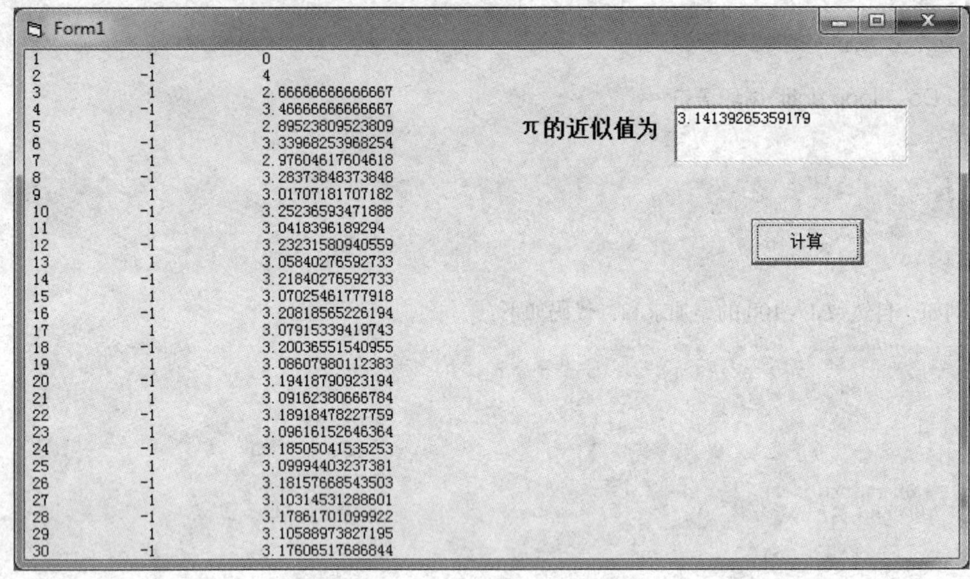

图 5-34　例 5-9 运行界面

代码编写如下：

```
Private Sub Command1_Click()
Dim Sum As Double, n As Integer, j As Integer
Sum = 0                          '累加和的初始值
n = 1                            '累加项控制参数
j = 1                            '符号控制参数
Do While(Abs(1 / (2 * n - 1)) > 0.0001)
   Print n, j, 4 * Sum           '输出每次循环结果，为了便于观察循环过程
   Sum = Sum + j * (1 / (2 * n - 1))
   n = n + 1
   j =(-1) * j
Loop
Text1.Text = 4 * Sum
End Sub
```

说明

（1）该例题由于不知道要循环多少次才能结束，因此更适合使用 Do While 循环，而不是 For 循环。

（2）在循环体中使用 j =(-1)* j 的方式规律性改变运算符号是非常常用的方法。

（3）Abs()函数的作用是求绝对值，属于 VB 的内部函数。

（4）Double 是双精度数据类型，精度可以达到 15 位。

（5）本例完全可以不输出中间计算的过程值，只观察最后的结果，这样的安排是为了让大家更好地理解循环的整个过程。

【例 5-10】多重循环的使用。打印九九乘法表，输出结果如图 5-35 所示。

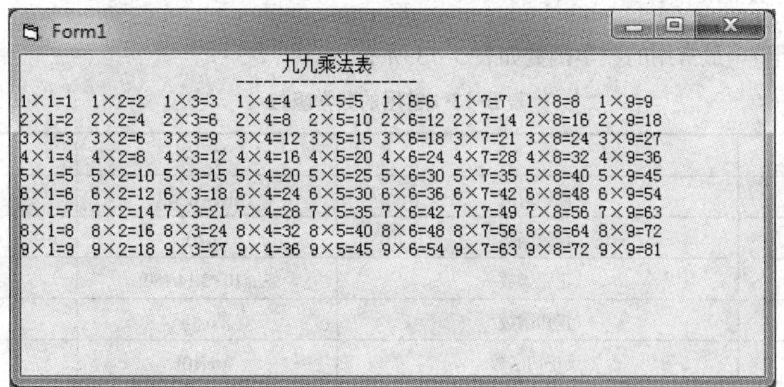

图 5-35 九九乘法表输出结果

【分析】九九乘法表有九行，每行有九列数据，因此可以用双重循环实现，外循环控制行数（i=1 ~ 9），内循环控制每行的列数（j=1 ~ 9），每个数据列可以用表达式实现：i & "×" & j & "=" & i * j。

代码如下：

```
Private Sub Form_Click ()
  Dim s As String, i As Integer, j As Integer
  Form1.Print Tab (30) ; "九九乘法表"
  Form1.Print Tab (25) ; "--------------------"
  For i = 1 To 9
      For j = 1 To 9
          s = i & "×" & j & "=" & i * j
          Form1.Print Tab ( (j - 1) * 8 + 1) ; s;
      Next j
      Form1.Print
  Next i
End Sub
```

5.7 函数与过程

Visual Basic 的函数可以分为内部函数和用户自定义函数两大类。内部函数是 VB 事先编写好的程序，可以直接调用，具体包括数学函数、字符串函数、日期时间函数、类型转换函数等。

每个函数的使用都要考虑函数的三要素：函数名称、函数参数和函数的返回值。函数的语法格式为：

```
函数名(参数 1,参数 2,…)
```

说明

（1）如果有多个参数，各个参数之间用逗号分隔。

（2）参数有不同的数据类型，为了统一标识，用 N 表示数值型、C 表示字符串型、D 表示日期型。

5.7.1 内部函数

VB 内部函数中最常用的数学函数如表 5-13 所示。

表 5-13 常用的数学函数

函数名	含义	实例	结果
Abs(N)	取绝对值	Abs(-12.6)	12.6
Cos(N)	余弦函数	Cos(0)	1
Sin(N)	正弦函数	Sin(10^0*3.14/180)	0.174
Tan(N)	正切函数	Tan(0)	0
Atn(N)	反正切函数	Atn(10)	1.471127
Exp(N)	以 e 为底的指数函数，即 e^N	Exp(2)	7.38905
Log(N)	以 e 为底的自然对数	Log(5)	1.6094
Sgn(N)	符号函数	Sgn(-26)	-1
Sqr(N)	平方根函数	Sqr(9)	3

【讲解】

（1）所有函数的参数必须加()。

（2）三角函数的参数使用弧度，度与弧度的转换公式为：1°=3.14/180 弧度。

（3）Sgn(N)函数只有三个值，当 N 大于零时值为 1，等于零时值为 0，小于零时值为-1。

（4）Sqr(N)的参数不能为负数。

（5）为了检验每个函数，可以编写事件过程，如 Command1_Click()或 Form_Click()。

其他内部函数的使用方法详见附录 C，不在此处详细说明。

5.7.2 Sub 过程

在应用程序编写中，可能会有多个事件过程使用一段相同的代码，从而造成程序代码的重复。为此，可以使用 VB 提供的自定义过程将重复使用的程序代码定义成一个个过程，像使用内部函数一样调用这些自定义过程。使用过程的好处是使程序简练、便于调试和维护。

在 VB 中，自定义过程分为以下几种：

（1）以 Sub 关键字开始的子过程。

（2）以 Function 关键字开始的函数过程。

（3）以 Property 关键字开始的属性过程。

（4）以 Event 关键字开始的事件过程。

本节将介绍以 Sub 关键字开始的子过程，下一节介绍以 Function 关键字开始的函数过程。

1．建立格式

```
[Private] [Public] [Static] Sub 子过程名（参数列表）
    过程体
End Sub
```

说明

（1）自定义子过程必须以 Sub 开头，以 End Sub 结束。

（2）“子过程名”的命名规则同变量的命名规则。

（3）“过程体”中可以包含局部变量或常数定义及语句块。若要在过程体中退出子过程，可以使用 Exit Sub 语句，将返回到主调过程的调用处。

（4）子过程没有返回值。Sub 过程不能嵌套，也就是说，在 Sub 过程内，不能定义 Sub 过程或 Function 过程；不能用 GoTo 语句进入或转出一个 Sub 过程，只能通过调用执行 Sub 过程，而且可以嵌套调用。

（5）在编程时可以对用户自定义的函数使用不同的访问修饰符，从而定义了它们的访问级别，VB 中常用的访问修饰符有 Private、Public 和 Static，其中关键字 Public 表示该函数过程为公共过程，可被本应用程序的任何过程调用；关键字 Private 表示该函数过程是私有过程，只能被本模块（或所属对象，如窗体）的其他过程调用；关键字 Static 表示该函数过程为静态过程，所有该函数过程中定义的变量都是静态变量。

2. 调用子过程

子过程的调用通过一句独立的调用语句，有以下两种格式：

（1）使用 Call 语句调用：

```
Call  <子过程名>（参数列表）
```

（2）子过程名作为一个语句：

```
<子过程名> 实参列表
```

说明

（1）格式 1 中参数列表中的括号不能省略。

（2）格式 2 省略了关键字 Call，同时省略了参数列表的括号。

【例 5-11】 编程中经常用到两个数的交换。编写一个子过程实现两个数的交换，以备多次调用。代码如下：

```
Public Sub Swap（x%,y%）                        '定义 Swap 子过程
  Dim temp%                                    '%表示变量为整型，等价于 As Integer
  temp = x: x = y: y = temp                    '实现两个数的交换
End Sub

Private Sub Command1_Click ()
  Dim a%,b%
  a = 10: b = 5
  Print "交换数据前:a="; a; "b="; b
  Call Swap（a,b）                              '调用 Swap 子过程
  Print "交换数据后:a="; a; "b="; b
End Sub
```

说明

子过程和函数过程的区别及注意事项如下：

（1）子过程的关键字是 Sub，函数过程的关键字是 Function。

（2）子过程可以没有返回值，也可以通过参数获得返回值；函数过程一定有返回值。

（3）当过程只需要一个返回值时，一般使用函数过程更直观；当子过程没有返回值或有多个返回

值时，比较适合使用子过程。

（4）只要能用函数过程定义的，肯定能用子过程定义，反之不一定，即子过程比函数过程使用面更广。

5.7.3 Function 过程

1. 建立格式

```
[Private] [Public] [Static] Function 函数名（参数列表）
    过程体
    函数名=表达式                '此函数名赋值语句至少出现一次
End Function
```

说明

（1）自定义函数过程必须以 Function 开头，以 End Function 结束。

（2）“函数名”的命名规则同变量的命名规则。不要与 VB 关键字同名，不要与内部函数同名，不要与同一级别的变量同名。

（3）“参数列表”指明了调用时传送给函数过程的简单变量名或数组名，各参数之间用逗号分隔。

（4）“过程体”中可以包含局部变量或常数定义及语句块。若要在过程体中退出函数过程，可以使用 Exit Function 语句。需要注意的是，在函数过程体中至少要对函数名赋值一次。

2. 调用函数

函数可以直接在表达式中调用。

```
变量名=函数名（参数列表）
```

【例 5-12】显示 1 ~ 100 之间所有的素数。

（1）所谓素数，就是除了 1 和它本身外，不能被任何数整除的数。比如，1、3、5、7 等都是素数。根据此定义，要判断某数 n 是否是素数，最简单的方法就是依次用 i=2 到 n–1 去除 n，只要有一个数能整除 n，n 就不是素数；如果从 2 到 n–1，所有的数都不能整除 n，则 m 就是素数。

（2）本例题中是否为素数的判断需要通过一个函数来实现，再利用循环结构从 1 ~ 100 遍历所有自然数。

代码如下：

```
Public Function ss(n As Integer)          '定义函数名 ss，参数为 n
Dim a As Boolean                          '定义 a 为布尔型变量，即 n 是否为素数
a= True                                   '假设 a= True，即 n 是素数
for i=2 to n-1
        if n Mod i=0 then                 '用 i=2 到 n-1 去除 n，如果余数为 0，即整除
                a=False                   'a= False，即 n 不是素数
                Exit for                  '退出循环，判断结束
        End if
Next
ss=a                                      '将 a 的最终值付给 ss，用于返回函数值
End Function

Private Sub Command1_Click( )
```

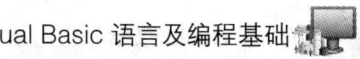

```
Dim  i As Integer
For  i=1 to 100
    If ss(i)=True then
       Print  i
    End if
Next
End Sub
```

程序运行结果如图 5-36 所示。

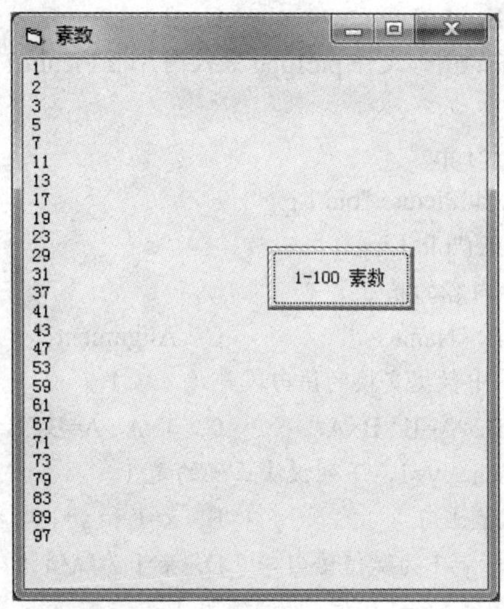

图 5-36 例 5-12 运行结果

小 结

本章介绍了 VB 语言基础，具体包括 Visual Basic 集成开发环境、建立一个 Visual Basic 应用程序的步骤、基本数据类型、常量与变量、运算符与表达式、控件。对于程序控制的三种基本结构，即顺序结构程序设计、选择结构程序设计、循环结构程序设计进行了详细的讲解并分别举例说明。VB 应用程序开发本身是一门独立的课程，如此小的篇幅涉及如此多的知识，对于初学者来讲，具有一定挑战。为了帮助读者较快地理解、掌握所学知识点，本章中每个知识点都配置了简要案例。本章知识的掌握便于我们开发出数据库管理系统的应用界面，从而与管理系统的使用者进行交互。限于篇幅，有些知识点没有深入探讨，如果读者希望深入学习 VB 语言，可参考关于 VB 的专业书籍。

习 题 5

一、选择题

1. VB 结构化程序设计的三种基本结构是（　　）。
   A. 递归结构、选择结构、循环结构
   B. 选择结构、过程结构、顺序结构
   C. 过程结构、输入/输出结构、转向结构
   D. 顺序结构、分支结构、循环结构

2. 设定窗体标题条显示内容的属性是（　　）。

A. Text　　B. Name　　C. Caption　　D. BackStyle

3. 为了取消窗体的最大化功能，需要把它的一个属性设置为 False，这个属性是（　　）。

A. ControlBox　　B. MinButton　　C. Enabled　　D. MaxButton

4. 为了使命令按钮的 Picture 属性生效，必须把它的 Style 属性设置为（　　）。

A. 0　　B. 1　　C. True　　D. False

5. 为了使标签中的内容居中显示，应把 Alignment 属性设置为（　　）。

A. 0　　B. 1　　C. 2　　D. 3

6. 下列可以把当前目录下的图形文件 pic1.jpg 装入图片框 Picture1 中的语句为（　　）。

A. Picture = "pic1.jpg"

B. Picture.Handle = "pic1.jpg"

C. Picture1.Picture= LoadPicture("pic 1.jpg")

D. Picture = LoadPicture("pic 1.jpg")

7. 决定 Label 标签内显示内容的属性是（　　）。

A. Text　　B. Name　　C. Alignment　　D. Caption

8. 下列能够实现 A 和 B 中数据交换的语句段是（　　）。

A. B=A : A=B　　B. A=B : B=A　　C. T=A : A=B : B=T　　D. A=T : T=B : B =A

9. 对于语句 If x=1 Then y=1，下列说法正确的是（　　）。

A. x=1 和 y=1 均为赋值语句　　B. x=1 和 y=1 均为关系语句

C. x=1 为关系表达式，y=1 为赋值语句　　D. x=1 为赋值语句，y=1 为关系表达式

10. 设 a=6，则执行 x=iif(a > 5,–1,0)后，x 的值为（　　）。

A. 5　　B. 6　　C. 0　　D. –1

11. 下列程序段（　　）能够实现条件结构：如果 X < Y，则 A=15，否则 A=–15。

A. If x< y Then A =15 : A= –15　　B. If x > y Then A =-15 Else A= 15

C. If x< y Then A =15 Else A= –15　　D. If x > y Then A =15 Else A= –15

12. For Next 循环结构中，循环控制变量的步长为 0，则（　　）。

A. 形成无限循环　　B. 循环体执行一次后结束循环

C. 语法错误　　D. 循环体不执行即结束循环

13. 下列程序段执行后的输出结果是（　　）。

```
i=0
For k=10 To 19 Step 3
  i=i+1
Next k
Print i
```

A. 4　　B. 5　　C. 3　　D. 6

14. 以下循环的执行次数是（　　）。

```
k=0
Do While k <= 10
  k=k+1
Loop
```

A. 11　　B. 12　　C. 13　　D. 16

15. 下列程序段运行后的输出结果为（　　）。

```
b = 1
Do While b < 40
   b = b * (b + 1)
Loop
Print  b
```

A. 42　　　　B. 80　　　　C. 109　　　　D. 156

二、填空题

1. 为了使标签能自动调整大小以显示全部文本内容，应把标签的________属性设置为 True。

2. 为了使一个标签透明且没有边框，必须把它的________属性设置为 0，并把________属性设置为 0。

3. 假定有一个名为 pic2.gif 的图形文件，要在运行期间把该文件装入一个图片框（名称为 Picture1），应执行的语句为________________。

4. 为了能自动放大或缩小图像框中的图形，从而与图框的大小相适应，必须把该图像框的____________属性设置为 True。

5. 窗体、图片框或图像框中的图形通过对象的____________属性设置。

第 6 章

基于 Visual Basic 的 SQL 数据库访问与数据操作 «‹

通过前 5 章的学习，读者已经掌握了 SQL Server 数据库的基本操作及 Visual Basic 的简单编程方法。管理信息系统的后台是数据库，前台是用户操作界面，因此我们还需要了解 VB 作为前端应用程序开发工具是如何与后端的数据库相结合，进而构建完整的数据库应用系统的。本章主要介绍数据库访问技术、ODBC 技术、ADO 数据控件及其数据库访问技术、ADO 数据对象及其数据库访问技术。

6.1 数据库访问技术

Visual Basic 具有强大的数据库访问功能，利用它能够开发各种数据库应用系统，可以管理、维护和使用多种类型的数据库。前台用 Visual Basic 作为开发工具，与后台 SQL Server 相结合，能够提供一个高性能的客户/服务器解决方案。

在开发这类数据库管理系统过程中，通常的方法是：先用数据库管理系统建立好数据库和表，然后在 Visual Basic 程序中通过使用 ADO Data 数据控件或者引用 ADO 对象模型与数据库建立连接，再通过绑定控件（如文本框、DataGird 控件等）的操作，实现对数据库内数据的查询或更新等操作。

数据访问是指用 Visual Basic 作为开发应用程序的前端，前端程序负责与用户交互，可以处理数据库中的数据，并将所处理的数据按用户的要求显示出来。数据库为后端，主要是表的集合，为前端提供数据。

数据库访问的底层技术是一些能直接能访问数据库管理系统的 API（Application Programming Interface），即应用程序编程接口。数据访问接口是一个数据模型，它代表了访问数据的各个方面。在 Visual Basic 中，用户可以使用 Active 数据对象（ADO）作为接口来访问底层的数据库。ADO 是 Microsoft 推出的功能强大的、独立于编程语言的、可以访问任何种类数据源的数据访问接口，比较简单且灵活实用。

6.2 ODBC 技术

6.2.1 ODBC 技术概述

目前，众多的厂商推出了形形色色的数据库系统，它们在性能、价格和应用范围上各有千秋。一个综合信息系统的各部门由于需求差异等原因，往往会存在多种数据库，它们之间的互连访问成为一个棘手的问题，特别是当用户需要从客户端访问不同的服务器时。微软提出的开放式数据库互连

（Open-DataBase-Connectivity，即 ODBC）成为目前一个强有力的解决方案，并逐步成为 Windows 和 Macintosh 平台上的标准接口，推动了这方面的开放性和标准化。

关系型数据库产生后很快就成为数据库系统的主流产品。由于每个 DBMS 厂商都有自己的一套标准，人们很早就产生了标准化的想法，于是产生了 SQL，由于其语法规范逐渐为人所接受，成为 RDBMS 的主导语言。最初，各数据库厂商为了解决互连的问题，往往提供嵌入式 SQL API，用户在客户端要操作系统中的 RDBMS 时，往往要在程序中嵌入 SQL 语句进行预编译。由于不同厂商在数据格式、数据操作、具体实现甚至语法方面都具有不同程度的差异，所以彼此不能兼容。

长期以来，这种 API 的非规范情况令用户和 RDBMS 厂商都不能满意。在 20 世纪 80 年代后期，一些著名的厂商包括 Oracle、Sybase、Lotus、Ingres、Informix、HP、DEC 等结成了 SQL Access Group（SAG），提出了 SQL API 的规范核心：调用级接口（Call Level Interface，CLI）。

1991 年 11 月，微软宣布了 ODBC，次年推出可用版本。1992 年 2 月，推出了 ODBC SDK 2.0 版。ODBC 基于 SAG 的 SQL CAE 草案所规定的语法，共分为 Core、Level 1、Level 2 三种定义，分别规范了 22、16、13 共 51 条命令，其中 29 条命令甚至超越了 SAG CLI 中原有的定义，功能强大而灵活。它还包括标准的错误代码集、标准的连接和登录 DBMS 方法、标准的数据类型表示等。

由于 ODBC 思想上的先进性，且没有同类的标准或产品与之竞争，推出后仅仅两三年就受到了众多厂家与用户的青睐，成为一种广为接受的标准。已经有 130 多家独立厂商宣布了对 ODBC 的支持，常见的 DBMS 都提供了 ODBC 的驱动接口，这些厂商包括 Oracle、Sybase、Informix、Ingres、IBM（DB/2）、DEC（RDB）、HP（ALLBASE/SQL）、Gupta、Borland（Paradox）等。目前，ODBC 已经成为客户/服务器系统中的一个重要支持技术。

6.2.2 ODBC 的基本思想与特点

ODBC 的基本思想是为用户提供简单、标准、透明的数据库连接的公共编程接口，开发厂商根据 ODBC 的标准去实现底层的驱动程序，这个驱动对用户是透明的，并允许根据不同的 DBMS 采用不同的技术加以优化实现，这利于不断吸收新的技术而趋完善。这也是数据库驱动的思想，它很类似于 Windows 中打印驱动的思想。在 Windows 中，用户安装不同的打印驱动程序，使用同样一条打印语句或操作，就可很容易地实现在不同打印机上打印输出，而不需要了解内部的具体原理。ODBC 出现以后，用户安装不同的 DBMS 驱动就可用同样的 SQL 语句实现在不同 DBMS 上进行同样的操作，而且无须预编译。

ODBC 带来了数据库连接方式的变革。在传统方式中，开发人员要熟悉多个 DBMS 及其 API，一旦 DBMS 端出现变动，往往导致用户端系统重新编建或者源代码的修改，这给开发和维护工作带来了很大困难。在 ODBC 方式中，不管底层网络环境如何，也无论采用何种 DBMS，用户在程序中都使用同一套标准代码，无须逐个了解各 DBMS 及其 API 的特点，源程序不因底层的变化而重新编写或修改，从而减轻了开发维护的工作量，缩短了开发周期。

概括起来，ODBC 具有以下特点：

（1）使用户程序有很高的互操作性，相同的目标代码适用于不同的 DBMS。

（2）由于 ODBC 的开放性，它为程序集成提供了便利，为客户/服务器结构提供了技术支持；

（3）由于应用与底层网络环境和 DBMS 分开，简化了开发维护上的困难。

综上所述，ODBC 最大的优点是能以统一的方式处理所有的数据库操作。

6.2.3 ODBC 的体系结构

ODBC 是依靠分层结构来实现的，如此可保证其标准性和开放性。图 6-1 所示为 ODBC 的体系结构，它共分为 4 层：数据库应用程序、驱动程序管理器、驱动程序和数据源。微软公司对 ODBC 规程进行了规范，它为应用层的开发者和用户提供标准的函数、语法和错误代码等。微软还提供了驱动程序管理器，它在 Windows 中是一个动态链接库，即 ODBC.DLL。驱动程序层由微软、DBMS 厂商或第三开发商提供，它必须符合 ODBC 的规程，对于 Oracle，它是 ORA6WIN.DLL，对于 SQL Server，它是 SQLSRVR.DLL。

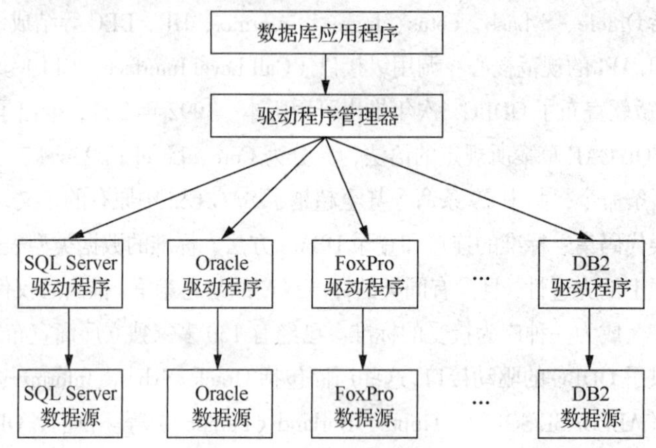

图 6-1　ODBC 的体系结构

下面详细介绍各层的功能。

1. 应用程序层（Application）

使用 ODBC 接口的应用程序可执行以下任务：

①请求与数据源的连接和会话（SQLConnect）；②向数据源发送 SQL 请求（SQLExecDirct 或 SQLExecute）；③对 SQL 请求的结果定义存储区和数据格式；④请求结果；⑤处理错误；⑥如果需要，把结果返回给用户；⑦对事务进行控制，请求执行或回退操作（SQLTransact）；⑧终止对数据源的连接（SQLDisconnect）。

2. 驱动程序管理器（Driver Manager）

由微软提供的驱动程序管理器是带有输入库的动态连接库 ODBC.DLL，其主要目的是装入驱动程序，此外还执行以下工作：①处理几个 ODBC 初始化调用；②为每一个驱动程序提供 ODBC 函数入口点；③为 ODBC 调用提供参数和次序验证。

3. 驱动程序（Driver）

驱动程序是实现 ODBC 函数和数据源交互的 DLL，当应用程序调用 SQLConnect 或者 SQLDriver Connect 函数时，驱动程序管理器装入相应的驱动程序，它对来自应用程序的 ODBC 函数调用进行应答，按照其要求执行以下任务：①建立与数据源的连接；②向数据源提交请求；③在应用程序需求时，转换数据格式；④返回结果给应用程序；⑤将运行错误格式化为标准代码返回；⑥在需要时说明和处理光标。

以上这些功能都是对应用程序层功能的具体实现。

4. 数据源

数据源由用户想要存取的数据和相关的操作系统、DBMS 及网络环境组成。

6.2.4 创建 ODBC DSN

ODBC DSN 用于指定数据库位置和数据库类型等信息。应用程序若要通过 ODBC 访问一个数据库，必须先创建一个 ODBC DSN，指定 ODBC 数据源名称（Data Source Name，DSN），使其关联一个目的数据库以及相应的 ODBC 驱动程序。ODBC 数据源与应用程序及数据库的关系如图 6-2 所示。

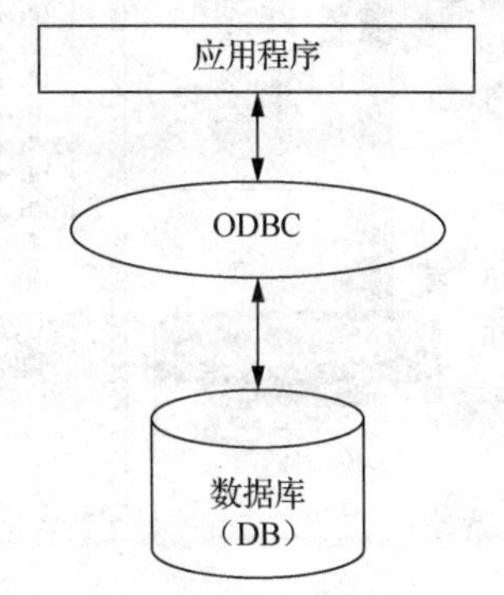

图 6-2 ODBC 在数据库系统中的地位

ODBC DSN 可通过 ODBC 管理器进行创建。ODBC DSN 分为用户 DSN、系统 DSN 和文件 DSN。

（1）用户 DSN：仅面向某些特定用户的数据源，只有通过身份验证才能连接。

（2）系统 DSN：面向系统全部用户的数据源，即系统中的所有用户都可以使用。

（3）文件 DSN：用于从文本文件中获取数据，提供多用户访问。

本书案例中，DSN 的配置均采用“系统 DSN”类型，ODBC 数据源（salesystem）的具体配置步骤详见实验 9-3 ODBC 的配置。

6.3 ADO 数据控件及其数据库访问技术

在 VB 中可用的数据库访问接口有三种：Active 数据对象（Active Data Objects，ADO）、远程数据对象（Remote Data Objects，RDO）和数据访问对象（Data Access Objects，DAO）。这三种接口分别代表了数据库访问技术的三个发展阶段，最新的是 ADO，它比 RDO 和 DAO 更简单，然而却采用了更加灵活的对象模型。本教材案例均采用 ADO 技术作为数据库访问技术。ADO 技术又分为 ADO 数据控件和 ADO 数据对象两种方式，从本质上讲，两种方式是一样的，ADO 数据控件是对 ADO 数据对象模型的封装。对于初学者来讲 ADO 数据控件更直接、更简单，而 ADO 数据对象需要掌握 ADO 复杂的对象模型，难度较大，但获得了更大的灵活性。因此，我们先从简单的 ADO 数据控件开始我们的数据库访问之旅。

6.3.1 安装 ADO 数据控件

ADO 数据控件是个 ActiveX 控件，在程序中使用该控件之前，必须首先把它（Microsoft ADO Data Control 5.0）添加到工具箱中。具体步骤如下：

（1）右击工具箱窗口空白处，在弹出的快捷菜单中选择“部件”命令，如图 6-3（a）所示。

（2）弹出“部件”对话框，选择 Microsoft ADOData Control 5.0（OLEDB）和 Microsoft DataGrid Control 5.0（OLEDB），如图 6-3（b）所示。

（3）添加 ADO 数据控件后的工具箱如图 6-3（c）所示。

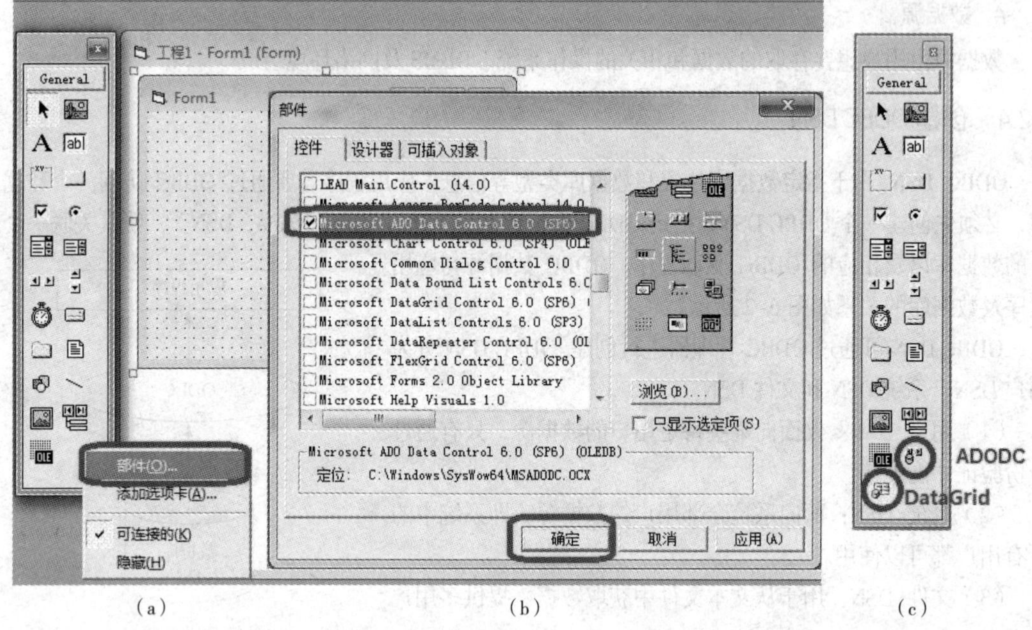

图 6-3　添加 ADO 数据控件

6.3.2　ADO 数据控件属性

安装完 ADO 数据控件后，就可以在窗体中添加 ADO 数据控件了。为了能与后台数据库进行连接，还需要为 ADO 数据控件设置两个主要属性：ConnectString 和 RecordSource。

1. ConnectString 属性

ConnectString 属性指出所要连接数据库的类型和名称，以及数据库连接认证等信息。设置 ConnectString 属性的窗体如图 6-4 所示。从图中可以看出，ConnectString 属性的设置有三种方式：使用 Data Link 方式、使用 ODBC 数据资源名称、使用连接字符串。本书中均采用使用 ODBC 数据资源名称方式。

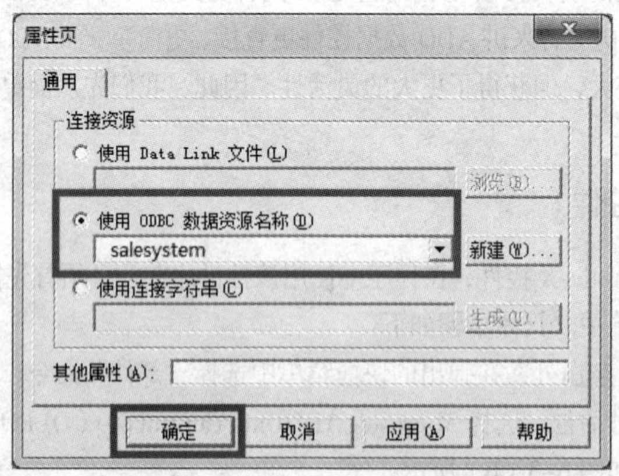

图 6-4　ConnectString 属性设置

2. RecordSource 属性

RecordSource 属性指出对数据库中哪些表进行何种操作（查询、增加、删除、修改）。RecordSource

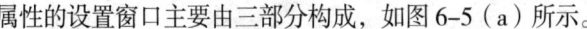

属性的设置窗口主要由三部分构成，如图 6-5（a）所示。

（1）命令类型：有 4 种选择，如图 6-5（b）所示。一般常用 adCmdText 和 adCmdTable 两种类型。

（2）表或存储过程名称：访问数据表的名称。

（3）命令文本：访问数据表的 SQL 语句。

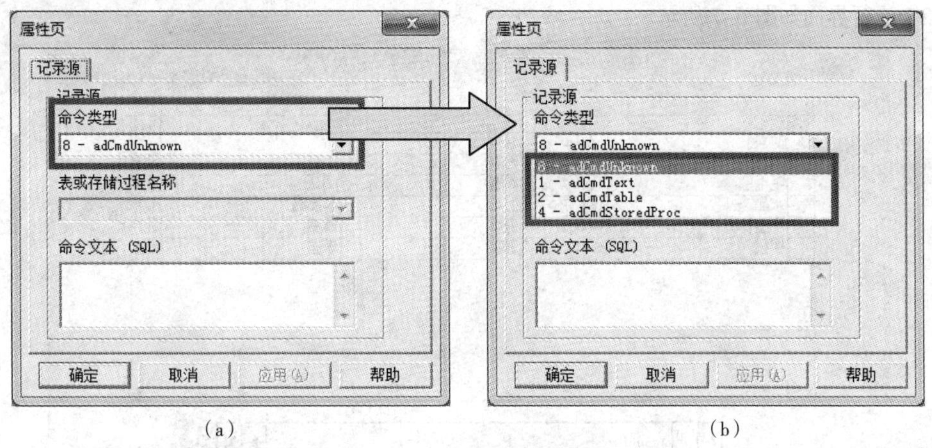

（a）　　　　　　　　（b）

图 6-5　RecordSource 属性设置

对话框中的三个部分不是同时都要填写的。当命令类型选择 adCmdTable 时，命令文本（SQL）为灰色显示，禁止输入；此时在表或存储过程名称下拉列表框中选择一个表的名称，如图 6-6（a）所示。

当命令类型选择 adCmdText 时，表或存储过程名称为灰色显示，禁止输入；此时在“命令文本（SQL）”框中输入 SQL 语句，如图 6-6（b）所示。

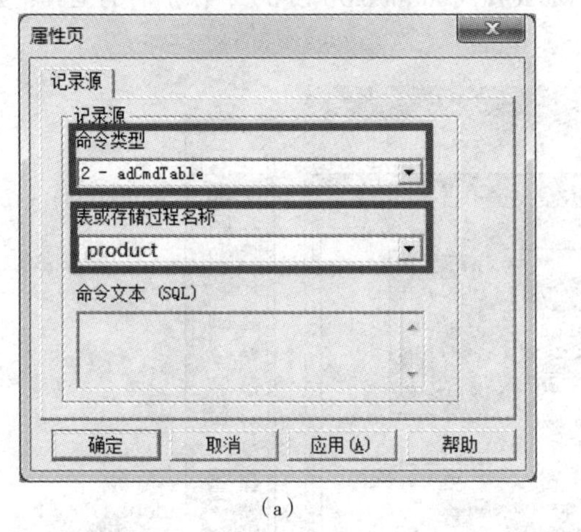

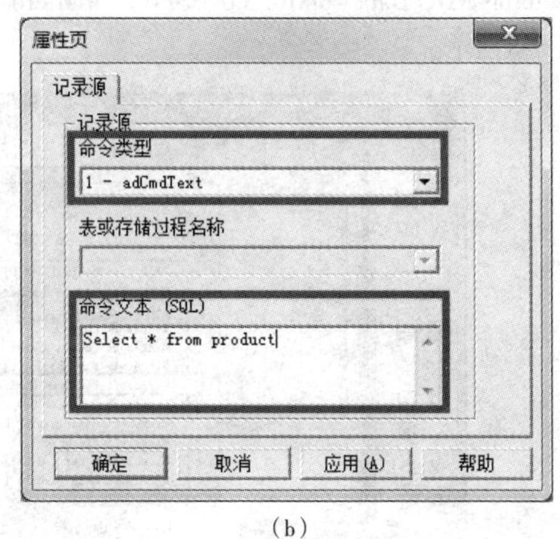

（a）　　　　　　　　（b）

图 6-6　RecordSource 属性设置实例

6.3.3　用控件显示数据

VB 中，ADO 数据控件是与后台数据库连接的桥梁，向数据库发出访问请求，并得到数据库的访问结果。它本身却不能直接显示得到的记录集，必须通过与它关联的控件来实现。可与数据控件关联的控件有 TextBox、Label、Image、ComboBox、CheckBox、DataGrid 等。本教材案例采用了 TextBox 和

DataGrid 两种控件。

【例 6-1】使用 ADO Data 控件与 DataGrid 控件浏览数据（1）。

1）程序功能

（1）单击“第一个”“最后一个”“上一个”“下一个”箭头按钮，可浏览全部用户信息。

（2）运行界面如图 6-7 所示。

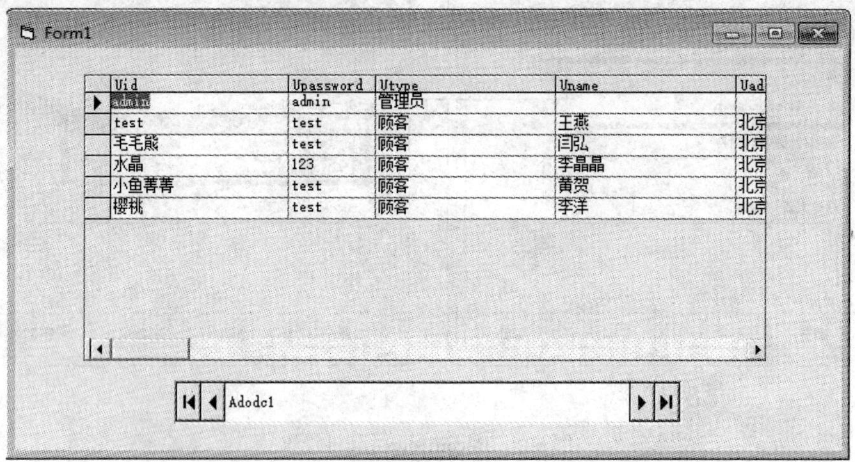

图 6-7　例 6-1 运行界面

2）窗体设计

（1）在工具箱窗口中添加 ADO 数据控件和 DataGrid 控件。

右击工具箱窗口空白处，在弹出的快捷菜单中选择“部件”命令，弹出“部件”对话框，选择 Microsoft ADO Data Control 6.0（SP6）和 Microsoft DataGrid Control 6.0（SP6），添加后的工具箱如图 6-8 所示。

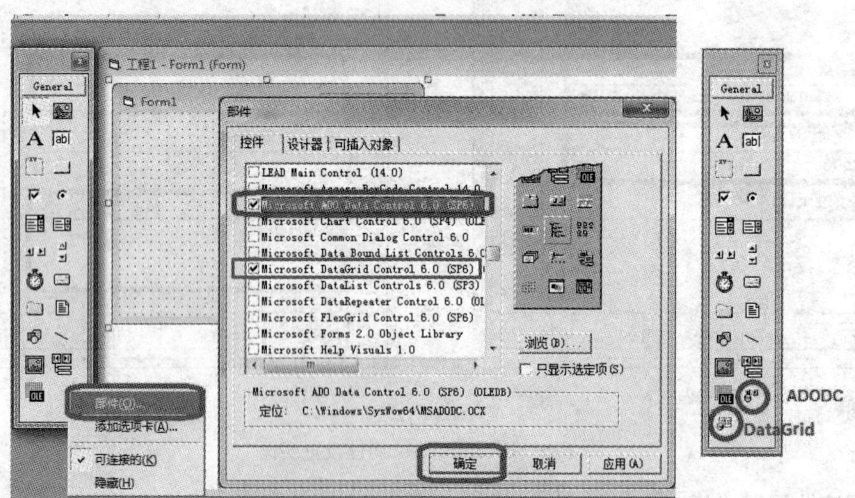

图 6-8　添加数据控件

（2）按照图 6-9 进行窗体设计。该窗体中包含两个控件，Adodc1 和 DataGrid1，两个控件的属性如表 6-1 所示。

图 6-9 例 6-1 设计界面

表 6-1 控件属性表

Caption	名 称	控 件 类 型	其 他 属 性
	Adodc1	adodc	参见步骤（3）
	DataGrid1	DataGrid	Datasource = adodc1

（3）Adodc1 的属性设置。

Adodc1 主要设置两个属性：ConnectString 和 RecordSource。

ConnectString 的设置过程如图 6-10 所示。

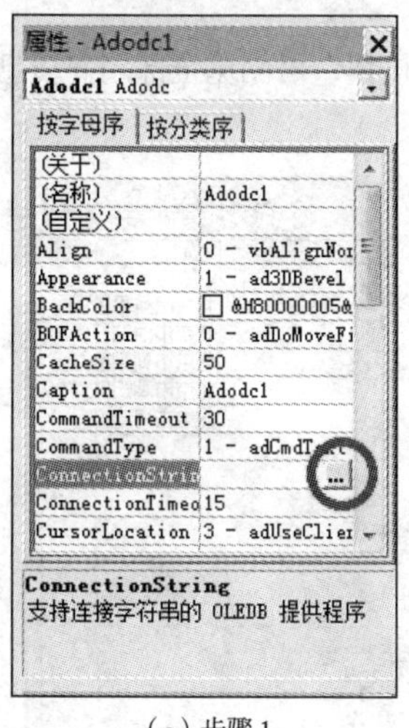

（a）步骤 1

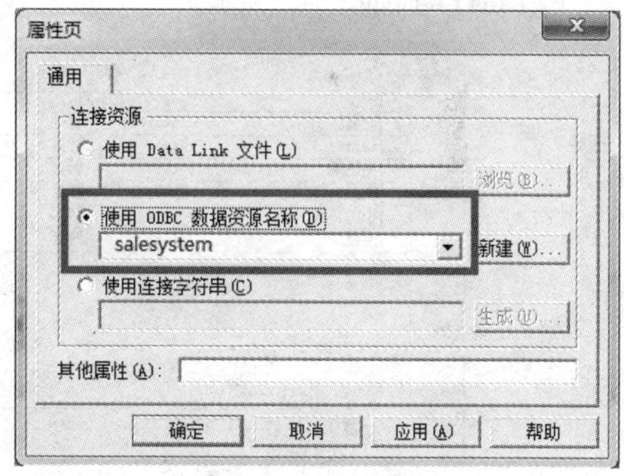

（b）步骤 2

图 6-10 ConnectString 设置步骤

RecordSource 的设置需要有两项：命令类型和命令文本，如图 6-11 所示。

注意

命令文本内容为：

select uid as 用户名,upassword as 密码,utype as 用户类型,uname as 收货人姓名,uaddr as 收货人地址,utel as 收货人电话,uemail as 收货人电子邮箱,uaccount as 账户余额 from users

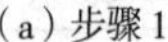

（a）步骤 1

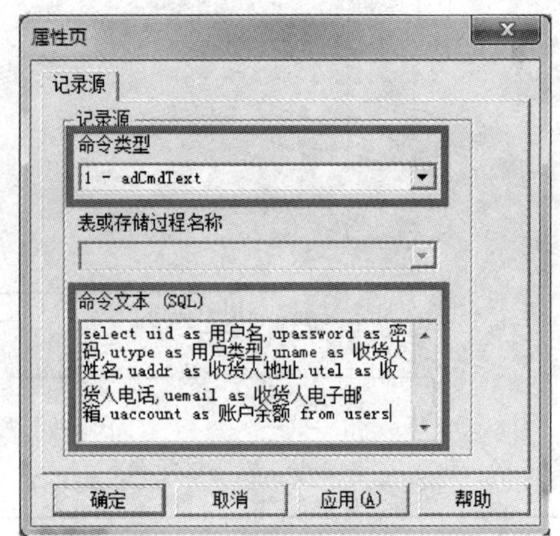

（b）步骤 2

图 6-11　RecordSource 设置步骤

3）代码编写

本案例不需编写代码。

【例 6-2】使用 ADO Data 控件与 DataGrid 控件浏览数据（2）。

1）程序功能

（1）单击“第一条”“上一条”“下一条”“最后一条”按钮，可浏览全部用户信息

（2）运行界面如图 6-12 所示。

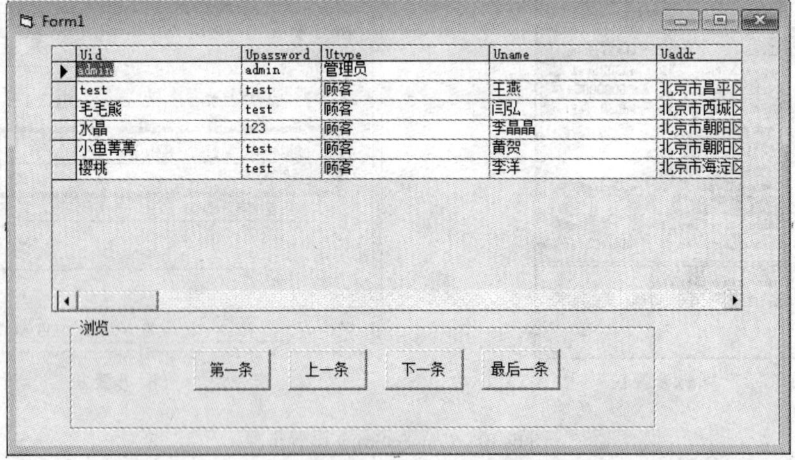

图 6-12　例 6-2 运行界面

2）窗体设计

（1）在工具箱窗口中添加 Data 控件：Microsoft ADO Data Control 6.0（SP6）和 Microsoft DataGrid Control 6.0（SP6），方法参见例 6-1。

（2）按照图 6-13 进行窗体设计。该窗体中包含 6 个控件，各控件的属性如表 6-2 所示。

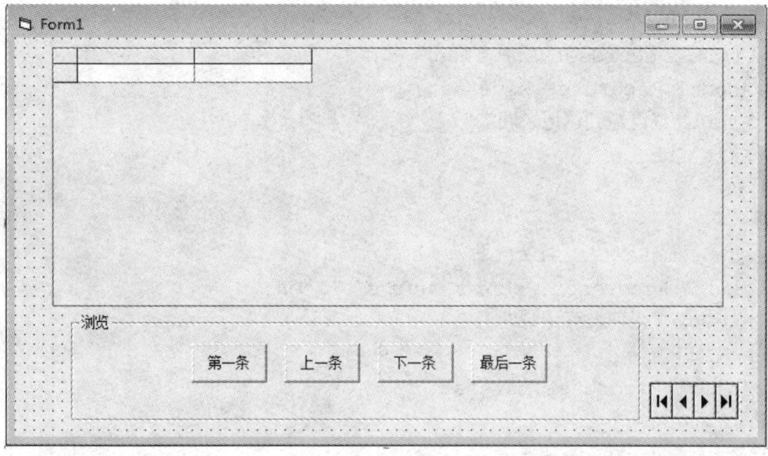

图 6-13 例 6-2 设计界面

表 6-2 控件属性表

Caption	名　称	控件类型	其他属性
	Adodc1	adodc	ConnectString 与 RecordSource 属性参见例 6-1 Visible = false
	Dg_stu	DataGrid	Datasource = adodc1
第一条	cmdFirst	Commandbutton	
上一条	cmdPre	Commandbutton	
下一条	cmdNext	Commandbutton	
最后一条	cmdLast	Commandbutton	

3）代码编写

分别为 4 个命令按钮添加 Click 事件，代码如下：

```
Private Sub cmdFirst_Click()
    If Adodc1.Recordset.RecordCount = 0 Then
        'RecordCount = 0 表示数据库中无记录
        MsgBox "当前没有记录"
    Else
        Adodc1.Recordset.MoveFirst
    End If
End Sub
Private Sub cmdPre_Click()
    Adodc1.Recordset.MovePrevious
    If Adodc1.Recordset.BOF Then
        Adodc1.Recordset.MoveFirst
        MsgBox "已经到达记录顶端"
        Exit Sub
    End If
End Sub
Private Sub cmdNext_Click()
```

```
    Adodc1.Recordset.MoveNext
    If Adodc1.Recordset.EOF Then
        Adodc1.Recordset.MoveLast
        MsgBox "已经到达记录底端"
        Exit Sub
    End If
End Sub
Private Sub cmdLast_Click()
    If Adodc1.Recordset.RecordCount = 0 Then
        MsgBox "当前没有记录"
    Else
        Adodc1.Recordset.MoveLast
    End If
End Sub
```

6.4 ADO 数据对象及其数据库访问技术

6.4.1 ADO 数据对象类

ADO数据控件实际上是对ADO数据对象的封装,ADO对象模型定义了一组可编程的数据库对象,可应用于各种数据库脚本语言。通过 ADO 对象,可以更灵活地实现本地和远程数据库的访问,并且可以将数据对象绑定到指定的应用开发程序（如 VB）内部控件和 ActiveX 控件上,实现应用开发程序对数据库的访问。在 ADO 对象模型中,主要对象有 7 个(见表 6-3),其中又以 3 个对象(Connection、Command、RecordSet）为主。表 6-4 ~ 表 6-9 分别描述了这三类对象的属性以及方法,具体的应用请参见其后的例 6-3。

表 6-3　常用 ADO 对象的名称及说明

对象名称	说　明
Connection	Connection 对象表示打开一个与数据源的连接
Recordset	Recordset 对象代表一个表的全部记录或执行命令的结果。在任何时候,Recordset 对象仅指向全部记录中的一条记录,作为当前记录
Command	Command 对象用来定义一个命令,使用该命令可执行对数据源的操作
Errors	Errors 集合包含了涉及提供者的响应单个错误而创建的所有 Error 对象
Fields	Fields 集合包含了一个 Recordset 对象的所有 Field 对象
Parameters	Parameters 集合是包含一个 Command 对象的全部 Parameter 对象
Properties	Properties 集合是包含一个对象特定实例的所有 Property 对象

表 6-4　Connection 对象常用属性

属性名称	说　明
ConnectString	存放连接数据源的参数
State	连接的当前状态（打开或关闭）
CursorLocation	设置或返回游标的位置。有两种选择：adUseClient 为客户端游标；adUseServer 为服务器游标,默认为服务器游标
Errors	存放来自数据源的错误信息

表 6-5 Connection 对象常用方法

方法名称	说明
Open	使 Connection 对象与数据库建立连接，语法： ConnectionName.Open [ConnectionString] [,UserID] [,Password]
Execute	执行一个 SQL 语句或存储过程，语法： ConnectionName.Execute 命令字符串
Close	断开连接，语法： ConnectionName.Close
BeginTrans	启动新的事务
CommitTrans	保存所有更改并结束当前事务
RollbackTrans	取消当前事务中所有的任何更改并结束事务

表 6-6 RecordSet 对象常用属性

属性名称	返回值类型	说明
BOF	True 或 False	返回或设置游标（记录）指针的位置。当指针指向记录集第一条记录之前时，值为 true，否则为 false
EOF	True 或 False	返回或设置游标（记录）指针的位置。当指针指向记录集最后一条记录之后时，值为 true，否则为 false
cursorLocation	adUseClient 或 adUseServer	游标位置。adUseClient：客户端游标；adUseServer：服务器游标；默认为服务器游标
cursorType		游标类型。有 4 种： adOpenDynamic：可读写动态游标； adOpenForwardOnly：只能向前读游标； adOpenKeyset：可读写键集游标； adOpenStatic：静态游标，只读，其他用户的更新不可见。 只有 adOpenDynamic，adOpenKeyset 两种游标类型，可以获取 RecordCount 属性的值
Fields	Fields	包含当前 Recordset 对象中的所有 Field 对象，只读
State	ObjectStateEnum	指出记录是打开的还是关闭的，如果打开，显示异步活动的状态，只读
RecordCount	整型	Recordset 对象中记录的数目

表 6-7 Recordset 对象常用方法

方法名称	说明
Open	打开一个 Recordset，语法： RecordSetName.Open [数据源][,连接对象][,游标类型][,锁类型]
Move	移动记录集指针指向一个记录
MoveFrist	移动记录集指针指向 Recordset 中的第一个记录
MoveLast	移动记录集指针指向 Recordset 中的最后一个记录
MoveNext	移动记录集指针指向 Recordset 中的下一个记录
MovePrevious	移动记录集指针指向 Recordset 中的前一个记录

续表

方法名称	说　明
Addnew	为可更新的 Recordset 对象创建一个新记录
Delete	删除当前记录或一组记录
Update	保存对当前 Recordset 对象所做的所有改变
CancelUpdate	撤销对现在记录的任何改变
Requery	通过重新执行此对象所基于的查询，对 Recordset 对象的数据进行更新
Close	关闭 Recordset 对象及相关的任何对象

表 6-8　Command 对象常用属性

属性名称	说　明
ActiveConnection	设置或返回定义的连接或 Connection 对象的字符串
CommandText	设置或返回 Command 对象的文本
CommandType	设置或返回 Command 的命令类型，命令类型包括： adCmdText：将 CommandText 作为 SQL 命令； adCmdTable：将 CommandText 作为表名； adCmdStoredProc：将 CommandText 作为存储过程名； adCmdUnknown：未知的命令类型，默认值； adCmdFile：将 CommandText 作为持久的 Recordset 文件名处理； adCmdTableDirect：表名

表 6-9　Command 对象常用方法

方法名称	说　明
Execute	将指定的 SQL 语言或者存储过程命令发送至数据源，语法：CommandName.Execute

6.4.2　添加 ADO 数据对象引用

在 VB 应用程序中使用 ADO 数据对象，需要添加一个引用，具体步骤如下：

（1）选择“工程 | 引用”命令，弹出“引用”对话框，如图 6-14（a）所示。。

（2）选择 Microsoft ActiveX Data Objects 2.0 Library，如图 6-14（b）所示。

（3）单击“确定”按钮，完成添加。

（a）

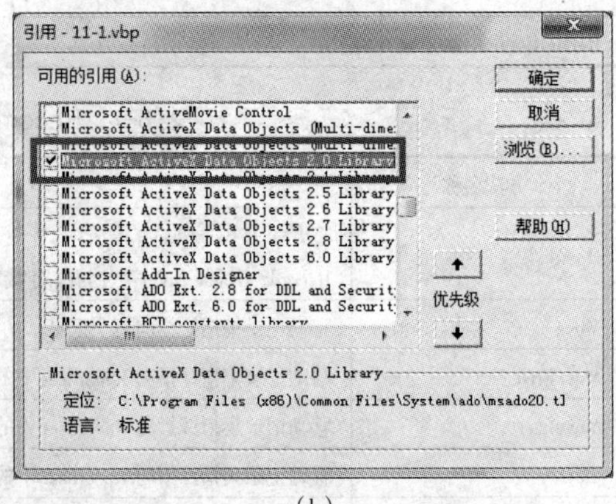

（b）

图 6-14　添加 ADO 数据对象引用步骤

6.4.3 ADO 数据对象应用案例

【例 6-3】使用 ADO 数据对象进行用户信息查询。

1）程序功能

（1）选择查询字段并输入查询数据。

（2）单击“查询”按钮，在下方即可显示查询到的商品信息。

（3）运行界面如图 6-15 所示。

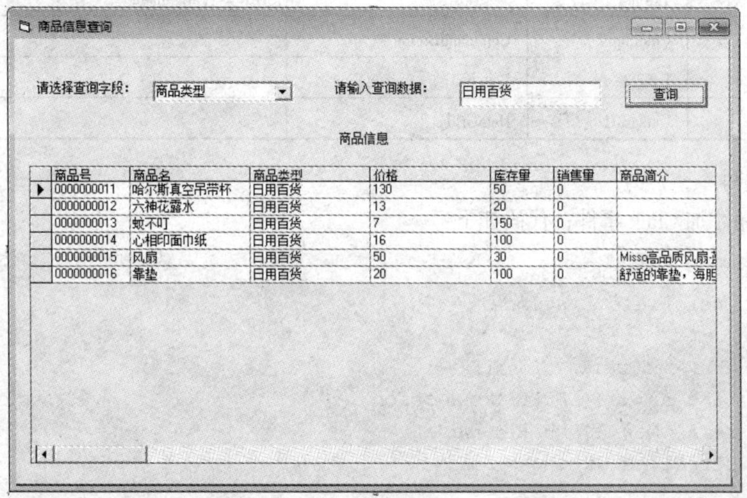

图 6-15　例 6-3 运行界面

2）窗体设计

（1）选择“工程｜引用”命令，弹出“引用”对话框，选择 Microsoft Activex Data Objects 2.0 Library。

（2）在工具箱窗口中添加部件 Microsoft DataGrid Control 6.0（SP6）。

（3）按照图 6-16 进行窗体设计。该窗体中各控件的属性如表 6-10 所示。

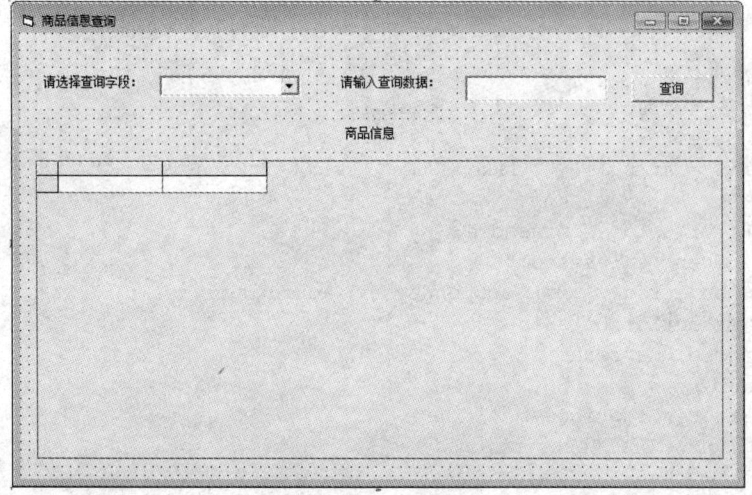

图 6-16　例 6-3 设计界面

表 6-10 控件属性表

Caption	名 称	控 件 类 型	其 他 属 性
请选择查询字段	Label1	Label	
请输入查询数据	Label2	Label	
	Combqueryfield	ComboBox	Text ="";List = {商品号/商品名称/商品类型/商品价格/商品简介};
	Txtdata	TextBox	Text =""; alignment = 2
查询	Cmdquery	CommandButton	
商品信息	Label3	Label	
	Datagrid1	DataGrid	

3）代码编写

为查询按钮添加 Click 事件，代码如下：

```
Private Sub Form_Load()
    combQueryField.ListIndex = 0
End Sub
Private Sub cmdQuery_Click()
    Dim conn As New ADODB.Connection
    Dim rs As New ADODB.Recordset
    Dim strsql As String

    strsql = "select pid as 商品号,pname as 商品名,ptype as 商品类型,price as 价格,stock as 库存量,sale as 销售量,profile as 商品简介 from product where  "
    Select Case combQueryField.ListIndex
        Case 0
            strsql = strsql & "pid"
        Case 1
            strsql = strsql & "pname"
        Case 2
            strsql = strsql & "ptype"
        Case 3
            strsql = strsql & "price"
        Case 4
            strsql = strsql & "profile"
    End Select
    strsql = strsql & " like '%" & Trim(txtData) & "%'"

    On Error GoTo errorhandle
    conn.Open "salesystem"
    rs.Open strsql, conn, adOpenKeyset, adLockOptimistic
    Set datagrid1.DataSource = rs
    datagrid1.Refresh
errorhandle:
    If Err.Description <> "" Then
       MsgBox Err.Description
       Exit Sub
    End If
End Sub
```

小　结

本章介绍了 Visual Basic 与 SQL Server 数据库编程的基础知识，包括数据库访问技术、ODBC 技术、ADO 数据控件和 ADO 数据对象技术。将本章的知识与前面所学数据库及编程语言相结合，就已经具备开发一个完整数据库管理系统的知识了。

习　题　6

一、选择题

1. ODBC 数据源管理器可以连接的数据库不包括（　　）。

A. SQL Server　　B. Oracle　　C. FoxPro　　D. PowerPoint

2. 在 ODBC 数据源管理器中可以创建 ODBC DSN。以下（　　）不是正确的 DSN 类型。

A. 用户 DSN　　B. 数据 DSN　　C. 系统 DSN　　D. 文件 DSN

3. 在 Visual Basic 中可以使用 Active 数据对象 ADO、远程数据对象 RDO、数据访问对象 DAO 三种方式实现对数据库的访问。在这三种接口中（　　）方式更加简单、灵活。

A. ADO　　B. RDO　　C. DAO　　D. 三种接口没有差别

4. ADO Recordset 对象用于容纳一个来自数据库表的记录集，如果想指示当前记录位置位于 Recordset 对象的最后一个记录之后，下面叙述正确的是（　　）。

A. Adodc1.Recordset.BOF　　B. Adodc1.Recordset.EOF

C. Adodc1.Recordset.RecordCount = 0　　D. Adodc1.Recordset.RecordCount = 100

二、填空题

1. 开放式数据库互连标准（Open DataBase Connectivity，ODBC）是__________提出的，它已经成为目前数据库连接过程中强有力的解决方案。

2. ODBC 数据源名称的英文简称__________。

综合应用

- 虽然数据库具有强大的数据管理能力，但用户直接操作数据库还有难度。
- 通过管理软件操作数据库是用户所期望的。
- 面向数据库应用程序的开发实现用户通过应用程序（软件）操作数据库的目标。

本部分阐述了应用程序开发过程与方法，并通过“网上购物系统”案例讨论了应用开发过程。

第 7 章

基于 Visual Basic 的数据库系统开发实例

完整的数据库应用系统设计包括后台数据库设计与前台应用程序设计两大部分。本章借助于数据库系统“网上购物系统”，为读者提供一个基于 Visual Basic 的数据库系统完整开发过程。本章将前面的数据库设计与操作、VB 程序设计基本知识以及 ODBC 技术融合在一起，开发过程中不仅对这些知识点进行了回顾，而且通过综合案例可以提高读者的应用能力，使其进一步加深对基础知识的理解。

7.1 系统设计

7.1.1 系统功能

“网上购物系统”是一个模拟现实生活中购物流程的数据库系统，该系统主要功能如下：

（1）基本信息管理：包括用户信息管理、商品信息管理、订单信息管理以及用户账户充值。

（2）顾客个人信息管理：包括用户注册、修改个人资料、添加商品换积分。

（3）商品浏览与下订单：顾客可简单地根据商品类型查找商品，也可设置复杂的查询条件查找相关商品；然后对符合条件的商品进行浏览，并查看商品详细信息；最终决定是否购买。

（4）订单的流程管理：包括订单的付款、发货、收货确认、取消订单与退款等网上购物环节的处理。

（5）统计查询功能：可以对用户、商品、订单等相关信息进行简单查询、复杂查询，以及统计汇总。包括用户查询、商品查询、订单查询、商品库存查询、商品销售情况查询。

网上购物系统功能模块图如图 7–1 所示。

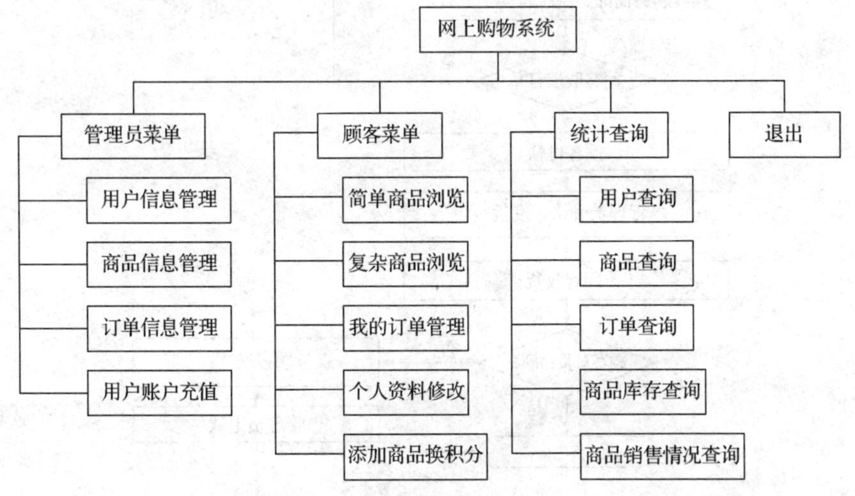

图 7–1　网上购物系统功能模块图

7.1.2 系统开发平台

后台数据库开发平台：SQL Server 2012。

前台应用程序开发平台：Visual Basic 6.0。

7.1.3 购物流程

“网上购物系统”的购物流程如下：

（1）顾客：登录。可以使用已存在用户名，也可以注册新用户。

（2）顾客：浏览商品。

（3）顾客：选择商品，然后进行购买。

（4）顾客：付款。

（5）管理员：发货。

（6）顾客：收货确认，完成订单交易。

（7）管理员或顾客：取消订单。

说明

顾客购买商品后系统自动生成订单，之后任何环节都可以取消订单。取消订单可由顾客自己操作，也可由管理员操作。

（8）管理员：退款。

说明

订单取消后，若已经付款，则可由管理员进行退款。

购物过程用流程图描述，如图 7-2 所示。

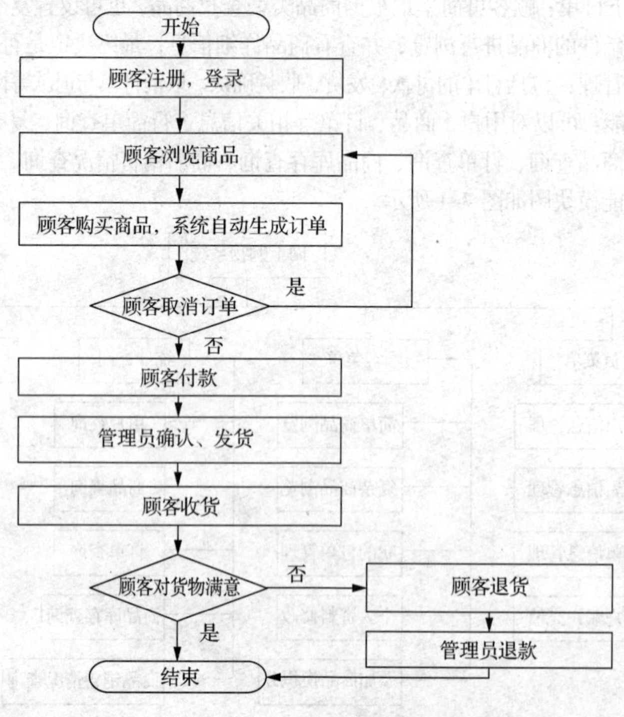

图 7-2　网上购物流程图

7.1.4 系统用户类型及权限

本系统共有三类用户：管理员、顾客和匿名用户。不同用户类型具有不同的操作权限。

（1）管理员：用户登录、用户管理、商品管理、订单管理、用户账户充值、简单商品浏览（仅限浏览不可购买）、综合商品浏览（仅限浏览不可购买）、用户查询、商品查询、订单查询、商品库存查询、商品销售情况查询。

（2）顾客：用户登录、简单商品浏览（浏览及购买）、综合商品浏览（浏览及购买）、我的订单管理、修改个人资料、添加商品换积分。

（3）匿名用户：用户登录、简单商品浏览（仅限浏览不可购买）、综合商品浏览（仅限浏览不可购买）。

7.2 数据库设计

为实现上述系统功能，本节设计一个名为 salesystem 的数据库；数据库开发平台采用 SQL Server 2012。

7.2.1 基本表结构

salesystem 数据库中包含三个基本表：users、product、orders。三个表的结构如表 7-1～表 7-3 所示。

表 7-1 users（用户信息表）

字段名称	数据类型	字段大小	允许空	是否主键	是否外键	说 明
uid	varchar	20	否	是	否	用户 ID
upassword	varchar	6	否	否	否	用户密码
utype	varchar	20	否	否	否	用户类型（管理员，顾客）
uname	varchar	20	否	否	否	收货人姓名
uaddr	varchar	50	否	否	否	收货人地址
utel	varchar	20	否	否	否	收货人电话
Uemail	varchar	30	否	否	否	收货人电子邮箱
uaccount	float		否（默认为0）	否	否	用户账户余额

表 7-2 product（商品信息表）

字段名称	数据类型	字段大小	允许空	是否主键	是否外键	说 明
pid	Char	10	否	是	否	商品 ID（自动生成）
pname	varchar	30	否	否	否	商品名称
ptype	varchar	20	否	否	否	商品分类
price	float		否	否	否	商品价格
stock	int		否（默认 0）	否	否	库存量
sale	int		否（默认 0）	否	否	已售出量
profile	text		是	否	否	商品简介
picture	varchar	100	是	否	否	商品图片

表 7-3　orders（订单表）

字段名称	数据类型	字段大小	允许空	是否主键	是否外键	说　明
oid	Char	10	否	是	否	订单 ID（自动生成）
uid	varchar	20	否	否	是	用户 ID
pid	Char	10	否	否	是	商品 ID
pamount	int		否	否	否	商品数量
otime	datetime		否	否	否	订单生成时间
deliver	Char	4	否	否	否	送货方式（平邮，快递）
payment	Char	6	否	否	否	付款情况（未付款，已付款，已退款）
status	varchar	8	否	否	否	订单情况（未发货，已发货，已收货，取消订单）

7.2.2　表之间的关系

三个基本表之间的关系如图 7-3 所示。

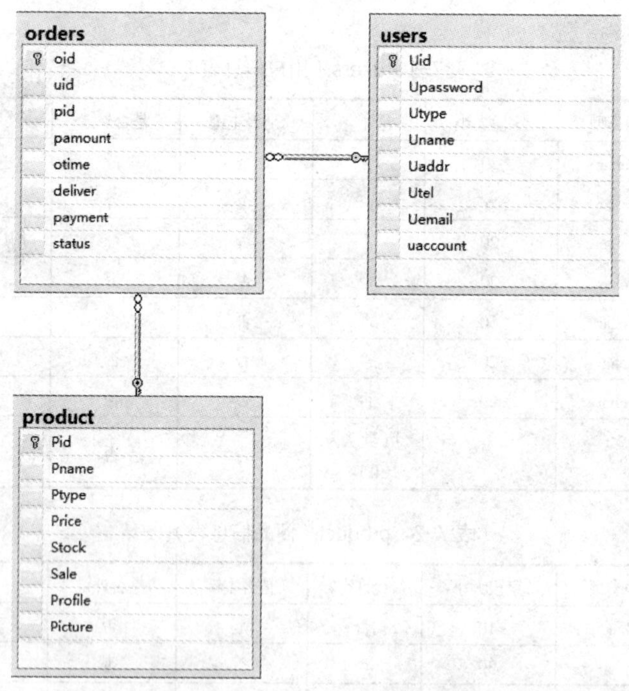

图 7-3　表关系图

说明

orders 表中的 Uid 为外键，引用 users 表中的 uid；orders 表中的 Pid 为外键，引用 product 表中的 Pid。

7.3 数据库的创建及基本数据录入

7.3.1 创建数据库及基本表

在 SQL Server 中，用 T-SQL 语句完成数据库及表结构的创建，T-SQL 语句如下所示：

```
create database salesystem              /*创建数据库 salesystem*/
go
use salesystem                          /*打开数据库 salesystem*/

Create table users                      /*创建表 users*/
(
    Uid varchar(20)primary key,
    Upassword varchar(6)not null,
    Utype varchar(20)not null,
    Uname varchar(20)not null,
    Uaddr varchar(50)not null,
    Utel varchar(20)not null,
    Uemail varchar(30)not null,
    Uaccount float not null
)

Create table product                    /*创建表 product*/
(
    Pid char(10)primary key,
    Pname varchar(30)not null,
    Ptype varchar(20)not null,
    Price float not null,
    Stock  int not null,
    Sale int not null,
    Profile text,
    Picture varchar(100)
)

Create table orders                     /*创建表 orders*/
(
    Oid char(10)primary key,
    Uid varchar(20)references users(uid)not null,
    Pid char(10)references product(pid)not null,
    Pamount int not null,
    Otime datetime not null,
    deliver char(4)not null,            /*平邮，快递*/
    payment char(6)not null,            /*未付款，已付款，已退款*/
    status varchar(8)not null           /*未发货，已发货，已收货，取消订单*/
)
```

7.3.2 录入基本数据

三个表中的基本数据如表 7-4 ~ 表 7-6 所示。

表 7-4　users（用户信息表）

Uid	Upassword	Utype	Uname	Uaddr	Utel	Uemail	Uaccount
admin	admin	管理员					0
test	test	顾客	王燕	北京市昌平区××街 102 号	133××××6666	wangyan@163.com	9650
毛毛熊	test	顾客	闫弘	北京市西城区××大街 26 号	136××××9005	yanhong@yahoo.com	9760
小鱼菁菁	test	顾客	黄贺	北京市朝阳区××街 303 号	131××××5555	huanghj@sohu.com	9942
樱桃	test	顾客	李洋	北京市海淀区××东路 201 号	139××××8509	liyang@sina.com	7355

表 7-5　product（商品信息表）

Pid	Pname	Ptype	Price	Stock	Sale	Profile	Picture
0000000001	女裙	服装服饰	150	19	1		服装服饰\skirt1.jpg
0000000002	女裙	服装服饰	130	25	0		服装服饰\skirt2.jpg
0000000003	女裙	服装服饰	120	35	0		服装服饰\skirt3.jpg
0000000004	女裙	服装服饰	130	35	0		服装服饰\skirt4.jpg
0000000005	女裙	服装服饰	200	25	0		服装服饰\skirt5.jpg
0000000006	女鞋	服装服饰	200	34	1		服装服饰\shoes1.jpg
0000000007	T 恤	服装服饰	30	55	0		服装服饰\Tshirt1.jpg
0000000008	T 恤	服装服饰	30	45	0		服装服饰\Tshirt2.jpg
0000000009	T 恤	服装服饰	30	45	0		服装服饰\Tshirt3.jpg
0000000010	T 恤	服装服饰	30	45	0		服装服饰\Tshirt4.jpg
0000000011	哈尔斯真空吊带杯	日用百货	130	49	1		日用百货\哈尔斯真空吊带杯.jpg
0000000012	六神花露水	日用百货	13	20	0		日用百货\六神花露水.jpg
0000000013	蚊不叮	日用百货	7	150	0		日用百货\蚊不叮.jpg
0000000014	心相印面巾纸	日用百货	16	100	0		日用百货\心相印面巾纸.jpg
0000000015	风扇	日用百货	50	30	0		日用百货\风扇.jpg
0000000016	靠垫	日用百货	20	100	0		日用百货\靠垫.jpg
0000000017	三星手机 SGH-E848	数码产品	2600	14	1		数码产品\三星 SGH-E848.jpg
0000000018	索尼数码摄像机	数码产品	6000	10	0		数码产品\索尼数码摄像机.jpg
0000000019	米奇 MP3	数码产品	200	30	0		数码产品\米奇 MP3.jpg
0000000020	爱国者 U 盘-2G	数码产品	120	29	1		数码产品\爱国者 U 盘.jpg
0000000021	爱国者 U 盘-4G	数码产品	400	30	0		数码产品\爱国者 4GU 盘.jpg
0000000022	苹果笔记本	数码产品	10000	10	0		数码产品\苹果笔记本.jpg
0000000023	不抱怨的世界	图书	20	50	0		图书\不抱怨的世界.jpg
0000000024	谈人生	图书	24	50	0		图书\谈人生.jpg

续表

Pid	Pname	Ptype	Price	Stock	Sale	Profile	Picture
0000000025	窗边的小豆豆	图书	22	49	1		图书\窗边的小豆豆.jpg
0000000026	杜拉拉升职记	图书	18	50	0		图书\杜拉拉升职记.jpg
0000000027	服装设计视觉词典	图书	40	19	1		图书\服装设计视觉词典.jpg
0000000028	时装设计元素	图书	45	19	1		图书\时装设计元素.jpg
0000000029	藏地密码	图书	20	50	0		图书\藏地密码.jpg
0000000030	长袜子皮皮	图书	20	48	2		图书\长袜子皮皮.jpg

（注：因 profile 字段内容较多，因此在表 7-5 中略去，具体内容参见后面的 T-SQL 语句）

表 7-6　orders（订单表）

Oid	Uid	Pid	Pamount	Otime	deliver	payment	status
0000000001	test	0000000001	1	2018-10-2	快递	已付款	已收货
0000000002	test	0000000006	1	2018-10-2	快递	已退款	取消订单
0000000003	test	0000000011	1	2018-10-2	快递	未付款	未发货
0000000004	毛毛熊	0000000006	1	2018-10-2	快递	已付款	未发货
0000000005	毛毛熊	0000000030	2	2018-10-2	快递	已付款	已收货
0000000006	毛毛熊	0000000025	1	2018-10-2	快递	未付款	未发货
0000000007	小鱼菁菁	0000000027	1	2018-10-2	快递	已付款	未发货
0000000008	小鱼菁菁	0000000026	1	2018-10-2	快递	已付款	取消订单
0000000009	樱桃	0000000017	1	2018-10-2	快递	已付款	未发货
0000000010	樱桃	0000000020	1	2018-10-2	快递	未付款	未发货
0000000011	樱桃	0000000023	1	2018-10-2	平邮	未付款	取消订单
0000000012	樱桃	0000000028	1	2018-10-2	平邮	已付款	已发货

基本数据录入的 T-SQL 语句如下所示：

```
    Insert into users
    Values('admin','admin','管理员','','','','',0)
    Insert into users
    Values('test','test','顾客','王燕','北京市昌平区××街 102 号','13311116666',
'wangyan@163.com',10000)
    Insert into users
    Values('小鱼菁菁','test','顾客','黄贺','北京市朝阳区××街 303 号','13144445555',
'huanghj@sohu.com',10000)
    Insert into users
    Values('樱桃','test','顾客','李洋','北京市海淀区××东路 201 号','13910788509',
'liyang@sina.com',10000)
    Insert into users
    Values('毛毛熊','test','顾客','闫弘','北京市西城区××大街 26 号','13641329005',
'yanhong@yahoo.com',10000)

    Insert into product
    Values('0000000001','女裙','服装服饰',150,20,0,NULL,'服装服饰\skirt1.jpg')
    Insert into product
```

```
Values('0000000002','女裙','服装服饰',130,25,0, NULL,'服装服饰\skirt2.jpg')
Insert into product
Values('0000000003','女裙','服装服饰',120,35,0, NULL,'服装服饰\skirt3.jpg')
Insert into product
Values('0000000004','女裙','服装服饰',130,35,0, NULL,'服装服饰\skirt4.jpg')
Insert into product
Values('0000000005','女裙','服装服饰',200,25,0, NULL,'服装服饰\skirt5.jpg')
Insert into product
Values('0000000006','女鞋','服装服饰',200,35,0, NULL,'服装服饰\shoes1.jpg')
Insert into product
Values('0000000007','T恤','服装服饰',30,55,0, NULL,'服装服饰\Tshirt1.jpg')
Insert into product
Values('0000000008','T恤','服装服饰',30,45,0, NULL,'服装服饰\Tshirt2.jpg')
Insert into product
Values('0000000009','T恤','服装服饰',30,45,0, NULL,'服装服饰\Tshirt3.jpg')
Insert into product
Values('0000000010','T恤','服装服饰',30,45,0, NULL,'服装服饰\Tshirt4.jpg')

Insert into product
Values('0000000011','哈尔斯真空吊带杯','日用百货',130,50,0,NULL,'日用百货\哈尔斯真空吊带杯.jpg')
Insert into product
Values('0000000012','六神花露水','日用百货',13,20,0, NULL,'日用百货\六神花露水.jpg')
Insert into product
Values('0000000013','蚊不叮','日用百货',7,150,0, NULL,'日用百货\蚊不叮.jpg')
Insert into product
Values('0000000014','心相印面巾纸','日用百货',16,100,0, NULL,'日用百货\心相印面巾纸.jpg')
Insert into product
Values('0000000015','风扇','日用百货',50,30,0,'Misso 高品质风扇-蓝色太阳花风扇','日用百货\风扇.jpg')
Insert into product
Values('0000000016','靠垫','日用百货',20,100,0,'舒适的靠垫，海胆君保护你的腰！还不快快来，将可爱的QQ海胆君，天真仙人掌妹，浪漫鱿鱼小情侣对儿……统统带回窝，在家里就能构建一个属于你的快乐马布海底无敌自由界！','日用百货\靠垫.jpg')

Insert into product
Values('0000000017','三星手机SGH-E848','数码产品',2600,15,0,'上市时间：2007年07月；铃声：MP3铃声；屏幕颜色：26万；摄像头像素：200万；外观样式：滑盖；高级功能： 视频播放 ，JAVA扩展 ，收音机 ，MP3播放 ，蓝牙','数码产品\三星SGH-E848.jpg')
Insert into product
Values('0000000018','索尼数码摄像机','数码产品',6000,10,0,'SONY 摄像机型号:HC40E.百万像素,可拍照.小巧可随身携带','数码产品\索尼数码摄像机.jpg')
Insert into product
Values('0000000019','米奇MP3','数码产品',200,30,0,'艾利和 iriver Mplayer eyes 2G 天蓝色 米奇MP3播放器','数码产品\米奇MP3.jpg')
Insert into product
Values('0000000020','爱国者U盘-2G','数码产品',120,30,0,'爱国者 新情侣型L8312 2G U盘','数码产品\爱国者U盘.jpg')
Insert into product
Values('0000000021','爱国者 U 盘-4G','数码产品',400,30,0,'爱国者 迷你王 L8255 4G(幸运草型)白色','数码产品\爱国者4GU盘.jpg')
```

```
Insert into product
Values('0000000022','苹果笔记本','数码产品',10000,10,0,'苹果 MacBook MB881CH/A;处理器型号 Intel 酷睿 2 双核 P7350 ;标称主频 2GHz;标配内存容量 2GB;内存类型 DDRII;最大支持内存 4GB ;硬盘容量 120GB;屏幕尺寸 13.3 英寸;屏幕比例 16:10;屏幕分辨率 1280×800','数码产品\苹果笔记本.jpg')

Insert into product
Values('0000000023','不抱怨的世界','图书',20,50,0,'作者:(美)鲍温，陈敬旻译；出版社：陕西师范大学出版社；抱怨是最消耗能量的无益举动。有时候，我们的抱怨不仅会针对人、也会针对不同的生活情境，表示我们的不满。而且如果找不到人倾听我们的抱怨，我们会在脑海里抱怨给自己听。本书作者提出的神奇“不抱怨”运动，来的恰是时候，它正是我们现代人最需要的。我们可以这样看：天下只有三种事：我的事，他的事，老天的事。抱怨自己的人，应该试着学习接纳自己；抱怨他人的人，应该试着把抱怨转成请求；抱怨老天的人，请试着用祈祷的方式来诉求你的愿望。这样一来，你的生活会有想象不到的大转变，你的人生也会更加地美好、圆满。','图书\不抱怨的世界.jpg')
Insert into product
Values('0000000024','谈人生','图书',24,50,0,'作者：季羡林；出版社：华艺出版社；《谈人生》是季羡林先生在百年人生中有关探讨人生问题的佳作，是季羡林先生百年人生积淀的精华，读之使人不仅阅历百年，更能启发人生。','图书\谈人生.jpg')
Insert into product
Values('0000000025','窗边的小豆豆','图书',22,50,0,'作者：[日]黑柳彻子；出版社：南海出版社；为了孩子，你一定要读的一本书，每一位家长和老师！本书由日本著名作家，著名电视节目主持人，联合国儿童基金会亲善大使——黑柳彻子所写。该书出版后，不仅在日本，而且在全球都引起了极大的反响，成为日本历史上销量最大的一本书。本书讲述了作者上小学时的一段真实的故事。作者因淘气被原学校退学后，来到巴学园。在小林校长的爱护和引导下，让一般人眼里“怪怪”的小豆豆逐渐成了一个大家都能接受的孩子，并奠定了她一生的基础。这本书不仅带给世界几千万读者无数的笑声和感动，而且为现代教育的发展注入了新的活力，成为 20 世纪全球最有影响的作品之一。','图书\窗边的小豆豆.jpg')
Insert into product
Values('0000000026','杜拉拉升职记','图书',18,50,0,'作者：李可；出版社：陕西师范大学出版社；中国白领必读的职场修炼小说。她的故事比比尔·盖茨“白领丽人 500 强职场心得，揭示外企生存智慧”的更值得参考！大部分人是要谋生的，不单要谋生，而且希望谋得好。说到谋生，有人适合自己做老板，更多的人则靠打工。其实，自己做老板，也就是给自己打工。您可以消遣地来看看这本纯属虚构的小说，也可以把它当经验分享之类的职场实用手册来使用。','图书\杜拉拉升职记.jpg')
Insert into product
Values('0000000027','服装设计视觉词典','图书',40,20,0,'作者：(瑞士)安布罗斯(Ambrose, G.),(瑞士)哈里斯(Harris, P.),陈洁译；出版社：上海人民美术出版社；','图书\服装设计视觉词典.jpg')
Insert into product
Values('0000000028','时装设计元素','图书',45,20,0,'作者：(英)索格，(英)阿黛尔 著，袁燕，刘驰 译；出版社：中国纺织出版社','图书\时装设计元素.jpg')
Insert into product
Values('0000000029','藏地密码','图书',20,50,0,'作者：何马；出版社：重庆出版社；《藏地密码 7》揭开藏传佛教最大谜团：香格里拉到底在哪里？','图书\藏地密码.jpg')
Insert into product
Values('0000000030','长袜子皮皮','图书',20,50,0,'作者：(瑞典)林格伦 著，李之义 译；出版社：中国少年儿童出版社； 出版时间：2006 年 06 月；门开了，一位奇特的小姑娘走了出来：她头发的颜色像胡萝卜一样，两条梳得硬邦邦的小辫子直挺挺地竖着。她的鼻子长得就像一个小土豆，上边布满了雀斑。鼻子下边长着一张大嘴巴，牙齿整齐洁白。她的连衣裙也相当怪，那是她自己缝的。原来想做成蓝色的，可是蓝布不够，她不得不在这儿缝一块红布，那儿缝一块红布。她的又细又长的腿上穿着一双长袜子，一只是棕色的，另一只是黑色的。她穿一双黑色的鞋，正好比她的脚大一倍……她力大超人，可以举起一匹马，可以教训凶狠的强盗，还可以轻而易举地把鲨鱼抛到远处……这个不同寻常的小姑娘就是——长袜子皮皮。','图书\长袜子皮皮.jpg')

Insert into orders
```

```
    values('0000000001','test','0000000001',1,'2018-10-2','快递','已付款','已收货')
    Insert into orders
    values( '0000000002','test','0000000006',1,'2018-10-2','快递','已退款','取消订单')
    Insert into orders
    values( '0000000003','test','0000000011',1,'2018-10-2','快递','未付款','未发货')
    Insert into orders
    values( '0000000004','毛毛熊','0000000006',1,'2018-10-2','快递','已付款','未发货')
    Insert into orders
    values( '0000000005','毛毛熊','0000000030',2,'2018-10-2','快递','已付款','已收货')
    Insert into orders
    values( '0000000006','毛毛熊','0000000025',1,'2018-10-2','快递','未付款','未发货')
    Insert into orders
    values( '0000000007','小鱼菁菁','0000000027',1,'2018-10-2','快递','已付款','未
发货')
    Insert into orders
    values( '0000000008','小鱼菁菁','0000000026',1,'2018-10-2','快递','已付款','取
消订单')
    Insert into orders
    values( '0000000009','樱桃','0000000017',1,'2018-10-2','快递','已付款','未发货')
    Insert into orders
    values( '0000000010','樱桃','0000000020',1,'2018-10-2','快递','未付款','未发货')
    Insert into orders
    values( '0000000011','樱桃','0000000023',1,'2018-10-2','平邮','未付款','取消订单')
    Insert into orders
    values( '0000000012','樱桃','0000000028',1,'2018-10-2','平邮','已付款','已发货')
```

7.4　ODBC 数据源配置

本案例采用 ODBC 技术连接前台应用程序与后台数据库。ODBC 数据源（salesystem）配置步骤如图 7–4 所示。

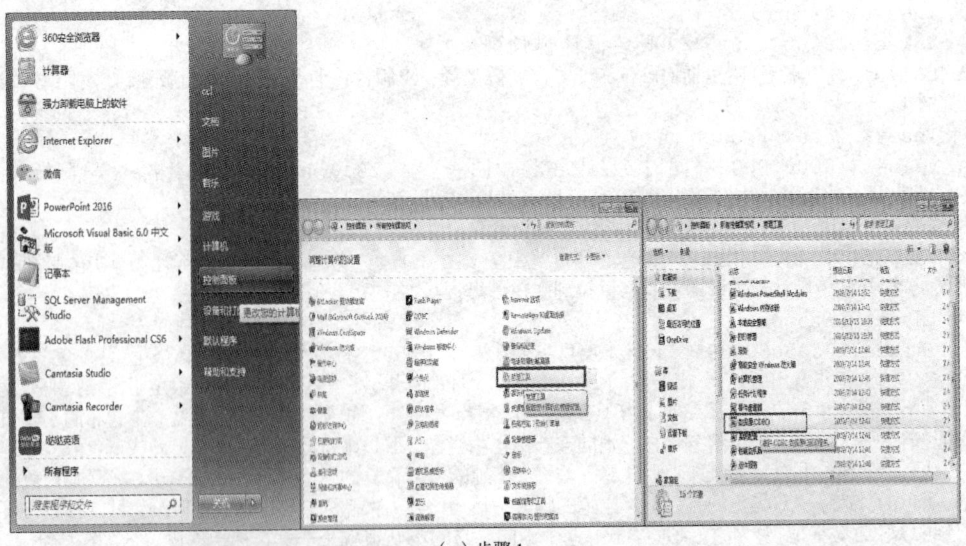

（a）步骤 1

图 7–4　ODBC 数据源配置步骤

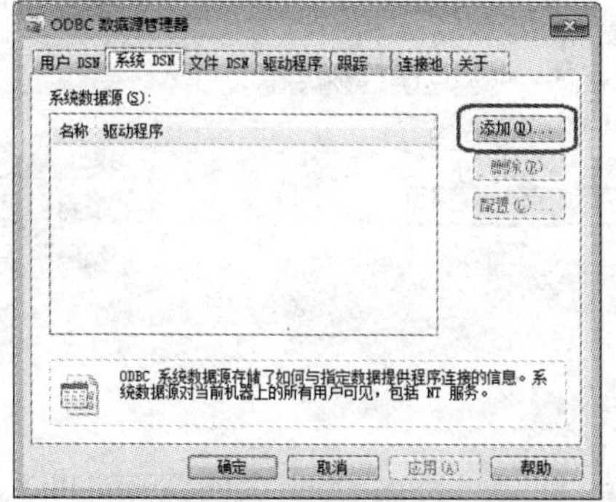

(b) 步骤2

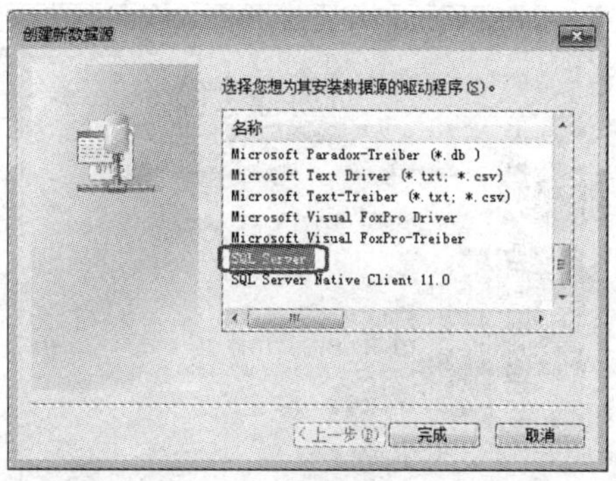

(c) 步骤3

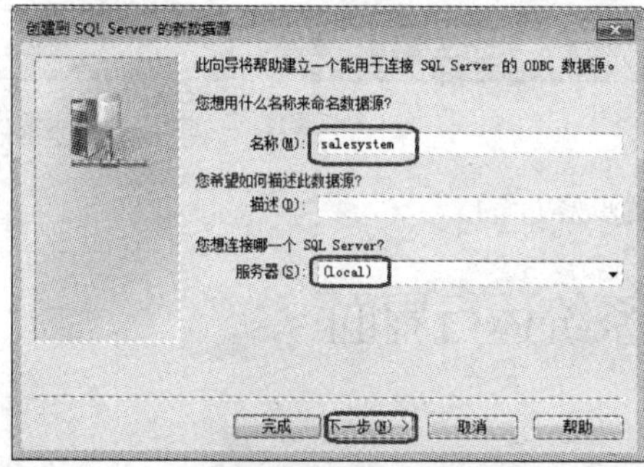

(d) 步骤4

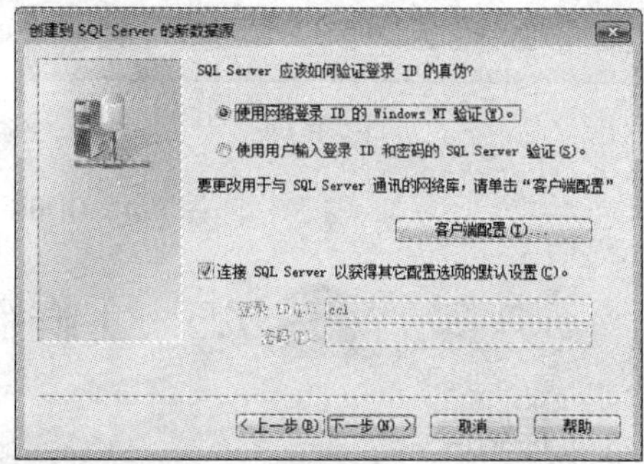

(e) 步骤5

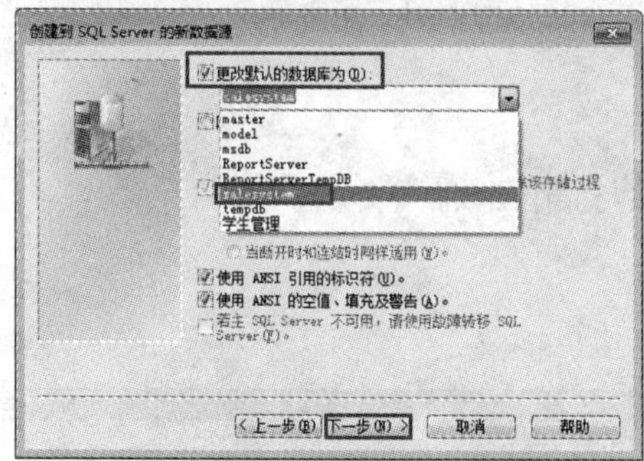

(f) 步骤6

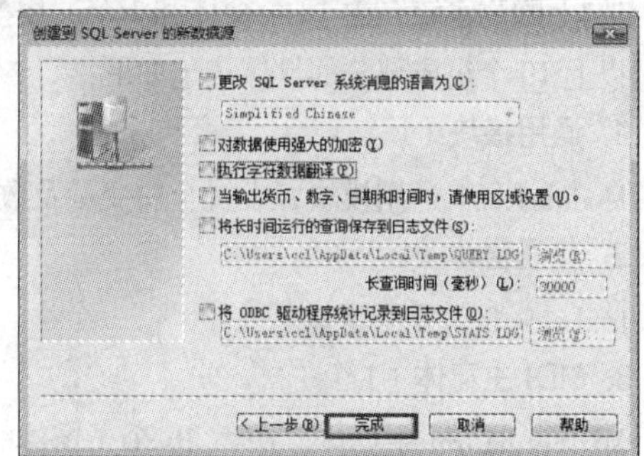

(g) 步骤7

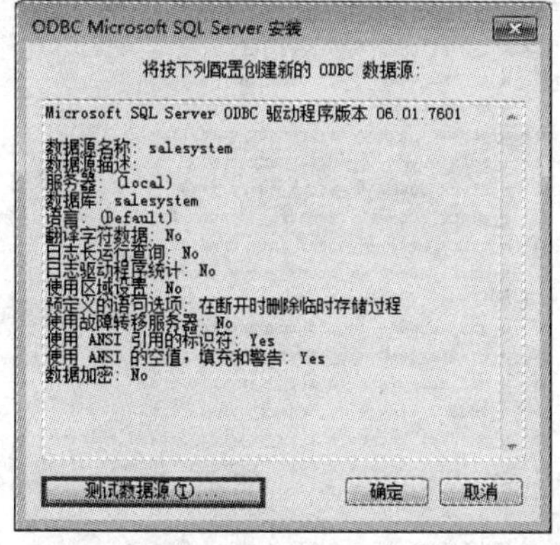

(h) 步骤8

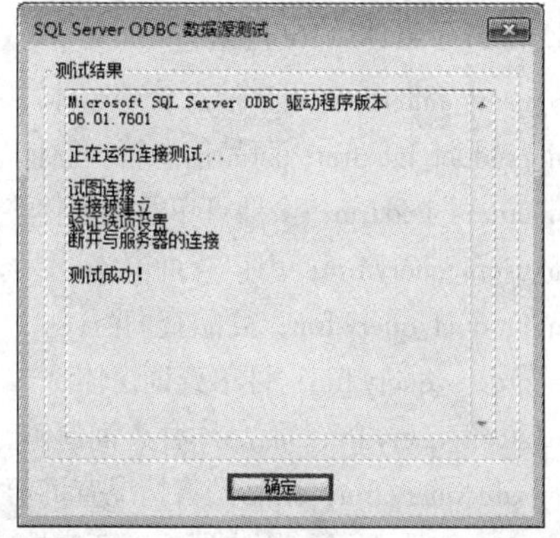

(i) 步骤9

图 7-4 ODBC 数据源配置步骤（续）

(j) 步骤 10

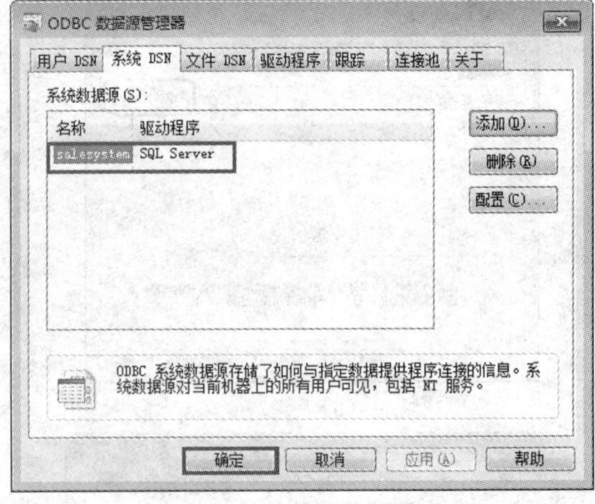

(k) 步骤 11

图 7-4　ODBC 数据源配置步骤（续）

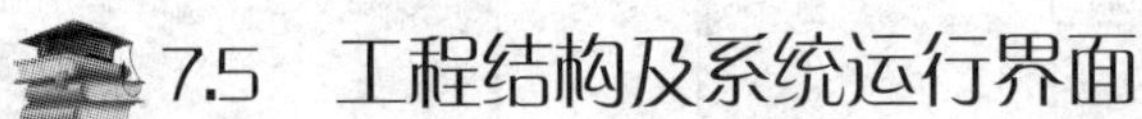

7.5　工程结构及系统运行界面

7.5.1　工程结构

“网上购物系统”由 18 个窗体和 1 个通用模块构成，工程结构如图 7-5 所示。

以上 19 个组成部分的具体描述如下：

1. 通用模块（1 个）

Module1.bas 通用模块，设置全局变量及数据库连接与操作函数。

2. 普通窗体（1 个）

frmLogin.frm 登录窗体。

3. MDI 主窗体（1 个）

MDIForm1.frm 主窗体，作为 16 个子窗体的主窗体。

4. MDI 子窗体（16 个）

m_users_info.frm：用户信息管理窗体。

m_product_info.frm：商品信息管理窗体。

m_orders_info.frm：全部订单管理窗体。

m_users_query.frm：用户查询窗体。

m_product_query.frm：商品查询窗体。

m_orders_query.frm：订单查询窗体。

m_stock_query.frm：商品库存查询窗体。

m_sale_query.frm：商品销售情况查询窗体。

m_users_account.frm 用户账户充值窗体。

u_product_browse_simple.frm：简单商品浏览窗体。

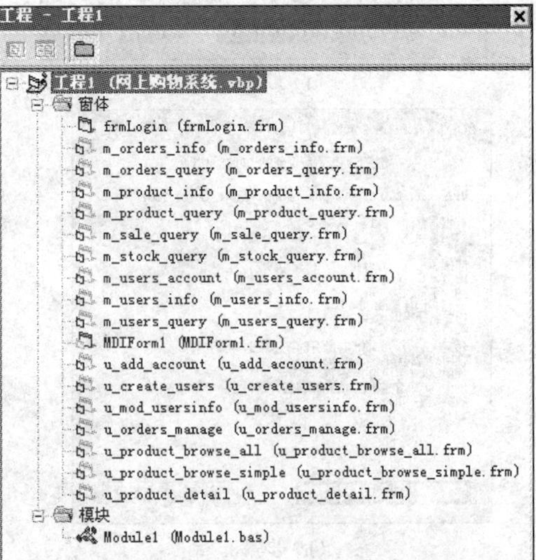

图 7-5　“网上购物系统”工程结构图

u_product_browse_all.frm：综合商品浏览窗体。

u_orders_manage.frm：我的订单管理窗体。

u_product_detail.frm：商品详细信息窗体。

u_create_users.frm：新用户注册窗体。

u_mod_usersinfo.frm：修改个人资料窗体。

u_add_account.frm：用户添加商品换积分窗体。

本书提供了 1 个通用模块、1 个主窗体和 4 个子窗体的窗体设计和代码，其余窗体和模块的窗体设计和代码请参见配套的实验指导。

7.5.2 系统运行界面

网上购物系统由 1 个登录窗体、1 个 MDI 主窗体和 16 个子窗体构成，通过 MDI 主窗体的菜单分别调用每个子窗体。登录窗体、MDI 主窗体以及子窗体的运行效果如图 7-6 所示。

（a）登录界面

（b）主窗体界面

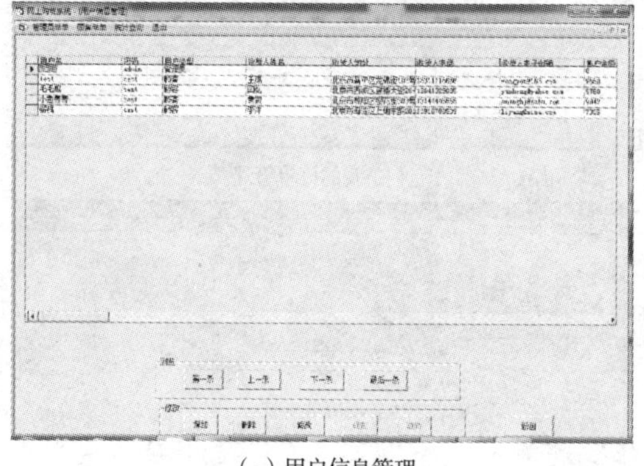

（c）用户信息管理

（d）商品信息管理

图 7-6 系统运行界面

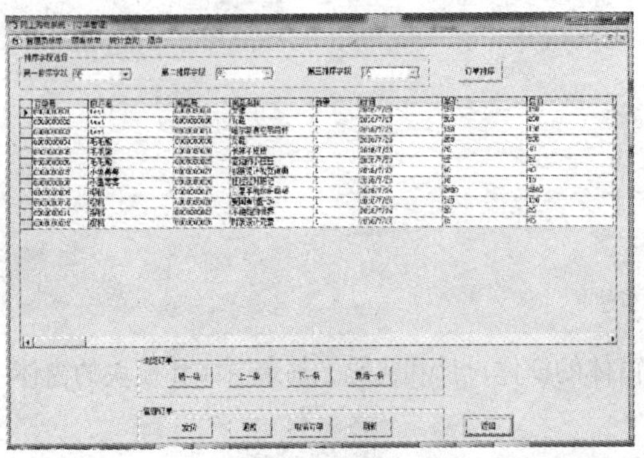
(e) 订单管理

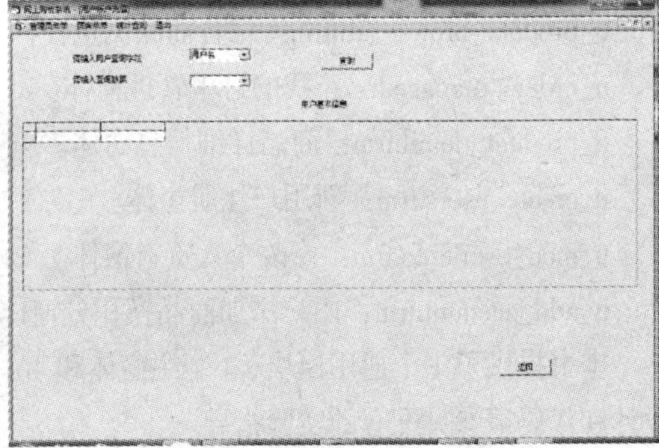
(f) 用户账户充值

(g) 简单商品浏览

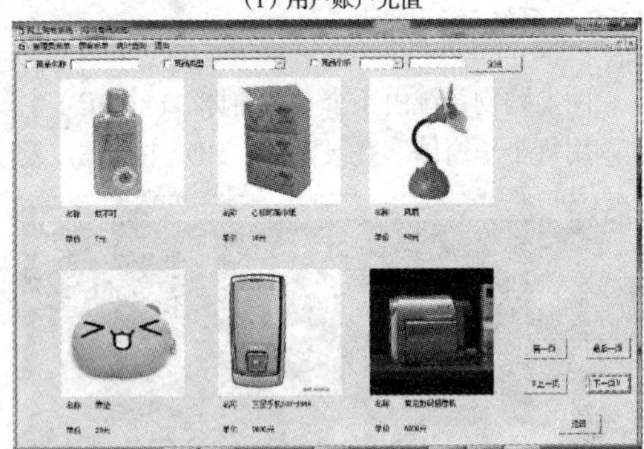
(h) 综合商品浏览

(i) 商品详细信息

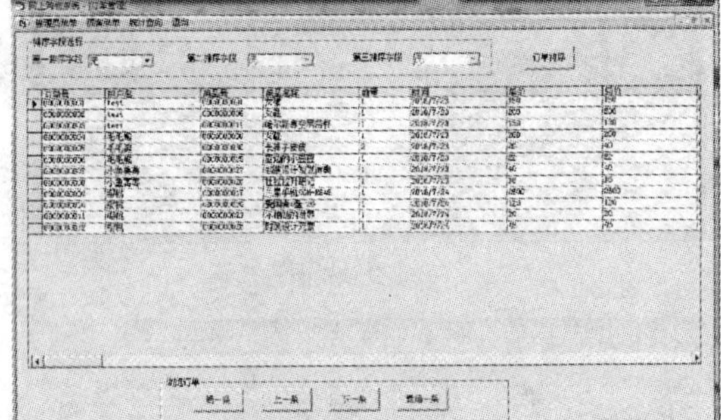
(j) 我的订单管理

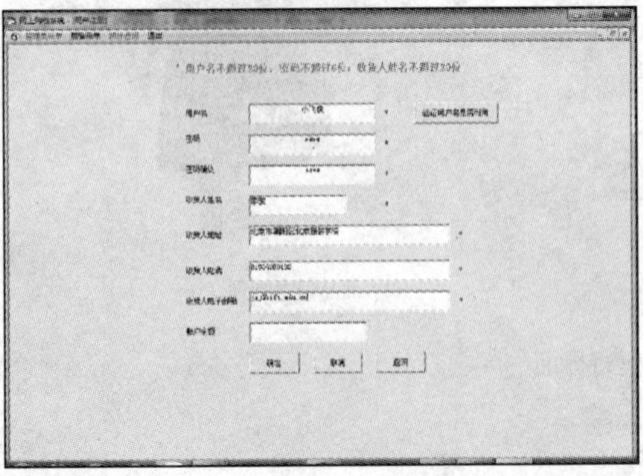
(k) 用户注册

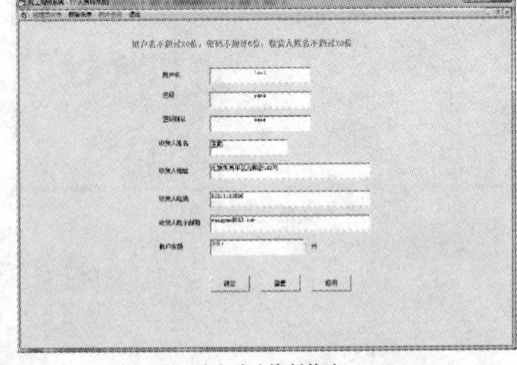

(l) 个人资料修改

图 7-6　系统运行界面（续）

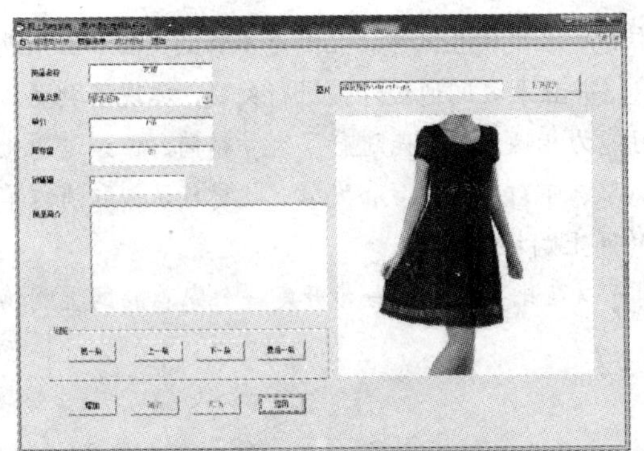

（m）添加商品换积分

（n）用户查询

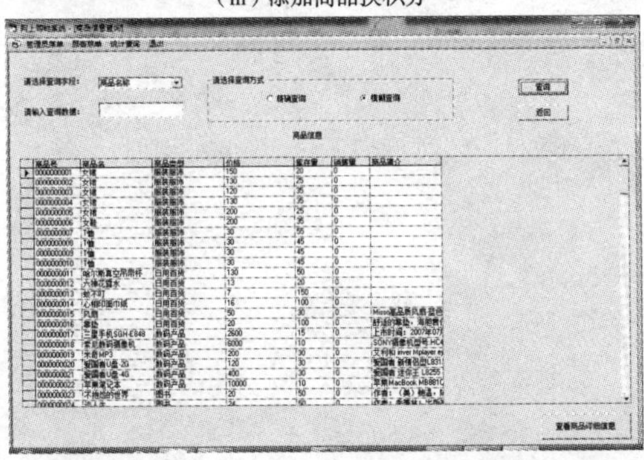

（o）商品查询

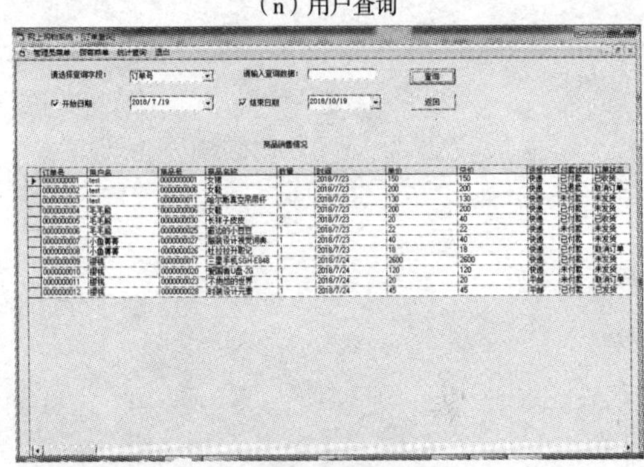

（p）订单查询

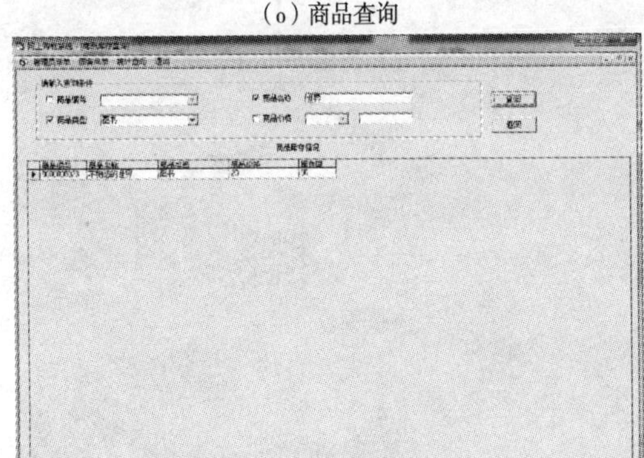

（q）商品库存查询

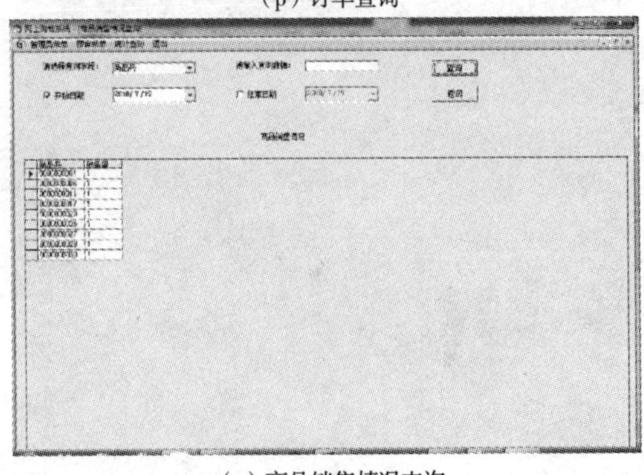

（r）商品销售情况查询

图 7-6　系统运行界面（续）

7.6　窗体设计及代码编写

窗体设计及代码编写请参见实验 12。

小　　结

作为数据库应用系统开发的学习案例，本书开发了网上购物系统。本系统模拟了网上购物的基本流程，具备了网上购物的雏形。考虑初学者的学习能力，本案例对网上购物做了大量精简。数据库设计部分本案例采用了三张表来表示复杂的网上购物信息，在现实生活中，显然是不够的，但这三张表已经表达了网上购物系统的用户、商品、订单的信息，并且表之间通过外键进行关联，体现了数据库的基本原理。在程序设计方面，为了与初学者的学习能力相匹配，更是进行了大量精简。但经过简化的应用程序已经涵盖了网上购物的用户管理、商品浏览、下订单、付款、发货、收货确认、取消订单和退款等基本流程，因此从整体看，这是一个完整的网上购物系统。

如果学生已经达到了独立完成该工程的能力，则可以在此基础上进一步开发一个完善的网上购物系统。

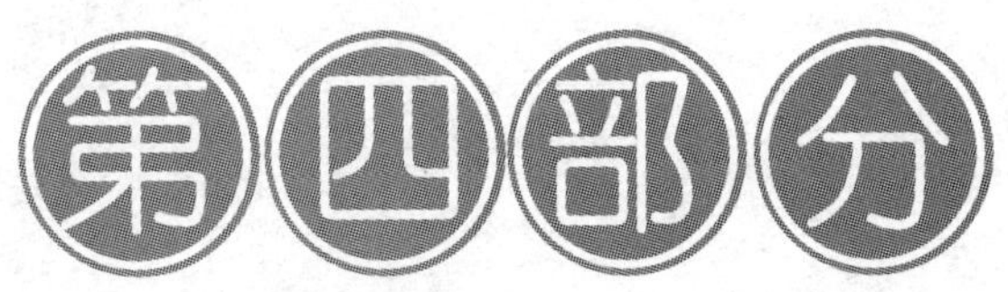

实验指导

本部分由12个实验组成，包括4个数据库基础实验、4个程序设计基础实验、3个数据库编程实验和1个综合实验。

12个实验串起了学习数据库应用系统开发的主线：数据库—程序设计—数据库应用系统。

以“网上购物系统”案例为综合实验内容，使学生理论联系实际，加深对数据库基本原理和程序设计方法的理解，获得数据库应用系统开发的工程体验。

实验 1

初识数据库

一、实验目的

（1）了解 SQL Server 查询分析器的使用方法。

（2）掌握配置 ODBC 数据源的步骤。

（3）熟悉“网上购物系统”的购物流程。

（4）了解“网上购物系统”的各项功能。

二、实验内容

实验 1–1　使用 SQL Server 查询分析器创建库表结构及内容

实验 1–2　配置 ODBC 数据源

实验 1–3　使用“网上购物系统”实现一个完整的购物流程

实验 1–4　体验“网上购物系统”的各项功能

实验 1–1　使用 SQL Server 查询分析器创建库表结构及内容

“网上购物系统”是贯穿本书的重要案例，所有教学及实验内容都将紧密围绕该系统的具体实现而展开。为了让同学们在正式进入数据库管理系统软件开发之前对“网上购物系统”的各项功能有所了解，特别安排了本次实验。希望通过对该系统的使用加深对数据库管理系统软件的了解和认识，进而提高大家学习数据库相关知识的积极性。需要说明的是，在使用“网上购物系统”之前，需要做些准备工作，具体包括：①创建数据库表结构及内容；②配置 ODBC 数据源。否则，在登录系统时就会得到图 E1–1 所示的提示，无法正常使用软件提供的各项功能。

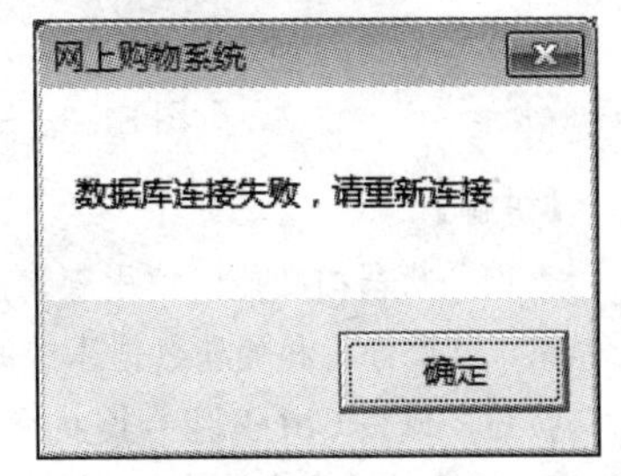

图 E1–1　数据库连接失败提示框

1. 打开 SQL Server Management Studio 的主界面

选择“开始 | 所有程序 | Microsoft SQL Server 2012 | SQL Server Management Studio”命令，在弹出的“连接到服务器”对话框中单击“连接”按钮，即可登录到 SQL Server Management Studio 的主界面，如图 E1–2 所示。

2. 新建查询

在 SQL Server Management Studio 工具栏中，单击工具栏左侧的“新建查询”按钮可以打开查询分析器，如图 E1–3 所示。

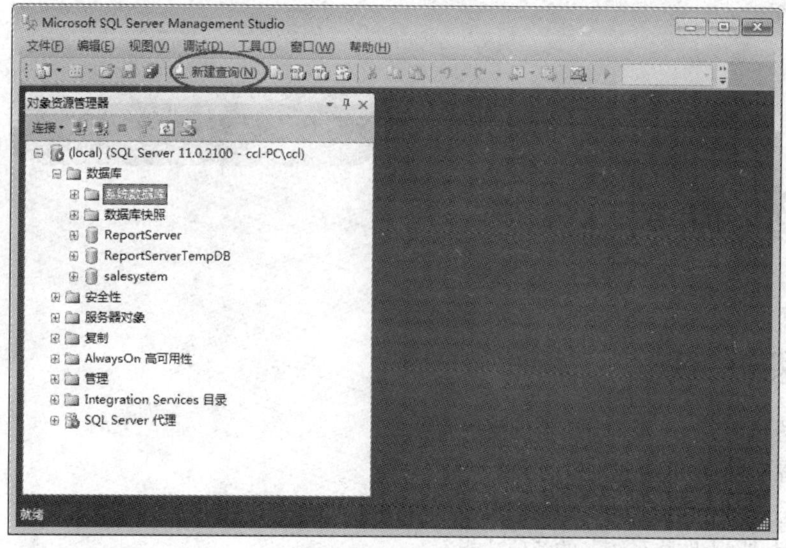

图 E1–2　SQL Server Management Studio 主界面

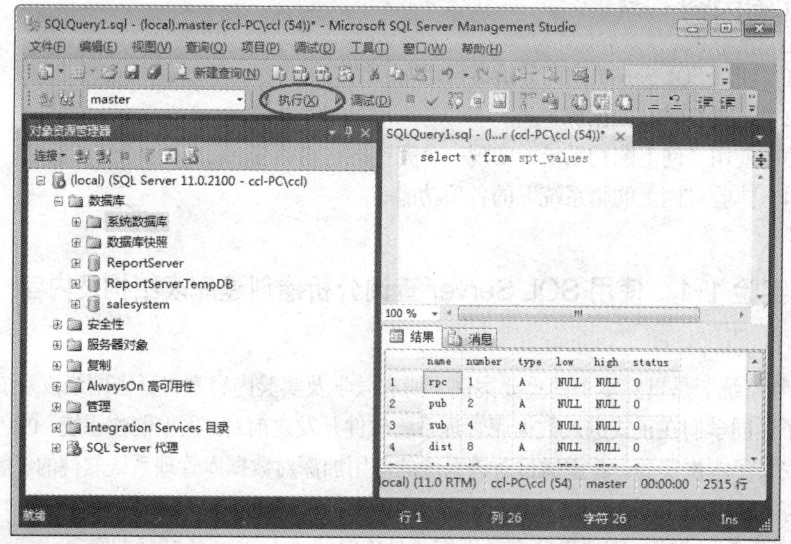

图 E1–3　SQL Server Management Studio 查询分析器界面

【讲解】

查询分析器的功能：使用查询分析器可以编写和执行 T-SQL 语句，并且迅速查看这些语句的执行结果，以便分析和处理数据库中的数据。具体使用时，先输入要执行的 T-SQL 语句，然后单击“执行”按钮，或按 Ctrl+E 组合键执行该语句，查询结果将显示在结果窗格中。

3. 创建数据库表结构及内容

（1）选择“文件 | 打开 | 文件”命令，指向“实验 1\创建数据库表结构及内容.sql”。

（2）单击工具栏中的“执行”按钮，完成创建图 E1–4 所示数据库及数据表的操作。

【讲解】

“网上购物系统”使用的数据库名称为 salesystem，库中共有三张用户级表：users、product、orders，它们依次存储“网上购物系统”中的用户信息、商品信息及订单信息。

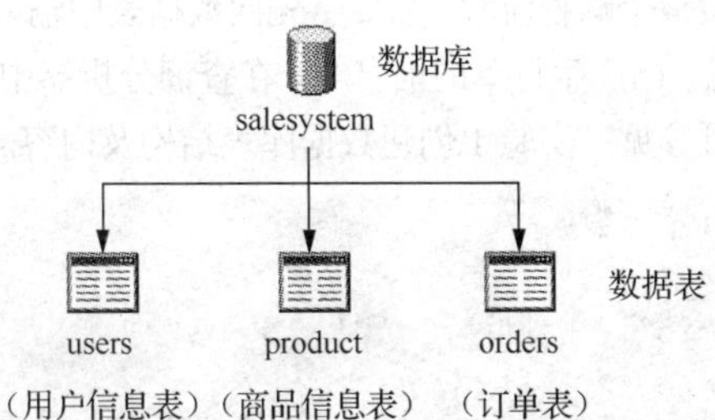

图 E1-4 网上购物系统的数据库及表示意图

在查询分析器中使用 T-SQL 语句创建系统所用库表结构的语句如下所示：

```
Create Database   salesystem                               /*创建数据库*/
Go
Use salesystem

Create Table users                                         /*创建用户信息表*/
(
   uid         varchar(20)      primary key,      /*用户 ID*/
   upassword   varchar(6)       not null,         /*用户密码*/
   utype       varchar(20)      not null,         /*用户类型*/
   uname       varchar(20)      not null,         /*收货人姓名*/
   uaddr       varchar(50)      not null,         /*收货人地址*/
   utel        varchar(20)      not null,         /*收货人电话*/
   uemail      varchar(30)      not null,         /*收货人电子邮箱*/
   uaccount    float            not null          /*用户账户余额*/
)

Create Table product                                       /*创建商品信息表*/
(
   pid         char(10)         primary key,      /*商品 ID*/
   pname       varchar(30)      not null,         /*商品名称*/
   ptype       varchar(20)      not null,         /*商品分类*/
   price       float            not null,         /*商品价格*/
   stock       int              not null,         /*库存量*/
   sale        int              not null,         /*已售出量*/
   profile     text,                              /*商品简介*/
   picture     varchar(100)                       /*商品图片*/
)

Create Table orders                                        /*创建订单表*/
(
   oid         char(10)         primary key,      /*订单 ID*/
   uid         varchar(20)      references users(uid) not null,    /*用户 ID*/
   pid         char(10)         references product(pid)   not null,/*商品 ID*/
   pamount     int              not null,         /*商品数量*/
   otime       datetime         not null,         /*订单生成时间*/
   deliver     char(4)          not null,         /*送货方式*/
   payment     char(6)          not null,         /*付款情况*/
   status      varchar(8)       not null          /*订单情况*/
)
```

为了让同学们更好地体验整个购物流程，需要事先向数据表中输入部分数据，具体包括已注册用户的信息、待销售商品的信息、已产生订单的信息等。在查询分析器中向表中插入数据的部分 T–SQL 语句如下所示（完整的语句可参见“实验 1\创建数据库表结构及内容.sql”）。

```
    /*向 users 用户信息表中插入数据*/
    Insert Into users
    Values('admin','admin','管理员',' ',' ',' ',' ',0)
    Insert Into users
    Values('test','test','顾客','王燕','北京市昌平区××街 102 号', '13311116666',
'wangyan@163.com',9650)
    Insert Into users
    Values('毛毛熊','test','顾客','闫弘','北京市西城区××大街 26 号', '13641329005',
'yanhong@yahoo.com',9760)
    …
    /*向 product 商品信息表中插入数据*/
    Insert Into product
    Values('0000000001','女裙','服装服饰',150,20,0,NULL,'服装服饰\skirt1.jpg')
    …
    Insert Into product
    Values('0000000015','风扇','日用百货',50,30,0,'Misso 高品质风扇-蓝色太阳花风扇','
日用百货\风扇.jpg')
    …
    /*向 orders 订单表中插入数据*/
    Insert Into orders
    values('0000000001','test','0000000001',1,'2018-7-23','快递','已付款','已收货')
    Insert Into orders
    values('0000000002','毛毛熊','0000000015',1,'2018-7-23','快递','已付款','未发货')
    …
```

4. 查看新建数据库 salesystem 的结构及内容

（1）右击“对象资源管理器”中的“数据库”结点，在弹出的快捷菜单中选择“刷新”命令，salesystem 数据库以及 users、product、orders 表将出现在该结点之下，结构如图 E1–5 所示。

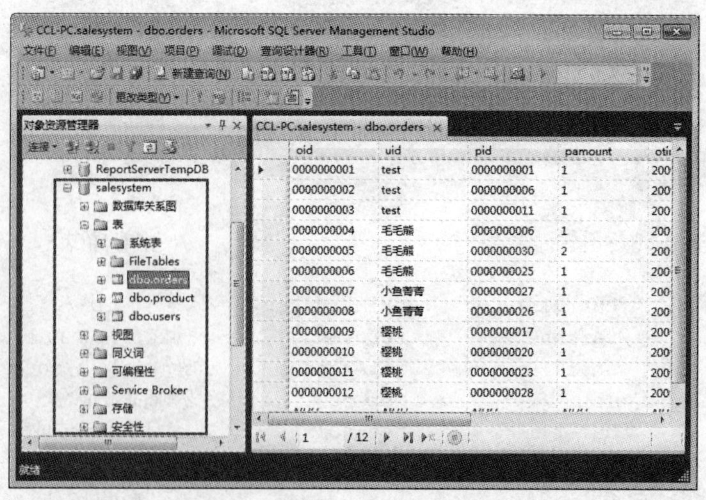

图 E1–5　成功创建数据库表结构及内容

（2）右击 orders 表，在弹出的快捷菜单中选择“打开表”命令，可以查看到该表中目前存储的数据。至此实验 1–1 使用 SQL Server 查询分析器创建数据库表结构及内容的操作就全部顺利完成了。

【讲解】

（1）在 T-SQL 语言中，有两种类型的注释符：

● 单行注释：使用两个连字符“--”作为注释符，表示当前行中从--开始到行尾都被注释。

● 多行注释：使用“/*　*/”作为注释符，此时注释可跨越多行，/* 和*/之间的文字为注释。

（2）在 T-SQL 语言中，位于注释符之间的部分称为注释。注释部分的作用是帮助用户理解 SQL 语句的作用，系统不执行该部分代码，因此无语法限制。

（3）若创建数据库表结构及内容的 SQL 语句是事先编辑好的，可以将其复制到 SQL Server 的查询分析器窗口中；也可以选择“文件 | 打开 | 文件”命令，将文件内容调入查询分析器。然后单击“执行”按钮即可。

实验 1–2　配置 ODBC 数据源

在实验 1–1 创建数据库表结构及内容后，还需要配置 ODBC 数据源，才能建立前台应用程序与后台数据库之间的联系。具体配置 ODBC 数据源的步骤如图 E1–6 ~ 图 E1–16 所示。

图 E1–6　创建 ODBC 数据源步骤 1

提示

（1）图 E1-9 中的“服务器”一项，因为连接的是本地的数据库，单击后，下拉列表会是空的，需要手动输入服务器地址：（local）（不区分大小写，但字符需准确无误）。

（2）图 E1-11 所示步骤 6 是最易出错的一环。请一定要勾选“更改默认的数据库为”复选框，并在下拉列表中选择 salesystem。如果在下拉列表中找不到 salesystem，说明实验 1-1 的实验结果有问题，请返回实验 1-1 复查。

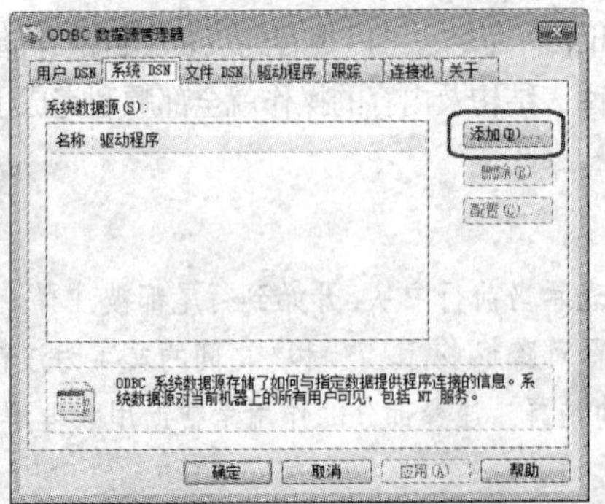

图 E1-7　创建 ODBC 数据源步骤 2

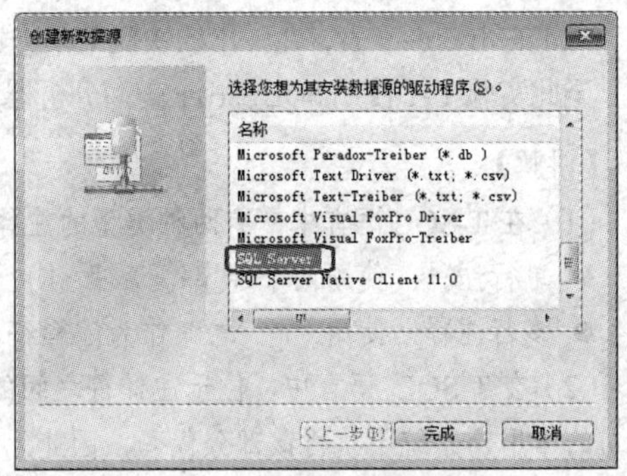

图 E1-8　创建 ODBC 数据源步骤 3

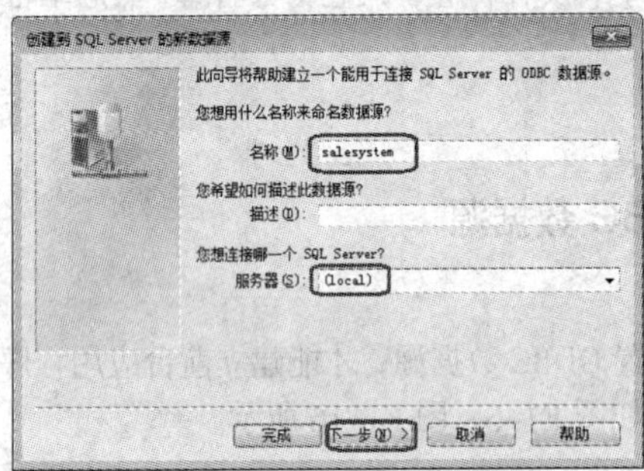

图 E1-9　创建 ODBC 数据源步骤 4

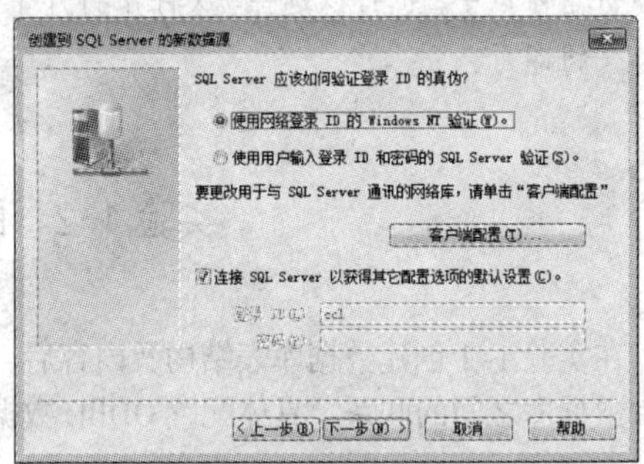

图 E1-10　创建 ODBC 数据源步骤 5

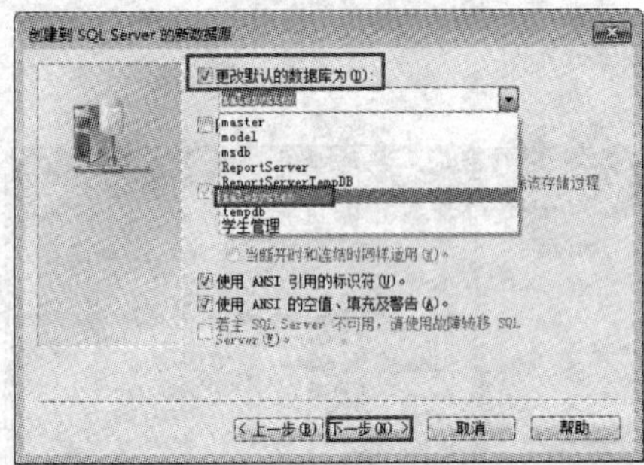

图 E1-11　创建 ODBC 数据源步骤 6

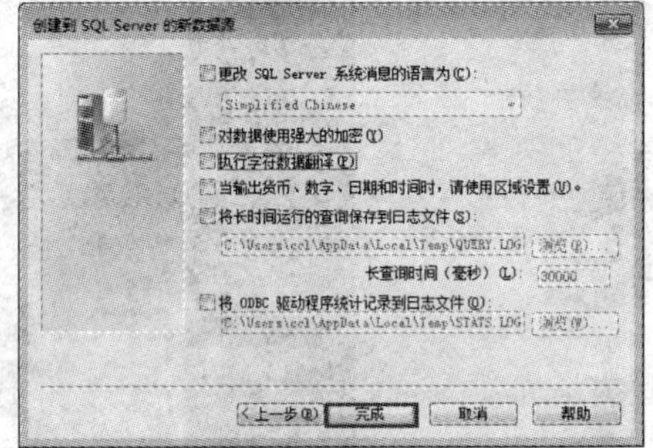

图 E1-12　创建 ODBC 数据源步骤 7

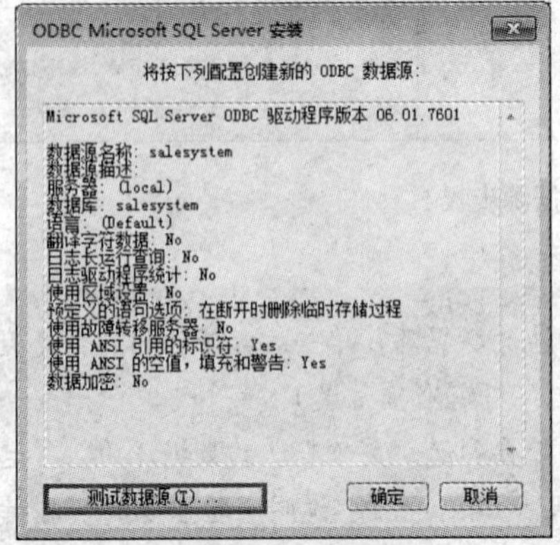

图 E1-13　创建 ODBC 数据源步骤 8

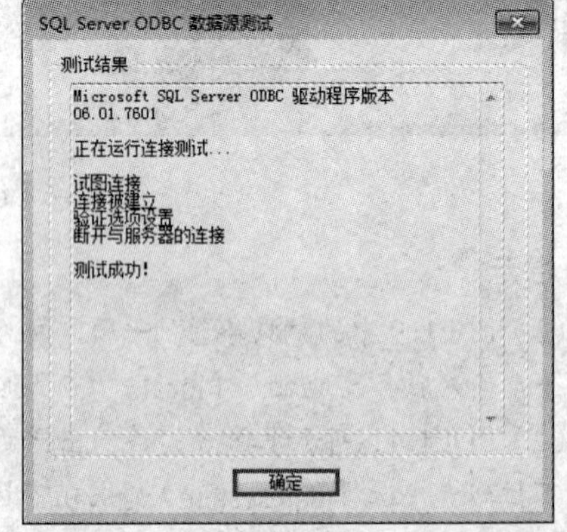

图 E1-14　创建 ODBC 数据源步骤 9

提示

步骤 9 中出现“测试成功”的字样表示 ODBC 数据源创建成功。否则请重新创建 ODBC 数据源。

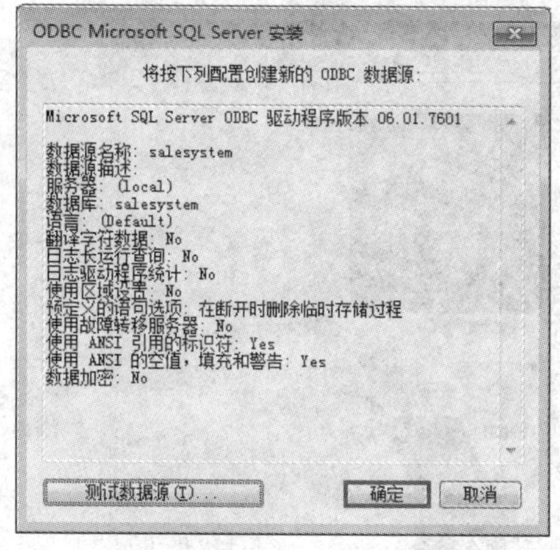

图 E1-15　创建 ODBC 数据源步骤 10

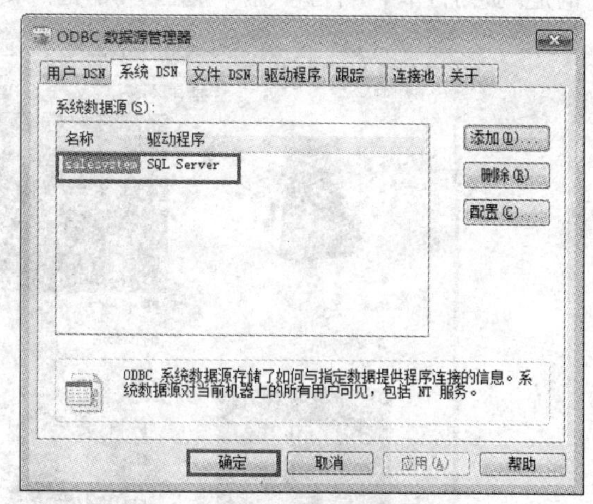

图 E1-16　创建 ODBC 数据源步骤 11

实验 1-3　使用“网上购物系统”实现一个完整的购物流程

（1）双击“网上购物系统.exe”，启动系统登录界面，如图 E1-17 所示，单击“新用户注册”按钮。

（2）在注册用户窗口中按照系统要求输入用户的相关信息，单击“确定”按钮时，将出现图 E1-18 所示的“用户注册成功”对话框，同时获得系统体验用购物券。单击“确定”按钮，并选择“返回”登录界面。

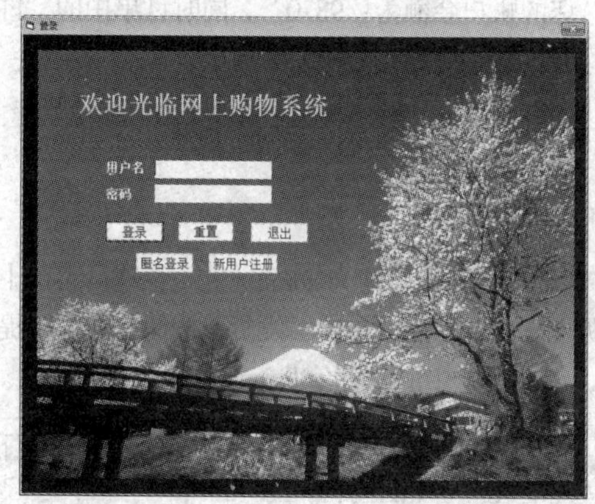

图 E1-17　系统登录界面

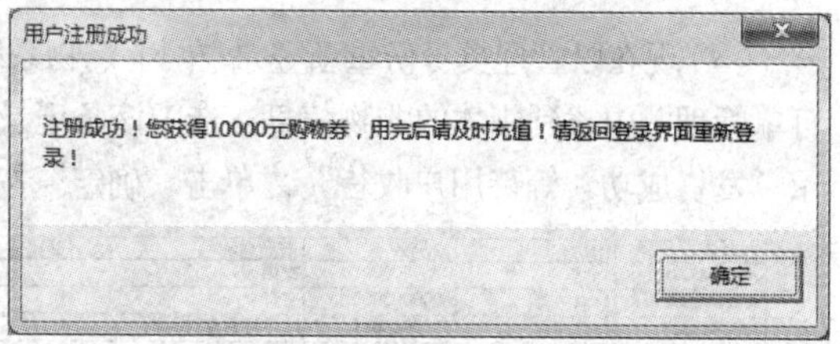

图 E1-18　“用户注册成功”对话框

（3）使用刚刚注册成功的用户名及密码重新登录到系统主界面。选择“顾客菜单 | 简单商品浏览”命令可以浏览系统中待销售商品的相关信息，如图 E1-19 所示。通过选择商品种类下拉列表并单击“浏览”按钮可在各类商品中进行切换。

（4）对于心仪的商品，可以通过单击商品图片的方法打开购买窗口，这里将体现该商品的库存及销售情况。填写好“购买数量”及“送货方式”，单击“购买”按钮，将弹出“购买成功，请付款”的提示信息。单击“确定”按钮将进入“我的订单管理”窗口，具体信息如图 E1-20 所示。请注意的是，此时订单中“付款状态”一栏填写的是“未付款”，“订单状态”一栏填写的是“未发货”。

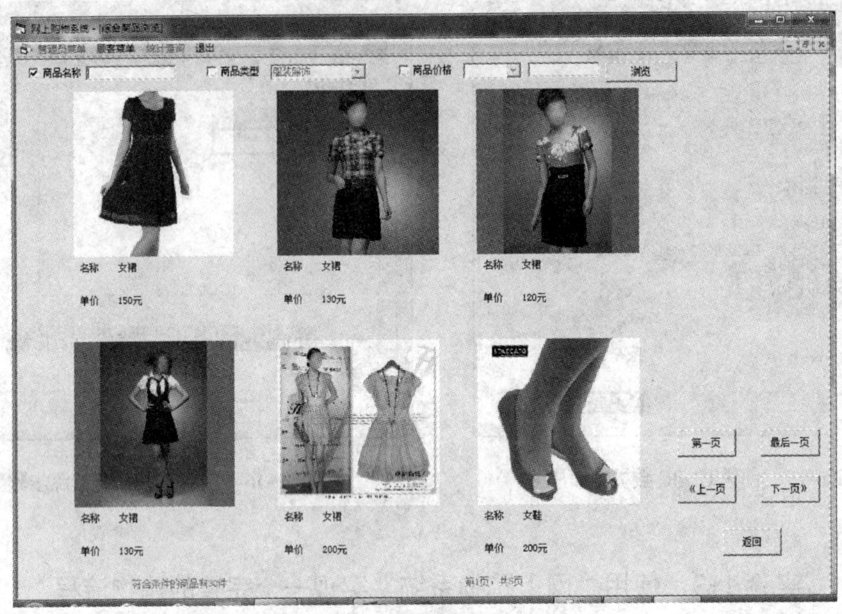

图 E1-19　简单商品浏览窗口

	订单号	商品编号	商品名称	数量	时间	单价	总价	送货方式	付款状态	订单状态
▶	0000000013	0000000001	女裙	1	2018/10/2 10:11:25	150	150	快递	未付款	未发货

图 E1-20　订单信息 1

（5）单击“付款”按钮，系统将提示“付款成功，您的账户余额为：9870”，同时订单中的“付款状态”改为“已付款”，如图 E1-21 所示。单击“退出”菜单或关闭按钮结束应用程序。

	订单号	商品编号	商品名称	数量	时间	单价	总价	送货方式	付款状态	订单状态
▶	0000000013	0000000001	女裙	1	2018/10/2 10:11:25	150	150	快递	已付款	未发货

图 E1-21　订单信息 2

（6）现在以管理员身份重新登录“网上购物系统”，用户名和密码均为 admin。在“管理员菜单 | 订单管理”中找到刚才的购物信息，选中该条记录（见图 E1-22）后，单击“发货”按钮，系统将提示“发货成功，等待用户收货”，单击“确定”按钮，订单信息中的“订单状态”变为“已发货”。

	订单号	用户名	商品号	商品名称	数量	时间	单价	总价	送货方式	付款状态	订单状态
	0000000001	test	0000000001	女裙	1	2018/7/23	150	150	快递	已付款	已收货
	0000000002	test	0000000006	女鞋	1	2018/7/23	200	200	快递	已退款	取消订单
	0000000003	test	0000000011	哈尔斯真空吊带杯	1	2018/7/23	130	130	快递	未付款	未发货
	0000000004	毛毛熊	0000000006	女鞋	1	2018/7/23	200	200	快递	已付款	未发货
	0000000005	毛毛熊	0000000030	长袜子皮皮	2	2018/7/23	20	40	快递	已付款	已收货
	0000000006	毛毛熊	0000000025	窗边的小豆豆	1	2018/7/23	22	22	快递	未付款	未发货
	0000000007	小鱼菁菁	0000000027	服装设计视觉词典	1	2018/7/23	40	40	快递	已付款	未发货
	0000000008	小鱼菁菁	0000000026	杜拉拉升职记	1	2018/7/23	18	18	快递	已付款	取消订单
	0000000009	樱桃	0000000017	三星手机SGH-E848	1	2018/7/24	2600	2600	快递	已付款	未发货
	0000000010	樱桃	0000000020	爱国者U盘-2G	1	2018/7/24	120	120	快递	未付款	未发货
	0000000011	樱桃	0000000023	不抱怨的世界	1	2018/7/24	20	20	平邮	未付款	取消订单
	0000000012	樱桃	0000000028	时装设计元素	1	2018/7/24	45	45	平邮	已付款	已发货
▶	0000000013	jack	0000000001	女裙	1	2018/10/2 10:11:25	150	150	快递	已付款	未发货

图 E1-22　订单信息 3

（7）假设过了几天，心仪的商品已经送到手中，顾客对商品的质量很满意。再次以购物顾客身份登录“网上购物系统”，在“顾客菜单 | 我的订单管理”窗口中看到该订单目前的状态是“已发货”，如图 E1–23 所示。既然我们已经收到商品就单击“收货确认”按钮，系统提示“合作愉快，欢迎下次光临”，同时订单状态改为“已收货”。至此一个完整的购物流程就结束了。

订单号	商品编号	商品名称	数量	时间	单价	总价	送货方式	付款状态	订单状态
0000000013	0000000001	女裙	1	2018/10/2 10:11:25	150	150	快递	已付款	已发货

图 E1–23　订单信息 4

整个“网上购物系统”的流程图如图 E1–24 所示。

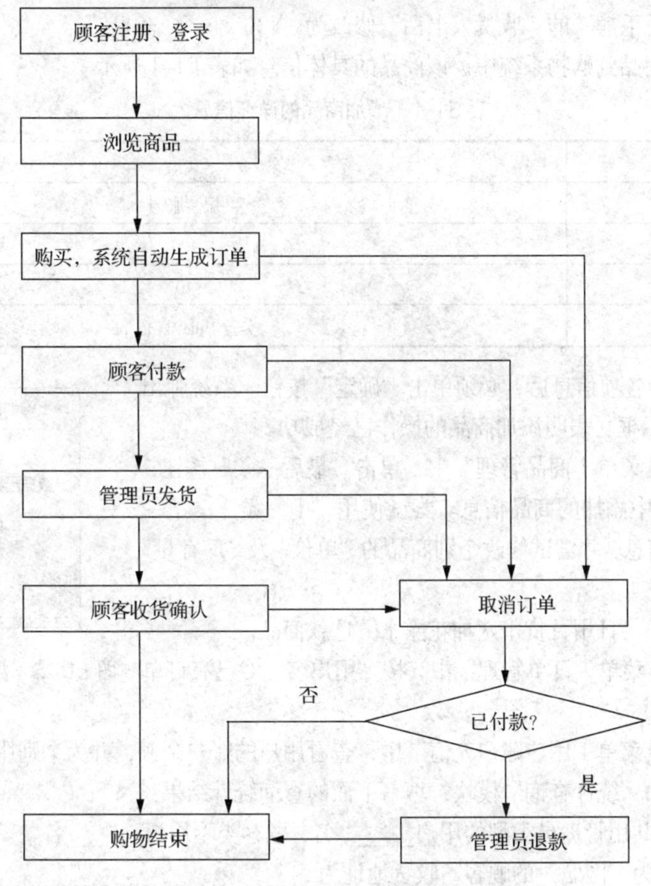

图 E1–24　网上购物系统流程图

提示

（1）“网上购物系统”支持在同一台计算机上同时操作两个进程，即实验过程中可同时启动两个窗口，一个以管理员身份登录，另一个以普通顾客身份登录。

（2）购物成功后，顾客通过“顾客菜单 | 修改个人资料”窗口会发现自己的账户余额已经减少。同时若单击刚才购买的商品，会发现该商品的库存量及销售情况均已经发生变化，而上述信息的改变都是由于刚刚完成的一次购物操作所产生的。

思考

（1）若顾客对商品下订单后，在尚未付款的状态下想取消订单，该如何操作呢？

（2）若顾客对商品下订单后，已经付款，却又想取消订单，又该如何操作呢？

参考图 E1-24 网上购物系统流程图，找到具体的操作方法，注意对比两种操作间的差别。

实验 1-4　体验“网上购物系统”的各项功能

以管理员身份（用户名及密码均为 admin）登录“网上购物系统”，并完成下面的各项操作：

（1）将用户“毛毛熊”的“收货人电话”修改为“136××××9115”。

（2）增加一个商品到购物系统中，该商品的具体信息如表 E1-1 所示。

表 E1-1　增加商品的详细信息

商品名称	女裙
商品类别	服装服饰
单　价	100
库存量	10
图　片	实验 1\pic\skirt6.jpg

添加描述商品的各项信息后，必须单击“确定”按钮。系统弹出图 E1-25 所示的提示框，表明添加商品的操作已经成功。

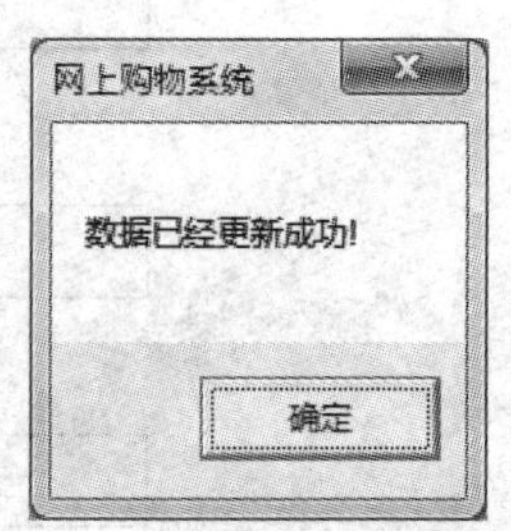

图 E1-25　数据成功更新提示框

（3）在“管理员菜单 | 商品管理”中，单击“最后一条”按钮，可以看到步骤（2）中添加的商品信息。尝试使用“上一条”“下一条”按钮浏览商品信息，并尝试修改个别商品的“单价”及“库存量”信息。

（4）删除系统中“日用百货 | 六神花露水”这款商品。

（5）在“管理员菜单 | 订单管理”中，按“用户名”对已有订单进行排序操作。

（6）在“管理员菜单 | 用户账户充值”中，查看用户的账户余额，并为个别用户实施充值操作。

（7）使用系统的“统计查询”模块，填写下面的查询统计结果：

- 系统中目前共用管理员类型的用户______名，顾客类型用户______名。
- 收货人姓名为“闫弘”的顾客，收货地址为____________________________。
- 收货人地址在“朝阳区”的顾客有________名。
- 商品类型为“数码产品”的商品有____________________________________。
- 商品价格为“30”的商品有______款。
- 商品编号为“0000000014”的商品名称是______________________________。
- 商品名称中含有“爱国者”的商品有________款。
- 系统从 2018-7-24 至今天产生的订单有_________条。
- 系统中______类型的商品（如日用百货类、数码产品类等）销售数量最多。

提示

步骤（7）中的查询请一定使用“统计查询”菜单下的各项功能来完成，千万不要使用“眼睛看，用笔算”的手工统计法，否则面对数量众多的用户及商品数据库，查询与统计功能都无法顺利完成。查询中请注意体会“精确查询”与“模糊查询”的区别。

三、思考题

（1）目前使用较为广泛的网络购物平台有哪些？请列举出三个以上，写出它们各自的网址。

（2）尝试一次网上购物行为（如果只是体验，可以在最终的“确认订单”时选择“取消”），详细说明整个购物流程。

（3）在“网上购物系统”中，若顾客对商品下订单后，在尚未付款的状态下想取消订单，该如何操作？若顾客对商品下订单后，已经付款，却又想取消订单，又该如何操作？注意对比两种操作的差别。

（4）“网上购物系统”是针对数据库基础教学而特别设计的，其功能与现实世界中的网络购物管理系统存在一定差异。在使用过程中，你觉得它们在那些方面存在明显的不同？教学用“网上购物系统”的哪些功能还不够完善或使用不方便？假设你是该系统的软件设计工程师，你希望在哪些方面进行改进，从而吸引更多的用户来网站购物呢？

四、作业提交

（1）实验 1-4 中步骤 7 的查询统计结果。

（2）思考题（1）～（4）。

说明

利用“附件 | 记事本”书写以上作业内容，最终保存为“实验 1.txt”并提交。

实验 2

使用 T-SQL 进行数据定义与单表查询

一、实验目的

（1）熟悉 SQL Server 中常用的数据类型。

（2）掌握运用 T-SQL 语句创建表的操作。

（3）了解常用的数据完整性约束。

（4）熟练掌握 Select、From、Where 等子句的用法。

二、实验内容

实验 2-1　使用 T-SQL 语句创建数据库表结构

实验 2-2　使用 T-SQL 语句实现修改表结构及数据更新的操作

实验 2-3　使用 T-SQL 语句进行单表查询

实验 2-1　使用 T-SQL 语句创建数据库表结构

（1）选择"开始 | 所有程序 | Microsoft SQL Server 2012 | SQL Server Management Studio"命令，在弹出的"连接到服务器"对话框中单击"连接"登录到 SQL Server Management Studio 操作界面。单击工具栏左侧的"新建查询"按钮打开查询分析器，输入下面的 T-SQL 语句并执行该语句，创建名为 salesystem 的数据库。

```
Create  Database  salesystem
```

（2）使用 T-SQL 语句，在 salesystem 数据库中创建用户信息表——users，表的具体结构如表 E2-1 所示。

表 E2-1　users（用户信息）表的结构

列 名 称	数 据 类 型	说　明	约 束
uid	varchar（20）	用户 ID，最长 20 位字符	主键
upassword	varchar（6）	用户密码，最长 6 位字符	非空
utype	varchar（20）	用户类型，最长 20 位字符	非空
uname	varchar（20）	收货人姓名，最长 20 位字符	非空
uaddr	varchar（50）	收货人地址，最长 50 位字符	非空
utel	varchar（20）	收货人电话，最长 20 位字符	非空
uemail	varchar（30）	收货人电子邮箱，最长 30 位字符	非空
uaccount	float	用户账户余额，系统默认 4 位字符	非空

创建表结构的T-SQL语句如下，输入后单击工具栏上的“执行”按钮（或按Ctrl+E组合键）。

```
Use salesystem        /*设定users表所在的数据库*/
Create Table users    /*创建用户信息表*/
(
    uid           varchar(20)       primary key,
    upassword     varchar(6)        not null,
    utype         varchar(20)       not null,
    uname         varchar(20)       not null,
    uaddr         varchar(50)       not null,
    utel          varchar(20)       not null,
    uemail        varchar(30)       not null,
    uaccount      float             not null
)
```

提示

（1）T-SQL语句不区分大小写，但要求所有标点符号必须在西文状态下录入。

（2）若系统提示信息“命令已成功完成”，说明创建表的操作已实现，在SQL Server Management Studio对象资源管理器中可以看到数据库salesystem下增加了名为users的表，如图E2-1所示。

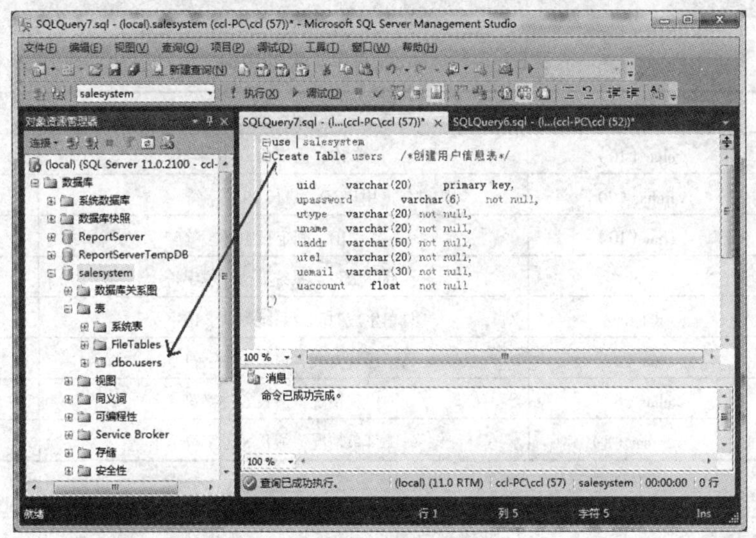

图E2-1 查看新创建的users表

（3）依据上面的步骤，创建product（商品信息表）、orders（订单表），表的具体结构如表E2-2和表E2-3所示。

表E2-2 product（商品信息）表的结构

列名称	数据类型	说明	约束
pid	char（10）	商品ID，固定长10位字符	主键
pname	varchar（30）	商品名称，最长30位字符	非空
ptype	varchar（20）	商品分类，最长20位字符	非空
price	float	商品价格，系统默认4位字符	非空

续表

列 名 称	数 据 类 型	说 明	约 束
stock	int	库存量，系统默认 4 位字符	非空
sale	int	已售出量，系统默认 4 位字符	非空
profile	text	商品简介	
picture	varchar（100）	商品图片路径，最长 100 位字符	

```
Use salesystem           /*设定 product 表所在的数据库*/
Create Table product     /*创建商品信息表*/
(
    pid     char(10)     primary key,
    pname   varchar(30)  not null,
    ptype   varchar(20)  not null,
    price   float        not null,
    stock   int          not null,
    sale    int          not null,
    profile text,
    picture varchar(100)
)
```

表 E2-3　orders（订单）表的结构

列 名 称	数 据 类 型	说 明	约 束
oid	char（10）	订单 ID，固定长 10 位字符	主键
uid	varchar（20）	用户 ID，最长 20 位字符	非空，外键
pid	char（10）	商品 ID，固定长 10 位字符	非空，外键
pamount	int	商品数量，系统默认 4 位字符	非空
otime	datetime	订单生成时间，系统默认 8 位字符	非空
deliver	char（4）	送货方式，最长 4 位字符	非空
payment	char（6）	付款情况，最长 6 位字符	非空
status	varchar（8）	订单情况，最长 8 位字符	非空

```
Use salesystem           /*设定 orders 表所在的数据库*/
Create Table orders      /*创建订单表*/
(
     oid          char(10)                                primary key,
     uid          varchar(20) references  users(uid)      not null,
     pid          char(10) references  product(pid)       not null,
     pamount      int                                     not null,
     otime        datetime                                not null,
     deliver      char(4)                                 not null,
     payment      char(6)                                 not null,
     status       varchar(8)                              not null
)
```

提示

两个表的创建也可以一次执行完毕，即输入全部 T-SQL 语句后再单击“执行”按钮。

实验 2-2 使用 T-SQL 语句实现修改表结构及数据更新的操作

1）修改表的结构

（1）向 users 表增加一个 postcode 列，用来存储邮政编码，语句如下：

```
Alter Table  users  Add postcode  char(6) Null
```

提示

使用此方式增加的新列内容一律为空值，即 Null，如图 E2-2 所示。

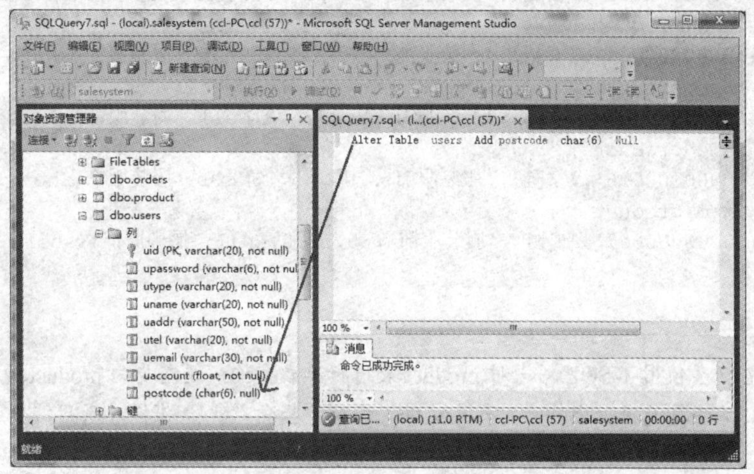

图 E2-2 向 users 表中增加 postcode 列

（2）删除 users 表中的 postcode 列，语句如下：

```
Alter Table  users  Drop Column postcode
```

提示

使用此方式将彻底删除该列中存储的数据及列结构。

2）删除表结构

删除 orders 表的语句如下：

```
Drop Table orders
```

提示

使用此方式将彻底删除表中存储的数据及表的结构。

3）向创建好的表中插入数据

（1）向 users 表中插入一条用户记录。

```
Insert Into users
Values('水晶','123','顾客','李晶晶','北京市朝阳区××北路25号','135××××2309',
'jingjing@sina.com',10000)
```

提示

若语句执行后，结果窗格中显示“1 行受影响”的消息，说明以上用户信息已经被成功插入到 users 表中。在左侧的对象资源管理器中找到 salesystem 库下的 users 表，右击该结点，选择“打开表”，可以更加清晰地体会到该条 T-SQL 语句的作用。

（2）向 product 表中一次性插入多条商品信息（可直接使用“实验 2\插入商品信息.sql”）。

```
Insert into product
Values('0000000001','女裙','服装服饰',150,20,0,Null,'服装服饰\skirt1.jpg')
Insert into product
Values('0000000002','女裙','服装服饰',130,25,0,Null,'服装服饰\skirt2.jpg')
Insert into product
Values('0000000003','女裙','服装服饰',120,35,0,Null,'服装服饰\skirt3.jpg')
Insert into product
Values('0000000004','女裙','服装服饰',130,35,0,Null,'服装服饰\skirt4.jpg')
Insert into product
Values('0000000005','女裙','服装服饰',200,25,0,Null,'服装服饰\skirt5.jpg')
Insert into product
Values('0000000006','女鞋','服装服饰',200,35,0,Null,'服装服饰\shoes1.jpg')
Insert into product
Values('0000000007','T恤','服装服饰',30,55,0,Null,'服装服饰\Tshirt1.jpg')
…
```

提示

为完成实验 2-3 使用 T-SQL 语句对 product 表进行单表查询，还需要向 product 表中插入多条记录，具体的操作方法是选择“文件 | 打开 | 文件”命令，指向“实验 2\插入商品信息.sql”，再单击工具栏中的“执行”按钮。命令执行后正确的返回信息为 30 条“1 行受影响”，表明 30 种商品的相关信息已经被成功插入到 product 表中。

实验 2-3 使用 T-SQL 语句进行单表查询

单击工具栏左侧的“新建查询”按钮打开查询分析器，对 product 表进行下面的统计查询操作：

（1）查询 product 表中所有列的数据。

```
Select *
From product
```

查询结果如图 E2-3 所示。

	pid	pname	ptype	price	stock	sale	profile	picture
1	0000000001	女裙	服装服饰	150	20	0	NULL	服装服饰\skirt1.jpg
2	0000000002	女裙	服装服饰	130	25	0	NULL	服装服饰\skirt2.jpg
3	0000000003	女裙	服装服饰	120	35	0	NULL	服装服饰\skirt3.jpg
4	0000000004	女裙	服装服饰	130	35	0	NULL	服装服饰\skirt4.jpg
5	0000000005	女裙	服装服饰	200	25	0	NULL	服装服饰\skirt5.jpg
6	0000000006	女鞋	服装服饰	200	35	0	NULL	服装服饰\shoes1.jpg
7	0000000007	T恤	服装服饰	30	55	0	NULL	服装服饰\Tshirt1...

图 E2-3 查询结果 1

（2）查询 product 表中商品 ID 为“0000000006”的商品信息。

```
Select  *
From  product
Where pid ='0000000006'
```

查询结果如图 E2-4 所示。

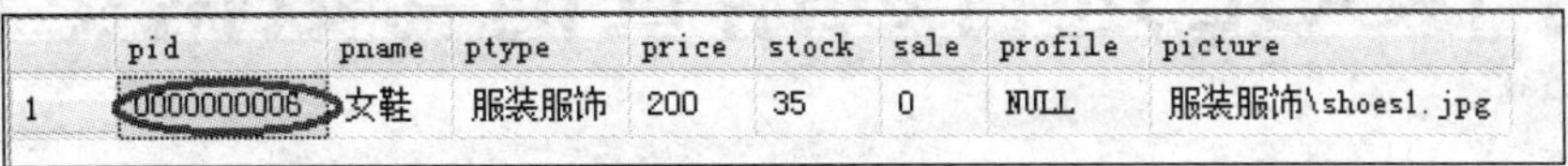

	pid	pname	ptype	price	stock	sale	profile	picture
1	0000000006	女鞋	服装服饰	200	35	0	NULL	服装服饰\shoes1.jpg

图 E2-4　查询结果 2

（3）查询商品名称中含有“爱国者”字样的商品 ID、商品名称、商品价格。

```
Select  pid,pname,price
From  product
Where  pname  Like  '%爱国者%'
```

查询结果如图 E2-5 所示。

（4）查询 product 表共有几条数据记录。

```
Select  Count(*)
From  product
```

查询结果如图 E2-6 所示。

	pid	pname	price
1	0000000020	爱国者U盘-2G	120
2	0000000021	爱国者U盘-4G	400

图 E2-5　查询结果 3

	(无列名)
1	30

图 E2-6　查询结果 4

三、思考题

在 SQL 查询分析器中实现下面的查询操作，并将正确的 T-SQL 语句填写在“实验 2.sql”中。

（1）查询 product 表中所有商品的商品 ID、商品名称及商品价格，查询结果按价格降序排列。

（2）查询 product 表中价格在 20 元以下的“日用百货”类商品 ID、商品名称、商品分类及商品价格。

（3）查询 product 表中库存量在 40～60 件之间的“图书”类商品名称、商品价格、商品分类及库存量。

（4）查询 product 表“服装服饰”和“图书”类商品的商品 ID、商品名称、商品分类及商品简介。

（5）查询 product 表中“图书”类商品中在商品简介中含有“季羡林”字样的商品 ID、商品名称、商品分类及商品简介。

（6）查询 product 表中价格在 4000 元以上的“数码产品”类商品记录有几条。

四、作业提交

实验 2.sql。

实验 3

使用 T-SQL 进行数据查询与数据更新

一、实验目的

（1）掌握用 T-SQL 语句实现数据更新的操作。
（2）熟悉连接查询的使用方法。
（3）熟悉嵌套查询的使用方法。
（4）了解用 T-SQL 语句创建视图的方法。

二、实验内容

实验 3-1　使用 T-SQL 语句实现数据更新
实验 3-2　使用 T-SQL 语句完成连接查询
实验 3-3　使用 T-SQL 语句完成嵌套查询
实验 3-4　使用 T-SQL 语句创建视图

实验 3-1　使用 T-SQL 语句实现数据更新

（1）选择"开始 | 所有程序 | Microsoft SQL Server 2012 | SQL Server Management Studio"命令，在弹出的"连接到服务器"对话框中单击"连接"按钮登录到 SQL Server Management Studio 操作界面。选择"文件 | 打开 | 文件"命令，指向"实验 3\创建数据库表结构及内容.sql"，再单击工具栏中的"执行"按钮，完成创建 salesystem 数据库、users 表、product 表、orders 表结构并向表中插入记录的操作。

（2）删除数据。

① 删除 users 表中用户 ID 为"水晶"的用户记录。

```
Delete
From  users
Where uid='水晶'
```

② 删除 orders 表中在"2018-10-2"之后生成的所有订单记录。

```
Delete
From  orders
Where otime >'2018-10-2'
```

③ 删除 product 表中的全部记录（了解即可，暂不要操作）。

```
Delete
From  product
```

提示

（1）使用 Delete From 只删除表中存储的数据，但保留表的结构，与 Drop Table 彻底删除表结构的操作是有区别的。

（2）执行数据更新操作前后可以使用 Select * From product 对比数据的变化。

思考

是否可以像删除用户“水晶”一样将 users 表中的用户“樱桃”删除呢？两个用户有什么差别？

提示

（3）即使执行“Delete From product”命令，系统是否会按照要求将表中的所有商品记录删除？如果未能执行，原因是什么？

（3）修改数据。

① 将 product 表中价格为 35 元的“T 恤”商品价格改到 30。

```
Update     product
Set        price=30
Where      pname='T恤'  and  price=35
```

② 将 users 表中用户“毛毛熊”的收货人电话修改为“136××××9005”。

```
Update  users
Set utel='136××××9005'
Where  uid='毛毛熊'
```

实验 3-2　使用 T-SQL 语句完成连接查询

涉及两个及以上表的查询称为连接查询。从多个表中选择和操作数据，这正是 SQL 的特色之一。如果没有连接查询功能，就不得不将一个应用程序所需的全部数据集中在一个表中或是在多个表中保存相同的数据，这样就违反了关系型数据库设计的基本原则，而通过表的连接可以很容易地从多个表中查询到所需要的数据。

1）两张表之间的连接查询

查询订单 ID 为“0000000009”的订单信息，显示订单 ID、商品 ID、商品名称及商品价格。

```
Select  oid, a.pid, pname, price
From   orders as a, product as b
Where  (a.pid = b.pid) And  (oid ='0000000009')
```

查询结果如图 E3-1 所示。

	oid	pid	pname	price
1	0000000009	0000000017	三星手机SGH-E848	2600

图 E3-1　连接查询结果

orders 表和 product 表的联系如图 E3-2 所示。

orders 表

Oid（订单 ID）	Uid（用户 ID）	Pid（商品 ID）	Pamount（商品数量）	Otime（订单生成时间）	Deliver（送货方式）	Payment（付款情况）	Status（订单情况）
……							
0000000007	小鱼菁菁	0000000027	1	2018-10-2	快递	已付款	未发货
0000000008	小鱼菁菁	0000000026	1	2018-10-2	快递	已付款	取消订单
0000000009	樱桃	0000000017	1	2018-10-2	快递	已付款	未发货
0000000010	樱桃	0000000020	1	2018-10-2	快递	未付款	未发货
0000000012	樱桃	0000000028	1	2018-10-2	平邮	已付款	已发货

product 表

Pid（商品 ID）	Pname（商品名称）	Ptype（商品分类）	Price（商品价格）	Stock（库存量）	Sale（已售出量）	Profile（商品简介）	Picture（商品图片）
……							
0000000016	靠垫	日用百货	20	100	0		日用百货\靠垫.jpg
0000000017	三星手机 SGH-E848	数码产品	2600	14	1		数码产品\三星 SGH-E848.jpg
0000000018	索尼数码摄像机	数码产品	6000	10	0		数码产品\索尼数码摄像机.jpg
0000000019	米奇 MP3	数码产品	200	30	0		数码产品\米奇 MP3.jpg
……							

图 E3-2　orders 表和 product 表的联系

提示

若想在查询结果中体现出字段的中文说明，可以使用 as 子句来实现。

```
Select  oid as 订单ID, a.pid as 商品ID, pname as 商品名称, price as 商品价格
From   orders as a, product as b
Where （a.pid = b.pid） And （oid ='0000000009'）
```

查询结果如图 E3-3 所示。

	订单ID	商品ID	商品名称	商品价格
I	0000000009	0000000017	三星手机SGH-E848	2600

图 E3-3　在查询结果中体现中文字段说明

2）三张表之间的连接查询

查询 orders 表中每张订单的订单 ID、商品名称、商品价格、收货人姓名、收货人地址信息。

【分析】该查询共涉及 5 个字段，其中订单 ID 来自 orders（订单表），商品名称、商品价格来自 product（商品信息表），收货人姓名、收货人地址来自 users（用户信息表），而在这三张表中起到

连接作用的关键字段就是 orders 表的外键 pid（商品 ID）和 uid（用户 ID）。三张表之间的关系图如图 E3-4 所示。

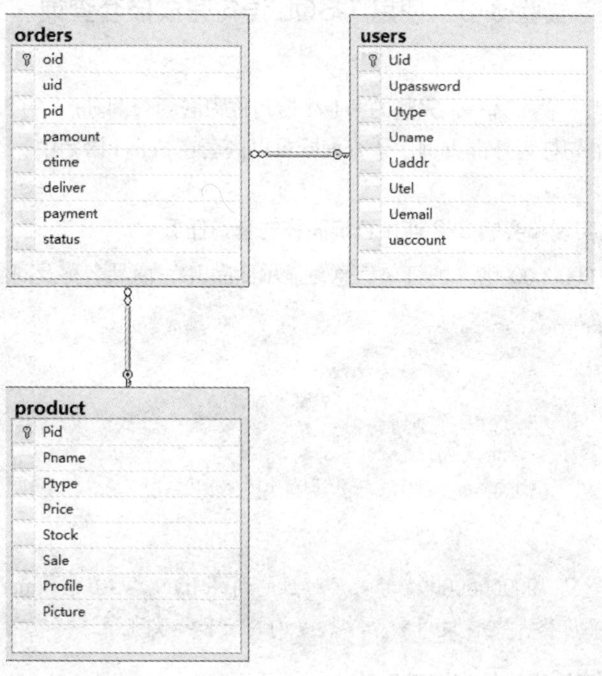

图 E3-4　三张表的关系图

通过表之间的关系图可知：orders 表中的 uid 为外键，引用 users 表中的 uid；orders 表中的 pid 为外键，引用 product 表中的 Pid。

```
Select  oid, pname, price, uname, uaddr
From   orders as a, product as b, users as c
Where  (a.pid = b.pid) And  (a.uid = c.uid)
```

查询结果如图 E3-5 所示。

	oid	pname	price	uname	uaddr
1	0000000001	女裙	150	王燕	北京市昌平区××街102号
2	0000000002	女鞋	200	王燕	北京市昌平区××街102号
3	0000000003	哈尔斯真空吊带杯	130	王燕	北京市昌平区××街102号
4	0000000004	女鞋	200	闫弘	北京市西城区××大街26号
5	0000000005	长袜子皮皮	20	闫弘	北京市西城区××大街26号
6	0000000006	窗边的小豆豆	22	闫弘	北京市西城区××大街26号
7	0000000007	服装设计视觉词典	40	黄贺	北京市朝阳区××街303号
8	0000000008	杜拉拉升职记	18	黄贺	北京市朝阳区××街303号
9	0000000009	三星手机SGH-E848	2600	李洋	北京市海淀区××东路201号
10	0000000010	爱国者U盘-2G	120	李洋	北京市海淀区××东路201号
11	0000000011	不抱怨的世界	20	李洋	北京市海淀区××东路201号
12	0000000012	时装设计元素	45	李洋	北京市海淀区××东路201号

orders表　　product表　　users表

图 E3-5　三张表连接查询的结果及分析

实验 3-3 使用 T-SQL 语句完成嵌套查询

在一个 Select 语句中嵌入另一个完整的 Select 语句称为嵌套查询。嵌入的 Select 语句称为子查询，包含子查询的 Select 语句称为外部查询。子查询既可以嵌套在 Select 语句中，也可以嵌套在 Update、Delete、Insert 语句中。

1. 使用嵌套查询实现和实验 3-2 连接查询同样的查询任务

查询订单 ID 为“0000000009”的订单信息，显示商品 ID、商品名称及商品价格。

```
Select  pid,pname,price
From   product
Where  pid  In
                (Select   pid
                 From    orders
                 Where   oid ='0000000009')
```

提示

先在 orders 表中查到“0000000009”号订单对应的商品 ID，然后在 product 表中查找与该商品 ID 对应的商品名称及商品价格，这样使用两个单表查询的嵌套就实现了连接查询所完成的工作。

2. 更适合由嵌套查询完成的查询任务

查询购物系统中一直未被订购过的商品，显示商品 ID、商品名称、商品价格及商品类型。

```
Select  pid,pname,price,ptype
From   product
Where  pid  Not In  (Select   pid  From    orders)
```

提示

子查询返回的结果是 orders 表中已经存在的商品 ID，即这些商品曾经被订购过，外部查询在 product 表中进行，由于 Where 子句巧妙使用 Not In 作为判断的条件，从而很容易得到了题目要求的“一直未被订购过商品”的相关信息。

实验 3-4 使用 T-SQL 语句创建视图

视图作为一种基本的数据库对象，是查询一个表或多个表的另一种方法，通过将预先定义好的查询作为一个视图对象存储在数据库中，然后就可以像使用表一样通过查询语句调用它。视图是一种虚表，不是物理存在的表。

1. 创建一个视图，实现和实验 3-2 中三张表之间的连接查询同样的查询任务

查询每张订单的订单 ID、商品名称、商品价格、收货人姓名、收货人地址信息。

```
Create View  orders_detail
As
Select  oid,pname,price,uname,uaddr
```

```
From   orders as a,product as b,users as c
Where  (a.pid = b.pid) And  (a.uid = c.uid)
```

提示

创建好的视图 orders_detail 将出现在左侧对象资源管理器，salesystem 数据库下“视图”结点的下方，如图 E3-6 所示。

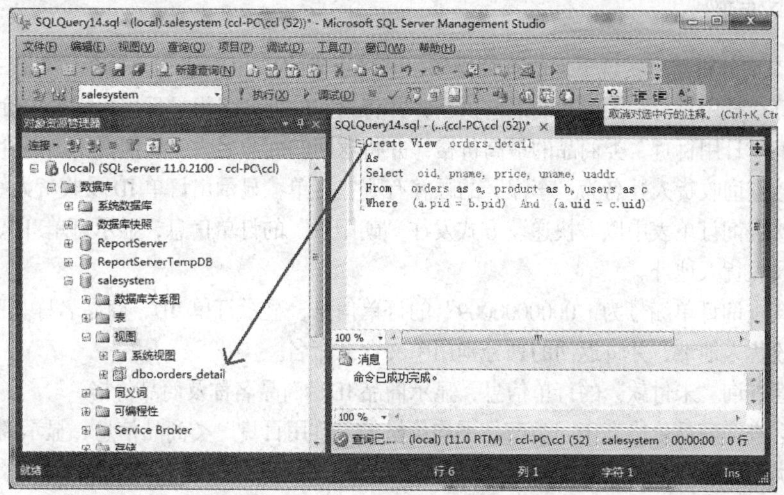

图 E3-6　查看用户创建的视图 orders_detail

2. 查看在上一步骤中所创建的视图中的信息

```
Select  *
From  orders_detail
```

查看结果如图 E3-7 所示。

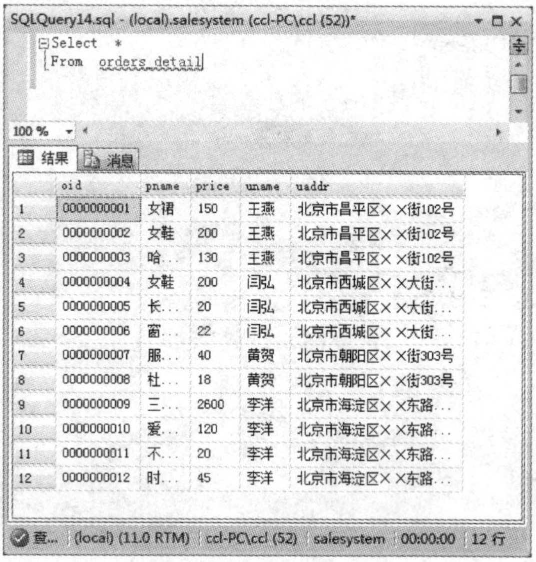

SQLQuery14.sql - (local).salesystem (ccl-PC\ccl (52))*

```
Select  *
From  orders_detail
```

结果　消息

	oid	pname	price	uname	uaddr
1	0000000001	女裙	150	王燕	北京市昌平区××街102号
2	0000000002	女鞋	200	王燕	北京市昌平区××街102号
3	0000000003	哈...	130	王燕	北京市昌平区××街102号
4	0000000004	女鞋	200	闫弘	北京市西城区××大街...
5	0000000005	长...	20	闫弘	北京市西城区××大街...
6	0000000006	窗...	22	闫弘	北京市西城区××大街...
7	0000000007	服...	40	黄贺	北京市朝阳区××街303号
8	0000000008	杜...	18	黄贺	北京市朝阳区××街303号
9	0000000009	三...	2600	李洋	北京市海淀区××东路...
10	0000000010	爱...	120	李洋	北京市海淀区××东路...
11	0000000011	不...	20	李洋	北京市海淀区××东路...
12	0000000012	时...	45	李洋	北京市海淀区××东路...

查... (local) (11.0 RTM) ccl-PC\ccl (52) salesystem 00:00:00 12 行

图 E3-7　查看视图 orders_detail 中的信息

提示

对视图的查询操作和对普通数据表的查询操作完全一致，同样可以使用 Select、From、Where 等子句，对于经常执行的连接查询或嵌套查询，可以将其创建为视图，这样再次使用时就方便了很多。要注意的是，基本表中的数据一旦发生变化，从视图中查询出来的数据也会随之改变。

三、思考题

在 SQL 查询分析器中实现下面的查询操作，并将正确的 T-SQL 语句填写在“实验 3.sql”中。

（1）计算“日用百货”类商品的平均价格，并将返回的列命名为“日用百货平均价格”。

（2）查询“日用百货”类商品的最高价格，并将返回的列命名为“日用百货最高价格”。

（3）连接查询收货人姓名为“李洋”的顾客有哪些订单，显示出订单 ID 及收货人姓名。

（4）连接查询订单表中以“快递”方式发往“朝阳区”的订单信息，显示订单 ID、送货方式、收货人姓名及收货人地址。

（5）连接查询订单编号为“0000000009”的订单信息，显示订单 ID、商品名称、商品价格、收货人姓名及收货人地址，并将返回的列分别用中文含义命名。

（6）嵌套查询“未付款”的订单信息，显示商品 ID、商品名称及商品价格。

（7）嵌套查询商品价格高于同类商品平均价格的“日用百货”类商品信息，显示商品 ID、商品名称、商品类型、库存量及商品价格。

（8）将（5）对应的查询创建为视图 orders_no。

（9）将商品 ID 为“0000000017”的商品价格改为 2500。

（10）查询视图 orders_no 中的所有数据[注意（9）中修改的价格是否体现在该查询中]。

四、作业提交

实验 3.sql。

实验 4

SQL Server 2012 的使用 «<

一、实验目的

（1）熟练掌握使用 SQL Server 管理界面创建数据库和表的操作。

（2）掌握 SQL Server 中数据库备份和还原的方法。

（3）掌握使用 SQL Server 管理界面实现数据查询的方法。

二、实验内容

实验 4–1　使用 SQL Server 管理界面创建数据库和表

实验 4–2　数据库的备份和还原

实验 4–3　使用 SQL Server 管理界面实现数据查询

实验 4–1　使用 SQL Server 管理界面创建数据库和表

1. 使用 SQL Server 管理工具创建数据库 salesystem

（1）选择“开始 | 所有程序 | Microsoft SQL Server 2012 | SQL Server Management Studio”命令，在弹出的“连接到服务器”对话框中单击“连接”按钮登录到 SQL Server Management Studio 操作界面。

（2）在“数据库”结点右击，弹出图 E4–1 所示的快捷菜单，选择“新建数据库”命令。

（3）在新建数据库对话框中输入数据库名称 salesystem（见图 E4–2），其他选项保持默认值，单击“确定”按钮，系统将自动创建 salesystem 数据库。

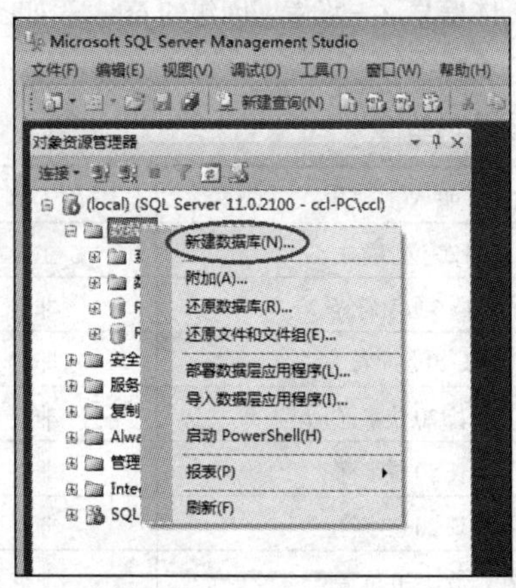

图 E4–1　在 SQL Server Management Studio 中创建数据库

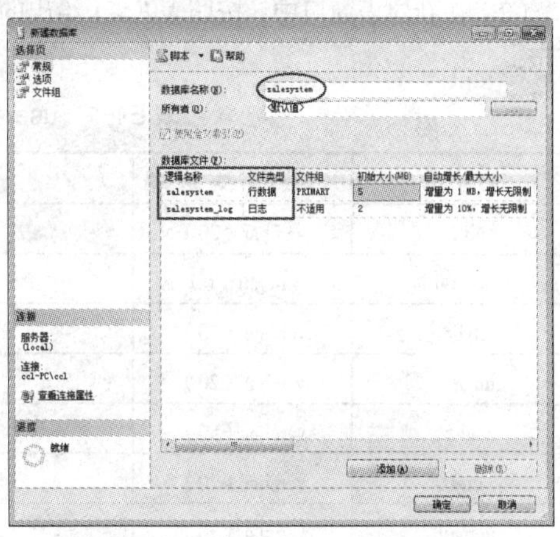

图 E4–2　“新建数据库”对话框

提示

上述操作和使用 T-SQL 语句 Create Database salesystem 均可以实现创建数据库的操作，相比之下，使用 SQL Server 管理工具操作更直观简便。

【讲解】

一个 SQL Server 数据库至少应包含一个数据文件和一个日志文件，其中数据文件用于存放数据库的数据和各种对象，日志文件则用于存放事务日志。在创建 salesystem 数据库同时生成的 salesystem_log 就是该库的日志文件。数据文件 salesystem.mdf 和日志文件 salesystem_log.ldf 默认的存储路径均为 C:\Program Files\Microsoft SQL Server\MSSQL.1\MSSQL\Data。用户可以通过“添加”功能将数据文件或日志文件保存在其他位置上。

2. 使用 SQL Server 管理工具创建用户信息表 users

（1）在对象资源管理器中展开 salesystem 数据库对应的结点，右击“表”，在弹出的快捷菜单中选择“新建表”命令，如图 E4–3 所示。

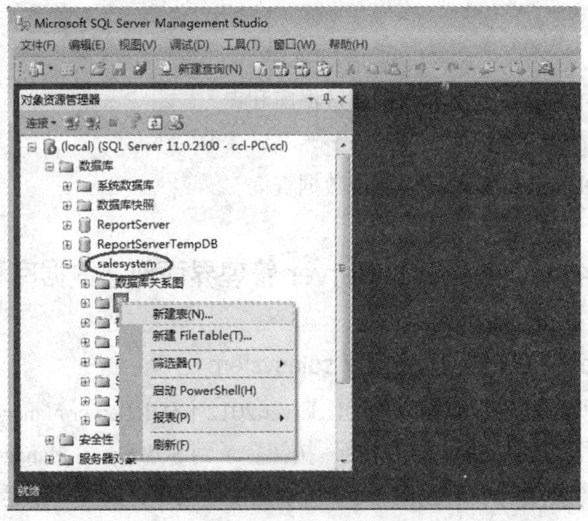

图 E4–3　创建新表 users

（2）在新建表窗口中，按照表 E4–1 给出的 users 表的具体信息逐一设置。创建的 users 表如图 E4–4 所示。

表 E4–1　users（用户信息）表的结构

列 名 称	数 据 类 型	说　明	约　束
uid	varchar（20）	用户 ID，最长 20 位字符	主键
upassword	varchar（6）	用户密码，最长 6 位字符	非空
utype	varchar（20）	用户类型，最长 20 位字符	非空
uname	varchar（20）	收货人姓名，最长 20 位字符	非空
uaddr	varchar（50）	收货人地址，最长 50 位字符	非空
utel	varchar（20）	收货人电话，最长 20 位字符	非空
uemail	varchar（30）	收货人电子邮箱，最长 30 位字符	非空
uaccount	float	用户账户余额，系统默认 4 位字符	非空

（3）右击字段名 uid，在弹出的快捷菜单中选择“设置主键”命令，如图 E4-5 所示。

列名	数据类型	允许 Null 值
uid	varchar(20)	
upassword	varchar(6)	
utype	varchar(20)	
uname	varchar(20)	
uaddr	varchar(50)	
utel	varchar(20)	
uemail	varchar(30)	
uaccount	float	

图 E4-4　创建 users 表

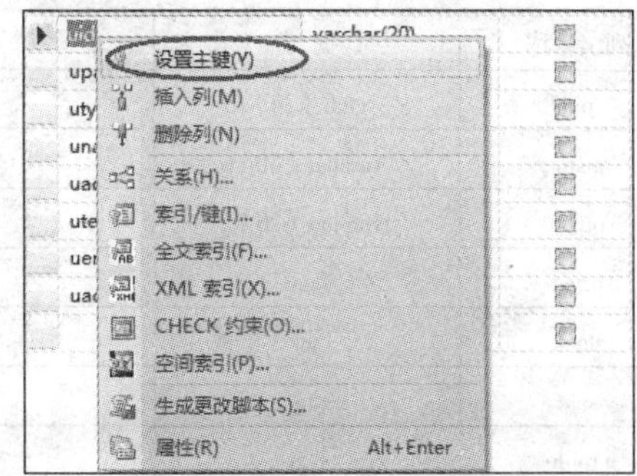

图 E4-5　为 users 表设置主键

（4）选择“文件 | 保存”命令或单击工具栏中的“保存”按钮图标，输入表名 users。

提示

（1）经过以上几步操作，users 表的结构就创建好了，但此时表中并无数据。

（2）对于创建好的表，可通过右击表结点，选择“设计”命令，重新进入表结构修改界面。通常表的结构及其约束关系的调整应在输入数据前执行完毕，否则将可能影响到表中存储的数据。

（3）若 SQL Server 管理工具不允许对表结构做调整，则需要事先做好如下的参数设置：勾选“工具 | 选项 | Designers”中的“阻止保存要求重新创建表的更改”，再右击表结点，选择“设计”命令即可以进行数据类型、字段长度等方面的修改。

（5）右击 users 表对应的结点，在弹出的快捷菜单中选择“编辑前 200 行”命令（见图 E4-6），可以直接向表中输入数据，满足约束条件的记录将自动被保存在表中。

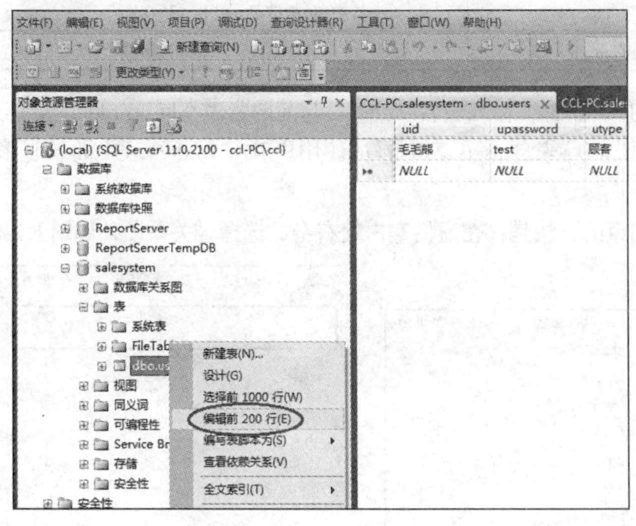

图 E4-6　向 users 表中录入数据

3. 使用 SQL Server 管理工具创建商品信息表 product

模仿创建 users 表的步骤，按照表 E4-2 中的信息创建商品信息表 product，设置 pid 字段为表的主键，如图 E4-7 所示。

表 E4-2　product（商品信息）表的结构

列 名 称	数 据 类 型	说　明	约　束
pid	char（10）	商品 ID，固定长 10 位字符	主键
pname	varchar（30）	商品名称，最长 30 位字符	非空
ptype	varchar（20）	商品分类，最长 20 位字符	非空
price	float	商品价格，系统默认 4 位字符	非空
stock	int	库存量，系统默认 4 位字符	非空
sale	int	已售出量，系统默认 4 位字符	非空
profile	text	商品简介	
picture	varchar（100）	商品图片路径，最长 100 位字符	

4. 使用 SQL Server 管理工具创建订单表 orders

模仿创建 users 表的步骤，按照表 E4-3 中的信息创建订单表 orders，设置 oid 字段为表的主键，如图 E4-7 所示。

表 E4-3　orders（订单）表的结构

列 名 称	数 据 类 型	说　明	约　束
oid	char（10）	订单 ID，固定长 10 位字符	主键
uid	varchar（20）	用户 ID，最长 20 位字符	非空，外键
pid	char（10）	商品 ID，固定长 10 位字符	非空，外键
pamount	int	商品数量，系统默认 4 位字符	非空
otime	datetime	订单生成时间，系统默认 8 位字符	非空
deliver	char（4）	送货方式，最长 4 位字符	非空
payment	char（6）	付款情况，最长 6 位字符	非空
status	varchar（8）	订单情况，最长 8 位字符	非空

单击工具栏中的 图标，输入表名 orders。与前两张表不同，orders 表中还包含外键约束，即 orders 表中的 uid（用户 ID）来自 users 表中的 uid（用户 ID），orders 表中的 pid（商品 ID）来自 product 表中的 pid（商品 ID）。

为表设置外键约束的方法是：在窗格空白处右击，选择“关系”，如图 E4-8 所示。

列名	数据类型	允许 Null 值
Pid	char(10)	☐
Pname	varchar(30)	☐
Ptype	varchar(20)	☐
Price	float	☐
Stock	int	☐
Sale	int	☐
Profile	text	☑
Picture	varchar(100)	☑

图 E4-7　创建 product 表

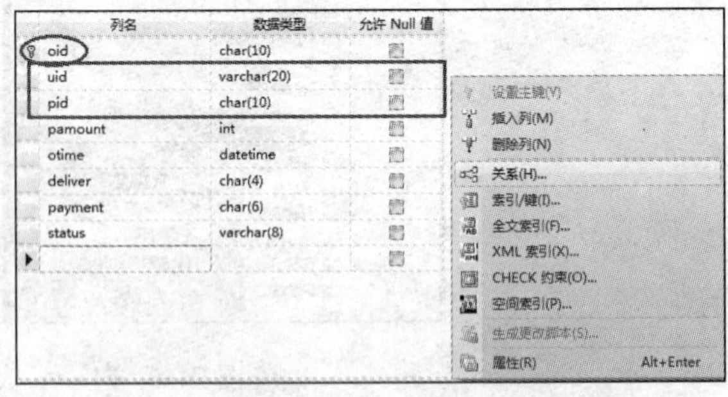

图 E4-8　为 orders 表设置外键约束

在弹出的“外键关系”对话框中单击“添加”按钮，并选择“表和列规范”对应的按钮（见图 E4-9）。在“表和列”对话框中按图 E4-10 将 users 表设置为主键表，orders 表设置为外键表，相互关联的字段均为 uid（用户 ID）。同理，再添加一个外键关系，将 product 表设置为主键表，orders 表设置为外键表，相互关联的字段均为 pid（商品 ID），如图 E4-11 所示。

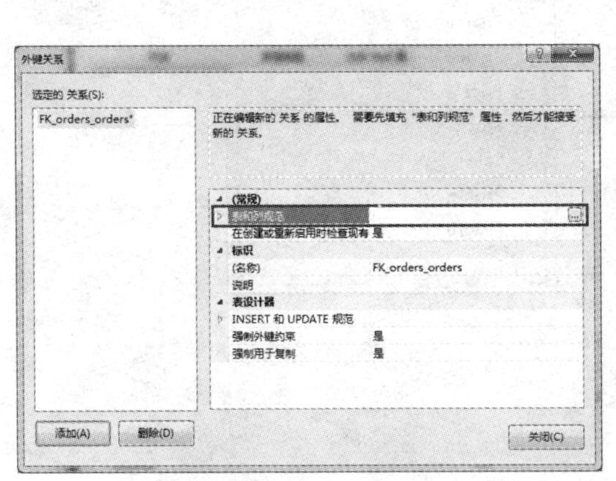

图 E4-9 “外键关系”对话框

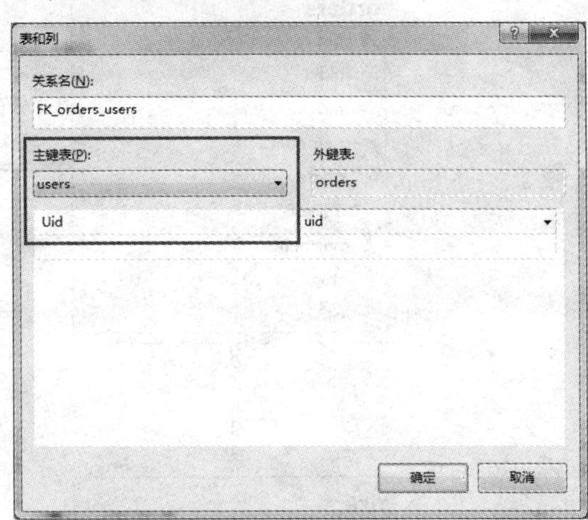

图 E4-10 设置 orders 表的外键 uid

5. 创建 salesystem 数据库关系图，查看三张表之间的关系

关系图是用来标记数据库中表与表之间相互关联情况的，它以图形方式显示表之间的连接关系。创建数据库关系图的方法是：在 salesystem 数据库下“数据库关系图”结点上右击，在弹出的快捷菜单中选择“新建数据库关系图”命令，如图 E4-12 所示。在弹出的“添加表”对话框中，将三张表全部添加，系统会自动创建出图 E4-13 所示的关系图，单击“保存”按钮，按默认关系图名称将其保存在“数据库关系图”结点下。

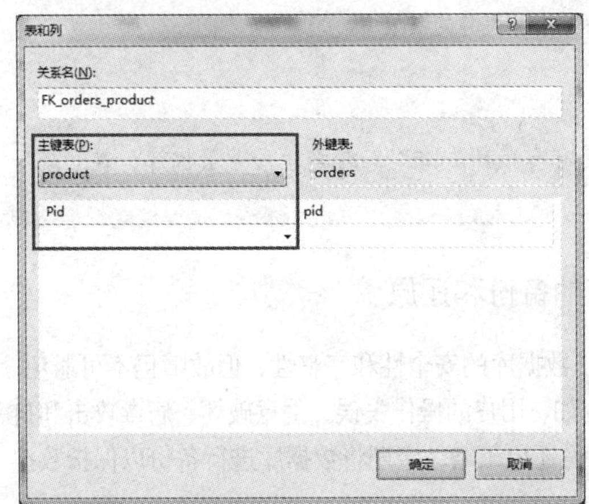

图 E4-11 设置 orders 表的外键 pid

图 E4-12 新建数据库关系图

【讲解】

关系图中两表之间的连线就是外键约束，钥匙端表示主键或唯一键所在的表，称为主表，锁链端（∞符号）为外键所在的表，称为从表。在“网上购物系统”所使用的三张表中，users 和 product 均为主表，orders 为从表。外键约束要求从表中的外键列的内容必须来自主表中相应的列，例如 orders（订单表）中出现的 uid（用户 ID）必须是在 users 表中曾记录过的 uid，orders（订单表）中出现的 pid（商品 ID）也必须是在 product 表中曾记录过的 pid，否则数据库管理系统会提示出错，不允许进行数

据的更新操作。这正是定义完整性约束后数据库管理系统对数据记录实施管理的具体表现。

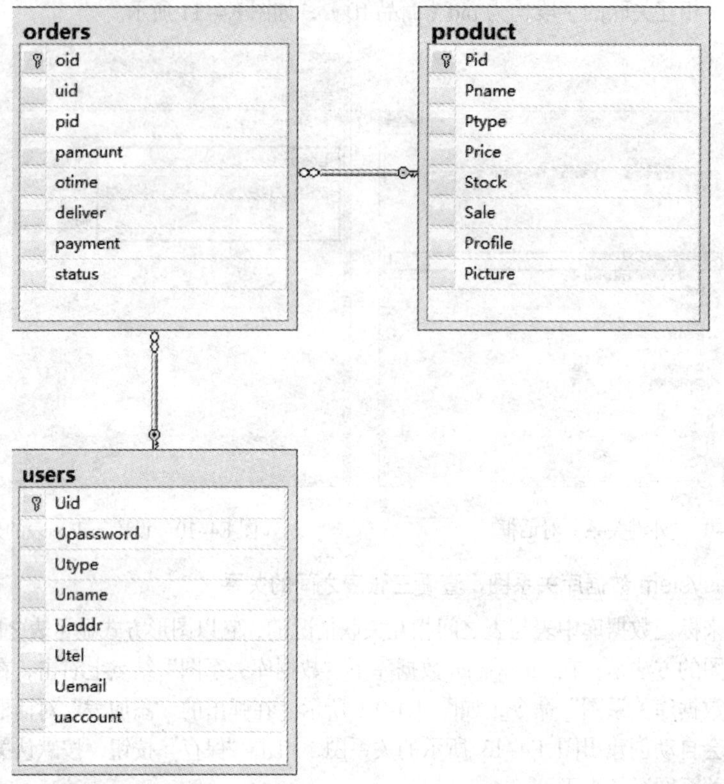

图 E4-13　users,product,orders 表的关系图

提示

如果在创建数据库关系图时系统提示“数据库没有有效所有者”，需要右击该数据库，在“属性/文件”中添加所有者 sa。

实验 4-2　数据库的备份和还原

尽管在 SQL Server 2012 中采取了许多措施来保证数据库的安全性和完整性，但故障仍不可避免。同时，还存在其他一些可能造成数据丢失的因素，例如，用户的操作失误、蓄意破坏、病毒攻击和自然界不可抗力等。因此，SQL Server 指定了良好的备份还原策略，定期将数据库进行备份以保护数据库，以便在事故发生后还原数据库。

提示

目前系统三张表中尚无数据，因此可先执行“实验 4\插入商品信息.sql”，将有用数据插入 salesystem 数据库，这将有利于理解数据库备份的意义。

1. 数据库的备份

在 SQL Server Management Studio 中，选择对象资源管理器中要进行备份的数据库，例如 salesystem 数据库，右击 salesystem 数据库结点，在弹出的快捷菜单中选择“任务 | 备份”命令，如图 E4-14 所

示，出现图 E4–15 所示“备份数据库”窗口。

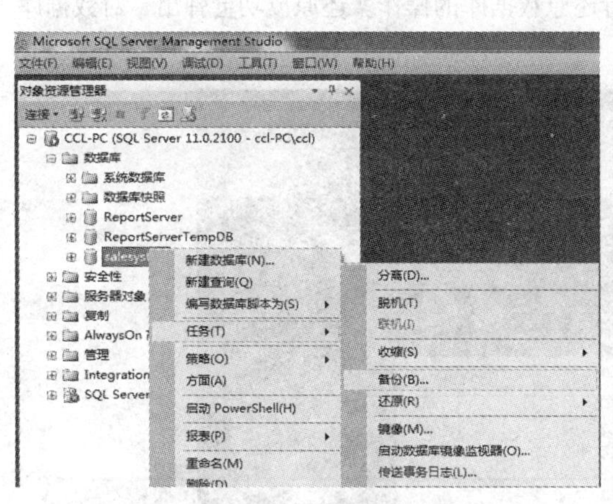

图 E4–14　SQL Server 备份操作窗口

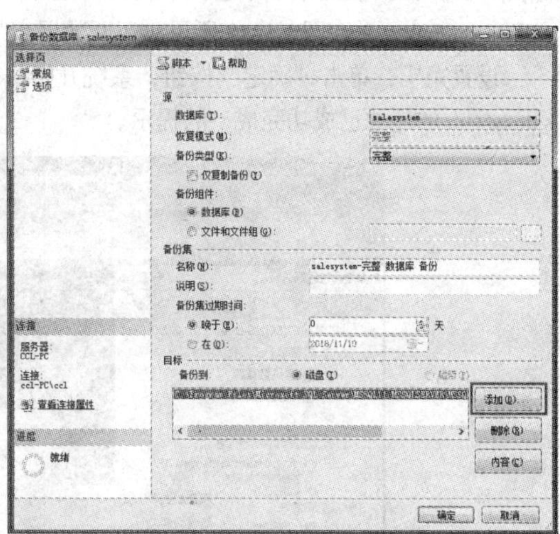

图 E4–15　“备份数据库”窗口

单击“添加”按钮，在打开的“选择备份目标”对话框中，可选中“文件名”来指定备份文件的名称及路径，这里统一使用默认存储路径及文件名即可，单击“确定”按钮，即开始创建 salesystem 数据库的备份文件，备份结束后会弹出“对数据库 salesystem 的备份已成功完成”的提示。

提示

SQL Server 数据库的备份是动态的，允许在数据库进行备份的同时使用数据库。

（1）完全备份指对数据库整体的备份。

（2）差异备份指对数据库自前一个完全备份后改动部分的备份。

（3）事务日志备份指对数据库事务日志的备份。

2. 数据的人为破坏

为了更好地体验数据备份与还原操作的重要意义，这里人为对 salesystem 数据库中的数据进行部分删除或修改的操作。我们以 orders 表为例，在 SQL Server 环境下打开该表，并删除部分数据，如图 E4–16 所示。

订单号	用户名	商品号	商品名称	数量	时间	单价	总价	送货方式	付款状态	订单状态
0000000001	test	0000000001	女裙	1	2018/7/23	150	150	快递	已付款	已收货
0000000002	test	0000000006	女鞋	1	2018/7/23	200	200	快递	已退款	取消订单
0000000003	test	0000000011	哈尔斯真空吊带杯	1	2018/7/23	130	130	快递	未付款	未发货
0000000004	毛毛熊	0000000006	女鞋	1	2018/7/23	200	200	快递	已付款	未发货
0000000005	毛毛熊	0000000030	长袜子皮皮	2	2018/7/23	20	40	快递	已付款	已收货
0000000006	毛毛熊	0000000025	窗边的小豆豆	1	2018/7/23	22	22	快递	未付款	未发货
0000000007	小鱼菁菁	0000000027	服装设计视觉词典	1	2018/7/23	40	40	快递	已付款	未发货
0000000008	小鱼菁菁	0000000026	杜拉拉升职记	1	2018/7/23	18	18	快递	已付款	取消订单
0000000009	樱桃	0000000017	三星手机SGH-E848	1	2018/7/24	2600	2600	快递	已付款	未发货
0000000010	樱桃	0000000020	爱国者U盘-2G	1	2018/7/24	120	120	快递	未付款	未发货
0000000011	樱桃	0000000023	不抱怨的世界	1	2018/7/24	20	20	平邮	未付款	取消订单
0000000012	樱桃	[illegible]	[illegible]	1	2018/7/24	45	45	平邮	[illegible]	[illegible]

图 E4–16　删除 Orders 表部分数据

思考

orders 表中存储的数据很容易就被管理者删除了，users 和 product 表中的数据是否也可以这样做呢？如果不能操作，原因又是什么呢？

3. 数据库的还原

在 SQL Server Management Studio 中，选择对象资源管理器中要进行还原的数据库，右击该数据库

结点，在弹出的快捷菜单中选择“任务 | 还原 | 数据库”命令，如图 E4–17 所示。选择备份文件 salesystem.bak，并在图 E4–18 所示“还原数据库”窗口中选择“覆盖现有数据库”。

设置完毕，单击“确定”按钮，系统开始执行还原数据库的操作。还原成功会弹出“对数据库 salesystem 的还原已成功完成“的提示。

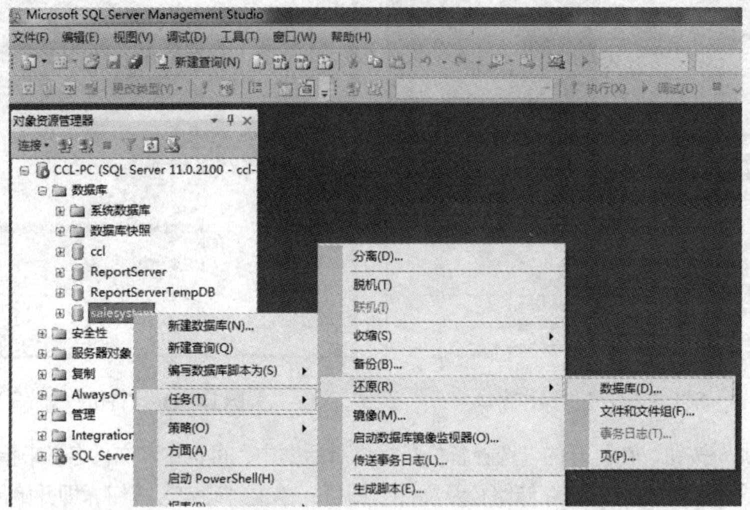

图 E4–17　SQL Server 还原操作窗口

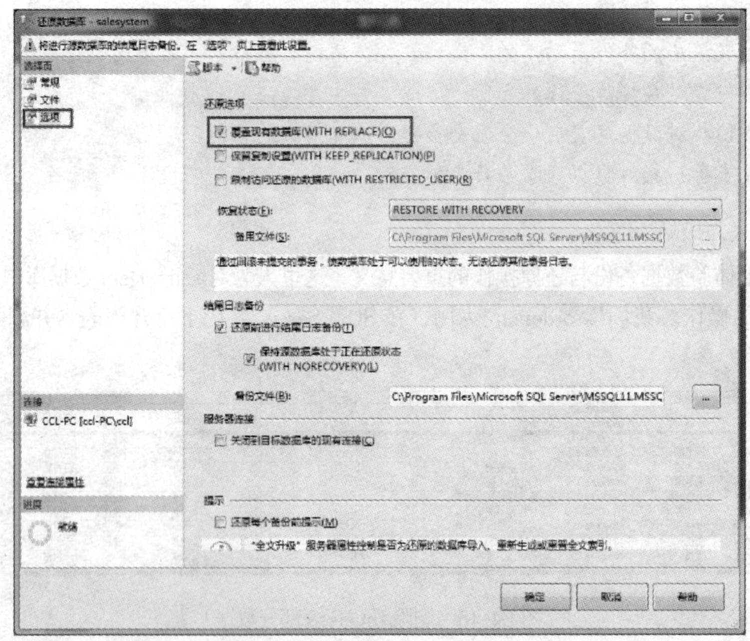

图 E4–18　“还原数据库”窗口

提示

（1）还原数据库时，可以在“目标数据库”下拉列表中选择已有数据库，例如 salesystem，也可以输入一个新的数据库名称，此时还原过程将会先建立数据库，数据表的结构，再将数据输入对应的表当中。因此，输入新数据库名称相当于完成创建数据库以及还原数据两部分任务。

（2）由于数据库的还原操作是静态的，所以在还原数据库时，必须限制用户对该数据库进行其他操作，因而在还原数据库之前，首先要设置数据库访问属性。在 SQL Server 管理平台上，右击需还原的数据库，在弹出的快捷菜单中选择“属性”命令，打开如图 E4-19 所示的数据库属性-salesystem 对话框，在“选项”选项卡中，修改“限制访问”选项，从下拉列表中选择 SINGLE_USER（单用户）属性，这样就保证在还原操作时，不会受到其他操作者的影响。

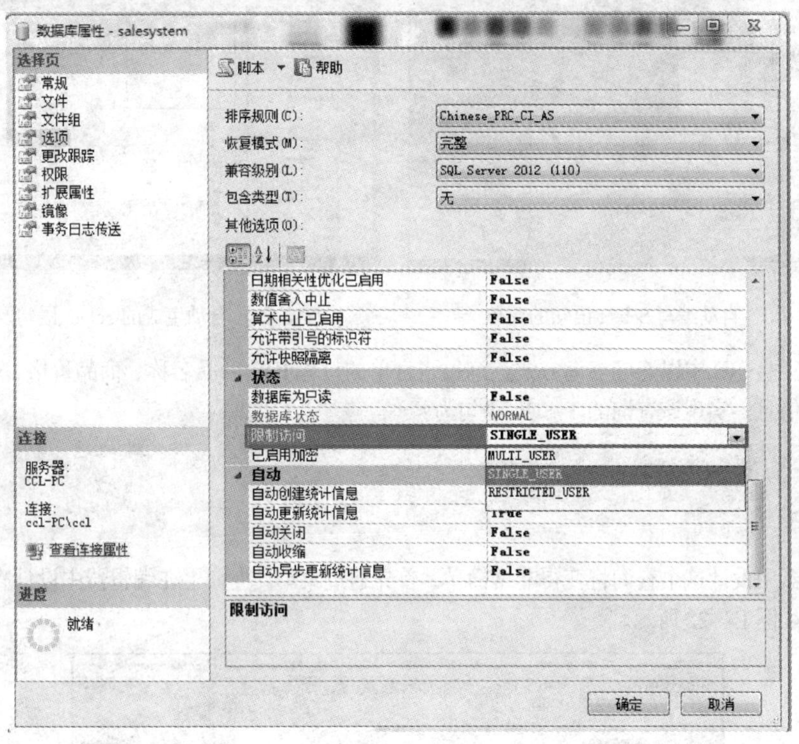

图 E4-19 “数据库属性-salesystem”对话框

实验 4-3 使用 SQL Server 管理界面实现数据查询

SQL Server 的管理界面支持 T-SQL 的可视化操作，对于大多数 T-SQL 语句都有相应的语法模板，用户可以在模板中编写相应的操作语句。使用可视化的编程可以简化用户的编程过程，并减少语法错误。

1. 查询单个表的 Select 语句的自动生成

打开 SQL Server Management Studio 管理器，在对象资源管理器中依次展开结点“数据库 | salesystem | 表 | dbo.users”，在 users 表对应的结点上右击，在弹出的快捷菜单中选择“编写表脚本为 | SELECT 到 | 新查询编辑器窗口”命令，如图 E4-20 所示。命令执行后，系统在新的查询编辑器中自动生成查询 users 表的 Select 语句，如图 E4-21 所示。

2. 在编辑器中设计查询

如果要生成比较复杂的 Select 语句，可以通过 SQL Server Management Studio 管理器提供的“查询编辑器”来设计。

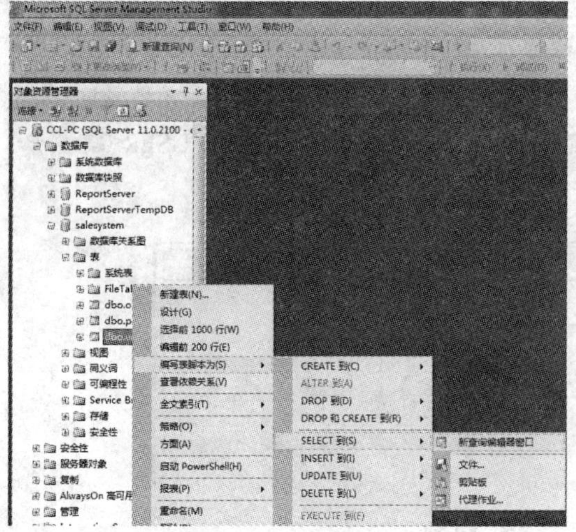

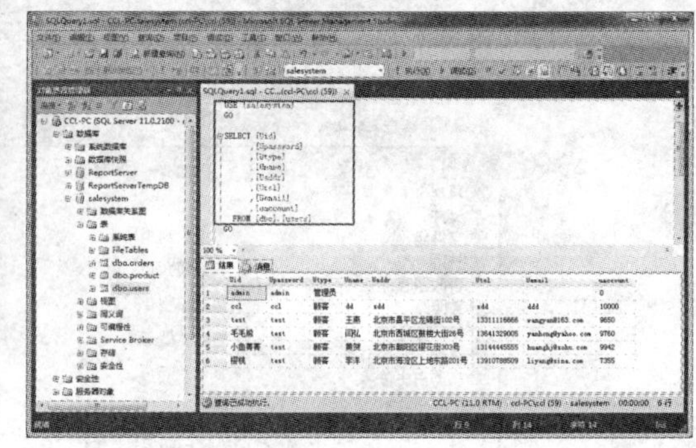

图 E4-20　自动编写 Select 语句的菜单　　　图 E4-21　自动生成的 Select 语句及查询结果

例如，实验 3-2 中以连接查询方式查询每张订单的订单 ID、商品名称、商品价格、收货人姓名、收货人地址信息。实现该查询的 T-SQL 语句为：

```
Select  oid,pname,price,uname,uaddr
From   orders as a,product as b,users as c
Where  (a.pid = b.pid) And  (a.uid = c.uid)
```

在编辑器中设计这个查询将变得非常简单，首先通过菜单“查询 | 在编辑器中设计查询”启动查询设计器，如图 E4-22 所示。

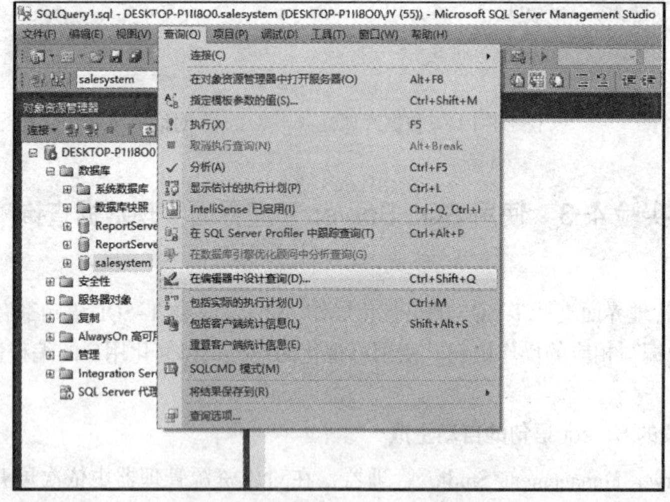

图 E4-22　启动查询设计器

打开“查询设计器”窗口和“添加表”对话框，如图 E4-23 所示。这里将查询会用到的 users 表、product 表、orders 表分别添加到查询设计器中，在“列”下拉列表中依次选取与“订单 ID”“商品名称”“商品价格”“收货人姓名”“收货人地址”相对应的字段名及来源表，此时与之相对应的 T-SQL 语句自动出现在下面的窗格中，如图 E4-24 所示。

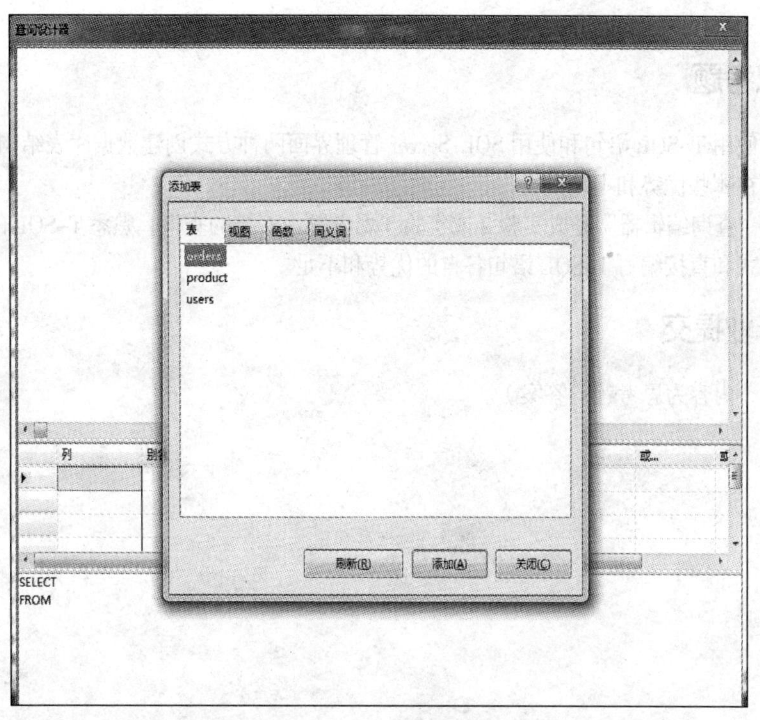

图 E4-23　查询设计器及添加表窗口

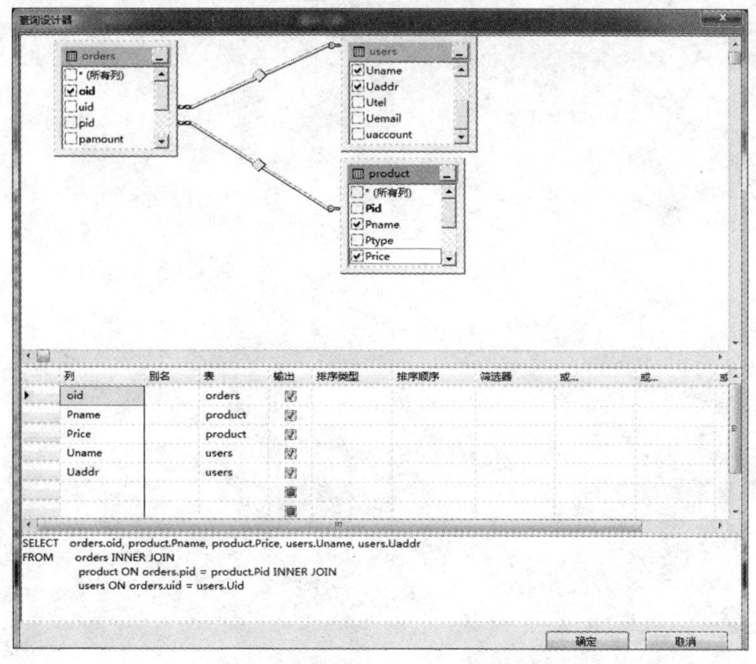

图 E4-24　在编辑器中设计的查询

提示

对于同样的查询任务，系统自动生成的 SQL 语句和实验指导中给出的 SQL 语句可能存在差别，但查询结果一定是相同的，这也体现了 SQL 语句在实现方法上具有灵活性的特征。

三、思考题

（1）对比使用 T-SQL 语句和使用 SQL Server 管理界面两种方式创建数据库表结构的操作，分析两种方式各存在哪些优势和不足。

（2）使用“查询编辑器”完成实验 2 或实验 3 思考题中安排的查询，熟悉 T-SQL 的可视化操作，注意对比该方式和直接编写 T-SQL 语句各自的优势和不足。

四、作业提交

实验 4.txt（内容为思考题的答案）。

实验 5

Visual Basic 常用控件 «‹

一、实验目的

（1）熟悉 Visual Basic 集成开发环境。

（2）掌握 Visual Basic 创建应用程序的步骤。

（3）熟悉 Visual Basic 常用控件的使用。

（4）掌握用户界面 UI 设计的基本方法。

二、实验内容

实验 5–1　命令按钮的使用

实验 5–2　登录窗口的制作

实验 5–3　用户界面 UI 设计

实验 5–1　命令按钮的使用

1. 程序功能

（1）程序开始运行时，“确定”与“取消”按钮不可以操作，其他按钮均可操作。

（2）单击“增加”或“删除”或“修改”按钮后，“确定”与“取消”按钮可以操作，其他按钮不可以操作。

（3）单击“确定”或“取消”按钮后，这两个按钮不可以操作，其他按钮可以操作。

（4）单击“退出”按钮，关闭程序。

运行界面如图 E5–1 所示。

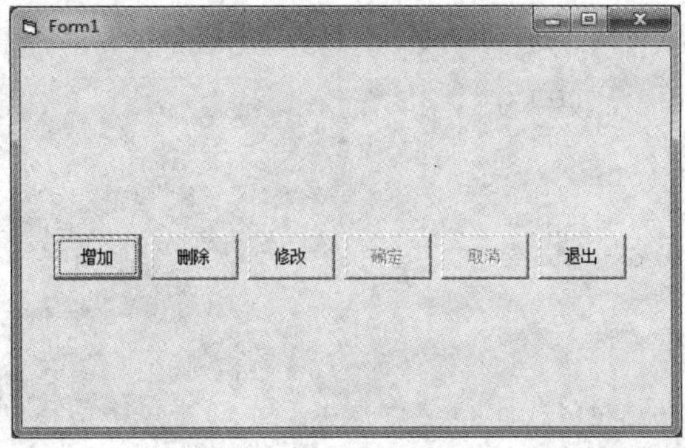

图 E5–1　实验 5–1 运行界面

2. 实验要求

（1）新建工程。

（2）设计窗体，并编写代码，完成程序功能要求。

（3）保存工程（文件名分别为 5-1.frm、5-1.vbp）。

（4）运行并生成可执行文件（5-1.exe）。

3. 窗体设计

按照图 E5-2 进行窗体设计。该窗体中包括 6 个控件，控件的属性如表 E5-1 所示。

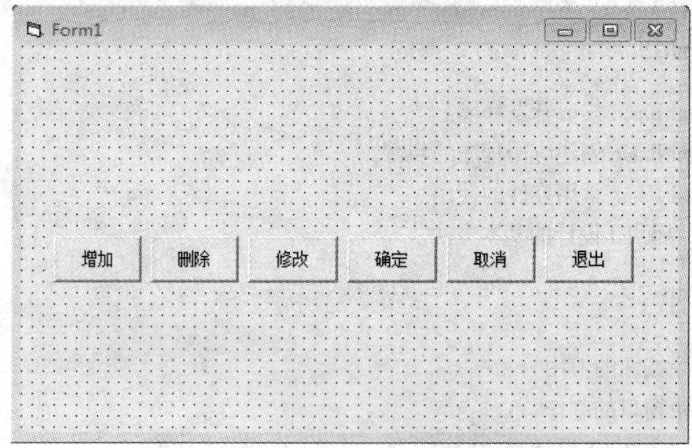

图 E5-2　实验 5-1 设计界面

表 E5-1　控件属性表

控件类型	名　称	Caption	其他属性
CommandButton	cmdAdd	增加	
CommandButton	cmdDel	删除	
CommandButton	cmdMod	修改	
CommandButton	cmdOk	确定	Enabled = False
CommandButton	cmdCancel	取消	Enabled = False
CommandButton	cmdEnd	退出	

4. 代码编写

分别为 6 个 CommandButton 添加 Click 事件，代码如下：

```
Private Sub CmdAdd_Click()
    CmdOk.Enabled = True
    CmdCancel.Enabled = True
    CmdAdd.Enabled = False
    CmdDel.Enabled = False
    CmdMod.Enabled = False
    cmdEnd.Enabled = False
End Sub
Private Sub CmdDel_Click()
    CmdOk.Enabled = True
    CmdCancel.Enabled = True
```

```
    CmdAdd.Enabled = False
    CmdDel.Enabled = False
    CmdMod.Enabled = False
    cmdEnd.Enabled = False
End Sub
Private Sub CmdMod_Click()
    CmdOk.Enabled = True
    CmdCancel.Enabled = True
    CmdAdd.Enabled = False
    CmdDel.Enabled = False
    CmdMod.Enabled = False
    cmdEnd.Enabled = False
End Sub
Private Sub CmdOk_Click()
    CmdOk.Enabled = False
    CmdCancel.Enabled = False
    CmdAdd.Enabled = True
    CmdDel.Enabled = True
    CmdMod.Enabled = True
    cmdEnd.Enabled = True
End Sub
Private Sub CmdCancel_Click()
    CmdOk.Enabled = False
    CmdCancel.Enabled = False
    CmdAdd.Enabled = True
    CmdDel.Enabled = True
    CmdMod.Enabled = True
    cmdEnd.Enabled = True
End Sub
Private Sub cmdEnd_Click()
   End
End Sub
```

【讲解】

（1）Name 属性是控件的名称，控件的唯一标识，所有对象都具备的属性。在一个窗体中，每个控件的 Name 不可重复。一般采用智能化命名规则：用前三个小写字母组成前缀（指明对象的类型）和表示该对象作用的缩写字母组成。常用控件前缀如表 E5-2 所示。

表 E5-2　常用控件前缀

控 件 类 型	前　　缀
标签　Label	Lbl（注意字母是 L）
文本框 TextBox	txt
按钮　CommandButton	Cmd
单选按钮 OptionBotton	Opt
复选框 CheckBox	Chk

（2）Enabled 属性是所有控件的通用属性，其值只有 True 和 False 两种，当值为 True 时，该控件可以响应用户的操作，否则不响应。

（3）通过修改 CommandButton 的 Enabled 属性，可以让 CommandButton 暂时不响应用户操作，从而防止误操作。

（4）控件也可以使用 Ctrl+C、Ctrl+V 组合键进行复制操作，需要注意的是，对于系统弹出的提示框“创建一个控件数组吗？”，必须选择“否”。如果选择“是”，则生成控件数组会对后续的操作带来不便。

提示

不仅 Commandbutton 控件，其他控件（如 Textbox 等）也具有 Enabled 属性；都可以通过修改该属性的值，控制该控件是否可以响应用户的操作，从而防止误操作。

拓展

实验 5-1 中出现了大量重复的程序段，例如，“增加”“删除”“修改”三个按钮对应的程序段完全一样；“确定”和“取消”两个按钮对应的程序段也完全一样。Visual Basic 可以使用自定义过程的方式将重复的代码定义成一个子过程，像使用内部函数一样调用这些子过程。这样做的好处是使程序更加简练、便于调试和维护。因此，实验 5-1 的代码可以做如下简化:

```
Private Sub CmdAdd_Click( )
    Call a
End Sub
Private Sub CmdDel_Click( )
    Call a
End Sub
Private Sub CmdMod_Click( )
    Call a
End Sub
Private Sub CmdOk_Click( )
    Call b
End Sub
Private Sub CmdCancel_Click( )
    Call b
End Sub
Private Sub cmdEnd_Click( )
   End
End Sub
Private Sub a( )
    CmdOk.Enabled = True
    CmdCancel.Enabled = True
    CmdAdd.Enabled = False
    CmdDel.Enabled = False
    CmdMod.Enabled = False
    cmdEnd.Enabled = False
End Sub
Private Sub b( )
    CmdOk.Enabled = False
    CmdCancel.Enabled = False
    CmdAdd.Enabled = True
    CmdDel.Enabled = True
    CmdMod.Enabled = True
    cmdEnd.Enabled = True
End Sub
```

【讲解】

(1)子过程 a 和 b 为用户自定义的过程，需要自己输入。输入的步骤是：

① 输入 Private Sub a( )。

② 按 Enter 键，自动生成 End Sub。

③ 在 Private Sub a( )和 End Sub 之间输入相应的代码。

(2)工程另存方法。

当新工程与已存在的工程非常相似，或者部分功能相同时，可通过“工程另存为”的方法实现，无须再重新创建工程。例如，希望将原有实验 5-1 另存为使用了子过程的新版实验 5-1，可以通过“工程另存为”的方法来快速实现。具体步骤如下：

① 在工程 5-1.vbp 打开的情况下，选择“文件 | 5-1.frm 另存为”命令，如图 E5-3 所示。

② 在弹出的“文件另存为”对话框中，改变窗体文件名为“新版 5-1.frm”，如图 E5-4 所示。

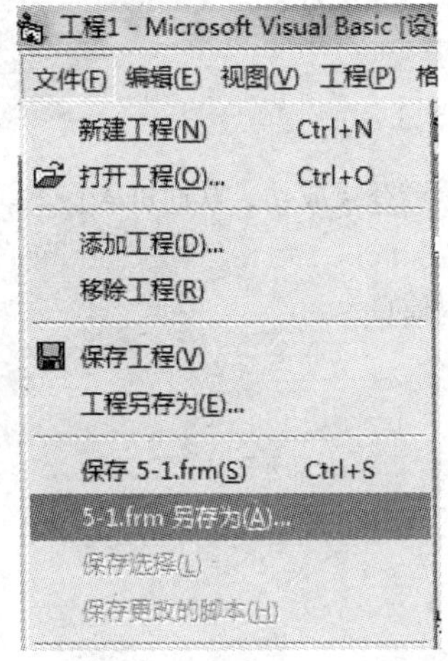

图 E5-3 工程另存步骤 1

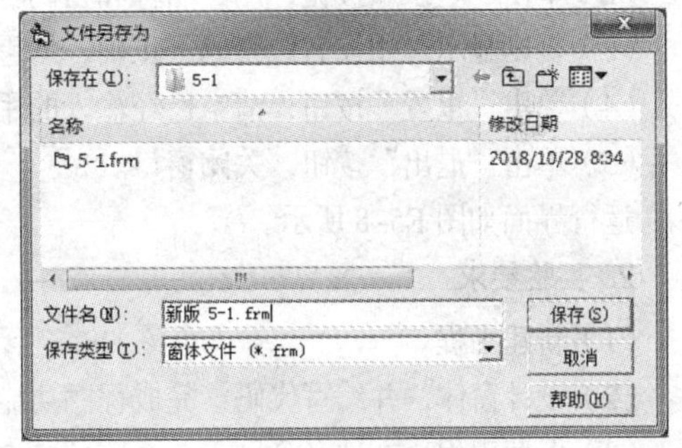

图 E5-4 工程另存步骤 2

③ 选择“文件 | 工程另存为”命令，如图 E5-5 所示。

④ 在弹出的“工程另存为”对话框中，改变工程文件名为“新版 5-1.vbp”，如图 E5-6 所示。

⑤ 在“工程资源管理器”中可以观察到工程另存前后的对比，如图 E5-7 所示。

提示

另存时，一定要先另存窗体，然后再另存工程。否则会导致再次打开工程文件时出现错误。

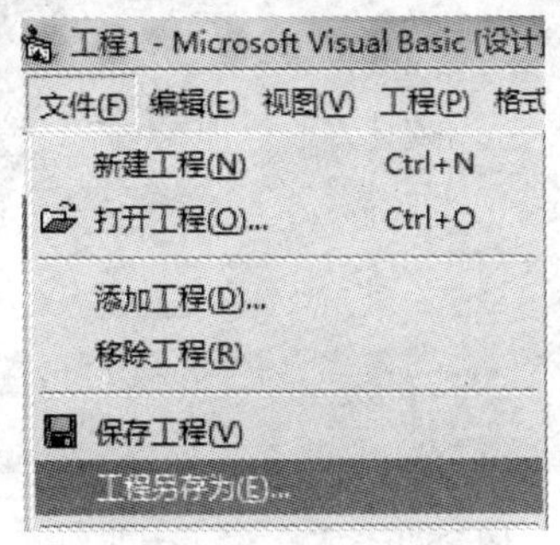

图 E5-5 工程另存步骤 3

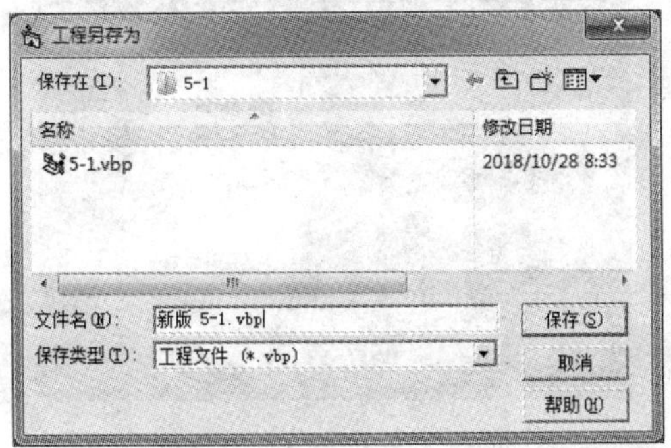

图 E5-6 工程另存步骤 4

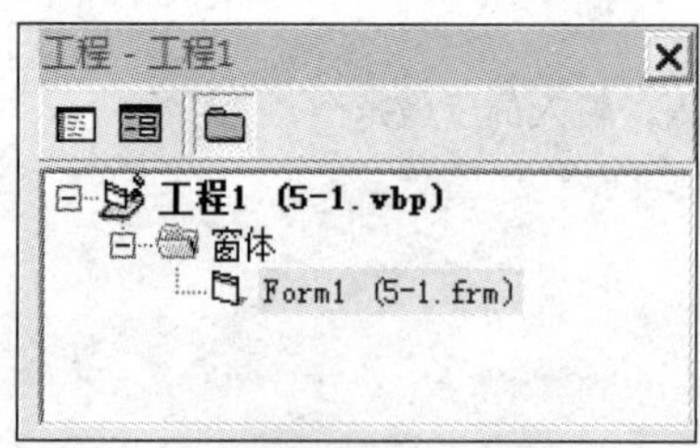

（a）“工程另存”之前

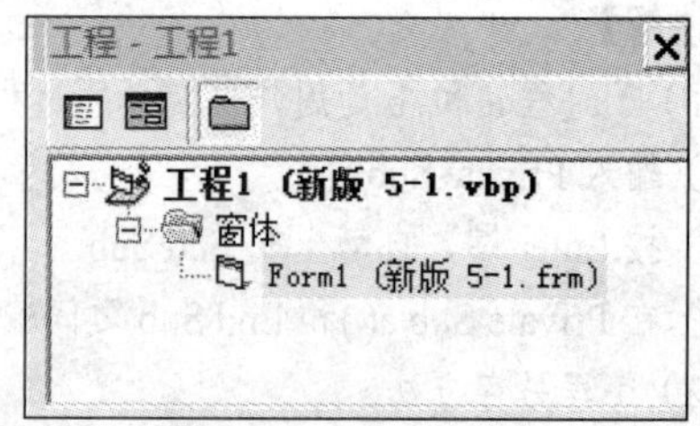

（b）“工程另存”之后

图 E5-7　工程资源管理器

实验 5-2　登录窗口的制作

1. 程序功能

（1）预设用户名称为 admin，密码也是 admin。

（2）单击“登录”按钮，用户名称和密码输入正确时显示“登录成功，欢迎进入！”。

（3）否则显示“用户名或密码不正确，请重新输入！”。

（4）单击“重置”按钮，清空已经输入的用户名称和密码信息。

（5）单击“退出”按钮，关闭窗口。

运行界面如图 E5-8 所示。

2. 实验要求

（1）新建工程。

（2）设计窗体，并编写代码，完成程序功能要求。

（3）保存工程（文件名分别为 5-2.frm、5-2.vbp）。

（4）运行并生成可执行文件（5-2.exe）。

3. 窗体设计

按照图 E5-9 进行窗体设计。该窗体中包括三个标签、两个文本框和三个命令按钮，控件的属性如表 E5-3 所示。

图 E5-8　实验 5-2 运行界面

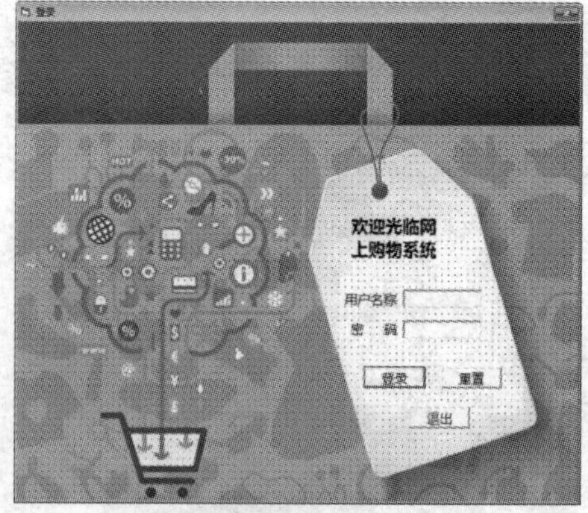

图 E5-9　实验 5-2 设计界面

表 E5-3 控件属性表

控件类型	名称	Caption	其他属性
Form	Form1	登录	Picture="background.jpg"
Label	Label1	欢迎光临网上购物系统	Font 微软雅黑，三号，粗体
Label	Label2	用户名称	
Label	Label3	密 码	
Text	txtUserName		
Text	txtPassword		PasswordChar="*"
CommandButton	cmdlogin	登录	Font 微软雅黑，小四
CommandButton	cmdReset	重置	Font 微软雅黑，小四
CommandButton	cmdExit	退出	Font 微软雅黑，小四

4. 代码编写

分别双击 cmdlogin、cmdReset 和 cmdExit 按钮，为其添加 Click 事件，代码如下：

```
Private Sub cmdLogin_Click()
    If txtUserName = "admin" And txtPassword = "admin" Then
        MsgBox "登录成功，欢迎进入！"
        Else
        MsgBox "用户名或密码不正确，请重新输入！"
    End If
End Sub
Private Sub cmdReset_Click()
   txtUserName = ""
   txtPassword = ""
End Sub
Private Sub cmdExit_Click()
End
End Sub
```

【讲解】

（1）MsgBox 是 Visual Basic 中的消息对话框，用来向用户返回某个消息，其语法格式为：

```
<变量>=MsgBox("提示" [,对话框类型 [,"对话框标题"]])
```

（2）本案例中的用户名和密码是固定的，且只有一个合法用户。在实际的数据库管理系统中，众多合法的用户名称和密码是存储在数据库的用户信息表中的。系统通过和数据库中存储的用户信息进行比对，最终判断该用户是否为合法用户。这部分功能将在实验 12 中实现。

实验 5-3 用户界面 UI 设计

1. 程序功能

（1）设计网上购物系统登录界面。

（2）充分利用控件及其属性设计出美化的用户界面。

运行界面如图 E5-10 所示。

2. 实验要求

（1）新建工程。

（2）设计窗体，并设置属性，完成程序功能要求。

（3）保存工程（文件名分别为 5-3.frm、5-3.vbp）。

（4）运行并生成可执行文件（5-3.exe）。

3. 窗体设计

按照图 E5-11 进行窗体设计。该窗体中包括 7 个 Label 控件、7 个 Shape 控件和 2 个文本框。控件的属性如表 E5-4 所示。

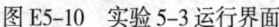

图 E5-10 实验 5-3 运行界面

图 E5-11 实验 5-3 设计界面

表 E5-4 控件属性表

控件类型	名称	Caption	其他属性
Form	frmLogin	登录	Picture 属性设置为图片 backgroud
Label	lblusername	用户名:	BackStyle=0，Font 为幼圆，常规，四号，ForeColor 属性设为黑色
Label	lblpassword	密　码:	BackStyle=0，Font 为幼圆，常规，四号，ForeColor 属性设为黑色
Label	lblCreateUser	新用户注册	BackStyle=0，Font 为幼圆，粗体，小四，ForeColor 属性设为紫色
Label	lblAnonylogin	匿名登录	BackStyle=0，Font 为幼圆，粗体，小四，ForeColor 属性设为红色
Label	lblReset	重置	BackStyle=0，Font 为幼圆，粗体，小四，ForeColor 属性设为橘色
Label	lblReturn	退出	BackStyle=0，Font 为幼圆，粗体，小四，ForeColor 属性设为橘色
Label	lbllogin	开始购物	BackStyle=0，Font 为幼圆，粗体，小一，ForeColor 属性设为红色
Text	txtUserName		Aligment=0，BackColor 为白色，Font 为幼圆，常规，四号
Text	txtPassword		Aligment=0，BackColor 为白色，Font 为幼圆，常规，四号
Shape	Shape1		BackColor 为白色，BackStyle=1，BorderColor 为白色，BorderStyle=0，FillColor 为黑色，Shape=4

续表

控件类型	名　称	Caption	其他属性
Shape	Shape2		BackColor 为白色，BackStyle=1，BorderColor 为白色，BorderStyle=0，FillColor 为黑色，Shape=4
Shape	Shape3		BackColor 为白色，BackStyle=1，BorderColor 为白色，BorderStyle=0，FillColor 为黑色，Shape=4
Shape	Shape4		BackColor 为白色，BackStyle=1，BorderColor 为白色，BorderStyle=0，FillColor 为黑色，Shape=4
Shape	Shape5		BackColor 为白色，BackStyle=1，BorderColor 为白色，BorderStyle=0，FillColor 为黑色，Shape=4
Shape	Shape6		BackColor 为白色，BackStyle=1，BorderColor 为白色，BorderStyle=0，FillColor 为黑色，Shape=4
Shape	Shape7		BackColor 为白色，BackStyle=1，BorderColor 为白色，BorderStyle=0，FillColor 为黑色，Shape=5

【讲解】

（1）用户界面 UI 设计在程序设计中是非常重要的，由于在 Visual Basic 语言中，不能对命令按钮上的文字格式进行设计，严重限制了用户在 UI 设计中对命令按钮的美化操作。可以使用以下方法美化界面。

① 修改 CommandButton 的背景色：设置 style 属性值为 1-graphic，再去设置设置 Backcolor 的颜色。

② 设置 Style 属性值为 1-graphic，制作按钮图片，设置命令按钮的 Picture 属性为图片即可。

③ 不使用命令按钮，使用控件 Shape 做背景控件，可以设置 Shape 的形状及背景色，在 Shape 控件上放置 Label 控件，在 Label 控件上设置文字颜色和字体等，事件过程改为 Label 控件的 Click 事件。本实验采用这个方法。

（2）Shape 控件是形状控件。

① Shape 控件最常用的是 Shape 属性，有 6 个值，为 0～5，分别表示矩形、正方形、椭圆形、圆形、四角圆化的矩形和四角圆化的正方形 6 种形状，如图 E5-12 所示。

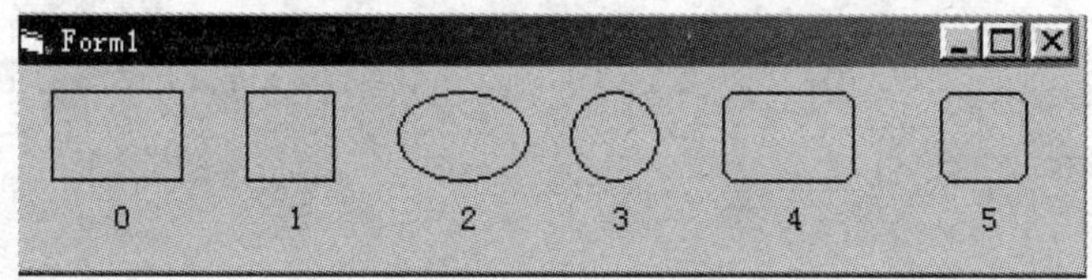

图 E5-12　Shape 属性值

② BorderColor、BorderStyle、BorderWidth：用来确定边框类型、颜色和宽度。

③ FillStyle、FillColor：用来确定填充图案类型和颜色。

④ BackStyle、BackColor：用来确定填充颜色。

（3）设计界面时，注意要把 Shape 控件放在底层，把 Label 控件和文本框控件放在 Shape 上面，三者尺寸要匹配。

三、作业提交

实验 5-1 ~ 5-3 各提交三个（或四个）文件：*.frm、*.vbp、*.exe 必须提交；*.frx 若存在则提交。

说明

（1）frx 是系统自动生成的窗体附加文件，用户无法创建；

（2）不是所有窗体都有附加文件（frx 文件）；

（3）若某窗体生成了 frx 文件，则一并提交。

实验 6

顺序结构程序设计

一、实验目的

（1）掌握基本数据类型的定义。
（2）掌握变量的定义和使用。
（3）掌握利用控件输入/输出的方法。

二、实验内容

实验 6–1　简易计算器
实验 6–2　求解一元二次方程

实验 6–1　简易计算器

1. 程序功能

（1）制作一个简易计算器。
（2）在文本框中输入两个操作数，单击选择下方的运算符，即可显示计算结果。
运行界面如图 E6–1 所示。

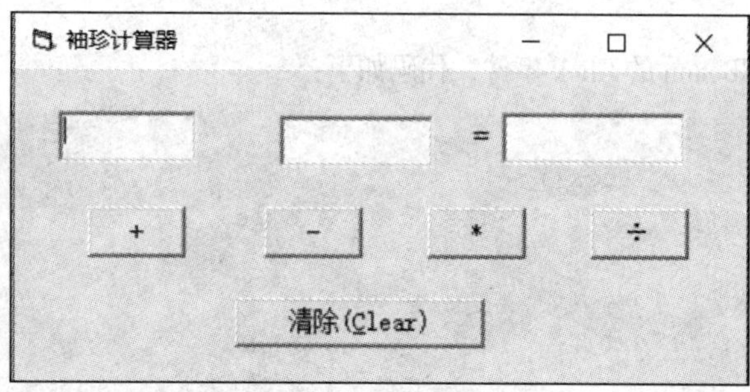

图 E6–1　实验 6–1 运行界面

2. 实验要求

（1）新建工程。
（2）设计窗体，并编写代码，完成程序功能要求。
（3）保存工程（文件名分别为 6–1.frm、6–1.vbp）。
（4）运行并生成可执行文件（6–1.exe）。

3. 窗体设计

按照图 E6-2 进行窗体设计。窗体中控件的属性如表 E6-1 所示。

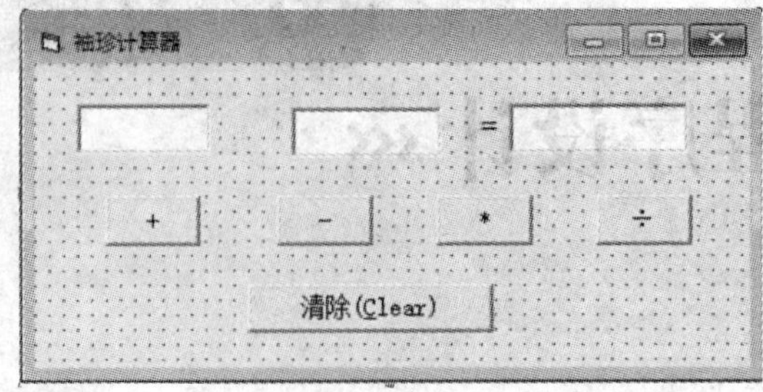

图 E6-2　实验 6-1 设计界面

表 E6-1　控件属性表

控件类型	名　称	Caption
Form	Form1	袖珍计算器
Text	Txt_a	
Text	Txt_b	
Text	Txt_c	
Label	Label1	
Label	Label2	
CommandBotton	Cmdadd	+
CommandBotton	cmdsub	–
CommandBotton	Cmdmul	×
CommandBotton	Cmddiv	÷
CommandBotton	Cmdcls	清除（&Clear）

4. 代码编写

编写 5 个 CommandBotton 的 Click 事件，代码如下：

```
'加法运算
Private Sub Cmdadd_Click()
    Dim a As Single, b As Single, c As Single
    Label1.Caption = "+"
    a = Val(Txt_a.Text)
    b = Val(Txt_b.Text)
    c = a + b
    Txt_c.Text = c
End Sub

'减法运算
Private Sub cmdsub_Click()
    Dim a As Single, b As Single, c As Single
    Label1.Caption = "-"
    a = Val(Txt_a.Text)
    b = Val(Txt_b.Text)
```

```
    c = a - b
    Txt_c.Text = c
End Sub

'乘法运算
Private Sub Cmdmul_Click()
    Dim a As Single, b As Single, c As Single
    Label1.Caption = "×"
    a = Val(Txt_a.Text)
    b = Val(Txt_b.Text)
    c = a * b
    Txt_c.Text = c
End Sub

'除法运算
Private Sub Cmddiv_Click()
    Dim a As Single, b As Single, c As Single
    Label1.Caption = "÷"
    a = Val(Txt_a.Text)
    b = Val(Txt_b.Text)
    c = a/b
    Txt_c.Text = c
End Sub

'清除
Private Sub Cmdcls_Click()
    Txt_a.Text = ""
    Txt_b.Text = ""
    Txt_c.Text = ""
End Sub
```

【讲解】

+、-、×、÷可以单击选择输入法标志中的软键盘，选择数学符号键盘。

实验 6-2　求解一元二次方程

1. 程序功能

（1）求解一元二次方程。

（2）在文本框中输入两个操作数，单击选择下方的运算符，即可显示计算结果。

运行界面如图 E6-3 所示。

2. 实验要求

（1）新建工程。

（2）设计窗体，并编写代码，完成程序功能要求。

（3）保存工程（文件名分别为 6-2.frm、6-2.vbp）。

（4）运行并生成可执行文件（6-2.exe）。

3. 窗体设计

按照图 E6-4 进行窗体设计。窗体中控件的属性如表 E6-2 所示。

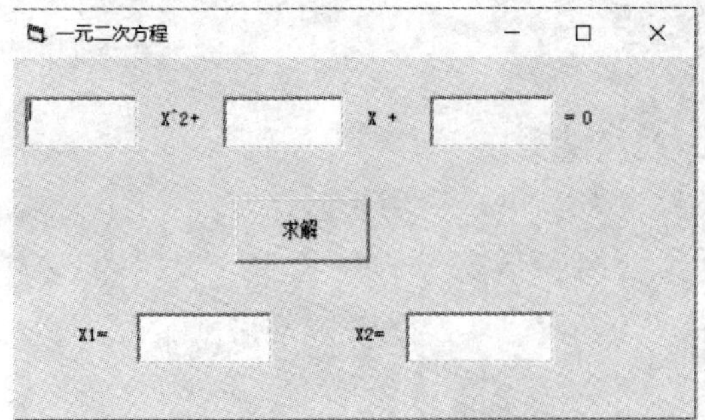

图 E6-3　实验 6-2 运行界面

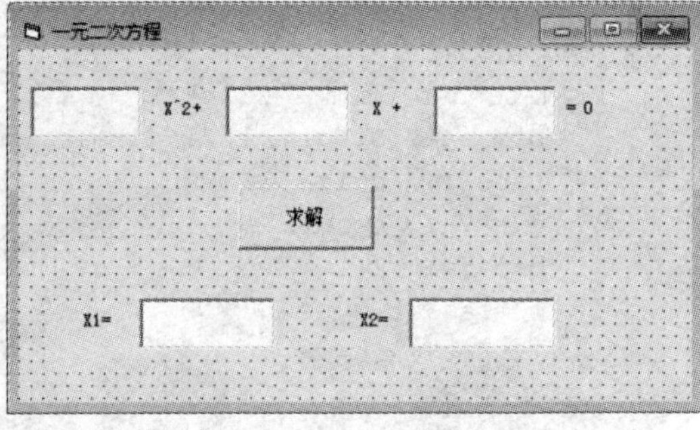

图 E6-4　实验 6-2 设计界面

表 E6-2　控件属性表

控件类型	名　称	Caption	其他属性
Form	Form1	一元二次方程	
Text	Txt_a		Text=""
Text	Txt_b		Text=""
Text	Txt_c		Text=""
Text	Txt_x1		Text=""
Text	Txt_x2		Text=""
Label	Label1	X^2 +	
Label	Label2	X +	
Label	Label3	= 0	
Label	Label4	X1=	
Label	Label5	X2=	
CommandBotton	CmdSolove	求解	

4. 代码编写

编写 CmdSolve 的 Click 事件，代码如下：

```
Private Sub Cmd_solve_Click()
    Dim a As Double                         'a,b,c 为方程的系数
    Dim b As Double
    Dim c As Double
    Dim X1 As Double                        'X1,X2 表示为方程的根
    Dim X2 As Double
    Dim delt As Double
    a = Txt_a.Text                          '从文本框取得输入的系数
    b = Txt_b.Text
    c = Txt_c.Text
    delt = b ^ 2 - 4 * a * c
    X1 = (-b + Sqr(delt))/ (2 * a)          'Sqr 是开平方函数表达式
    X2 = (-b - Sqr(delt))/ (2 * a)
```

```
    Txt_x1.Text = Str(X1)          '将结果显示在文本框中
    Txt_x2.Text = Str(X2)
End Sub
```

【讲解】

（1）代码后面的"文本"是注释信息，用于说明代码功能，在实际编写代码时可以省略。

（2）Sqr(x)是数学函数，返回 x 的平方根，要求参数 x>=0。

（3）用运算符将函数、常量和变量连接起来的式子。Visual Basic 中的表达式要求乘号不能省略，使用圆括号。

$$\frac{b-\sqrt{b^2-4ac}}{2a} \longrightarrow \text{(−b ± sqr(b*b−4*a*c))/(2*a)}$$

思考

在输入一元二次方程系数运行后，有时会出现图 E6-5 所示的错误提示，请思考出现错误的原因，以及如何改进程序以避免错误提示。

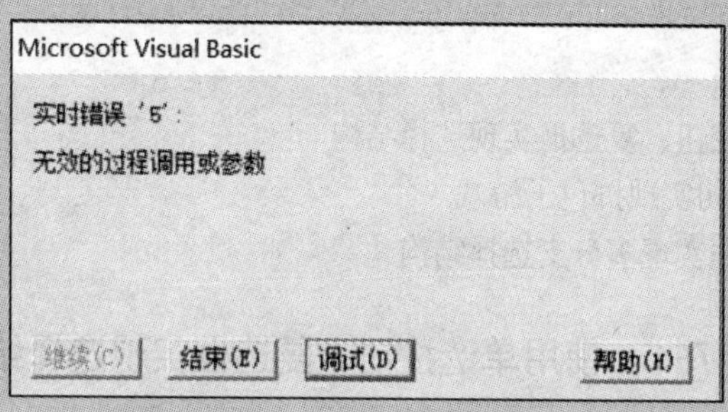

图 E6-5　错误提示

三、作业提交

实验 6-1、6-2 各提交三个（或四个）文件：*.frm、*.vbp、*.exe 必须提交；*.frx 若存在则提交。

实验 7

选择结构程序设计

一、实验目的

（1）熟悉单选按钮、复选框、组合框控件的使用。
（2）掌握 If 语句分支结构。
（3）掌握 Select Case 语句多分支结构。

二、实验内容

实验 7–1　使用单选按钮、复选框实现选择结构
实验 7–2　使用 IF 语句实现掷色子游戏
实验 7–3　使用组合框实现多分支选择结构

实验 7–1　使用单选按钮、复选框实现选择结构

1. 程序功能

（1）在 TextBox 中输入姓名。
（2）利用 OptionButton 控件选择性别。
（3）利用 CheckBox 控件选择爱好。
（4）单击“确定”按钮，在下面显示刚才输入的信息。
运行界面如图 E7–1 所示。

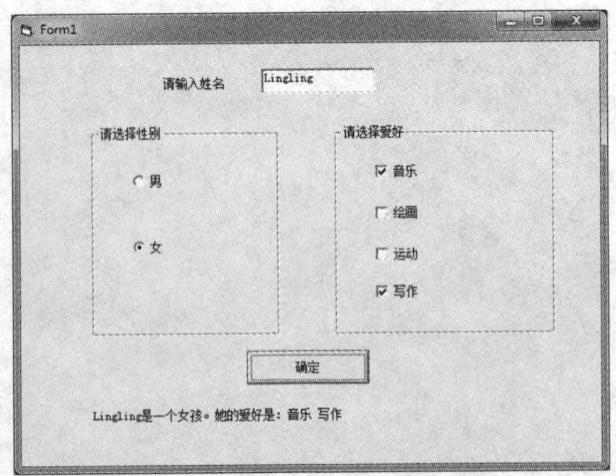

图 E7–1　实验 7–1 运行界面

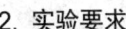

2. 实验要求

（1）新建工程。

（2）设计窗体，并编写代码，完成程序功能要求。

（3）保存工程（文件名分别为7-1.frm、7-1.vbp）。

（4）运行并生成可执行文件（7-1.exe）。

3. 窗体设计

按照图E7-2进行窗体设计。窗体中控件的属性如表E7-1所示。

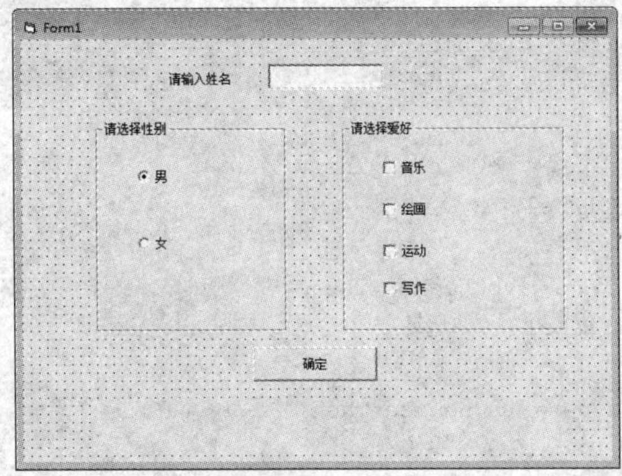

图E7-2　实验7-1设计界面

表E7-1　控件属性表

控件类型	名　称	Caption	其他属性
Label	Label1	请输入姓名	
Textbox	Text1		Text = “”
Frame	Frame1	请选择性别	
OptionButton	Option1	男	Value = True
OptionButton	Option2	女	
Frame	Frame2	请选择爱好	
CheckBox	Check1	音乐	
	Check2	CheckBox	
CheckBox	Check3		
CheckBox	Check4		
CommandButton	Command1		
Label	Label2		

提示

Frame的功能是将一组OptionButton或者一组CheckBox整合为一个整体。这几种控件的添加顺序是有严格要求的:

（1）首先添加Frame。

（2）然后将OptionButton或者CheckBox添加在Frame上。

4. 代码编写

双击 Command1 按钮，为其添加 Click 事件，代码如下：

```
Private Sub Command1_Click()
    If Option1.Value = True Then
        Label2 = Text1 & "是一个男孩。他的爱好是："
    Else
        Label2 = Text1 & "是一个女孩。她的爱好是："
    End If
    If Check1.Value = vbChecked Then
        Label2 = Label2 & "音乐 "
    End If
    If Check2.Value = vbChecked Then
        Label2 = Label2 & "绘画 "
    End If
    If Check3.Value = vbChecked Then
        Label2 = Label2 & "运动 "
    End If
    If Check4.Value = vbChecked Then
        Label2 = Label2 & "写作 "
    End If
End Sub
```

【讲解】

（1）IF 语句的语法:

```
IF 条件 THEN
    …
ELSE
    …
END IF
```

（2）IF 语句的嵌套

```
IF 条件 THEN
    IF 条件 THEN
        …
    ELSE
    …
    END IF
ELSE
    IF 条件 THEN
        …
    ELSE
        …
    END IF
END IF
```

实验 7-2 使用 IF 语句实现掷色子游戏

1. 程序功能

（1）当单击“重新开始”按钮时，随机产生三个整数，通过三个标签输出。

（2）如果输出的三个数之和大于 10，则提示“总和为 x，恭喜你，获胜！”；如果总和小于 10，则提示“总和为 x，你输了，再来一次”。

（3）当单击“清空按钮”时，三个标签显示为空。

运行界面如图 E7-3 所示。

2. 实验要求

（1）新建工程。

（2）设计窗体，并编写代码，完成程序功能要求。

（3）保存工程（文件名分别为 7-2.frm,7-2.vbp）。

（4）运行并生成可执行文件（7-2.exe）。

3. 窗体设计

按照图 E7-4 进行窗体设计。窗体中控件的属性如表 E7-2 所示。

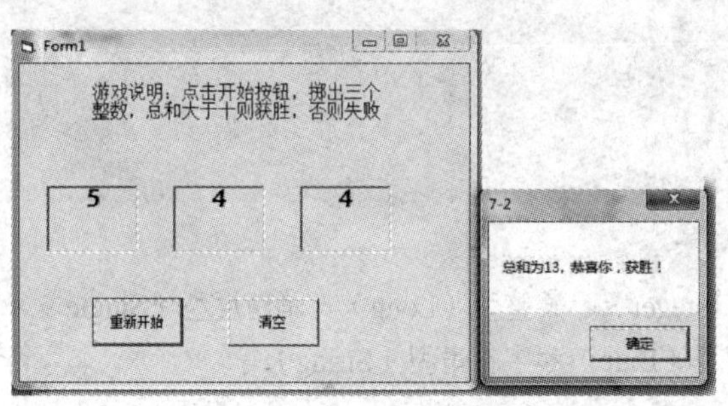

图 E7-3 实验 7-2 运行界面

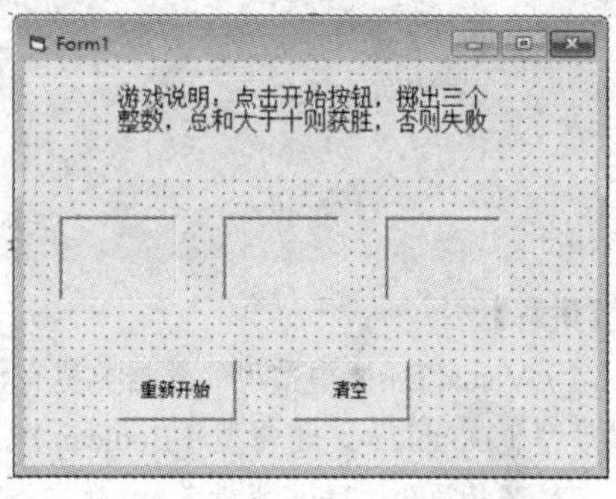

图 E7-4 实验 7-2 设计界面

表 E7-2 控件属性表

控 件 类 型	名 称	Caption	其 他 属 性
Label	Lbl_r	游戏说明：点击开始按钮，掷出三个整数，总和大于十则获胜，否则失败	Font 为宋体，常规，小四
Label	Lbl_a		BorderSyle=1，Font 为华文新魏，粗体，三号
Label	Lbl_b		BorderSyle=1，Font 为华文新魏，粗体，三号
Label	Lbl_c		BorderSyle=1，Font 为华文新魏，粗体，三号
CommandButton	Cmd_begin	重新开始	
CommandButton	Cmd_cls	清空	

4. 代码编写

双击 Cmd_begin 和 Cmd_cls 按钮，为其添加 Click 事件，代码如下：

```
Private Sub Cmd_begin_Click()
    Dim  a  As  Integer
    Dim  b  As  Integer
    Dim  c  As  Integer
    Dim  sum  As  Integer
    a = Int(Rnd( )* 6) + 1
    b = Int(Rnd( )* 6) + 1
    c = Int(Rnd( )* 6) + 1
    Lbl_a.Caption = a
    Lbl_b.Caption = b
    Lbl_c.Caption = c
    sum = a + b + c
    If sum > 10 Then
        MsgBox "总和为" & sum & "，恭喜你，获胜！"
    Else
        MsgBox "总和为" & sum & "，你输了，再来一次"
    End If

End Sub

Private Sub Cmd_cls_Click()
    Lbl_a.Caption = ""
    Lbl_b.Caption = ""
    Lbl_c.Caption = ""
End Sub
```

【讲解】

（1）Visual Basic 中常用的数据类型有整型（Integer）、长整型（Long）、单精度型（Single）、双精度型（Double）、逻辑型（Boolean）、日期型（Date）和字符串型（String）等。

定义变量语句：Dim 变量名 As 数据类型。

（2）在 Visual Basic 中经常利用控件属性输入和输出变量值。

输入变量值语句　　a = Int(Rnd( )* 6)+ 1

输出变量值语句　　Lbl_a.Caption = a

（3）骰子产生的数范围是整数 1～6，通过 Int(Rnd( )* 6)+ 1　语句产生[1,6]范围内的整数。

（4）随机函数 Rnd()作用随机产生（0,1）之间的浮点数，Int()函数是将随机产生的浮点数转换成整数。

（5）用 Msgbox 弹出提示信息，使用字符串连接符&时前后需要有空格。

实验 7-3　使用组合框实现多分支选择结构

1. 程序功能

（1）选择左侧 ComboBox 列表中的字体名称后，下方文本框中文字字体改变。

（2）选择右侧 ComboBox 列表中的颜色名称后，下方文本框中文字颜色改变。

运行界面如图 E7–5 所示。

2. 实验要求

（1）新建工程。

（2）设计窗体，并编写代码，完成程序功能要求。

（3）保存工程（文件名分别为 7–3.frm、7–3.vbp）。

（4）运行并生成可执行文件（7–3.exe）。

3. 窗体设计

按照图 E7–6 进行窗体设计。该窗体中包括 5 个控件，控件的属性如表 E7–3 所示。

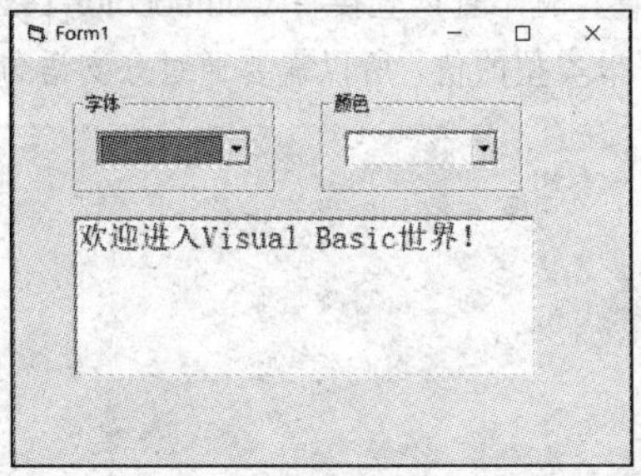

图 E7–5　实验 7–3 运行界面

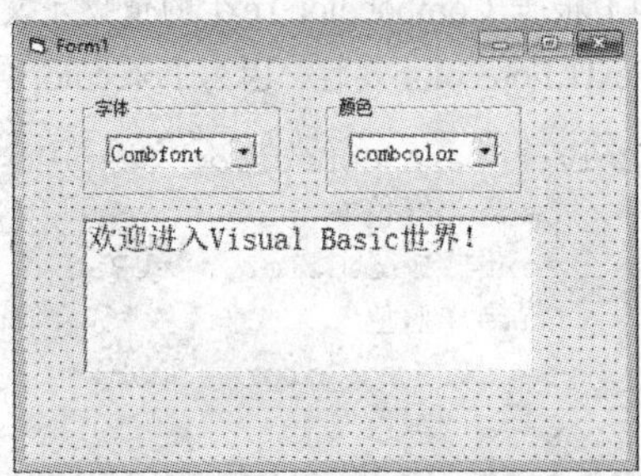

图 E7–6　实验 7–3 设计界面

表 E7–3　控件属性表

控件类型	名　称	Caption	其 他 属 性
Frame	Frame1	字体	
Frame	Frame2	颜色	
ComboBox	Combfont		List={隶书/华文新魏/宋体/幼圆}
ComboBox	Combcolor		List={红色/蓝色/绿色}
Text	Text1		Text="欢迎进入 Visual Basic 世界！", Font 设置为宋体，常规，三号

4. 代码编写

分别为组合框 Combfont 和 Combcolor 添加 Click 事件，代码如下：

```
Private Sub Combfont_Click()
    Text1.FontName = Combfont.Text
End Sub

Private Sub combcolor_Click()
    Select Case Combcolor.Text
        Case  "红色"
         Text1.ForeColor = vbRed
        Case  "蓝色"
            Text1.ForeColor = vbBlue
        Case  "绿色"
            Text1.ForeColor = vbGreen
    End Select
End Sub
```

【讲解】

（1）ComboBox 控件的 list 属性可以通过两种方式设置:

① 在属性窗口中静态添加。

② 在代码中动态添加。

（2）本实验中，ComboBox 控件的 List 属性的设置采用第一种方式。在属性窗口中设置 list 属性，需要注意的是在输入 List 内容换行时利用 Ctrl+Enter 组合键。

（3）根据 Combfont.Text 的值设定文本框中文字字体名称，因为 Combfont.Text 的属性值和 Text.FontNanme 的属性值是同一类型，所以可以通过 Text1.FontName = Combfont.Text 语句赋值。

（4）根据 Combocolor.Text 的值设定文本框中文字颜色，就不可以直接将 Combocolor.Text 的值赋给 Text1.Forecolor 属性，因为 Forecolor 属性不接收字符串类型的值，所以需要通过分支语句判断。

```
Select Case Combcolor.Text
    Case "红色"
    text1.ForeColor = vbRed
    Case "蓝色"
    text1.ForeColor = vbBlue
    Case "绿色"
    text1.ForeColor = vbGreen
End Select
```

三、作业提交

实验 7–1 ~ 7–3 各提交三个（或四个）文件：*.frm、*.vbp、*.exe 必须提交；*.frx 若存在则提交。

实验 8

循环结构程序设计 «

一、实验目的

（1）了解循环结构程序设计基本思想。

（2）掌握 For 循环语句、Do while…Loop 循环语句、While 循环语句的用法。

二、实验内容

实验 8-1　累加计算 1 ~ 200 之间所有偶数的和

实验 8-2　求水仙花数

实验 8-1　累加计算 1～200 之间所有偶数的和

1. 程序功能

（1）计算 1 ~ 200 之间的所有偶数之和。

（2）分别用 For 语句、Do while…loop 语句、While 语句实现。

运行界面如图 E8-1 所示。

2. 实验要求

（1）新建工程。

（2）设计窗体，并编写代码，完成程序功能要求。

（3）保存工程（文件名分别为 8-1For.frm、8-1For.vbp、8-1do.frm、8-1do.vbp、8-1while.frm、8-1while.vbp）。

（4）运行并生成可执行文件（8-1For.exe、8-1do.exe、8-1while.exe）。

3. 窗体设计

按照图 E8-2 进行窗体设计。窗体中控件的属性如表 E8-1 所示。

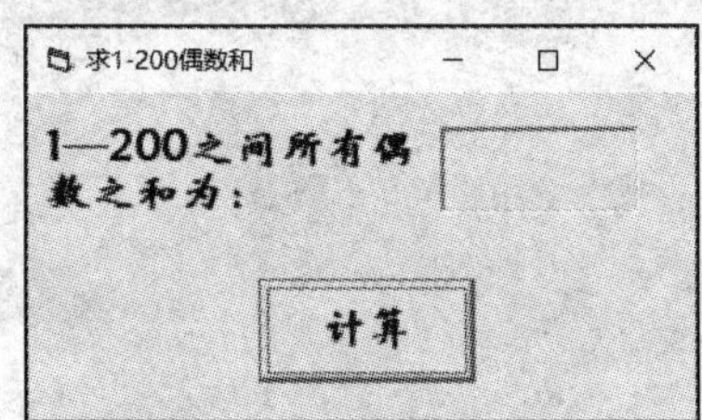

图 E8-1　实验 8-1 运行界面

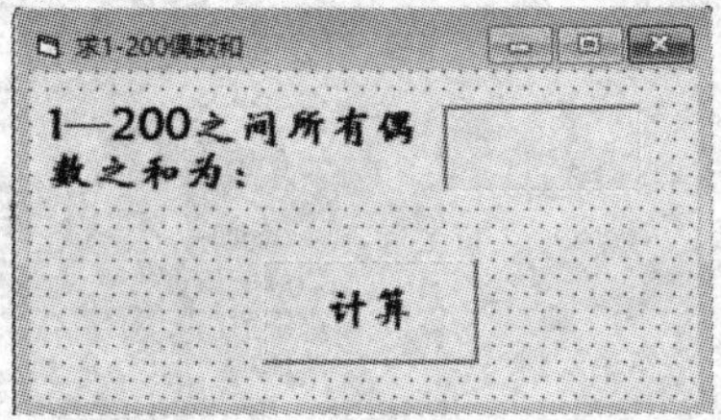

图 E8-2　实验 8-1 设计界面

表 E8-1　控件属性表

控件类型	名　称	Caption	其他属性
Form	Form1	求 1-200 偶数和	
Label	Label1	1-200 之间所有偶数之和为:	Font 为华文新魏，粗体，三号
Label	Lblresult		BorderStyle=1,ForeColor 为红色，Font 为华文新魏，粗体，三号
CommandBotton	Cmdsum	计算	Font 为华文新魏，粗体，三号

【讲解】本实验需要创建三个工程，三个工程的 Form 文件是相同的，可以参考实验 5-1 方法将 Form 另存为重复使用。

4. 代码编写

编写 Cmdsum 的 Click 事件，代码如下：

```
' For语句
Private Sub Cmdsum_Click()
    Dim sum As Long, i As Integer
    For i = 2 To 200 Step 2
        sum = sum + i
    Next
    Lblresult.Caption = sum
End Sub

'Do While…Loop语句
Private Sub Cmdsum_Click()
    Dim sum As Long, i As Integer
     sum = 0
     i = 2
     Do While i <= 200
        sum = sum + i
        i = i + 2
    Loop
    Lblresult.Caption = sum
End Sub

'While语句
Private Sub Cmdsum_Click()
    Dim sum As Long, i As Integer
     sum = 0
     i = 2
     While i <= 200
        sum = sum + i
        i = i + 2
    Wend
    Lblresult.Caption = sum
End Sub
```

【讲解】

（1）本实验需要创建三个工程，每个工程的 Form 设计是一样的，不同的是在代码实现上分别使用了 For 语句、Do While…Loop 语句和 While 语句，请注意区分这三种语句区别。

（2）连加计算是循环语句一个经典应用，有很多形式，如 1+3+5+…+n，求 1*1+2*2+…n*n 的结果等，只需要根据算式灵活应用即可。

（3）For 循环语句只用于循环次数已知的情况，Do while…Loop 和 While 语句可以用于循环条件比较容易给出的情况。

实验 8–2　求水仙花数

1. 程序功能

（1）求出 100～999 之间的所有"水仙花数"。

（2）"水仙花数"是指一个三位数，其各位数字立方和等于该数本身。

例如，153 是一个"水仙花数"，因为 153=1*1*1 + 5*5*5 + 3*3*3。

（3）将求得的水仙花数打印在窗体上。

运行界面如图 E8–3 所示。

2. 实验要求

（1）新建工程。

（2）设计窗体，并编写代码，完成程序功能要求。

（3）保存工程（文件名分别为 8–2.frm、8–2.vbp）。

（4）运行并生成可执行文件（8–2.exe）。

3. 窗体设计

按照图 E8–4 进行窗体设计。窗体中控件的属性如表 E8–2 所示。

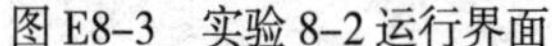

图 E8–3　实验 8–2 运行界面

图 E8–4　实验 8–2 设计界面

表 E8–2　控件属性表

控 件 类 型	名　　称	Caption	其 他 属 性
Form	Form1	求水仙花数	Font 设置华文新魏，粗体，四号
CommandButton	Command1	求水仙花数	Font 设置华文新魏，粗体，小三

4. 代码编写

编写 CommandButton 的 Click 事件，代码如下：

```
Private Sub Command1_Click()
    Dim  a  As  Integer,  b  As  Integer, c  As  Integer
    Dim  I  As  Integer
    Print "100~999之间的水仙花数为："
    For i = 100 To 999
        a = i Mod 10
        b = i \ 10 Mod 10
        c = i \ 100
        If  i = a ^ 3 + b ^ 3 + c ^ 3  Then
            Print  i
        End If
    Next  i
End Sub
```

【讲解】

（1）要求 100~999 之间的水仙花数，首先知道如何判断一个数是不是水仙花数。判断的方法就是按照水仙花数的定义，将数的个位、十位、百位分解判断。可以利用算术运算符分解。

个位数：a = i Mod 10;

十位数：b = i \ 10 Mod 10;

百位数：c = i \ 100。

（2）求得判断一个数是不是水仙花数的方法后，利用循环语句就可以从 100 判断到 999 了。这里可以用 For 语句，也可以用 Do While…Loop 语句和 While 语句。

三、作业提交

实验 8-1、8-2 各提交三个（或四个）文件：*.frm、*.vbp、*.exe 必须提交；*.frx 若存在则提交。

实验 9

Visual Basic 数据库编程基础（1）

一、实验目的

（1）掌握菜单的编辑及编程。

（2）掌握 MDI 程序的设计及编程。

（3）掌握 ODBC 的配置。

（4）掌握 ADO Data 控件的使用。

（5）掌握 DataGrid 控件的使用。

二、实验内容

实验 9–1　菜单的使用

实验 9–2　MDI 窗体的使用

实验 9–3　ODBC 的配置

实验 9–4　使用 ADO Data 控件与 DataGrid 控件浏览数据（1）

实验 9–5　使用 ADO Data 控件与 DataGrid 控件浏览数据（2）

实验 9–1　菜单的使用

1. 程序功能

在菜单中选择菜单项，在窗体中显示该等级的分数范围。

等级 A：85 分以上；等级 B：75 分至 85 分之间；等级 C：60 分至 75 分之间；

运行界面如图 E9–1 所示。

2. 实验要求

（1）新建工程。

（2）设计菜单。

（3）编写代码，完成程序功能要求。

（4）保存工程（文件名分别为 9–1.frm、9–1.vbp）。

（5）运行并生成可执行文件（9–1.exe）。

3. 窗体设计

在窗体上添加两个主菜单及一个 label 控件，如图 E9–2 所示。各菜单项及控件属性设置参见表 E9–1。

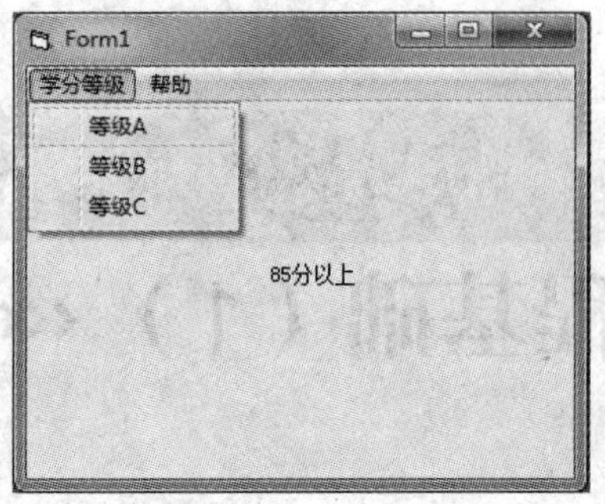

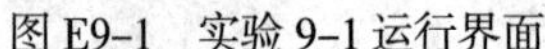
图 E9-1　实验 9-1 运行界面

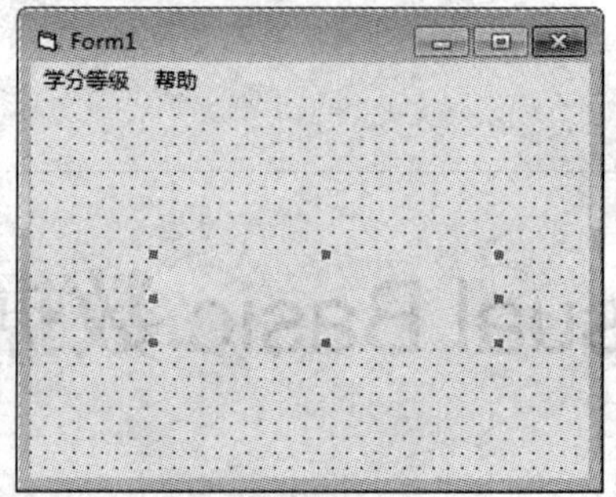

图 E9-2　实验 9-2 窗体界面

表 E9-1　各菜单项及控件属性表

Caption	名　　称	菜 单 级 别	控 件 类 型	其 他 属 性
学分等级	Vbmenu	一级		
等级 A	Vbmenu1	二级		
等级 B	Vbmenu2	二级		
等级 C	Vbmenu3	二级		
帮助	Vbhelp	一级		
	Label1		Label	

1）菜单设计步骤

（1）单击工具栏中的“菜单编辑器”按钮，如图 E9-3 所示。弹出菜单编辑器窗口，如图 E9-4 所示。

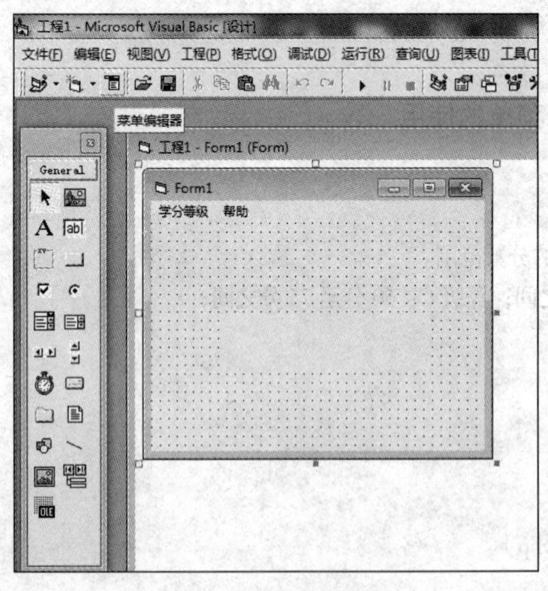

图 E9-3　打开菜单编辑器

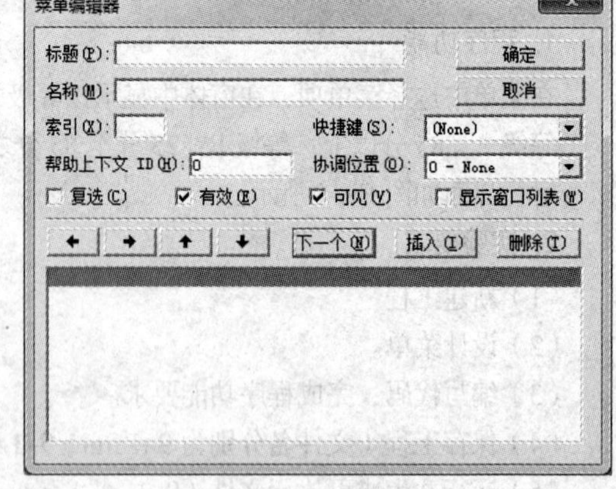

图 E9-4　菜单编辑器

（2）分别在标题栏和名称栏输入相应内容，并单击“下一个”按钮，编辑下一个菜单项，如图 E9-5 所示。

（3）输入第二个菜单项，如图 E9-6 所示。

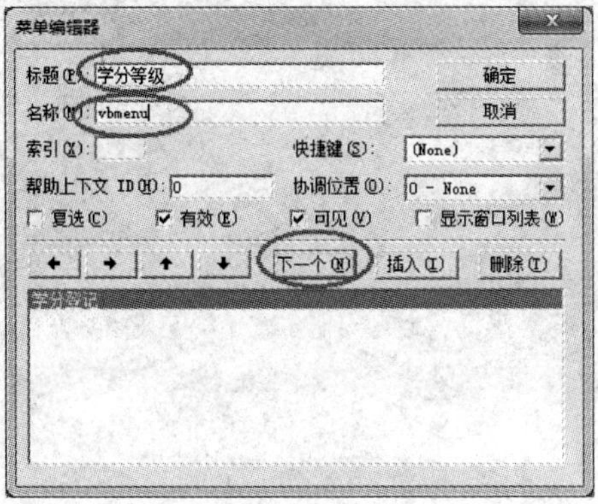

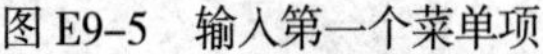

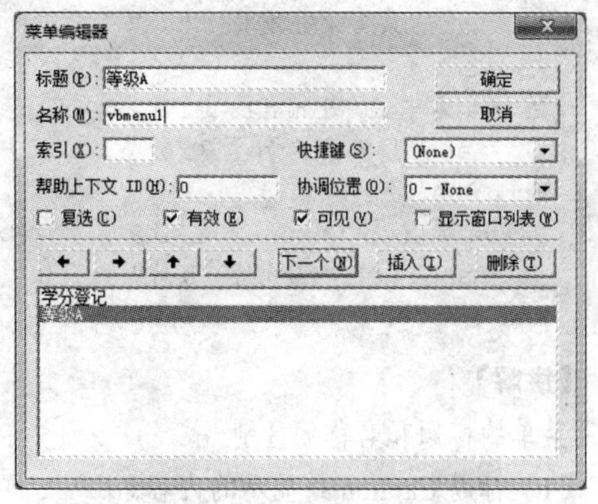

图 E9-5 输入第一个菜单项

图 E9-6 输入第二个菜单项

（4）单击“向右”箭头按钮，将第二个菜单项的级别由一级调整为二级，如图 E9-7 所示。

（5）依次添加后面的三个菜单项，并设置其级别，完成后单击“确定”按钮，如图 E9-8 所示。

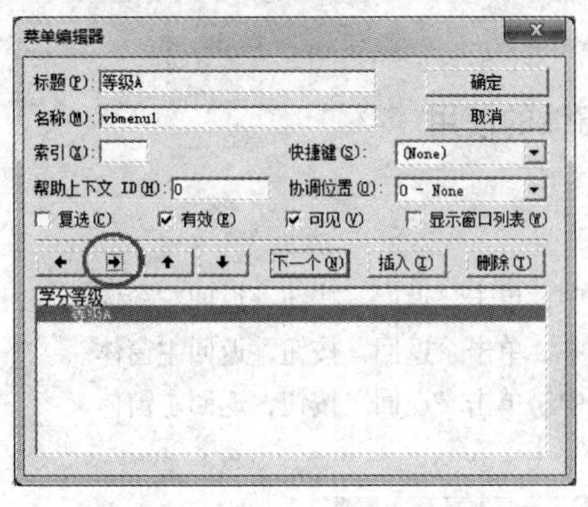

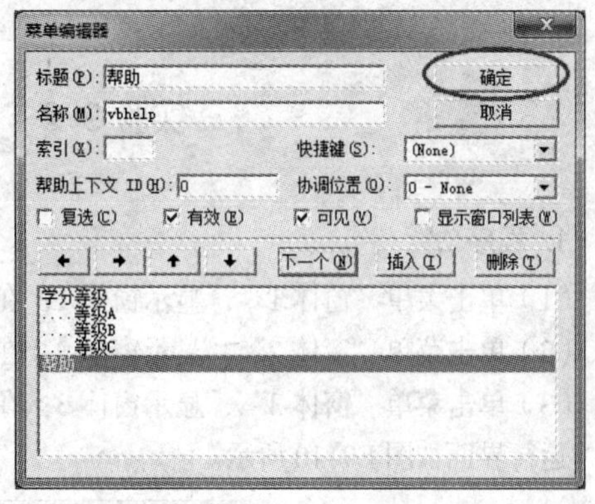

图 E9-7 修改第二个菜单项级别

图 E9-8 完成后的菜单编辑器

2）代码编写

分别双击三个二级菜单项（见图 E9-9），为菜单 vbmenu1、vbmenu2、vbmenu3 添加 Click 事件，代码如下：

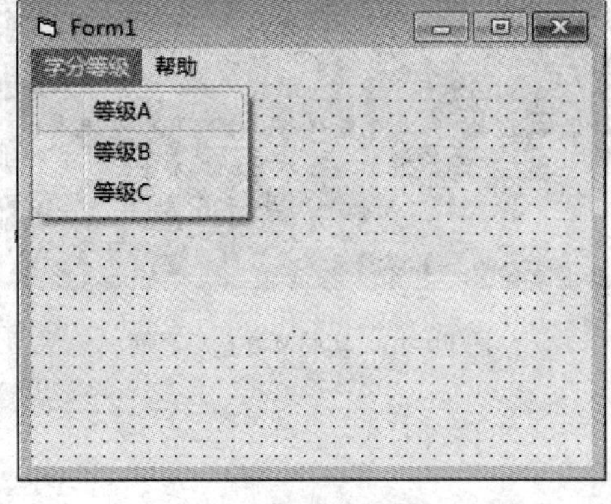

图 E9-9 添加菜单的 Click 事件

```
Private Sub Vbmenu1_Click()
    Label1 = "85分以上"
End Sub
Private Sub Vbmenu2_Click()
    Label1 = "75分至85分"
End Sub
Private Sub Vbmenu3_Click()
    Label1 = "60分至75分"
End Sub
```

【讲解】

菜单的标题和名称的区别:

(1)标题 Caption 是显示的内容;

(2)名称是菜单的唯一标识，引用菜单项时，使用名称。

提示

编辑菜单时，一定要注意各菜单项的级别和前后顺序。

实验 9-2　MDI 窗体的使用

1. 程序功能

(1)单击菜单“窗体1”，显示窗体1；在窗体1中，单击“返回”按钮，返回主窗体。

(2)单击菜单“窗体2”，显示窗体2；在窗体2中，单击“返回”按钮，返回主窗体。

(3)单击菜单“窗体3”，显示窗体3；在窗体3中，单击“返回”按钮，返回主窗体。

运行界面如图 E9-10 所示。

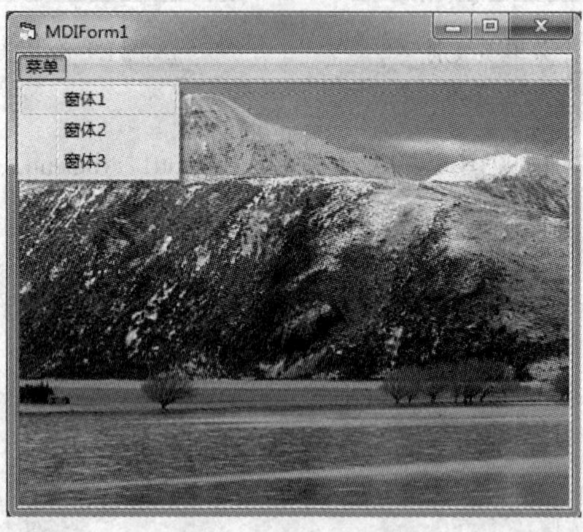

图 E9-10　实验 9-2 运行界面

2. 实验要求

(1)新建工程。

(2)添加一个 MDI 窗体和三个子窗体。

（3）为 MDI 窗体添加菜单，并编写代码。

（4）设计子窗体，并编写代码。

（5）保存工程（文件名分别为 9–2.frm、9–2–1.frm、9–2–2.frm、9–2–3.frm、9–2.vbp）。

（6）运行并生成可执行文件（9–2.exe）。

3. MDI 窗体设计

（1）在工程资源管理器中，右击窗体文件夹，选择“添加 | 添加 MDI 窗体”命令，如图 E9–11 所示。弹出“添加 MDI 窗体”对话框，如图 E9–12 所示。

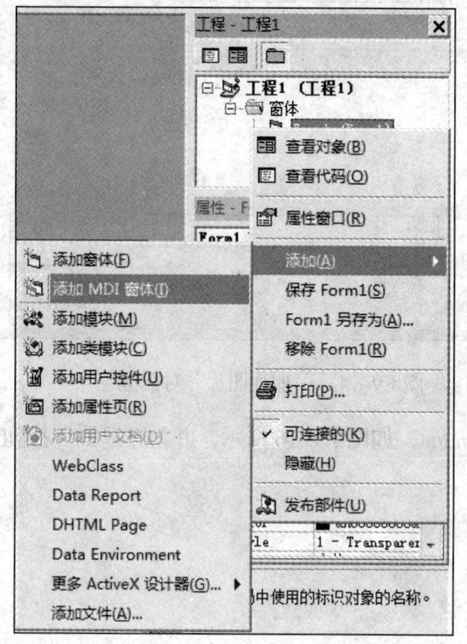

图 E9–11　添加 MDI 窗体

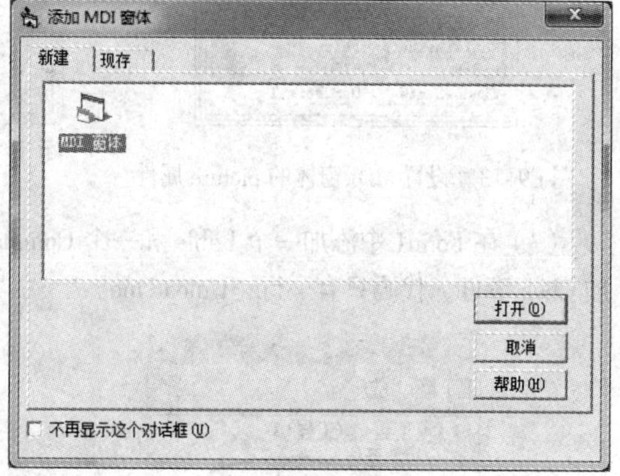

图 E9–12　“添加 MDI 窗体”对话框

（2）为 MDI 窗体添加菜单，各菜单项属性如表 E9–2 所示。

表 E9-2　各菜单项属性表

Caption	名　称	菜 单 级 别	控 件 类 型	其 他 属 性
菜单	Vbmenu	一级		
窗体 1	M1	二级		
窗体 2	M2	二级		
窗体 3	M3	二级		

（3）为 MDI 窗体添加背景图片。选择 MDIForm1 窗体，在属性窗口中选择 picture 属性，并单击后面的“...”按钮，如图 E9–13 所示。在弹出的“加载图片”对话框（图 E9–14）中，选择相应的背景图片。

4. MDI 子窗体设计

（1）在工程资源管理器中，选择窗体 Form1。

（2）在属性窗口中，将 MDIchild 属性设置为 True（见图 E9–15），即可将 Form1 设置为 MDI 窗体的子窗体。并将 Windowstate 属性设置为 2，即最大化显示窗口。

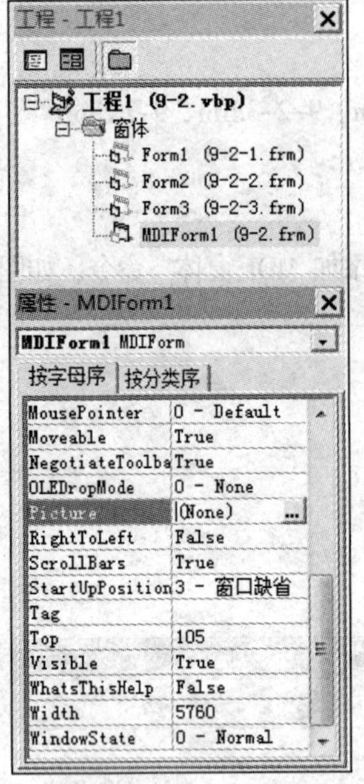

图 E9-13　设置 MDI 窗体的 picture 属性

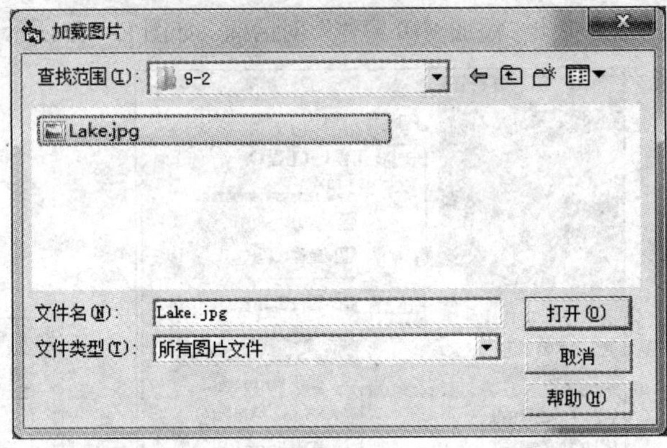

图 E9-14　“加载图片”对话框

（3）在 Form1 中添加一个 Lable 和一个 Commandbutton，如图 E9-16 所示，并为“返回”按钮添加 Click 事件，代码只有一行：Unload me。

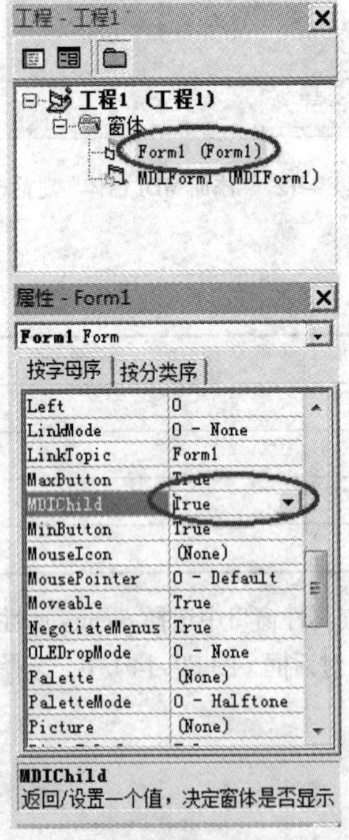

图 E9-15　设置 MDI 子窗体

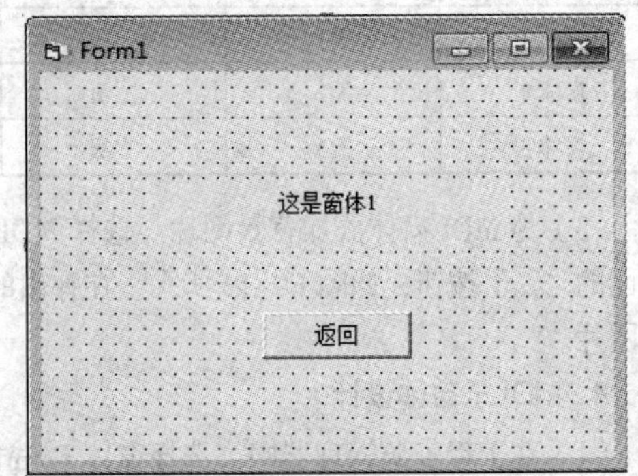

图 E9-16　子窗体 Form1

（4）依次添加两个 MDI 子窗体 Form2 和 Form3（MDIchild 属性设置为 True，Windowstate 属性设置为 2），如图 E9-17 和图 E9-18 所示。分别为“返回”按钮添加 Click 事件，代码只有一行：Unload me。

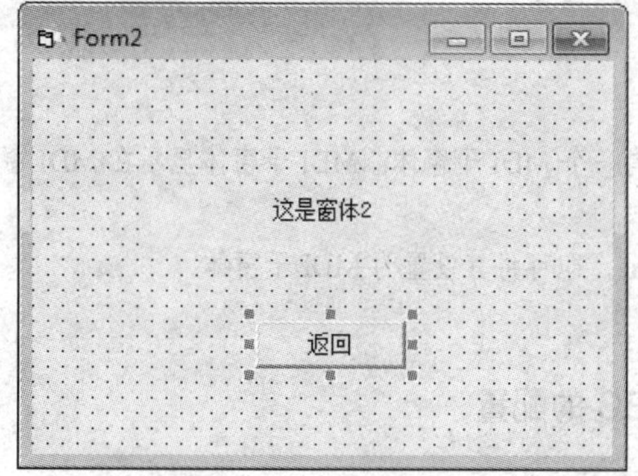

图 E9-17　子窗体 Form2

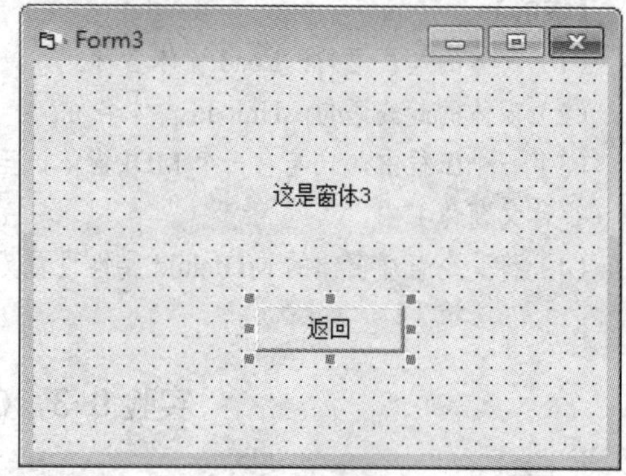

图 E9-18　子窗体 Form3

5. 设置启动窗体

工程中默认启动窗体为 Form1，此处需设置为 MDIform1，方法如下：

在工程资源管理器中，右击文件夹“工程 1”，在弹出的快捷菜单中选择“工程 1 属性”命令（见图 E9-19），弹出“工程 1-工程属性”对话框（见图 E9-20）。

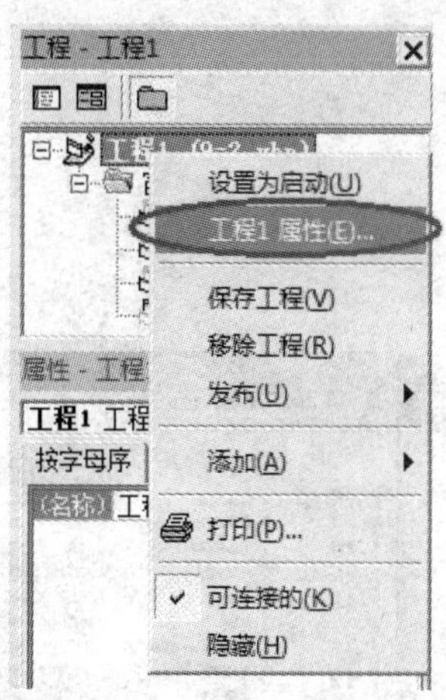

图 E9-19　打开“工程属性”对话框

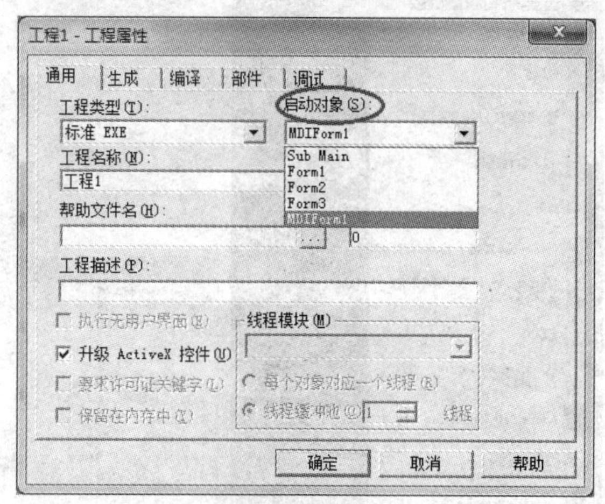

图 E9-20　“工程 1-工程属性”对话框

在“工程 1-工程属性”对话框中，启动对象选择 MDIForm1，并单击“确定”按钮。

6. 代码编写

分别为 MDI 窗体的三个二级菜单项添加 Click 事件，代码如下：

```
Private Sub M1_Click()
    Load Form1
End Sub
Private Sub M2_Click()
    Load Form2
End Sub
Private Sub M3_Click()
```

```
    Load Form3
End Sub
```

【讲解】

（1）窗体的加载语句：Load 窗体名称。

（2）窗体的卸载语句：Unload 窗体名称。

（3）一个工程中，只能有一个 MDI 窗体，至少有一个 MDI 子窗体。MDI 子窗体显示在 MDI 窗体（也称父窗体）中。

（4）将一个普通窗体的 MDIchild 属性设置为 True，即可将其设置为 MDI 子窗体。

实验 9-3　ODBC 的配置

（1）实验要求：配置 ODBC–salesystem。

（2）恢复 salesystem 数据库（可从下面两种方式中选择一种）。

① 在 SQL Server 中执行“创建数据库表结构及内容.sql”。

② 通过文件 salesystem_bak 恢复 salesystem 数据库（参见实验 4）

（3）创建 ODBC 数据源（salesystem）的步骤如图 E9–21 ~ 图 E9–31 所示。

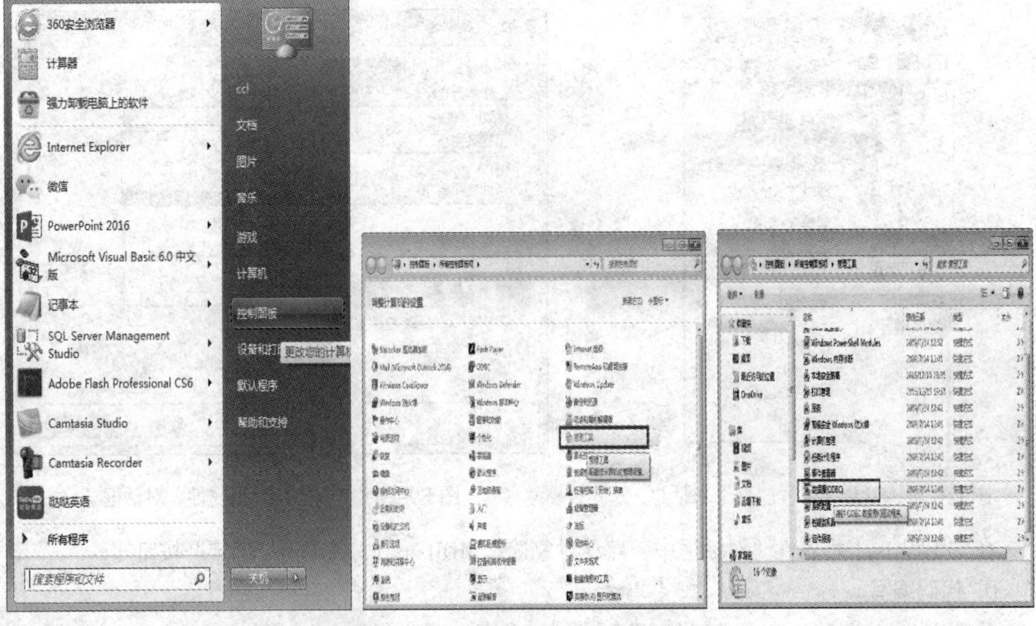

图 E9–21　创建 ODBC 数据源步骤 1

提示

图 E9-25 所示步骤 6 是最易出错的一环。请一定要勾选“更改默认的数据库为”，并在下拉列表中选择 salesystem。如果下拉列表中找不到 salesystem，说明之前创建数据库表的操作有问题，请返回复查。

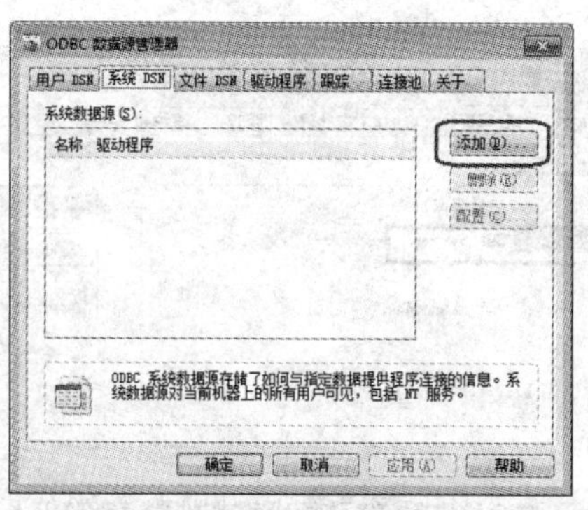

图 E9-22　创建 ODBC 数据源步骤 2

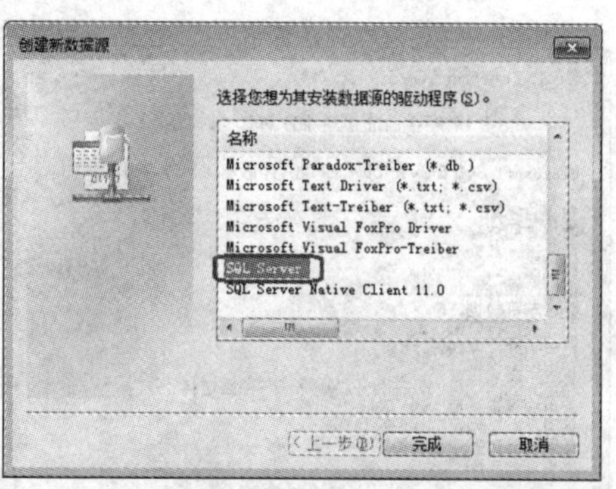

图 E9-23　创建 ODBC 数据源步骤 3

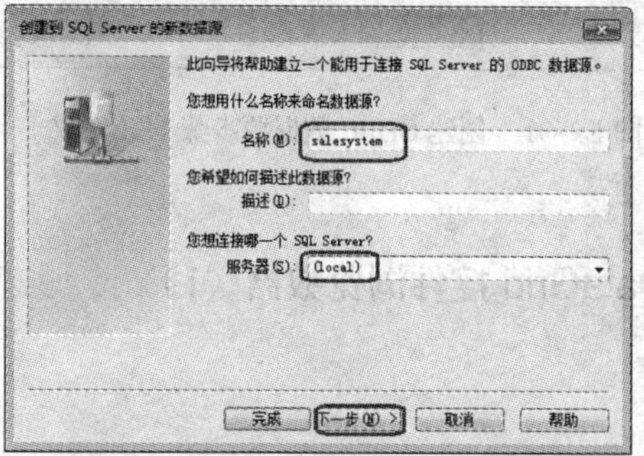

图 E9-24　创建 ODBC 数据源步骤 4

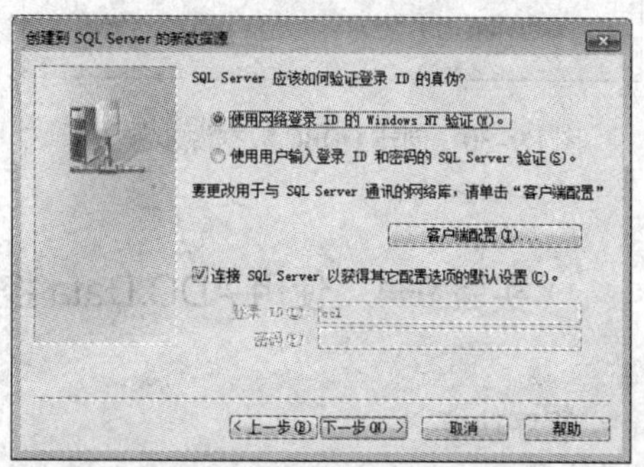

图 E9-25　创建 ODBC 数据源步骤 5

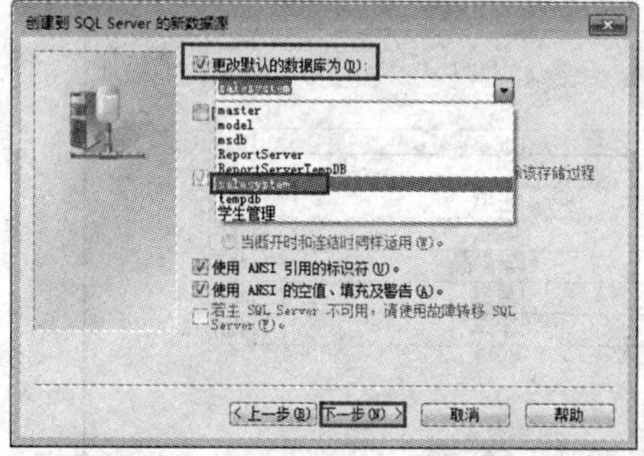

图 E9-26　创建 ODBC 数据源步骤 6

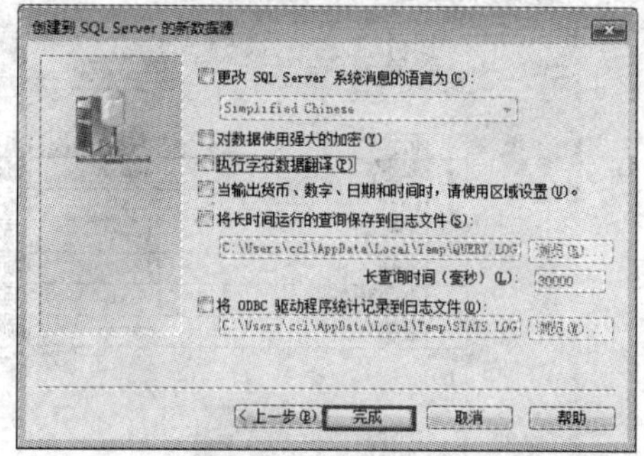

图 E9-27　创建 ODBC 数据源步骤 7

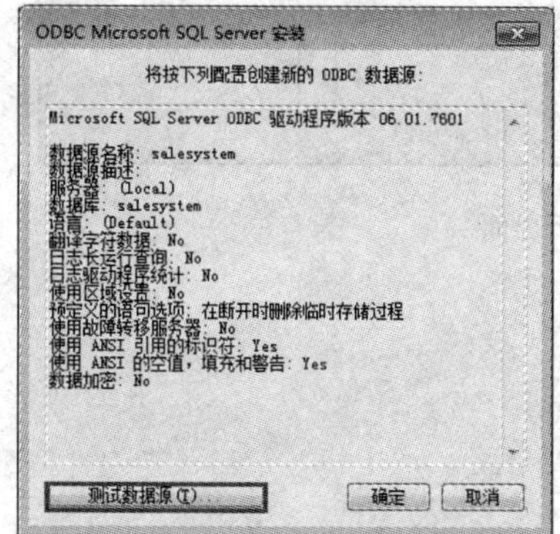

图 E9-28　创建 ODBC 数据源步骤 8

图 E9-29　创建 ODBC 数据源步骤 9

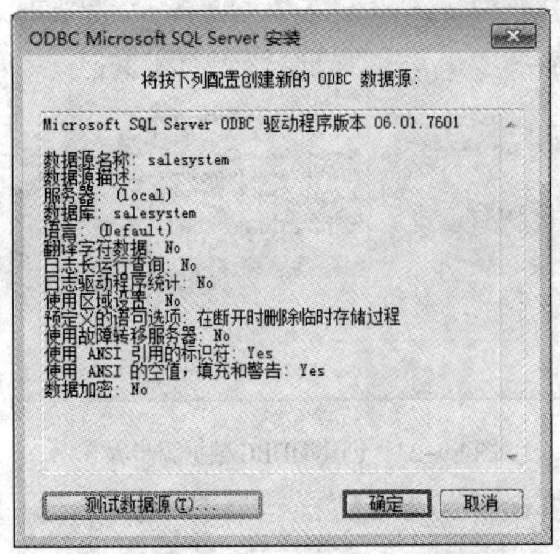

图 E9-30　创建 ODBC 数据源步骤 10

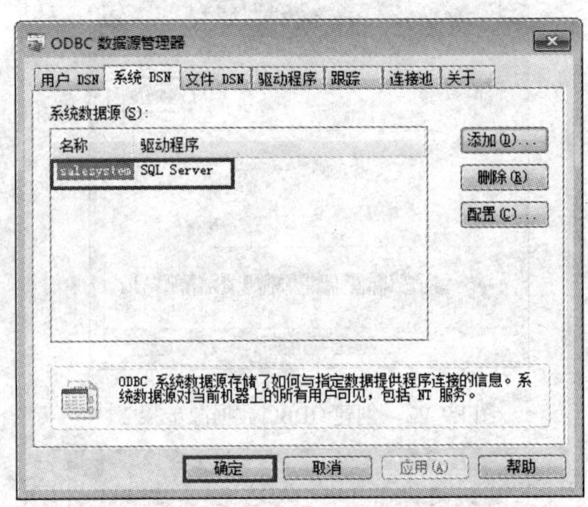

图 E9-31　创建 ODBC 数据源步骤 11（完成）

实验 9-4　使用 ADO Data 控件与 DataGrid 控件浏览数据（1）

1. 程序功能

单击 ADODC 控件对应的按钮，自由浏览用户信息。

运行界面如图 E9-32 所示。

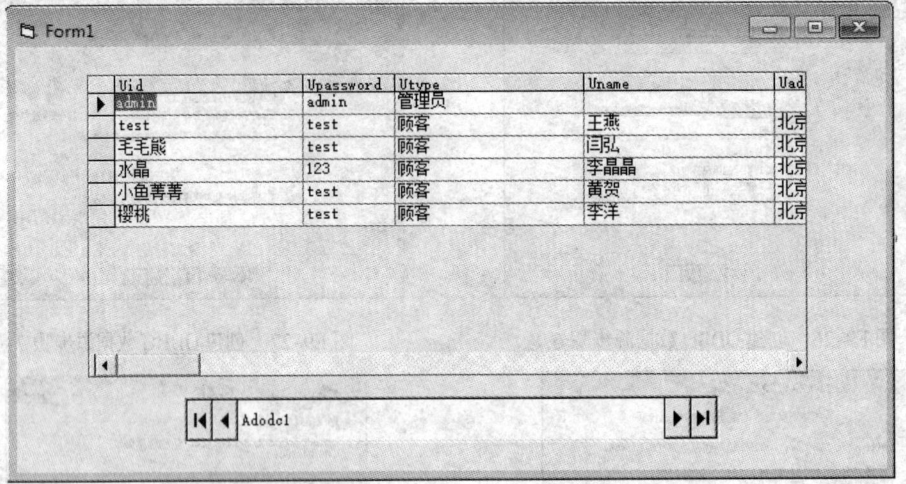

图 E9-32　实验 9-4 运行界面

2. 实验要求

（1）新建工程。

（2）配置 ODBC－salesystem（参见实验 9-3）。

（3）设计窗体，并编写代码，完成程序功能要求。

（4）保存工程（文件名分别为 9-4.frm、9-4.vbp）。

（5）运行并生成可执行文件（9-4.exe）。

3. 窗体设计

（1）在工具箱窗口中添加 Data 控件。右击工具箱窗口空白处，在弹出的快捷菜单中选择“部件”命令，弹出“部件”对话框，选择 Microsoft ADO Data Control 6.0（SP6）和 Microsoft DataGrid Control 6.0（SP6），添加后的工具箱如图 E9-33 所示。

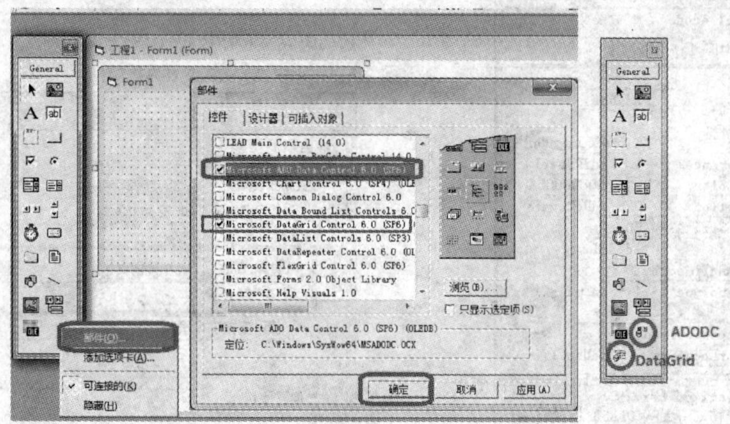

图 E9-33 添加数据控件

（2）按照图 E9-34 进行窗体设计。该窗体中包含两个控件：Adodc1 和 DataGrid1，两个控件的属性如表 E9-3 所示。

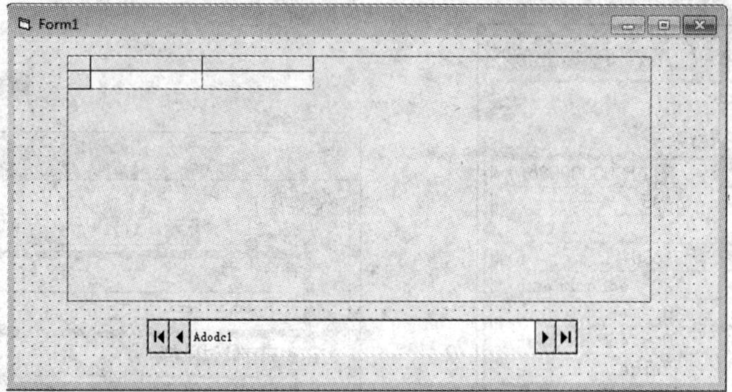

图 E9-34 窗体界面

表 E9-3 控件属性表

Caption	名 称	控 件 类 型	其 他 属 性
	Adodc1	Adodc	ConnectionString 属性： ODBC Data Source Name = salesystem RecordSource 属性： Command Type=1-adCmdText SQL=select uid as 用户名,upassword as 密码,utype as 用户类型,uname as 收货人姓名,uaddr as 收货人地址,utel as 收货人电话,uemail as 收货人电子邮箱,uaccount as 账户余额 from users
	DataGrid1	DataGrid	DataSource =Adodc1

（3）Adodc1 的属性设置。

Adodc1 主要设置两个属性：ConnectionString 和 RecordSource。

ConnectionString 的设置过程如图 E9-35 和图 E9-36 所示。

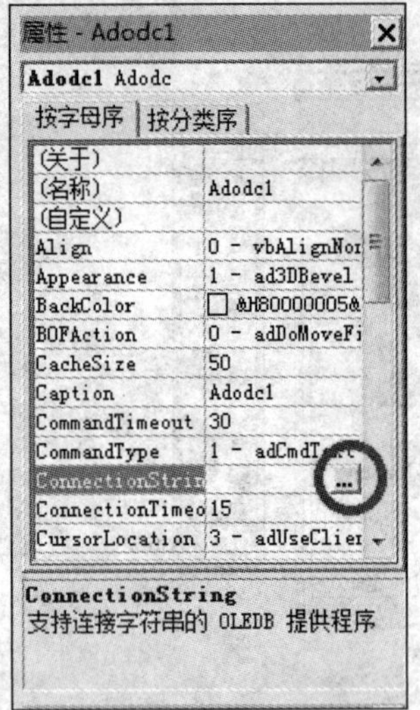

图 E9-35　ConnectionString 设置步骤 1

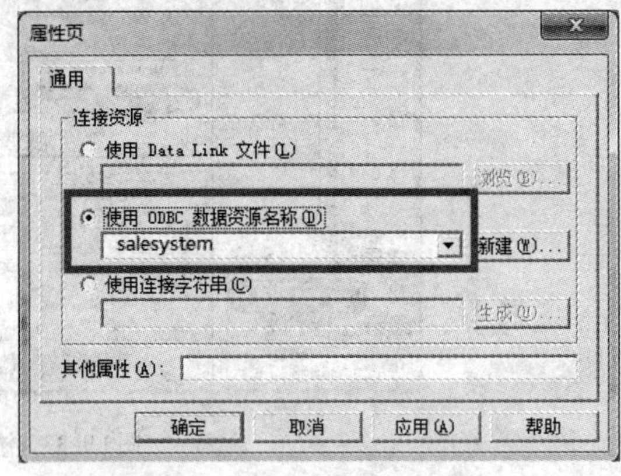

图 E9-36　ConnectionString 设置步骤 2

RecordSource 的设置需要有两项：命令类型和命令文本，如图 E9-37 和图 E9-38 所示。

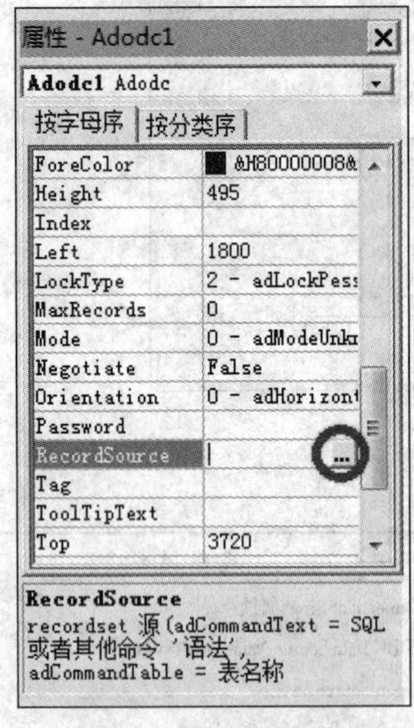

图 E9-37　RecordSource 设置步骤 1

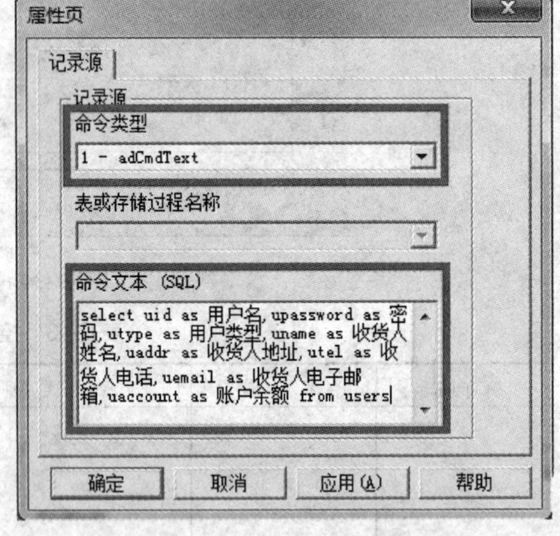

图 E9-38　RecordSource 设置步骤 2

提示

（1）图 E9-38 中的 SQL 语句具体如下所示；

```
select uid as 用户名,upassword as 密码,utype as 用户类型,uname as 收货人姓名,uaddr
```

as 收货人地址,utel as 收货人电话,uemail as 收货人电子邮箱,uaccount as 账户余额 from users

（2）在输入 SQL 语句时，务必保证所有字符为西文字符。

（3）写完 SQL 语句后，请将该 SQL 语句粘贴到 SQL Server 的环境中，并执行。若不能正确执行，请修改，直至可以正确执行。然后将正确的 SQL 语句粘贴回 RecordSource 控件。

4. 代码编写

本实验不需代码。

实验 9-5　使用 ADO Data 控件与 DataGrid 控件浏览数据（2）

1. 程序功能

单击“第一条”“上一条”“下一条”“最后一条”按钮，可浏览全部用户信息。

运行界面如图 E6-39 所示。

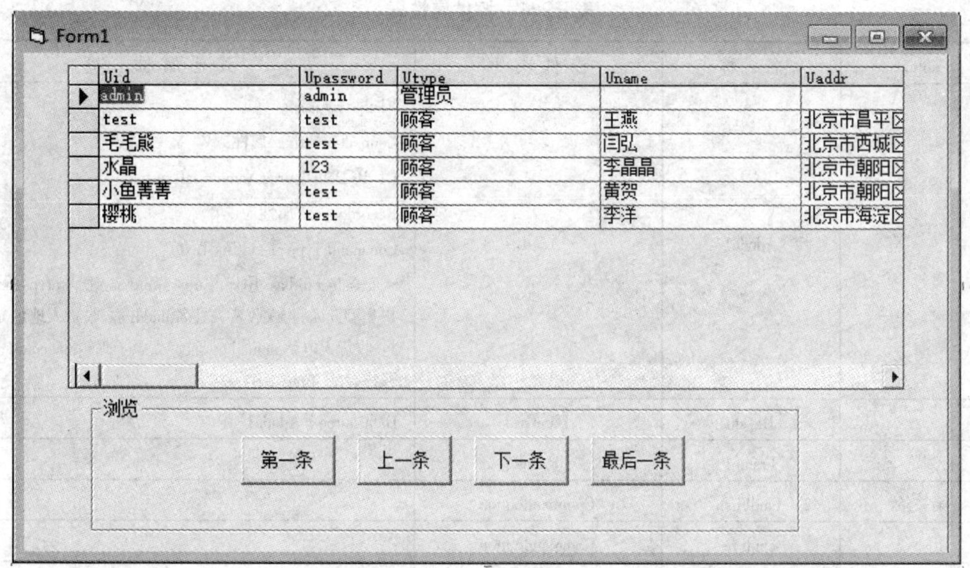

图 E9-39　运行界面

2. 实验要求

（1）新建工程。

（2）配置 ODBC – salesystem（参见实验 9-3）。

（3）设计窗体，并编写代码，完成程序功能要求。

（4）保存工程（文件名分别为 9-5.frm、9-5.vbp）。

（5）运行并生成可执行文件（9-5.exe）。

3. 窗体设计

（1）在工具箱窗口中添加 Data 控件：Microsoft ADO Data Control 6.0（SP6）和 Microsoft DataGrid Control 6.0（SP6）。方法参见实验 9-4。

（2）按照图 E9-40 进行窗体设计。该窗体中包含 7 个控件，各控件的属性如表 E9-4 所示。

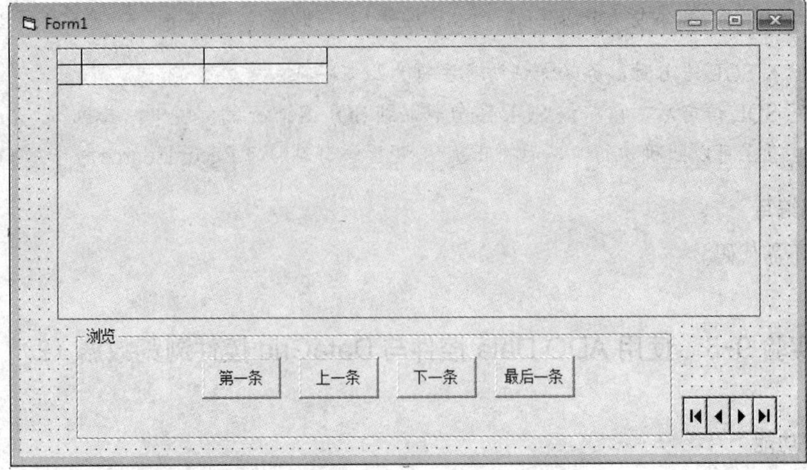

图 E9-40　窗体界面

表 E9-4　控件属性表

Caption	名　称	控 件 类 型	其 他 属 性
	Adodc1	Adodc	Visible = false ConnectionString 属性： ODBC Data Source Name = salesystem RecordSource 属性： Command Type=1-adCmdText SQL=select uid as 用户名,upassword as 密码,utype as 用户类型,uname as 收货人姓名,uaddr as 收货人地址,utel as 收货人电话,uemail as 收货人电子邮箱,uaccount as 账户余额 from users
	Dg_stu	DataGrid	Datasource = Adodc1
浏览	Frame1	Frame	
第一条	cmdFirst	Commandbutton	
上一条	cmdPre	Commandbutton	
下一条	cmdNext	Commandbutton	
最后一条	cmdLast	Commandbutton	

4. 代码编写

分别为 4 个命令按钮添加 Click 事件，代码如下：

```
Private Sub cmdFirst_Click()
    If Adodc1.Recordset.RecordCount = 0 Then 'RecordCount = 0表示数据库中无记录
        MsgBox "当前没有记录"
    Else
        Adodc1.Recordset.MoveFirst
    End If
End Sub
Private Sub cmdPre_Click()
    Adodc1.Recordset.MovePrevious
```

```
    If Adodc1.Recordset.BOF Then
        Adodc1.Recordset.MoveFirst
        MsgBox "已经到达记录顶端"
        Exit Sub
End If
End Sub
Private Sub cmdNext_Click()
    Adodc1.Recordset.MoveNext
    If Adodc1.Recordset.EOF Then
        Adodc1.Recordset.MoveLast
        MsgBox "已经到达记录底端"
        Exit Sub
    End If
End Sub
Private Sub cmdLast_Click()
    If Adodc1.Recordset.RecordCount = 0 Then
        MsgBox "当前没有记录"
    Else
        Adodc1.Recordset.MoveLast
    End If
End Sub
```

【讲解】

（1）Recordset 的方法:

```
moveFirst        移动到第一条
moveLast         移动到最后一条
movePrevious     移动到上一条
moveNext         移动到下一条
```

（2）当移动到“第一条”或者“最后一条”时，首先需要判断数据库中是否有记录。若无记录则提示“当前没有记录”，并退出；否则调用 Recordset 的 MoveFirst 或者 MoveLast 方法。

```
    If Adodc1.Recordset.RecordCount = 0 Then
        MsgBox "当前没有记录"
    Else
        Adodc1.Recordset.MoveFirst 或者 Adodc1.Recordset.MoveLast
    End If
```

（3）当移动到“上一条”时，首先调用 Recordset 的 MovePrevious 方法，向上移动记录指针；然后判断指针当前是否指向数据库的开始（Recordset.BOF），若是则提示“已经达到记录顶端”，并将记录指针移动到第一条。

```
    Adodc1.Recordset.MovePrevious
    If Adodc1.Recordset.BOF Then
        Adodc1.Recordset.MoveFirst
        MsgBox "已经到达记录顶端"
        Exit Sub
    End If
```

（4）当移动到“下一条”时，首先调用 Recordset 的 MoveNext 方法，向下移动记录指针；然后判断指针当前是否指向数据库的末尾（Recordset.EOF），若是则提示“已经达到记录底端”，并将记录指针移动到最后一条。

```
Adodc1.Recordset.MoveNext
If Adodc1.Recordset.EOF Then
    Adodc1.Recordset.MoveLast
    MsgBox "已经到达记录底端"
    Exit Sub
End If
```

三、作业提交

实验 9-1、9-2、9-4、9-5 各提交三个（或四个）文件：*.frm、*.vbp、*.exe 必须提交；*.frx 若存在则提交。

实验 10
Visual Basic 数据库编程基础（2）

一、实验目的

（1）掌握 ADO Data 控件的使用。
（2）掌握 DataGrid 控件的使用。
（3）掌握用 TextBox 控件绑定数据库。

二、实验内容

实验 10–1　使用 TextBox 控件绑定数据
实验 10–2　使用 ADO 对象自动填充下拉列表框

实验 10–1　使用 TextBox 控件绑定数据

1. 程序功能

单击“第一条”“上一条”“下一条”“最后一条”按钮，可浏览全部商品信息。

运行界面如图 E10–1 所示。

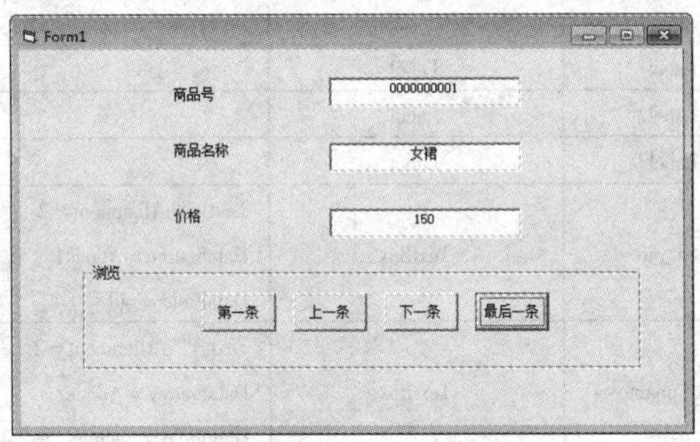

图 E10–1　实验 10–1 运行界面

2. 实验要求

（1）新建工程.
（2）配置 ODBC–salesystem（参见实验 9–3）。
（3）设计窗体，并编写代码，完成程序功能要求。
（4）保存工程（文件名分别为 10–1.frm、10–1.vbp）。
（5）运行并生成可执行文件（10–1.exe）。

3. 窗体设计

（1）在工具箱窗口中添加 Data 控件：Microsoft ADO Data Control 6.0（SP6）和 Microsoft DataGrid Control 6.0（SP6）。方法参见实验 9-4。

（2）按照图 E10-2 进行窗体设计。该窗体中包含 12 个控件，各控件的属性如表 E10-1 所示。

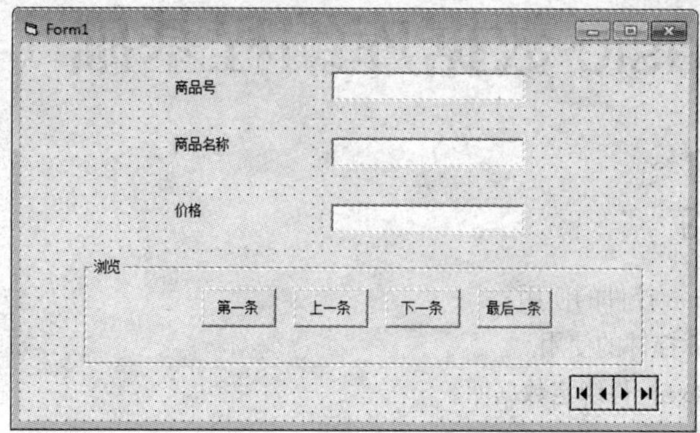

图 E10-2　实验 10-1 窗体界面

表 E10-1　控件属性表

Caption	名　称	控 件 类 型	其 他 属 性
默认	Adodc1	Adodc	Visible=false ConnectionString 属性： ODBC Data Source Name = salesystem RecordSource 属性： Command Type=2-adCmdTable Table name = product Cursortype =1 Locktype =2
商品号	Label1	Label	
商品名称	Label2	Label	
价格	Label3	Label	
	txt_pid	TextBox	Text ="";Alignment = 2 DataSource = Adodc1 DataField = pid
	Txt_pname	TextBox	Text =""; Alignment = 2 DataSource = Adodc1 DataField = pname
	Txt_price	TextBox	Text =""; Alignment = 2 DataSource = Adodc1 DataField = price
浏览	Frame1	Frame	
第一条	cmdFirst	CommandButton	
上一条	cmdPre	CommandButton	
下一条	cmdNext	CommandButton	
最后一条	cmdLast	CommandButton	

提示

该实验中 Adodc1 的 RecordSource 属性的设置，如图 E10-3 所示。

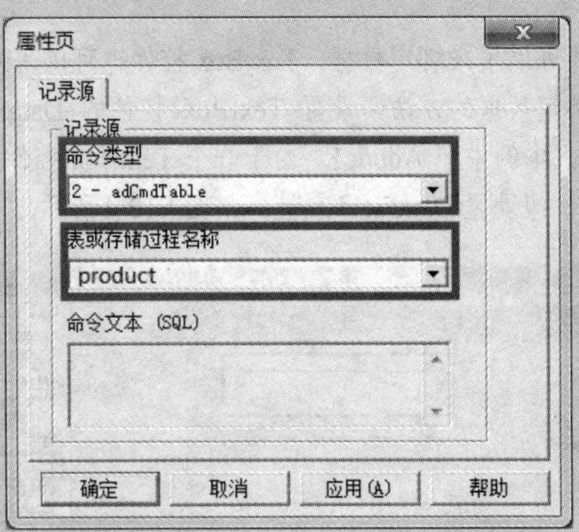

图 E10-3　Adodc1 的 RecordSource 属性设置

4. 代码编写

分别为 4 个命令按钮添加 Click 事件，代码如下：

```
Private Sub cmdFirst_Click()
    If Adodc1.Recordset.RecordCount = 0 Then 'RecordCount=0 表示数据库中无记录
        MsgBox "当前没有记录"
    Else
        Adodc1.Recordset.MoveFirst
    End If
End Sub
Private Sub cmdPre_Click()
    Adodc1.Recordset.MovePrevious
    If Adodc1.Recordset.BOF Then
        Adodc1.Recordset.MoveFirst
        MsgBox "已经到达记录顶端"
        Exit Sub
    End If
End Sub
Private Sub cmdNext_Click()
    Adodc1.Recordset.MoveNext
    If Adodc1.Recordset.EOF Then
        Adodc1.Recordset.MoveLast
        MsgBox "已经到达记录底端"
        Exit Sub
    End If
End Sub
Private Sub cmdLast_Click()
    If Adodc1.Recordset.RecordCount = 0 Then
        MsgBox "当前没有记录"
    Else
```

```
        Adodc1.Recordset.MoveLast
    End If
End Sub
```

【讲解】

（1）除了 DataGrid 控件可以用来绑定数据，TextBox 控件也可以用来绑定数据。

（2）用 TextBox 控件绑定数据的方法：设置 TextBox 控件的 DataSource 和 DataField 属性。DataSource 属性指出数据源，本例中即 Adodc1。由于一个 TextBox 控件只能显示一个字段，所以必须指明与该控件绑定的字段，即设置 DataField 属性，如图 E10-4 所示。

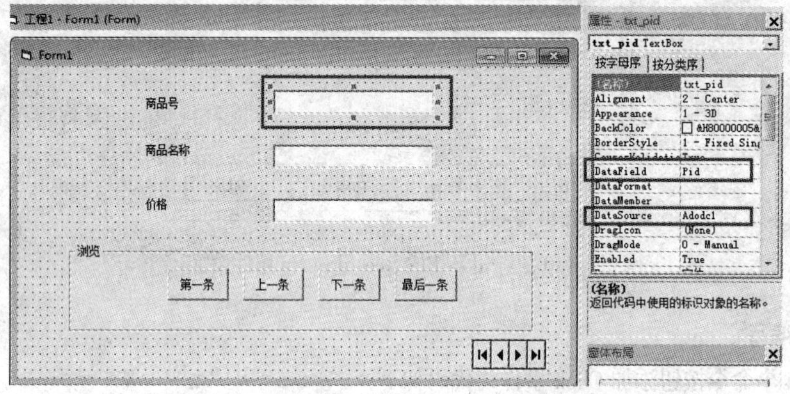

图 E10-4　用 TextBox 控件绑定数据

实验 10-2　使用 ADO 对象自动填充下拉列表框

1. 程序功能

（1）程序启动后，在下拉列表中显示所有商品号。

（2）在下拉列表中选择某个商品号后，单击“确定”按钮，在下方显示“您选择的商品号是：***”。运行界面如图 E10-5 所示。

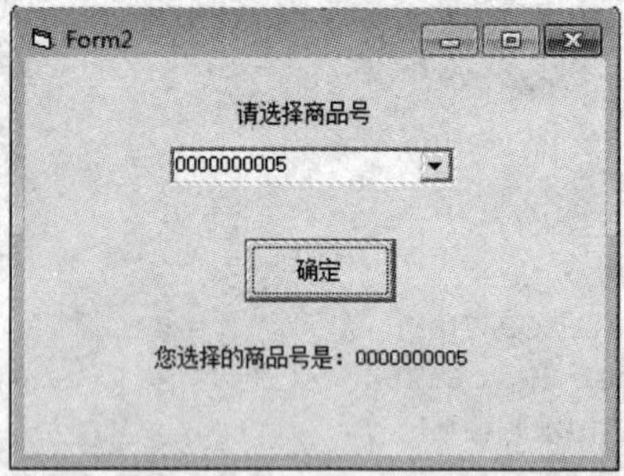

图 E10-5　实验 10-2 运行界面

2. 实验要求

（1）新建工程。

（2）配置 ODBC-salesystem（参见实验 9-3）。

（3）设计窗体，并编写代码，完成程序功能要求。

（4）保存工程（文件名分别为 10–2.frm、10–2.vbp）。

（5）运行并生成可执行文件（10–2.exe）。

3. 窗体设计

（1）选择“工程 | 引用”命令（见图 E10–6），弹出“引用”对话框，选择 Micriosoft ActiveX Data Objects Library 2.0 Library（见图 E10–7）。

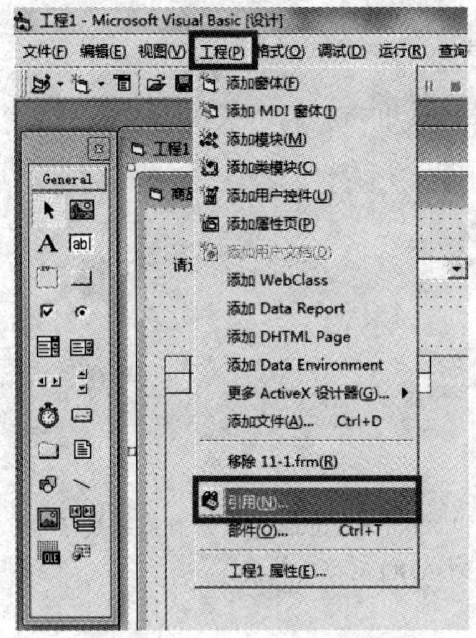

图 E10–6　添加引用

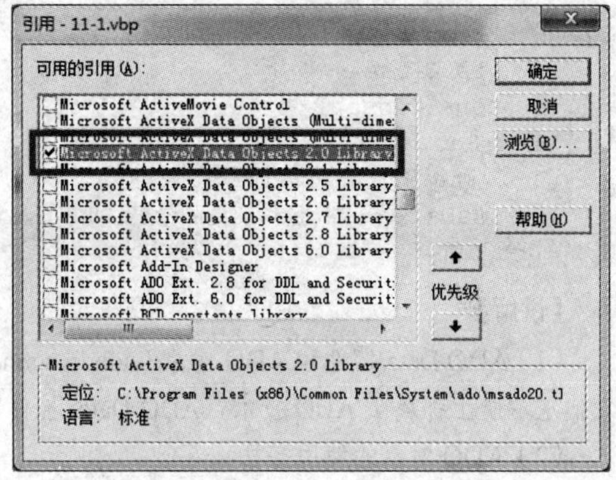

图 E10–7　“引用”对话框

（2）按照图 E10–8 进行窗体设计。该窗体中包含 4 个控件，各控件的属性如表 E10–2 所示。

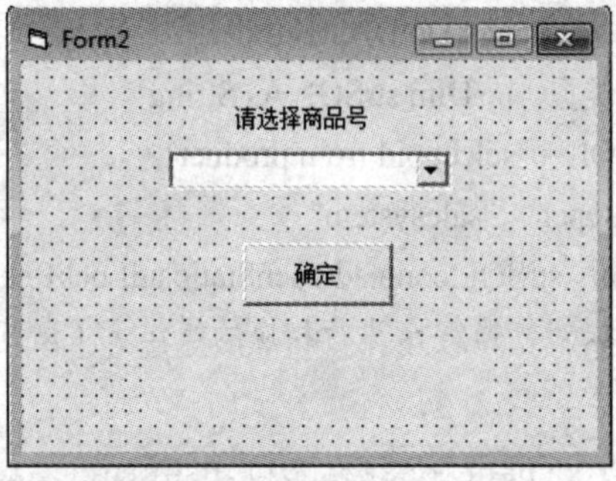

图 E10–8　实验 10–2 窗体界面

表 E10–2　控件属性表

Caption	名　称	控 件 类 型	其 他 属 性
请选择商品号	Label1	Label	
	Label2	Label	
	Combo1	ComboBox	Text =""
确定	Command1	CommandButton	

4. 代码编写

为 Form1 添加 Load 事件（双击 Form1 的任何空白处）；为 Command1 添加 Click 事件，代码如下：

```
Private Sub Form_Load()
    Dim conn As New ADODB.Connection
    Dim rs As New ADODB.Recordset
    Dim strSQL As String
    strSQL = "select pid from product"
    conn.Open "salesystem"
    rs.Open strSQL, conn, adOpenStatic, adLockReadOnly
    Do While Not rs.EOF
    '依次将记录集中的记录加入到 ComboBox 控件 combo1 中
        combo1.AddItem Trim(rs.Fields("pid"))
        rs.MoveNext
    Loop
    rs.Close
   conn.Close
End Sub
Private Sub Command1_Click()
    Label2 = "您选择的商品号是：" & combo1.Text
End Sub
```

【讲解】

（1）ADO Data 控件和 ADO 对象（adodb.connection 和 adodb.Recordset）是两种操纵数据的方法。它们从本质上都属于 ADO 技术，ADO Data 控件实际是对 ADO 对象的封装。

（2）ADO 对象的使用方法。

① 选择“工程 | 引用”命令（见图 E10-6），弹出“引用”对话框，选择 Micriosoft Activex Data Objects 2.0 Library（见图 E10-7）。

② 定义 connection 对象。Dim conn As New ADODB.Connection

③ 定义 Recordset。Dim rs As New ADODB.Recordset

④ 定义 SQL 语句（string 类型）。Dim strSQL As String

⑤ 为 SQL 语句赋值。strSQL = "select pid from product"

⑥ 打开 Connection。conn.Open "salesystem"

⑦ 打开 Recordset。rs.Open strSQL,conn,adOpenStatic.adLockReadOnly

⑧ 完成步骤①～⑦，就可以对数据集 rs 进行相应的操作了（浏览或更新）。

（3）打开 connection 的语法：

```
ConnectionName.Open [ConnectionString][,UserID][,Password]
```

本实验中，打开 connection 的语句均为：

```
ConnectionName.Open  "salesystem"
```

（4）打开 Recordset 的语法：

```
RecordsetName.Open [数据源][ ,连接对象][,游标类型] [,锁类型]
```

本实验中，打开 Recordset 的语句均为：

```
RecordsetName.Open  strSQL,conn,adOpenStatic,adLockReadOnly(4 个参数中，strSQL
要根据具体要求，对其进行赋值)
```

（5）依次将 rs 中的记录加入到 combo1 中的代码:

```
Do While Not rs.EOF
    combo1.AddItem Trim(rs.Fields("pid"))
    rs.MoveNext
Loop
```

Do While 语句为循环语句，其功能是重复执行一段代码，语法如下:

```
Do While 条件
    重复代码
Loop
```

三、作业提交

实验 10–1、10–2 各提交三个（或四个）文件：*.frm、*.vbp、*.exe 必须提交；*.frx 若存在则提交。

实验 11

Visual Basic 数据库编程基础（3）

一、实验目的

（1）掌握 ADO 对象的使用。

（2）ADO 控件和 Datagrid 控件的结合使用。

二、实验内容

实验 11-1　使用 ADO 对象进行商品信息查询

实验 11-2　使用 ADO Data 控件与 Datagrid 控件增加、删除、修改数据

实验 11-1　使用 ADO 对象进行商品信息查询

1. 程序功能

（1）选择查询字段。

（2）输入查询数据。

（3）选择精确查询或者模糊查询。

（4）单击“查询”按钮，在下方即可显示查询到的商品信息。

运行界面如图 E11-1 所示。

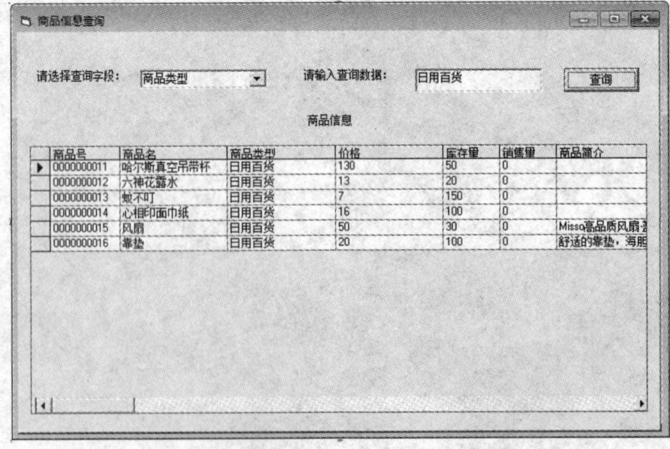

图 E11-1　实验 11-1 运行界面

2. 实验要求

（1）新建工程。

（2）配置 ODBC-salesystem（参见实验 9-3）。

（3）设计窗体，并编写代码，完成程序功能要求。

（4）保存工程（文件名分别为 11-1.frm、11-1.vbp）。

（5）运行并生成可执行文件（11-1.exe）。

3. 窗体设计

（1）选择“工程 | 引用”命令，弹出“引用”对话框，选择 Microsoft Activex Data Objects 2.0 Library。

（2）在工具箱窗口中添加 Data 控件：Microsoft DataGrid Control 6.0（SP6）。

（3）按照图 E11-2 进行窗体设计。该窗体中各控件的属性如表 E11-1 所示。

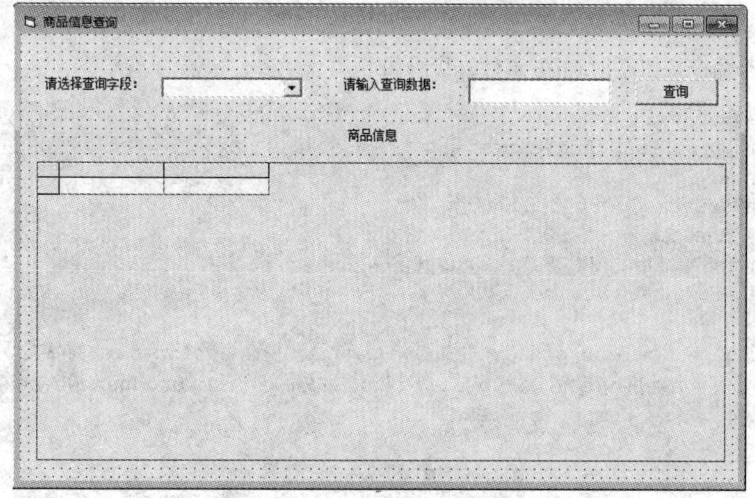

图 E11-2　实验 11-1 窗体界面

表 E11-1　控件属性表

Caption	名　称	控件类型	其他属性
请选择查询字段:	Label1	Label	
请输入查询数据:	Label2	Label	
	CombQueryField	ComboBox	Text =""; List = {商品号 商品名称 商品类型 商品价格 商品简介};
	TxtData	TextBox	Text =""; Alignment = 2
查询	CmdQuery	CommandButton	
商品信息	Label3	Label	
	Datagrid1	DataGrid	

【讲解】

(1) ComboBox 控件的 List 属性可以通过两种方式设置:

① 在属性窗口中静态添加。

② 在代码中动态添加。

(2) 本实验中，CombQuery_Field 控件的 List 属性的设置采用第一种方式。具体方法为:

① 在 CombQuery_Field 控件的属性窗口中找到 list 属性。

② 单击向下的箭头，弹出编辑框。

③ 在编辑框中输入第一行内容。

④ 按 Ctrl+Enter 组合键。

⑤ 继续输入第二行，依次输入所有行。

⑥ 按 Enter 键结束 List 属性的编辑。

4. 代码编写

分别为两个命令按钮添加 Click 事件，代码如下:

```
Private Sub Form_Load()
    CombQueryField.ListIndex = 0
End Sub
Private Sub cmdQuery_Click()
    Dim conn As New ADODB.Connection
    Dim rs As New ADODB.Recordset
    Dim strsql As String

    strsql = "select pid as 商品号,pname as 商品名,ptype as 商品类型,price as 价格,stock as 库存量,sale as 销售量,profile as 商品简介 from product where  "
    Select Case CombQueryField.ListIndex
        Case 0
            strsql = strsql & "pid"
        Case 1
            strsql = strsql & "pname"
        Case 2
            strsql = strsql & "ptype"
        Case 3
            strsql = strsql & "price"
        Case 4
            strsql = strsql & "profile"
    End Select
    strsql = strsql & "  like  '%" & Trim(txtData) & "%'"

    On Error GoTo errorhandle
    conn.Open "salesystem"
    rs.Open strsql, conn, adOpenKeyset, adLockOptimistic
    Set datagrid1.DataSource = rs
    datagrid1.Refresh
errorhandle:
    If Err.Description <> "" Then
        MsgBox Err.Description
        Exit Sub
    End If
End Sub
```

【讲解】

（1）Set dg1.DataSource = rs

该语句的功能是将查询到的数据通过 dg1 控件进行显示。

（2）ADO Data 控件和 ADO 对象的区别：

① ADO 数据控件使用方便；但不适用于动态的查询和更新。

② ADO 对象使用灵活，适用于静态和动态的查询和更新；但使用稍复杂。

本实验中的 SQL 查询语句是根据客户的选择动态生成的，因此用 ADO Data 控件无法完成查询，只能采用 ADO 对象的方法。

（3）strsql = strsql & " like '%" & Trim（txtData）& "%'"

① Trim（txtData）的功能是删除文本框 txtData 的前后空格。

② 单引号和双引号：SQL Server 中字符串常量用单引号引起来；Visual Basic 中字符串常量用双引号引起来。本例中的 SQL 语句是动态生成的，因此既有单引号又有双引号。

实验 11-2　使用 ADO Data 控件与 DataGrid 控件增加、删除、修改数据

1. 程序功能

（1）单击“第一条”“上一条”“下一条”“最后一条”按钮，可浏览全部用户信息。

（2）单击“增加”按钮，可在 DataGrid 控件中增加一条空白记录；输入数据后，单击“确定”按钮可在数据库中新增一条记录，单击“取消”按钮，可取消增加操作。

（3）单击“修改”按钮，可在 DataGrid 控件中修改当前记录；修改后，单击“确定”按钮可在数据库中完成更新，单击“取消”按钮，可取消修改操作。

（4）单击“删除”按钮，弹出“是否确认删除”对话框；单击“确定”按钮可在数据库中完成删除，单击“取消”按钮，可取消删除操作。

（5）增加、修改、删除未完成之前，不可以进行浏览操作。

运行界面如图 E11-3 所示。

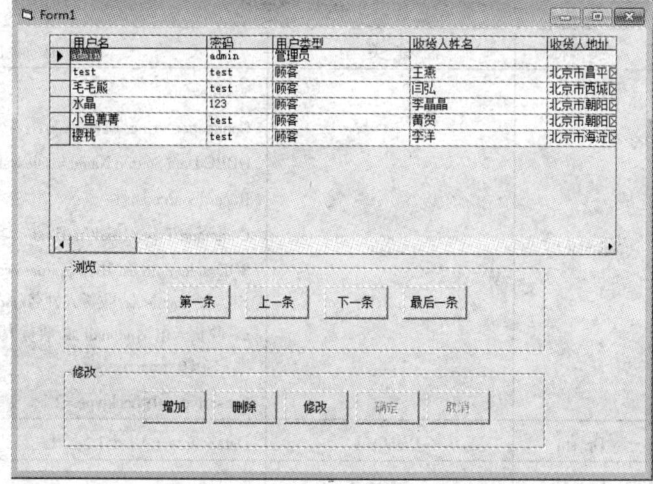

图 E11-3　实验 11-2 运行界面

2. 实验要求

（1）新建工程。

（2）配置 ODBC-salesystem（参见实验 9-3）。

（3）设计窗体，并编写代码，完成程序功能要求。

（4）保存工程（文件名分别为 11-2.frm、11-2.vbp）。

（5）运行并生成可执行文件（11-2.exe）。

3. 窗体设计

（1）在工具箱窗口中添加 Data 控件：Microsoft ADO Data Control 6.0（SP6）和 Microsoft DataGrid Control 6.0（SP6）。方法参见实验 9-4。

（2）按照图 E11-4 进行窗体设计。该窗体中包含 13 个控件，各控件的属性如表 E11-2 所示。

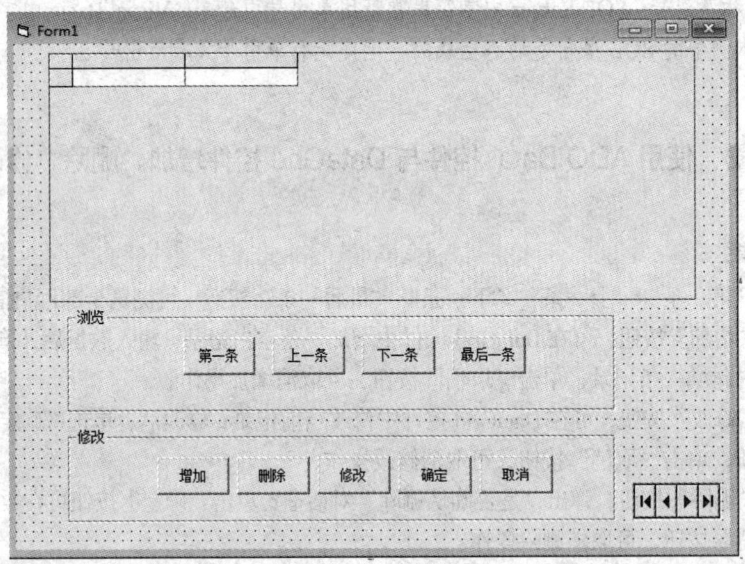

图 E11-4　窗体界面

表 E11-2　控件属性表

Caption	名　称	控 件 类 型	其 他 属 性
	Adodc1	Adodc	Visible=false ConnectionString 属性： ODBC Data Source Name = salesystem RecordSource 属性： Command Type=1-adCmdText SQL=select uid as 用户名,upassword as 密码,utype as 用户类型,uname as 收货人姓名,uaddr as 收货人地址,utel as 收货人电话,uemail as 收货人电子邮箱,uaccount as 账户余额 from users Cursortype =1; Locktype =2
	Dg_stu	DataGrid	DataSource = Adodc1
浏览	Frame1	frame	
修改	Frame2	Frame	

续表

Caption	名 称	控 件 类 型	其 他 属 性
第一条	cmdFirst	CommandButton	
上一条	cmdPre	CommandButton	
下一条	cmdNext	CommandButton	
最后一条	cmdLast	CommandButton	
增加	cmdAdd	CommandButton	
删除	cmdDel	CommandButton	
修改	cmdMod	CommandButton	
确定	cmdOk	CommandButton	
取消	cmdCancel	CommandButton	

4. 代码编写

分别为9个命令按钮添加Click事件，代码如下：

```
Private Sub cmdFirst_Click()
    If Adodc1.Recordset.RecordCount = 0 Then 'RecordCount=0 表示数据库中无记录
        MsgBox "当前没有记录"
    Else
        Adodc1.Recordset.MoveFirst
    End If
End Sub
Private Sub cmdPre_Click()
    Adodc1.Recordset.MovePrevious
    If Adodc1.Recordset.BOF Then
        Adodc1.Recordset.MoveFirst
        MsgBox "已经到达记录顶端"
        Exit Sub
    End If
End Sub
Private Sub cmdNext_Click()
    Adodc1.Recordset.MoveNext
    If Adodc1.Recordset.EOF Then
        Adodc1.Recordset.MoveLast
        MsgBox "已经到达记录底端"
        Exit Sub
    End If
End Sub
Private Sub cmdLast_Click()
    If Adodc1.Recordset.RecordCount = 0 Then
        MsgBox "当前没有记录"
    Else
        Adodc1.Recordset.MoveLast
    End If
End Sub
Private Sub cmdAdd_Click()
    Adodc1.Recordset.AddNew
```

```
    Call b
End Sub
Private Sub cmdDel_Click()
    If Adodc1.Recordset.RecordCount = 0 Then
        MsgBox "记录为 0，无法删除"
        Exit Sub                                    '跳过下面语句，结束该过程
    End If
    If Not Adodc1.Recordset.BOF And Not Adodc1.Recordset.EOF Then
        If MsgBox("删除当前记录吗？", vbYesNo + vbQuestion) = vbYes Then
                Adodc1.Recordset.Delete
                If Adodc1.Recordset.BOF Then Adodc1.Recordset.MoveFirst
                Adodc1.Recordset.Update
        End If
    End If
    Call a
End Sub
Private Sub CmdMod_Click()
    Call b
End Sub
Private Sub cmdOK_Click()
    Adodc1.Recordset.Update
    MsgBox "数据已经更新成功！"
    Adodc1.Refresh
    Call a
End Sub
Private Sub CmdCancel_Click()
    Adodc1.Recordset.CancelUpdate
    Adodc1.Refresh
    Call a
End Sub
Private Sub cmdQuit_Click()
    Unload Me
End Sub
Private Sub Form_Load()
    Call a
End Sub

'过程 a 功能:
'浏览与更新（增加、删除、修改）按钮可用
'确定、取消按钮不可用
'dg_stu 不可修改
Private Sub a( )
    Frame1.Enabled = True
    CmdAdd.Enabled = True
    CmdDel.Enabled = True
    CmdMod.Enabled = True
    CmdOk.Enabled = False
    CmdCancel.Enabled = False
    dg_stu.AllowUpdate = False
End Sub
```

```
'过程b功能：
'浏览与更新（增加、删除、修改）按钮不可用
'确定、取消按钮可用
'dg_stu可修改
Private Sub b( )
    Frame1.Enabled = False
    CmdAdd.Enabled = False
    CmdDel.Enabled = False
    CmdMod.Enabled = False
    CmdOk.Enabled = True
    CmdCancel.Enabled = True
    dg_stu.AllowUpdate = True
End Sub
```

提示

过程 a 和 b 为用户自定义的过程，需要自己输入。输入方法：①输入 Private Sub a( )；②按 Enter 键，自动生成 End Sub；③在 Private Sub a( )和 End Sub 之间输入相应的代码。

【讲解】

（1）Recordset 的方法：

AddNew：增加一条空白记录。

Delete：删除当前记录。

Update：在数据库中实现客户端的更新。

CancelUpdate：客户端的更新不反映到数据库。

完成“增加”“删除”“修改”的语句如下：

增加：Recordset.addnew 和 Recordset.Update;

删除：Recordset.Delete 和 Recordset.Update;

修改：Recordset.Update。

（2）dg_stu.AllowUpdate = False 不允许对 DataGrid 控件（dg_stu）进行修改，从而可以防止误操作；当允许修改时，将其值置为 True 即可。

（3）MsgBox 函数的使用。

```
If Not Adodc1.Recordset.BOF And Not Adodc1.Recordset.EOF Then
    If MsgBox("删除当前记录吗？", vbYesNo + vbQuestion) = vbYes Then
        Adodc1.Recordset.Delete
        If Adodc1.Recordset.BOF Then Adodc1.Recordset.MoveFirst
        Adodc1.Recordset.Update
    End If
End If
```

MsgBox 函数的返回值 vbYes 或者 vbNo，若是前者则同意，执行删除操作（Adodc1.Recordset.Delete 和 Adodc1.Recordset.Update）；否则就是不同意，不作任何操作。

（4）a 和 b 两个过程的作用：对相关命令按钮的 Enabled 属性进行设置，确定是否能响应用户的操作，从而防止误操作。

三、作业提交

实验 11-1、11-2 各提交三个（或四个）文件：*.frm、*.vbp、*.exe 必须提交；*.frx 若存在则提交。

实验 12

基于 Visual Basic 的数据库应用程序开发实例——网上购物系统

一、实验目的

（1）掌握数据库系统开发的一般步骤。

（2）掌握数据库编程基础。

（3）运用数据库编程方法解决简单应用问题。

二、实验内容

“网上购物系统”是一个综合的、完整的、小型的数据库系统，该系统的主要功能包括：用户信息与商品信息的管理、顾客浏览商品及下订单、订单的付款等一系列处理流程，以及简单和复杂的信息查询。通过该网上购物系统的学习，读者可以对数据库系统的开发建立全面的认识。

实验 12-1 上 机 步 骤

1. 准备工作

将实验素材文件夹复制到 E:\ 根目录下，并将该文件夹重命名为“网上购物系统”。

2. 数据库的创建及数据输入

在 SQL Server Management Studio 中打开文件“E:\网上购物系统\创建数据库表结构及内容.sql”，并执行该文件。

3. 创建 ODBC 数据源 salesystem

参见实验 9-3 ODBC 的配置。

4. Visual Basic 应用程序框架的创建

1）创建工程及 MDI 主窗体

（1）新建一个 Visual Basic 工程并保存，保存路径为：“E:\网上购物系统”，窗体文件名为 frmLogin.frm，工程文件名为“网上购物系统.vbp”。

（2）添加一个 MDI 窗体，并做相应的属性设置。Caption 属性设置为“网上购物系统”；Width 与 Height 分别设置为 15360 和 10995；保存 MDI 窗体，文件名默认为 MDIForm1.frm。

2）加载已存在模块和子窗体

在工程资源管理器中，加载素材文件夹中已存在模块和窗体文件。

（1）Module1.bas：通用模块，设置全局变量及数据库连接与操作函数。

提示

在工程资源管理器中右击，在弹出的快捷菜单中选择“添加 | 添加模块”命令，然后切换到“现存”选项卡，最后选择“E:\网上购物系统\module.bas”即可。

（2）m_orders_info.frm：全部订单管理窗体。

提示

在工程资源管理器中右击，在弹出的快捷菜单中选择“添加 | 添加窗体”命令，然后切换到“现存”选项卡，最后选择“E:\网上购物系统\m_orders_info.frm”即可。后面的步骤（3）～（14）均与步骤（2）相同。

（3）m_orders_query.frm：订单查询窗体。
（4）m_stock_query.frm：商品库存查询窗体。
（5）m_sale_query.frm：商品销售情况查询窗体。
（6）u_product_browse_simple.frm：简单商品浏览窗体。
（7）u_product_browse_all.frm：综合商品浏览窗体。
（8）u_orders_manage.frm：我的订单管理窗体。
（9）m_product_info.frm：商品信息管理窗体。
（10）m_users_account.frm：用户账户充值窗体。
（11）u_product_detail.frm：商品详细信息窗体。
（12）u_create_users.frm：新用户注册窗体。
（13）u_mod_usersinfo.frm：修改个人资料窗体。
（14）u_add_account.frm：用户添加商品换积分窗体。

提示

此时工程资源管理器中应该有 15 个窗体和 1 个模块。如果数量不对，请仔细核对，没有问题后，方可向下进行。

3）创建三个子窗体

在工程资源管理器中，添加另外三个子窗体，并设置如表 E12-1 所示的属性。

表 E12-1　创建三个子窗体并设置属性

名　称	Caption	MDIchild	Windowstate
m_users_info	用户信息管理窗体	True	2
m_users_query	用户查询窗体	True	2
m_product_query	商品查询窗体	True	2

请确保三个子窗体的 4 个属性完成正确（尤其是名称属性，一定要完全正确），然后以默认文件名保存三个子窗体。

提示

此时工程资源管理器中应该有 18 个窗体和 1 个模块。如果数量不对，请仔细核对，没有问题后，方可向下进行。

4）加载 ADO 对象

选择“工程 | 引用”命令，弹出“引用”对话框，选择 Microsoft ActiveX Data Objects 2.0 Library。

5）完善登录窗体

（1）修改 Form1 窗体的属性。

Caption 属性设置为“登录窗体”，名称改为 frmlogin，为 picture 属性加载背景图片“E:\网上购物系统\pic\background.bmp”。

（2）参照实验 12-2“登录窗体 frmlogin.frm”知识点，对登录窗体进行界面设计和代码编写。

6）完善 MDI 窗体

参照实验 12-2“主窗体 MDIForm1.frm”知识点，对主窗体进行界面设计和代码编写。

7）保存工程并运行

此时网上购物系统的工程结构如图 E12-1 所示，除了自己新添加的三个子窗体为空白外，其他窗体功能均可正常使用。若有问题，则调试直至没有问题，方可向下进行。

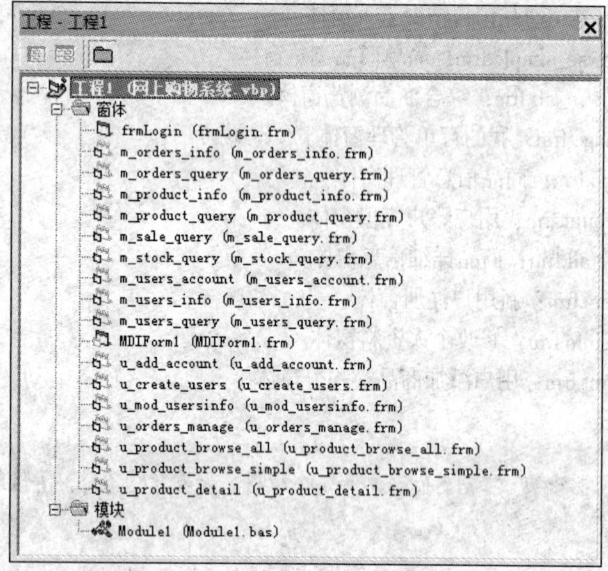

图 E12-1 “网上购物系统”工程结构图

5. 一个子窗体的具体制作

按照实验 12-2 中 3、4、5 知识点的说明完成如下三个子窗体的界面设计和代码编写。

（1）m_users_info.frm：用户信息管理窗体。

（2）m_users_query.frm：用户查询窗体。

（3）m_product_query.frm：商品查询窗体。

6. 完成工程

（1）保存并调试整个工程。

（2）调试成功后，生成可执行文件“网上购物系统.exe”。

7. 上交作业

提交完成后的整个文件夹“ E:\网上购物系统”。

实验 12-2　窗体设计及代码编写

1. 主窗体 MDIForm1.frm

1）添加 MDI 窗体

在工程资源管理器中，右击“窗体”，在弹出的快捷菜单中选择“添加｜添加 MDI 窗体”命令，名称采用默认名 MDIForm1，Caption 属性改为“网上购物系统”，属性 Width 与 Height 分别设置为 15360 和 10995。操作步骤如图 E12-2～图 E12-4 所示。

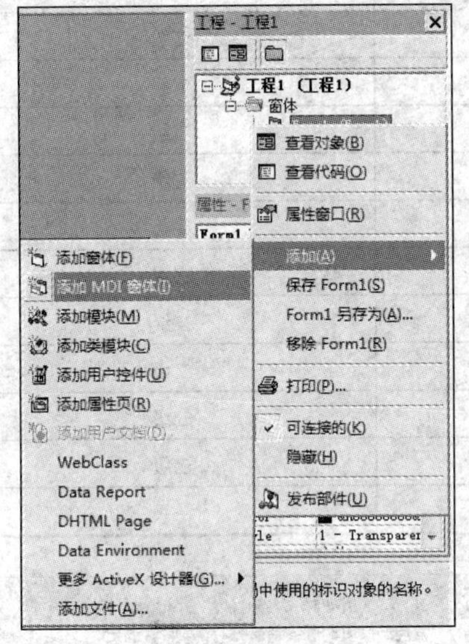

图 E12-2　添加“MDI 窗体”步骤 1/3

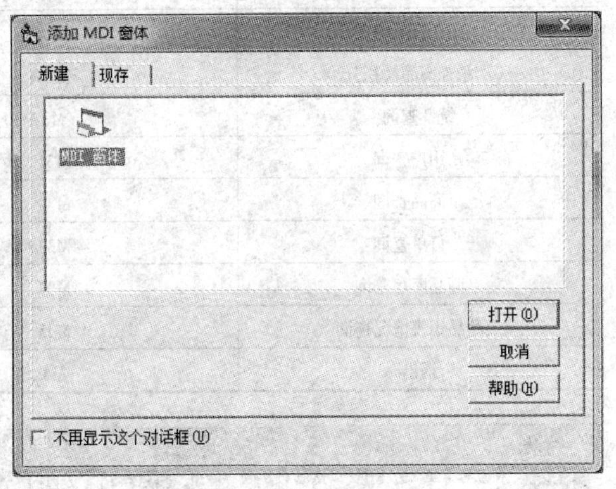

图 E12-3　添加“MDI 窗体”步骤 2/3

2）为 MDI 窗体添加菜单

单击工具栏中的“菜单编辑器”按钮，进入菜单编辑界面，如图 E12-5 所示。根据表 E12-2 中各菜单项的属性设计菜单，完成后的菜单如图 E12-6 所示。

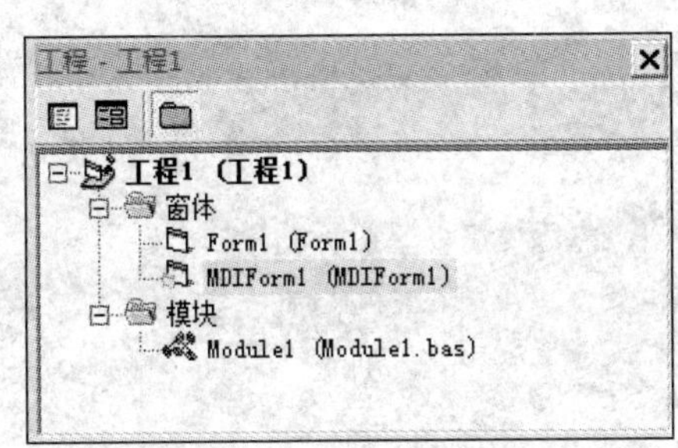

图 E12-4　添加“MDI 窗体”步骤 3/3

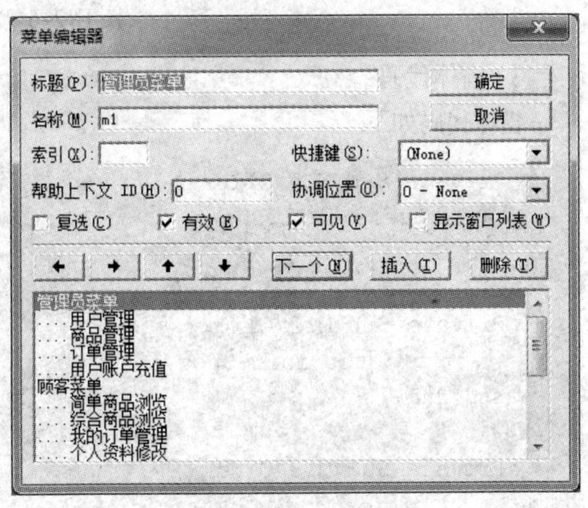

图 E12-5　菜单编辑器

表 E12-2 “网上购物系统”主窗体下拉菜单属性表

Caption	Name	级　别
管理员菜单	M1	一级
...用户管理	M11	二级
...商品管理	M12	二级
...订单管理	M13	二级
...用户账户充值	M14	二级
顾客菜单	M2	一级
...简单商品浏览	M21	二级
...综合商品浏览	M22	二级
...我的订单管理	M23	二级
...个人资料修改	M24	二级
...添加商品换积分	M25	二级
统计查询	M3	一级
...用户查询	M31	二级
...商品查询	M32	二级
...订单查询	M33	二级
...商品库存查询	M34	二级
...商品销售情况查询	M35	二级
退出	M4	一级

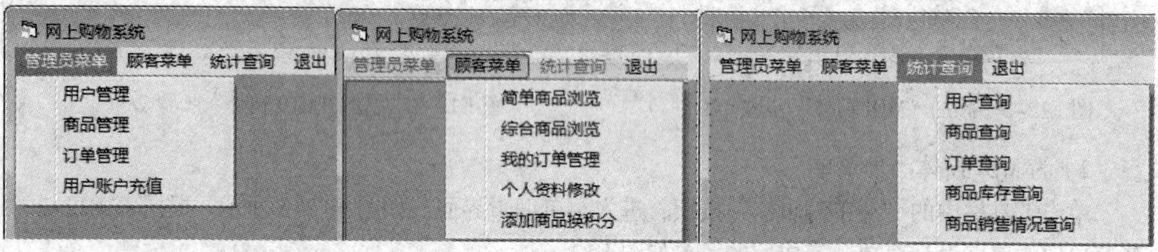

图 E12-6　完成后的菜单

3）窗体代码

窗体代码如下：

```
Private Sub M11_Click()
    m_users_info.Show
End Sub

Private Sub M12_Click()
    m_product_info.Show
End Sub

Private Sub M13_Click()
    m_orders_info.Show
End Sub
```

```
Private Sub M14_Click()
    m_users_account.Show
End Sub

Private Sub M21_Click()
    u_product_browse_simple.Show
End Sub

Private Sub M22_Click()
    u_product_browse_all.Show
End Sub

Private Sub M23_Click()
    u_orders_manage.Show
End Sub

Private Sub M24_Click()
    u_mod_usersinfo.Show
End Sub

Private Sub M25_Click()
    u_add_account.Show
End Sub

Private Sub M31_Click()
    m_users_query.Show
End Sub

Private Sub M32_Click()
    m_product_query.Show
End Sub

Private Sub M33_Click()
    m_orders_query.Show
End Sub

Private Sub M34_Click()
    m_stock_query.Show
End Sub

Private Sub M35_Click()
    m_sale_query.Show
End Sub

Private Sub M4_Click()
    End
End Sub

Private Sub MDIForm_Load()
```

```
    If usertype = "管理员" Then
    '管理员不能进行“我的订单管理”“个人资料修改”“添加商品换积分”
        M23.Enabled = False
        M24.Enabled = False
        M25.Enabled = False
    ElseIf usertype = "顾客" Then
        M1.Enabled = False             '顾客不能对用户、商品以及全部订单进行管理
        M3.Enabled = False             '顾客不能进行统计查询
    Else  '匿名用户不是合法用户，只能对商品进行浏览，不能进行购买以及其他操作
        M1.Enabled = False
        M23.Enabled = False
        M24.Enabled = False
        M25.Enabled = False
        M3.Enabled = False
    End If
End Sub
```

2. 登录窗体 frmLogin.frm

1）修改窗体 Form1 的属性

在资源管理器中选择 Form1，并在属性窗口中修改 Form1 的属性：名称改为 frmLogin，Caption 改为“登录”。

2）向窗体中添加控件

添加控件，完成窗体界面设计，如图 E12-7 所示。

图 E12-7　窗体界面

3）窗体中各控件的属性

窗体中各控件的属性如表 E12-3 所示。

表 E12-3 登录窗体控件属性表

Caption	名 称	控 件 类 型	其 他 属 性
欢迎光临网上购物系统	Label1	Label	
用户名	Label2	Label	
密码	Label3	Label	
登录	cmdLogin	CommandButton	
重置	cmdReset	CommandButton	
退出	cmdReturn	CommandButton	
匿名登录	cmdAnonylogin	CommandButton	
新用户注册	cmdCreateuser	CommandButton	
	txtUsername	Textbox	Text=""
	txtPassword	Textbox	Text=""
	txtPassword	Passwordchar	*

4）窗体代码

窗体代码如下：

```
    Private Sub cmdLogin_Click()
        Dim rs As ADODB.Recordset
        Dim strsql As String, msg As String
        strsql = "select utype from users where uid = '" & Trim(txtUserName)& "'
and upassword = '" & Trim(txtPassword)& "'"
        Set rs = ExecuteQuery(strsql, msg)
        If msg <> "" Then
            MsgBox msg, vbOKOnly, "登录错误"
            Exit Sub
        End If

        If rs.RecordCount = 0 Then
            MsgBox "用户名或密码不正确，请重新输入！"
            Exit Sub
        End If

        usertype = Trim(rs.Fields("utype"))
        userid = Trim(txtUserName)
        Unload Me
        MDIForm1.Show
    End Sub

    Private Sub cmdReset_Click()
       txtUserName = ""
       txtPassword = ""
    End Sub

    Private Sub cmdReturn_Click()
        End
    End Sub
```

```
Private Sub cmdAnonyLogin_Click()
    usertype = "匿名用户"
    Unload Me
    MDIForm1.Show
End Sub

Private Sub cmdCreateUser_Click()
    Unload Me
    u_create_users.Show
End Sub
```

3. “用户信息管理”窗体 m_users_info.frm

1）添加窗体

在工程资源管理器中，右击“窗体”文件夹，在弹出的快捷菜单中选择“添加 | 添加窗体”命令。新窗体名称改为 m_users_info，Caption 属性设为“用户信息管理”，MDIChild 属性设为 True，WindowState 属性设为 2。

2）向窗体中添加控件

向窗体中添加控件，完成窗体界面设计，如图 E12-8 所示。

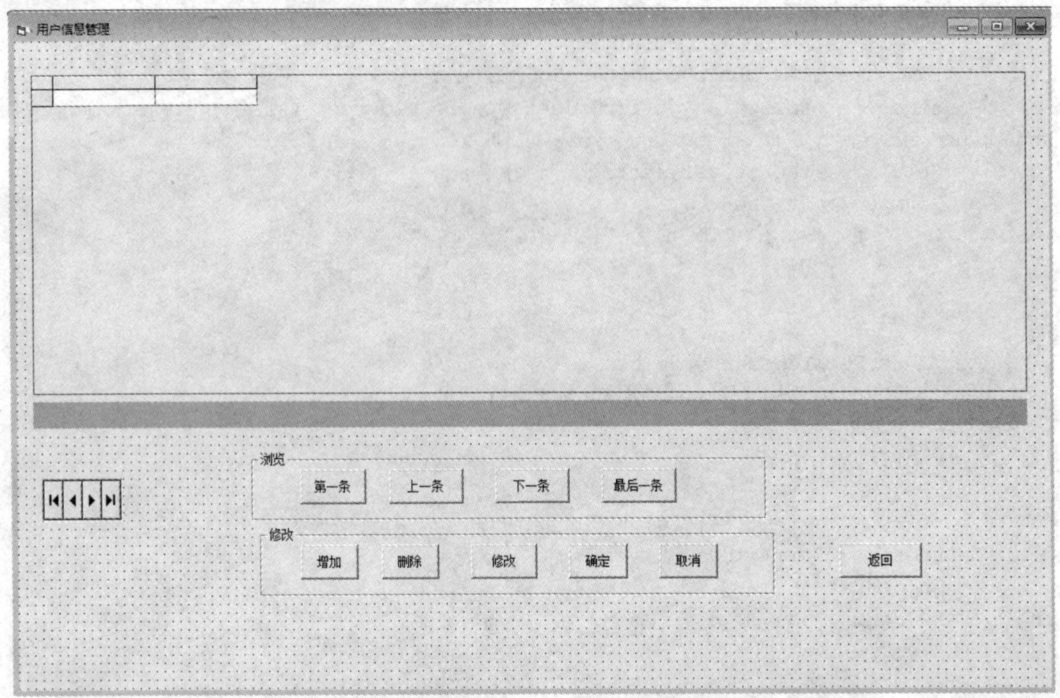

图 E12-8　窗体界面

3）窗体中各控件的属性

窗体中各控件的属性如表 E12-4 所示。

表 E12-4 “用户信息管理”窗体控件属性表

Caption	名　称	控件类型	其他属性
	Adodc1	Adodc	ConnectionString 属性: ODBC Data Source Name = salesystem RecordSource 属性: Command Type=1-adCmdText SQL=select uid as 用户名,upassword as 密码,utype as 用户类型,uname as 收货人姓名,uaddr as 收货人地址,utel as 收货人电话,uemail as 收货人电子邮件,uaccount as 账户余额 from users Cursortype =1 Locktype =2 Visible=false
	DataGrid1	datagrid	Datasource = Adodc1
	Label1	Label	
浏览	Frame1	frame	
修改	Frame2	Frame	
第一条	cmdFirst	CommandButton	
上一条	cmdPre	CommandButton	
下一条	cmdNext	CommandButton	
最后一条	cmdLast	CommandButton	
增加	cmdAdd	CommandButton	
删除	cmdDel	CommandButton	
修改	cmdMod	CommandButton	
确定	cmdOk	CommandButton	
取消	cmdCancel	CommandButton	
返回	cmdReturn	CommandButton	

4）数据控件 Adodc1 的设置

在窗体中选择数据控件 Adodc1，在属性窗口中分别对属性 ConnectionString 和 RecordSource 进行设置。

配置 ConnectionString，步骤如图 E12-9 ~ 图 E12-11 所示。

配置 RecordSource，步骤如图 E12-12 ~ 图 E12-14 所示。

图 E12-9　配置 ConnectionString 步骤 1/3

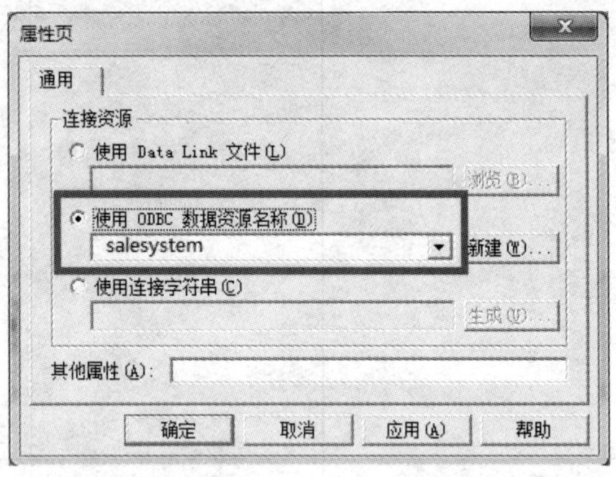

图 E12-10　配置 ConnectionString 步骤 2/3

图 E12-11　配置 ConnectionString 步骤 3/3

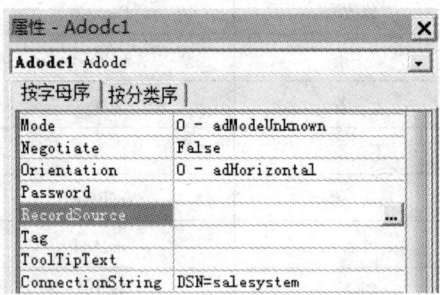

图 E12-12　配置 RecordSource 步骤 1/3

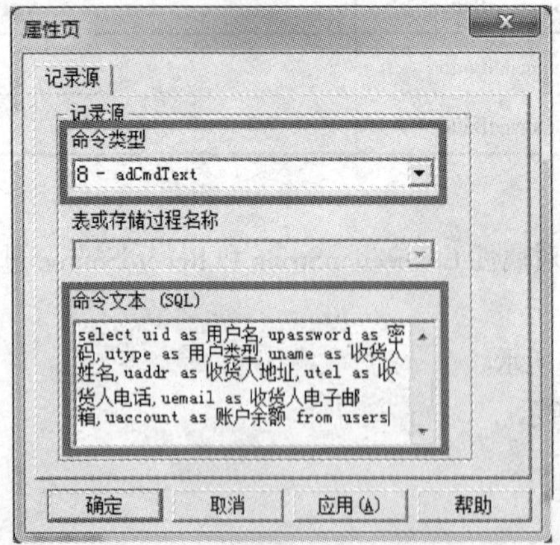

图 E12-13　配置 RecordSource 步骤 2/3

图 E12-14　配置 RecordSource 步骤 3/3

5）窗体代码

窗体代码如下：

```
Private Sub Form_Load()
    Call a
End Sub

Private Sub a( )
    Frame1.Enabled = True
    cmdAdd.Enabled = True
    cmdDel.Enabled = True
    cmdMod.Enabled = True
    cmdOK.Enabled = False
    cmdCancel.Enabled = False
    DataGrid1.AllowUpdate = False
    Label1 = ""
End Sub

Private Sub b( )
    Frame1.Enabled = False
    cmdAdd.Enabled = False
    cmdDel.Enabled = False
    cmdMod.Enabled = False
    cmdOK.Enabled = True
    cmdCancel.Enabled = True
    DataGrid1.AllowUpdate = True
    Label1 = "请注意：所有字段均为必填项。用户名不超过 20 位；密码不超过 6 位；用户类型请输入：管理员或者顾客；收货人姓名不超过 20 位"
End Sub

Private Sub cmdFirst_Click()
    If Adodc1.Recordset.RecordCount = 0 Then
        MsgBox "当前没有记录"
    Else
        Adodc1.Recordset.MoveFirst
    End If
End Sub

Private Sub cmdPre_Click()
    Adodc1.Recordset.MovePrevious
    If Adodc1.Recordset.BOF Then
        Adodc1.Recordset.MoveFirst
        MsgBox "已经到达记录顶端"
        Exit Sub
    End If
End Sub

Private Sub cmdNext_Click()
    Adodc1.Recordset.MoveNext
    If Adodc1.Recordset.EOF Then
```

```
        Adodc1.Recordset.MoveLast
        MsgBox "已经到达记录底端"
        Exit Sub
    End If
End Sub

Private Sub cmdLast_Click()
    If Adodc1.Recordset.RecordCount = 0 Then
        MsgBox "当前没有记录"
    Else
        Adodc1.Recordset.MoveLast
    End If
End Sub

Private Sub cmdAdd_Click()
    Adodc1.Recordset.AddNew
    Call b
End Sub

Private Sub CmdMod_Click()
    Call b
End Sub

Private Sub cmdDel_Click()
    If Adodc1.Recordset.RecordCount = 0 Then
        MsgBox "记录为0，无法删除"
        Exit Sub
    End If
    If Not Adodc1.Recordset.BOF And Not Adodc1.Recordset.EOF Then
        If MsgBox("删除当前记录吗？", vbYesNo + vbQuestion) = vbYes Then
            On Error GoTo errorhandle
            '捕捉数据库操作错误，如果出现错误转到错误处理处
            Adodc1.Recordset.Delete
            Adodc1.Recordset.Update
            If Adodc1.Recordset.BOF Then Adodc1.Recordset.MoveFirst
            Adodc1.Refresh
        End If
    End If
    Call a
    Exit Sub
errorhandle:                            '数据库处理错误处理
            MsgBox "删除错误：" & Err.Description
End Sub

Private Sub cmdOK_Click()
        If IsNull(Adodc1.Recordset.Fields("账户余额")) Then    '默认账户余额为0
        Adodc1.Recordset.Fields("账户余额") = 0
    End If
    On Error GoTo errorhandle    '捕捉数据库操作错误，如果出现错误转到错误处理处
    Adodc1.Recordset.Update
```

```
    MsgBox "数据已经更新成功!"
    Adodc1.Refresh
    Call a
    Exit Sub
errorhandle:                                                    '数据库处理错误处理
        MsgBox "删除错误: " & Err.Description
End Sub

Private Sub cmdCancel_Click()
    Adodc1.Recordset.CancelUpdate
    Adodc1.Refresh
    Call a
End Sub

Private Sub cmdReturn_Click()
    Unload Me
End Sub
```

4. “用户信息查询”窗体 m_users_query.frm

1）添加窗体

在工程资源管理器中，右击“窗体”，在弹出的快捷菜单中选择“添加 | 添加窗体”命令。新窗体名称改为 m_users_query，Caption 属性设为“用户信息查询”，MDIChild 属性设为 True，WindowState 属性设为 2。

2）向窗体中添加控件

向窗体中添加控件，完成窗体界面设计，如图 E12-15 所示。

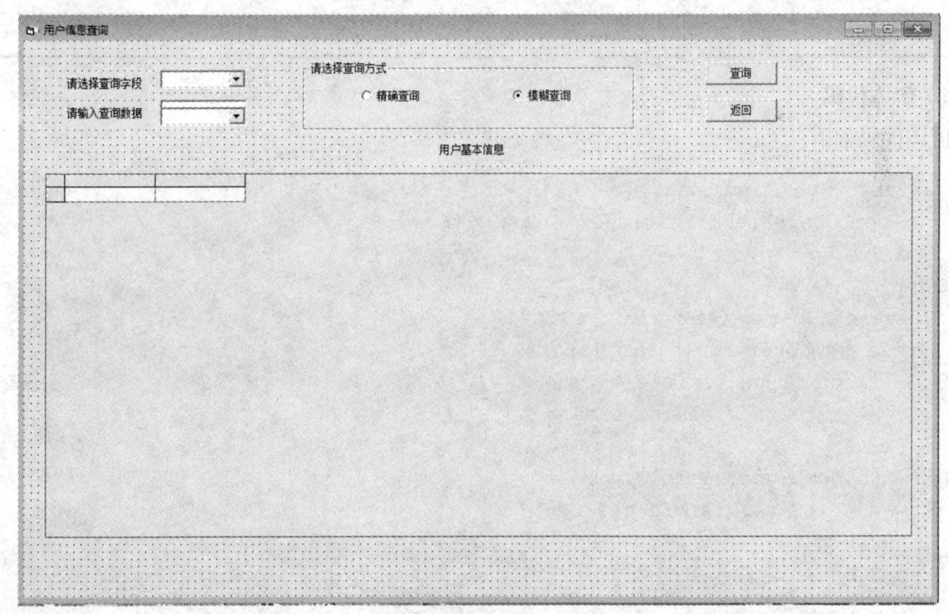

图 E12-15　窗体界面

3）窗体中各控件的属性

窗体中各控件的属性如表 E12-5 所示。

表 E12-5 “用户信息查询”窗体控件属性表

Caption	名　称	控件类型	其他属性
请选择查询字段	Label1	Label	
请输入查询数据	Label2	Label	
用户基本信息	Label3	Label	
请选择查询方式	Frame1	Frame	
	combQueryField	ComboBox	Text="" List={用户名 用户类型 收货人姓名 收货人地址 收货人电话 收货人电子邮件}
	combType	ComboBox	Text="" List={管理员 顾客}
	txtData	TextBox	Text=""
精确查询	opExact	OptionButton	
模糊查询	opFaint	OptionButton	
	Datagrid1	DataGrid	Allowupdate = False
查询	cmdQuery	CommandButton	
返回	cmdReturn	CommandButton	

4）窗体代码

窗体代码如下：

```
Private Sub Form_Load()
    combQueryField.ListIndex = 0
End Sub

Private Sub combQueryField_Click()
    If combQueryField.ListIndex = 1 Then
        combType.Visible = True
        txtData.Visible = False
    Else
        combType.Visible = False
        txtData.Visible = True
    End If
End Sub

Private Sub cmdQuery_Click()
    Dim rs As ADODB.Recordset
    Dim strsql As String, msg As String
    strsql = "select uid as 用户名,upassword as 密码,utype as 用户类型,uname as 收
```

```
货人,uaddr as 地址,utel as 电话,uemail as 电子邮件 from users where  "
        Select Case combQueryField.ListIndex
           Case  0
                strsql = strsql & "uid"
           Case  1
                strsql = strsql & "utype"
                txtData = combType.Text
           Case  2
                strsql = strsql & "uname"
           Case  3
                strsql = strsql & "uaddr"
           Case  4
                strsql = strsql & "utel"
           Case  5
                strsql = strsql & "uemail"

        End Select
        If opExact.Value = True Then
           strsql = strsql & " = '" & txtData & "'"
        Else
           strsql = strsql & "  like  '%" & txtData & "%'"
        End If

        Set rs = ExecuteQuery(strsql, msg)
        If msg <> "" Then
           MsgBox msg, vbOKOnly, "登录错误"
           Exit Sub
        End If
        Set datagrid1.DataSource = rs
        datagrid1.Refresh
    End Sub

    Private Sub cmdReturn_Click()
       Unload Me
    End Sub
```

5.“商品信息查询”窗体 m_product_query.frm

1）添加窗体

在工程资源管理器中，右击“窗体”，在弹出的快捷菜单中选择“添加 | 添加窗体”命令。新窗体名称改为 m_product_query，Caption 属性设为“商品信息查询”，MDIChild 属性设为 True，WindowState 属性设为 2。

2）向窗体中添加控件

向窗体中添加控件，完成窗体界面设计，如图 E12-16 所示。

3）窗体中各控件的属性

窗体中各控件的属性如表 E12-6 所示。

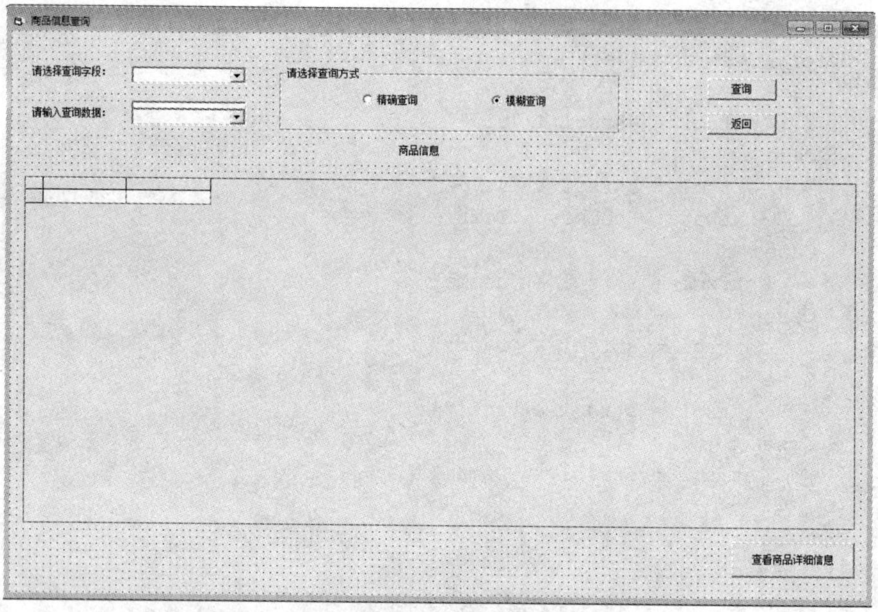

图 E12-16　窗体界面

表 E12-6 “商品信息查询”窗体控件属性表

Caption	名　称	控件类型	其他属性
请选择查询字段	Label1	Label	
请输入查询数据	Label2	Label	
商品信息	Label3	Label	
请选择查询方式	Frame1	Frame	
	combQueryField	ComboBox	Text="" List={商品号 商品名称 商品类型 商品价格 商品简介}
	combType	ComboBox	Text="" List={服装服饰 日用百货 数码产品 图书}
	txtData	TextBox	Text=""
精确查询	opExact	OptionButton	
模糊查询	opFaint	OptionButton	
	Datagrid1	DataGrid	Allowupdate = False
查询	cmdQuery	CommandButton	
查看商品详细信息	cmdDetail	CommandButton	
返回	cmdReturn	CommandButton	

4）窗体代码

窗体代码如下：

```
    Dim rs As ADODB.Recordset
    Dim strsql As String, msg As String

Private Sub Form_Load()
    If strFormName = "" Then
        combQueryField.ListIndex = 0
    Else
        If strFormName = "m_product_query" Then
            Call RefreshData
            sqlSave = ""
            pageindex = 0
            strFormName = ""
        End If
    End If

End Sub

Private Sub combQueryField_Click()
    If combQueryField.ListIndex = 2 Then
        combType.Visible = True
        txtData.Visible = False
    Else
        combType.Visible = False
        txtData.Visible = True
    End If

End Sub

Private Sub RefreshData()      '从当前指针开始，依次获取 6 条记录，并将 6 条记录的内容
通过窗体上的控件数组一一显示出来(控件数组中元素的下标为 0-5)
    strsql = sqlSave
    Set rs = ExecuteQuery(strsql, msg)
    If msg <> "" Then
        MsgBox msg, vbOKOnly, "商品加载错误"
        Exit Sub
    End If
    Set datagrid1.DataSource = rs
    datagrid1.Refresh
End Sub

Private Sub cmdQuery_Click()
    strsql = "select pid as 商品号,pname as 商品名,ptype as 商品类型,price as 价
格 ,stock as 库存量,sale as 销售量,profile as 商品简介 from product where   "
    Select Case combQueryField.ListIndex
        Case 0
            strsql = strsql & "pid"
        Case 1
            strsql = strsql & "pname"
        Case 2
```

```
                strsql = strsql & "ptype"
                txtData = combType.Text
            Case  3
                strsql = strsql & "price"
            Case  4
                strsql = strsql & "profile"
        End Select
        If opExact.Value = True Then
            strsql = strsql & " = '" & Trim(txtData)& "'"
        Else
            strsql = strsql & "  like  '%" & Trim(txtData)& "%'"
        End If
        Set rs = ExecuteQuery(strsql, msg)
        If msg <> "" Then
            MsgBox msg, vbOKOnly, "商品查询错误"
            Exit Sub
        End If
        Set datagrid1.DataSource = rs
        datagrid1.Refresh
    End Sub

    Private Sub cmdDetail_Click()
        pid = Trim(rs.Fields("商品号"))
        If pid <> "" Then
            sqlSave = strsql
            strFormName = "m_product_query"
            Unload Me
            u_product_detail.Show
        End If
    End Sub

    Private Sub cmdReturn_Click()
        Unload Me
    End Sub
```

6. 加载已存在窗体文件

本工程模块较多，涉及知识点较多，对于初学者很难在较短时间内全部独自完成。因此在学习过程中，为了能快速实现完整的工程，享受成功的喜悦感，建议对于比较复杂的窗体模块通过加载已存在窗体文件的形式添加。下面以 m_stock_query.frm 为例说明加载已存在窗体文件的步骤：

（1）将窗体文件 m_stock_query.frm 以及 m_stock_query.frx 复制到工程文件夹下。

（2）在工程资源管理器中右击“窗体”，选择“添加 | 添加窗体”命令，如图 E12-17 所示。

（3）在“添加窗体”对话框中，选择“现存”选项卡，并通过路径选择 m_stock_query.frm，然后单击“打开”按钮，如图 E12-18 所示。

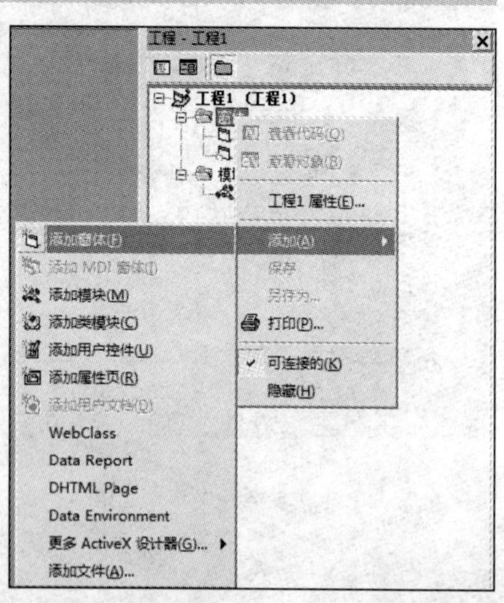

图 E12-17　加载已存在窗体步骤 1/3

（4）加载成功后的工程资源管理器，如图 E12-19 所示。

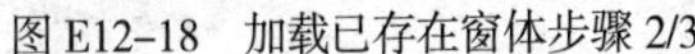
图 E12-18　加载已存在窗体步骤 2/3

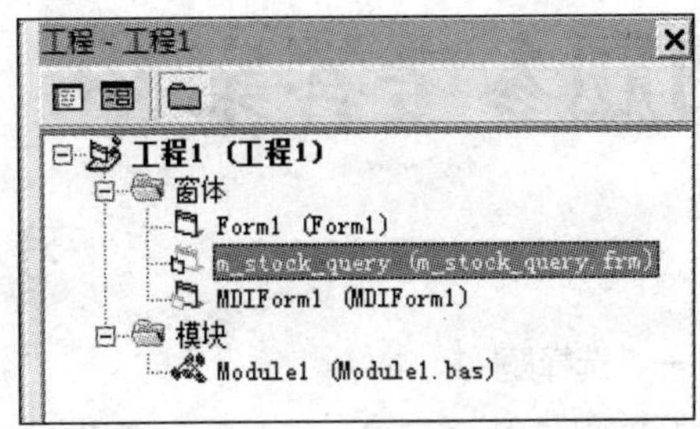

图 E12-19　加载已存在窗体步骤 3/3

三、作业提交

完整的“网上购物系统”工程。包括的文件：*.vbp：1 个；*.bas：1 个；*.frm：18 个；*.frx：14 个；*.exe：1 个；Pic 文件夹：包含本工程用到的所有图片。

附录 A

习题参考答案

习　题　1

一、选择题

1. B　2. B　3. A　4. B　5. D　6. D　7. C　8. A　9.D　10.B　11. B　12. C　13. D

二、填空题

1. 人工管理；文件系统；数据库系统
2. 数据库；数据库管理系统；应用系统；数据库管理员；用户
3. 组织；共享
4. 数据库管理系统；用户；操作系统
5. 1∶1；1∶n；m∶n
6. 数据库管理员
7. 数据结构化
8. 数据共享性高、冗余度小
9. 逻辑数据独立性；物理数据独立性
10. 概念模型；逻辑模型；物理模型
11. 数据结构；数据操作；完整性约束
12. 层次模型；网状模型；关系模型
13. 数据结构；数据操作
14. 关系模型
15. 内模式；逻辑模式
16. 模式

三、简答题

1. (1) 数据。描述事物的符号记录称为数据。数据的种类有数字、文字、图形、图像、声音、文本等。数据与其语义是不可分的。

(2) 数据库。数据库是长期存储在计算机内的、有组织的、可共享的数据集合。数据库中的数据按一定的数据模型组织、描述和存储，具有较小的冗余度、较高的数据独立性和易扩展性，并可为各种用户共享。

(3) 数据库系统：数据库系统是指在计算机系统中引入数据库后的系统构成，一般由数据库、数据库管理系统、应用系统、数据库管理员构成。

(4) 数据库管理系统。数据库管理系统是位于用户与操作系统之间的一层数据管理软件，用于科学地组织和存储数据、高效地获取和维护数据。DBMS 的主要功能包括数据定义功能、数据操纵功能、数据库的运行管理功能、数据库的建立和维护功能。

2. 使用数据库系统的好处很多，例如，可以大大提高应用开发的效率，方便用户的使用，减轻数据库系统管理人员维护的负担，等等。

3. （1）文件系统与数据库系统的区别。文件系统面向某一应用程序，共享性差，冗余度大，数据独立性差，记录内有结构，整体无结构，由应用程序自己控制。数据库系统面向现实世界，共享性高，冗余度小，具有较高的物理独立性和一定的逻辑独立性，整体结构化，用数据模型描述，由数据库管理系统提供数据的安全性、完整性、并发控制和恢复能力。

（2）文件系统与数据库系统的联系。文件系统与数据库系统都是计算机系统中管理数据的软件。文件系统是操作系统的重要组成部分；而 DBMS 是独立于操作系统的软件。但是 DBMS 是在操作系统的基础上实现的；数据库中数据的组织和存储是通过操作系统中的文件系统来实现的。

4. （1）适用于文件系统而不是数据库系统的应用实例。数据的备份、软件或应用程序使用过程中的临时数据存储一般使用文件比较合适。早期功能比较简单、比较固定的应用系统也适合用文件系统。

（2）适用于数据库系统而非文件系统的应用实例。目前，几乎所有企业的信息系统都以数据库系统为基础，都使用数据库。例如，一个工厂的管理信息系统（其中会包括许多子系统，如库存管理系统、物资采购系统、作业调度系统、设备管理系统、人事管理系统等）、学校的学生管理系统、人事管理系统、图书馆的图书管理系统等，都适合用数据库系统。

5. 数据库系统的主要特点有：

（1）数据结构化。数据库系统实现整体数据的结构化，这是数据库的主要特征之一，也是数据库系统与文件系统的本质区别。

（2）数据的共享性高，冗余度小，易扩充。数据库的数据不再面向某个应用而是面向整个系统，因此可以被多个用户、多个应用以多种不同的语言共享使用。由于数据面向整个系统，是有结构的数据，不仅可以被多个应用共享使用，而且容易增加新的应用，这就使得数据库系统弹性大，易于扩充。

（3）数据独立性高。数据独立性包括数据的物理独立性和数据的逻辑独立性。数据库管理系统的模式结构和二级映像功能保证了数据库中的数据具有很高的物理独立性和逻辑独立性。

（4）数据由 DBMS 统一管理和控制。数据库的共享是并发的共享，即多个用户可以同时存取数据库中的数据，甚至可以同时存取数据库中同一个数据。为此，DBMS 必须提供统一的数据控制功能，包括数据的安全性保护、数据的完整性检查、并发控制和数据库恢复。

6. 数据库管理系统的主要功能包括数据库定义功能；数据存取功能；数据库运行管理；数据库的建立和维护功能。

7. 数据模型是数据库中用来对现实世界进行抽象的工具，是数据库中用于提供信息表示和操作手段的形式构架。一般地，数据模型是严格定义的概念的集合。这些概念精确描述了系统的静态特性、动态特性和完整性约束条件。因此数据模型通常由数据结构、数据操作和完整性约束三部分组成。

（1）数据结构。是所研究的对象类型的集合，是对系统静态特性的描述。

（2）数据操作。是指对数据库中各种对象（型）的实例（值）允许进行的操作的集合，包括操作及有关的操作规则，是对系统动态特性的描述。

（3）数据的约束条件。是一组完整性规则的集合。完整性规则是给定的数据模型中数据及其联系所具有的制约和依存规则，用以限定符合数据模型的数据库状态以及状态的变化，以保证数据的正确、有效、相容。

8. 概念模型实际上是现实世界到机器世界的一个中间层次。概念模型用于信息世界的建模，是现实世界到信息世界的第一层抽象，是数据库设计人员进行数据库设计的有力工具，也是数据库设计人员和用户之间进行交流的语言。

9. 实体：客观存在并可以相互区分的事物叫实体。

实体型：具有相同属性的实体具有相同的特征和性质，用实体名及其属性名集合来抽象和刻画同类实体，称为实体型。

实体集：同型实体的集合称为实体集。

属性：实体所具有的某一特性，一个实体可由若干属性来刻画。

键：唯一标识实体的属性集称为码。

实体联系图（E–R 图）：提供了表示实体型、属性和联系的方法：实体型用矩形表示，矩形框内写明实体名；属性用椭圆形表示，并用无向边将其与相应的实体连接起来；联系用菱形表示，菱形框内写明联系名，并用无向边分别与有关实体连接起来，同时在无向边旁标上联系的类型（1:1，1:n 或 m:n）。

10.

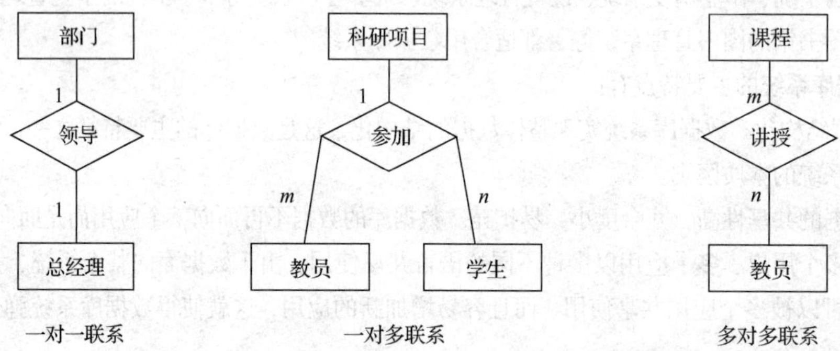

11.

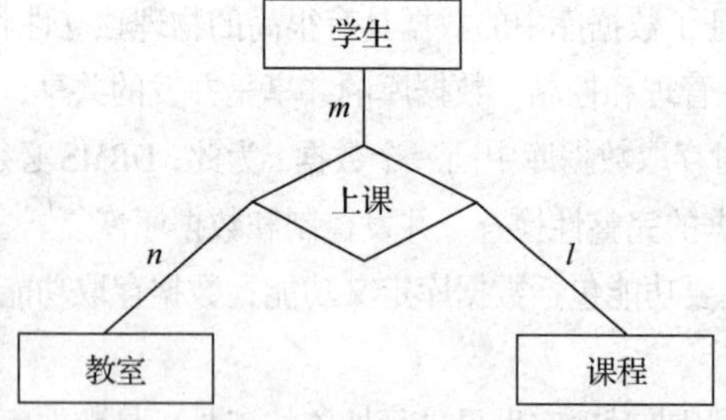

三个实体型之间的多对多联系和三个实体型两两之间的 3 个多对多联系是不等价，因为它们拥有不同的语义。三个实体型两两之间的三个多对多联系如下图所示。

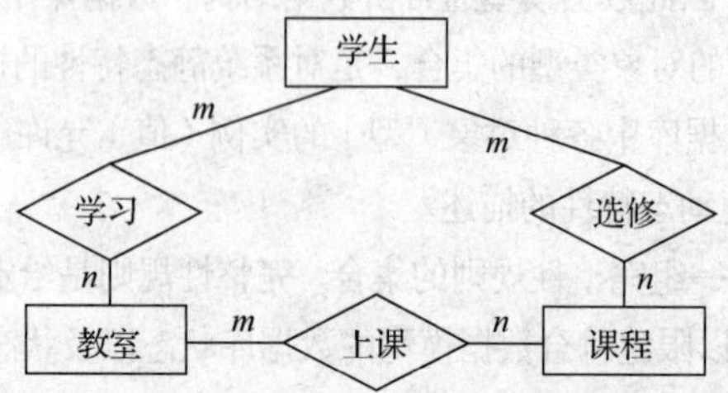

12.

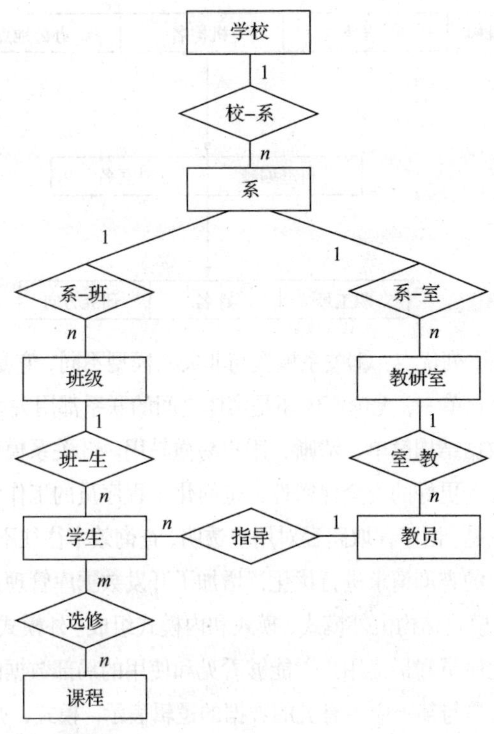

13.

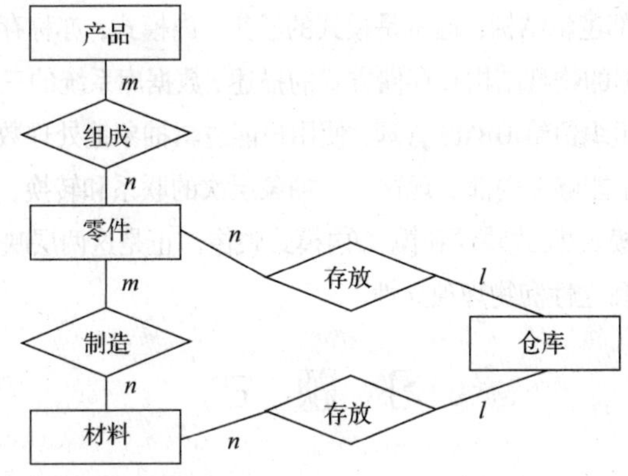

14. （1）教员学生层次数据库模型。

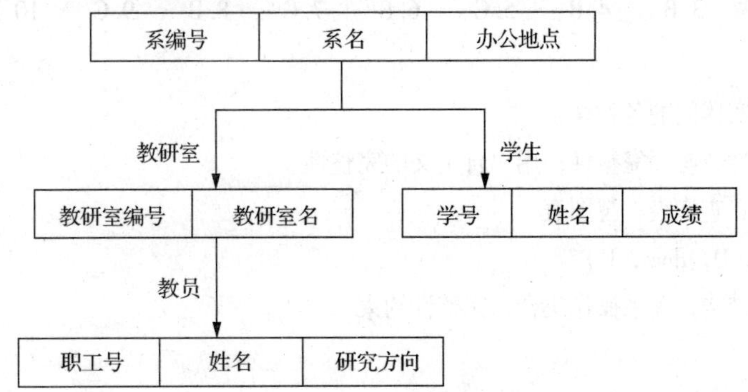

（2）行政机构层次数据库模型。

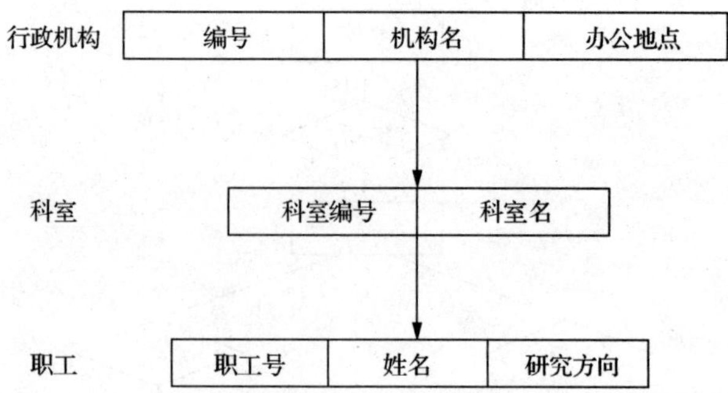

15. 关系数据模型具有下列优点：①关系模型与非关系模型不同，它是建立在严格的数学概念的基础上的。②关系模型的概念单一，无论实体还是实体之间的联系都用关系表示，操作的对象和操作的结果都是关系，所以其数据结构简单、清晰，用户易懂易用。③关系模型的存取路径对用户透明，从而具有更高的数据独立性、更好的安全保密性，也简化了程序员的工作和数据库开发建立的工作。关系数据模型最主要的缺点是，由于存取路径对用户透明，查询效率往往不如非关系数据模型，因此，为了提高性能，必须对用户的查询请求进行优化，增加了开发数据库管理系统的难度。

16. 数据库系统的三级模式结构由外模式、模式和内模式组成。外模式，亦称子模式或用户模式，是数据库用户（包括应用程序员和最终用户）能够看见和使用的局部数据的逻辑结构和特征的描述，是数据库用户的数据视图，是与某一应用有关的数据的逻辑表示。模式，亦称逻辑模式，是数据库中全体数据的逻辑结构和特征的描述，是所有用户的公共数据视图。模式描述的是数据的全局逻辑结构。外模式涉及的是数据的局部逻辑结构，通常是模式的子集。内模式，亦称存储模式，是数据在数据库系统内部的表示，即对数据的物理结构和存储方式的描述。数据库系统的三级模式是对数据的三个抽象级别，它把数据的具体组织留给 DBMS 管理，使用户能逻辑抽象地处理数据，而不必关心数据在计算机中的表示和存储。为了能够在内部实现这三个抽象层次的联系和转换，数据库系统在这三级模式之间提供了两层映像：外模式/模式映像和模式/内模式映像。正是这两层映像保证了数据库系统中的数据能够具有较高的逻辑独立性和物理独立性。

习 题 2

一、选择题

1. A　2. A　3. B　4. B　5. C　6. B　7. C　8. B　9. C　10. B

二、填空题

1. 实体以及实体间的各种联系
2. 实体完整性；参照完整性；用户自定义的完整性
3. 基本关系；查询表；视图表
4. 5；R（U，D，dom，F）
5. 关系数据结构；关系操作集合；完整性约束

三、简答题

1. （1）

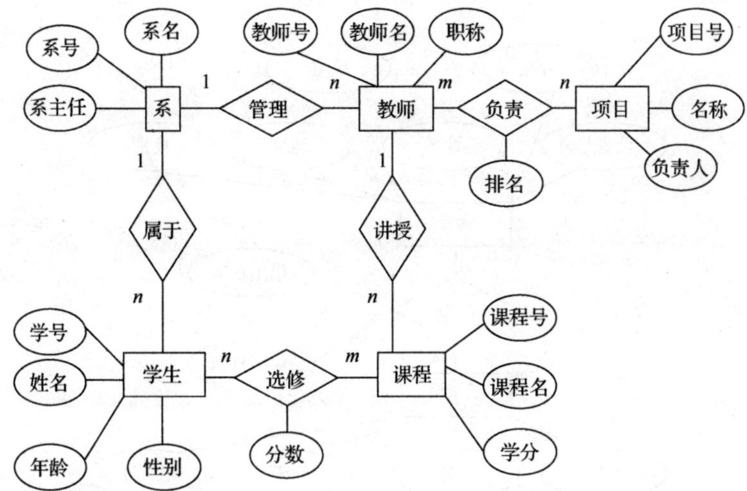

（2）系（系号，系名，系主任）

教师（教师号，教师名，职称，系号）

学生（学号，姓名，年龄，性别，系号）

项目（项目号，名称，负责人）

课程（课程号，课程名，学分，教师号）

选修（课程号，学号，分数）

负责（教师号，项目号，排名）

2.

E–R 图：

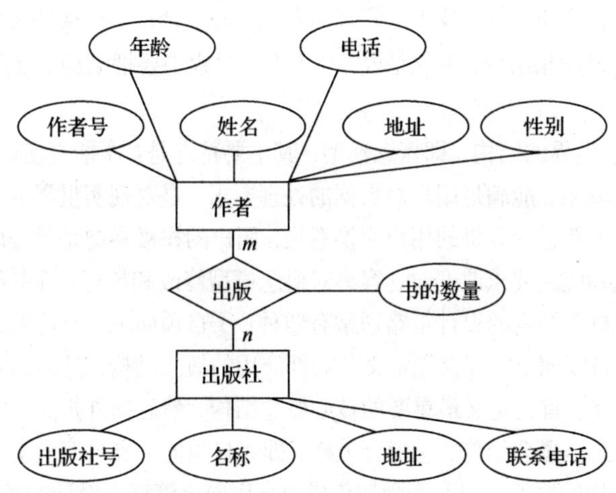

关系模型：

作者（作者号，姓名，年龄，性别，电话，地址）

出版社（出版社号，名称，地址，联系电话）

出版（作者号，出版社号，书的数量）

出版关系的主键作者号、出版社号分别参照作者关系的主键作者号和出版社关系的主键出版社号。

3.

E-R 图：

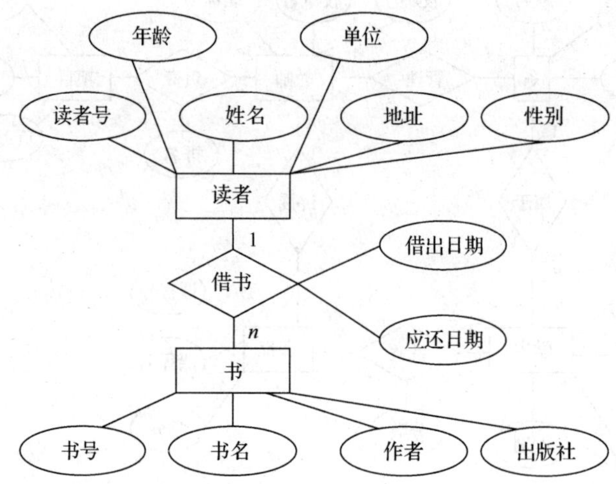

关系模型：

读者（读者号，姓名，地址，性别，年龄，单位）

书（书号，书名，作者，出版社）

借书（读者号，书号，借出日期，应还日期）

4. 数据库设计过程包括 6 个阶段：①需求分析；②概念结构设计；③逻辑结构设计；④数据库物理设计；⑤数据库实施；⑥数据库运行和维护。设计一个完善的数据库应用系统往往是上述 6 个阶段的不断反复。

5. 数据库设计既是一项涉及多学科的综合性技术，又是一项庞大的工程项目。其主要特点有：①数据库建设是硬件、软件和干件（技术与管理的界面）的结合；②从软件设计的技术角度看，数据库设计应该和应用系统设计相结合，也就是说，整个设计过程中要把结构（数据）设计和行为（处理）设计密切结合起来。

6. 概念结构是信息世界的结构，即概念模型，其主要特点是：①能真实、充分地反映现实世界，包括事物和事物之间的联系，能满足用户对数据的处理要求，是对现实世界的一个真实模型；②易于理解，从而可以用它和不熟悉计算机的用户交换意见，用户的积极参与是数据库设计成功的关键；③易于更改，当应用环境和应用要求改变时，容易对概念模型修改和扩充；④易于向关系、网状、层次等各种数据模型转换。概念结构的设计策略通常有四种：①自顶向下，即首先定义全局概念结构的框架，然后逐步细化；②自底向上，即首先定义各局部应用的概念结构，然后将它们集成起来，得到全局概念结构；③逐步扩张，首先定义最重要的核心概念结构，然后向外扩充，以滚雪球的方式逐步生成其他概念结构，直至总体概念结构；④混合策略，即将自顶向下和自底向上相结合，用自顶向下策略设计一个全局概念结构的框架，以它为骨架集成由自底向上策略中设计的各局部概念结构。

7. 重要性：数据库概念设计是整个数据库设计的关键，将在需求分析阶段所得到的应用需求首先抽象为概念结构，以此作为各种数据模型的共同基础，从而能更好地、更准确地用某一 DBMS 实现这些需求。

设计步骤：概念结构的设计方法有多种，其中最经常采用的策略是自底向上方法，该方法的设计步骤通常分为两步：第 1 步是抽象数据并设计局部视图；第 2 步是集成局部视图，得到全局的概念结构。

习 题 3

一、选择题

1. B　2. A　3. B　4. B　5. B　6. A　7. A　8. B

二、填空题

1. Structured Query Language
2. 单表查询；连接查询；嵌套查询；联合查询
3. 多
4. 为空；一个
5. Group by
6. Create；Alter；Drop

习 题 4

一、选择题

1. A　2. C　3. A　4. D　5. A　6. C　7. B　8. D

二、填空题

1. SQL Server Management Studio
2. 已注册的服务器；对象资源管理器；脚本文件
3. %
4. 系统数据库；用户数据库
5. master；msdb；model；tempdb
6. 主文件；辅助文件；事务日志；主要文件组；用户定义文件组；默认文件组
7. PRIMARY 文件组，1
8. 标准视图；索引视图；分区视图
9. 虚表；查询
10. 约束；规则；默认值
11. 分区表；临时表；系统表
12. 简单恢复模式；完整恢复模式；大容量日志恢复模式

习 题 5

一、选择题

1. D　2. C　3. D　4. B　5. C　6.C　7. D　8. C　9. C　10. D　11. C　12. A　13. A　14. A　15. A

二、填空题

1. AutoSize

2. BorderStyle；BackStyle
3. Picture1.Picture = LoadPicture（"pic2.gif"）
4. Stretch
5. Picture

习 题 6

一、选择题

1. D　　2. B　　3. A　　4. B

二、填空题

1. 微软公司
2. DSN

附录 B

T-SQL 语言数据查询功能语法汇总表

组成部分	语　法	说　明	举　例
Select 子句	列名 1,列名 2,…	返回相应的列	select uid,uname from users
	*	返回所有列	select * from users
	Top n 列名 1,列名 2,…	取结果集的前 n 条记录	select top 5 uid from orders
	Top n 列名 1,列名 2,…	取结果集的前 n/%条记录	select top 5 percent oid from orders
	distinct 列名	去掉结果集中重复的值	select distict ptype from product
	列名 1 As ***,列名 2 As ***,…	为列名起别名，别名常用中文名	select distict ptype as 商品分类 from product
From 子句	表名	单表查询	select uid,uname from users
	表名 1，表名 2，…	连接查询	select users.uid,uname,oid from users,orders where users.uid = orders.uid
	表名 1 as a，表名 2 as b，…	为表名起别名，别名常用 a,b,c	select a.uid,uname,oid from users as a,orders as b where a.uid = b.uid
	提示：连接查询时，莫忘连接条件：a.列名=b.列名		
Where 子句	=,<>,!=，>,<,>=，<=	比较条件	select uname from users where uid = '樱桃'
	between ...and…	区间条件	select pid,pname from product where stock between 0 and 20
	like	模糊条件，要用到通配符， %任意个字符；_任意一个字符	select pid,pname from product where profile like '%季羡林%'
	in	集合条件	select pid,pname from product where ptype in（'服装服饰','图书'）
Where 子句	列名 is [not] null	该列是否为空	select pid,pname from product where profile is null
	条件 1 and/or 条件 2 ...	多条件查询，关键确定条件之间的关系：and 还是 or	select pid,pname from product where ptype = '服装服饰' or ptype = '图书'
Group by 子句	列名	根据列名进行分组，该列值相同的为一组，常与聚合函数使用	select pid,count（pamount） from orders group by pid

续表

组成部分	语　法	说　明	举　例
	列名 having 条件	先分组，然后根据条件选择分组	select pid,count(pamount) from orders group by pid having count(pamount)>1
Order by 子句	列名 [ASC]	根据列名升序排列，ASC 常省略	select pid,uid from orders order by pid
	列名 DESC	根据列名降序排列，DESC 不可省	select pid,uid from orders order by pid desc
	列名 1 [ASC/DESC],列名 2 [ASC/DESC],…	根据列名 1 排列，若列名 1 存在相同的值，再根据列名 2 排序	select pid,uid from orders order by pid ,uid desc
聚合函数	count(列名)	计数	select count(pid)as 商品种类 from product
	sum(列名)	求和	select sum(pamount)as 商品数量 from product
	avg(列名)	求平均值	select avg(stock)as 平均库存量 from product
	max(列名)	求最大值	select max(stock)as 最大库存量 from product
	min(列名)	求最小值	select min(stock)as 最小库存量 from product

附录C

Visual Basic 常用内部函数

表 C-1　常用数学函数

函数名	含义	实例	结果
Abs(N)	取绝对值	Abs(-12.6)	12.6
Cos(N)	余弦函数	Cos(0)	1
Sin(N)	正弦函数	Sin(10^0*3.14/180)	0.174
Tan(N)	正切函数	Tan(0)	0
Atn(N)	反正切函数	Atn(10)	1.471127
Exp(N)	以 e 为底的指数函数，即 e^N	Exp(2)	7.38905
Log(N)	以 e 为底的自然对数	Log(5)	1.6094
Sgn(N)	符号函数	Sgn(-26)	-1
Sqr(N)	平方根函数	Sqr(9)	3

表 C-2　常用转换函数

函数名	含义	实例	结果
Asc(C)	字符串首字母转换成 ASCII 码值	Asc("AB")	65
Chr$(N)	ASCII 码值转换成字符	Chr$(65)	"A"
Fix(N)	取整数部分（不四舍五入）	Fix(-34.83)	-34
Round(N)	四舍五入取整	Round(-34.83)	-35
Hex(N)	十进制数转化为十六进制数	Hex(17)	11
Oct(N)	十进制数转化为八进制数	Oct(20)	24
Int(N)	取小于或等于 N 的最大整数	Int(-34.83) Int(34.83)	-35 34
Lcase$(N)	字母转化为小写字母	Lcase$("ABcdE")	" abcde "
Ucase$(N)	字母转化为大写字母	Ucase$("ABcdE")	" ABCDE "
Str$(N)	数值转化为字符串	Str$(369.45)	"369.45"
Val(C)	字符串转化为数值	Val("-123.163") Val("-123.1AB6") Val("M123.1AB6")	-123.163 -123.1 0
Cint(N)	把 N 的小数部分四舍五入，转化为整数	Cint(-123.45)	-123
Ccur(N)	把 N 的小数部分四舍五入，转化为货币型	Ccur(-123.45)	-123.45
CDbl(N)	转化为双精度型	CDbl(-123.45)	-123.45
CLng(N)	转化为长整型	CLng(-123.45)	-123
Csng(N)	转化为单精度	Csng(-123.45)	-123.45
CVar(N)	转化为变体型	CVar(-123.45)	-123.45

表 C-3　常用字符串函数

函 数 名	含　义	实　例	结　果
Mid$(C，N1[，N2])	从字符串 C 的 N1 位开始向右截取 N2 个字符，如果 N2 省略，则截取到字符串的末尾	Mid$("ABCDEFG",2,3)	"BCD"
Left$(C，N)	截取字符串 C 左边 N 个字符	Left$("ABCDEFG",3)	"ABC"
Right$(C，N)	截取字符串 C 右边 N 个字符	Right$("ABCDEFG",3)	"EFG"
String(N，C) String(N，Asc)	返回由 C 串首字符组成的 N 个字符 返回由该 Asc 码对应的 N 个字符	String(3，"ABCDEFG") String(3,90)	"AAA" "ZZZ"
Len(C)	返回字符串 C 的长度	Len("VB 程序设计")	6
LenB(C)	返回字符串 C 的字节数	LenB("VB 程序设计")	12
Ltrim$(C)	去掉字符串左边的空格	Ltrim$("　　ABCDEFG")	"ABCDEFG"
Rtrim$(C)	去掉字符串右边的空格	Ltrim$(" ABCDEFG　　")	"ABCDEFG"
Trim$(C)	去掉字符串左右边的空格	Ltrim$("　　ABCDEFG　　")	"ABCDEFG"
Space$(N)	产生 N 个空格	Space(4)	"　　"
StrReverse(C)	将字符串反序	StrReverse("ABCDEFG")	"GFEDCBA"
InStr(C1，C2)	在 C1 中查找 C2 是否存在，若存在，则返回起始位置；若不存在，则返回 0	InStr("ABCDECDFG","CD") InStr("ABCDECDFG","cd")	3 0
Join(A[，D])	将数组 A 各个元素按 D（或空格）分隔符连接成字符串	A=Array("123"，"ab"，"cd") Join(A，"*")	"123*ab*cd"
Replace(C，C1，C2)	在 C 字符串中用 C2 代替 C1	Replace("ACEBGCEBC"，"CE"，"8")	"A8BG8BC"
Split(C，D)	将字符串 C 按分隔符 D 分隔成字符数组。与 Join 的作用相反	S=Split("123，ab，cd"，"，")	S(0)= "123" S(1)="ab" S(2)= "cd"

表 C-4　常用日期时间函数

函 数 名	含　义	实　例	结　果
Date	返回系统日期	Date	2011-5-20
Day(C | D)	返回日期代号（1～31）	Day(#2011/05/20#)	20
Month(C | D)	返回月份代号（1～12）	Month(#2011/05/20#)	5
Year(C | D)	返回年份号（1753～2078）	Year("2011/5/20")	2011
MonthName(N)	返回月份名称	MonthName(Month(#2011/05/20#))	五月
Now	返回系统日期和时间	Now	2011-5-20 16:35:47
Time	返回系统当前时间	Time	16:34:47
WeekDay(C | N)	返回星期代号(1～7) 星期日为 1，星期二为 3	WeekDay("2011/5/20")	6
WeekDayName(N)	返回星期代号(1～7)转化为星期名称	WeekDayName(6)	星期五

附录D

网上购物系统数据库（salesystem）表结构及内容 «‹

1. 表结构

网上购物系统数据库（salesystem）中共有三张表：Users、Product、Orders。三张表的结构如表 D-1 ~ 表 D-3 所示。

表 D-1　Users（用户信息表）

字段名称	数据类型	字段大小	允许空	是否主键	是否外键	说　明
uid	varchar	20	否	是	否	用户 ID
upassword	varchar	6	否	否	否	用户密码
utype	varchar	20	否	否	否	用户类型（管理员，顾客）
uname	varchar	20	否	否	否	收货人姓名
uaddr	varchar	50	否	否	否	收货人地址
utel	varchar	20	否	否	否	收货人电话
Uemail	varchar	30	否	否	否	收货人电子邮箱
uaccount	float		否（默认为 0）	否	否	用户账户余额

表 D-2　Product（商品信息表）

字段名称	数据类型	字段大小	允许空	是否主键	是否外键	说　明
pid	Char	10	否	是	否	商品 ID（自动生成）
pname	varchar	30	否	否	否	商品名称
ptype	varchar	20	否	否	否	商品分类
price	float		否	否	否	商品价格
stock	int		否（默认 0）	否	否	库存量
sale	int		否（默认 0）	否	否	已售出量
profile	text		是	否	否	商品简介
picture	varchar	100	是	否	否	商品图片

表 D-3 Orders（订单表）

字段名称	数据类型	字段大小	允许空	是否主键	是否外键	说　明
oid	Char	10	否	是	否	订单 ID（自动生成）
uid	varchar	20	否	否	是	用户 ID
pid	Char	10	否	否	是	商品 ID
pamount	int		否	否	否	商品数量
otime	datetime		否	否	否	订单生成时间
deliver	Char	4	否	否	否	送货方式 /*平邮，快递*/
payment	Char	6	否	否	否	付款情况 /* 未付款，已付款，已退款 */
status	varchar	8	否	否	否	订单情况 /*未发货，已发货，已收货，取消订单*/

2. 表内容

三张表的基本数据如表 D-4 ~ 表 D-6 所示。

表 D-4 Users（用户信息表）

Uid	Upassword	Utype	Uname	Uaddr	Utel	Uemail	Uaccount
admin	admin	管理员					0
test	test	顾客	王燕	北京市昌平××街 102 号	13311116666	wangyan@163.com	9650
毛毛熊	test	顾客	闫弘	北京市西城区××大街 26 号	13641329005	yanhong@yahoo.com	9760
小鱼菁菁	test	顾客	黄贺	北京市朝阳区××街 303 号	13144445555	huanghj@sohu.com	9942
樱桃	test	顾客	李洋	北京市海淀区××东路 201 号	13910788509	liyang@sina.com	7355

表 D-5 Product（商品信息表）

Pid	Pname	Ptype	Price	Stock	Sale	Profile	Picture
0000000001	女裙	服装服饰	150	19	1		服装服饰\skirt1.jpg
0000000002	女裙	服装服饰	130	25	0		服装服饰\skirt2.jpg
0000000003	女裙	服装服饰	120	35	0		服装服饰\skirt3.jpg
0000000004	女裙	服装服饰	130	35	0		服装服饰\skirt4.jpg
0000000005	女裙	服装服饰	200	25	0		服装服饰\skirt5.jpg
0000000006	女鞋	服装服饰	200	34	1		服装服饰\shoes1.jpg
0000000007	T 恤	服装服饰	30	55	0		服装服饰\Tshirt1.jpg
0000000008	T 恤	服装服饰	30	45	0		服装服饰\Tshirt2.jpg
0000000009	T 恤	服装服饰	30	45	0		服装服饰\Tshirt3.jpg
0000000010	T 恤	服装服饰	30	45	0		服装服饰\Tshirt4.jpg

续表

Pid	Pname	Ptype	Price	Stock	Sale	Profile	Picture
0000000011	哈尔斯真空吊带杯	日用百货	130	49	1		日用百货\哈尔斯真空吊带杯.jpg
0000000012	六神花露水	日用百货	13	20	0		日用百货\六神花露水.jpg
0000000013	蚊不叮	日用百货	7	150	0		日用百货\蚊不叮.jpg
0000000014	心相印面巾纸	日用百货	16	100	0		日用百货\心相印面巾纸.jpg
0000000015	风扇	日用百货	50	30	0		日用百货\风扇.jpg
0000000016	靠垫	日用百货	20	100	0		日用百货\靠垫.jpg
0000000017	三星手机 SGH-E848	数码产品	2600	14	1		数码产品\三星SGH-E848.jpg
0000000018	索尼数码摄像机	数码产品	6000	10	0		数码产品\索尼数码摄像机.jpg
0000000019	米奇 MP3	数码产品	200	30	0		数码产品\米奇 MP3.jpg
0000000020	爱国者 U 盘-2G	数码产品	120	29	1		数码产品\爱国者 U 盘.jpg
0000000021	爱国者 U 盘-4G	数码产品	400	30	0		数码产品\爱国者4GU盘.jpg
0000000022	苹果笔记本	数码产品	10000	10	0		数码产品\苹果笔记本.jpg
0000000023	不抱怨的世界	图书	20	50	0		图书\不抱怨的世界.jpg
0000000024	谈人生	图书	24	50	0		图书\谈人生.jpg
0000000025	窗边的小豆豆	图书	22	49	1		图书\窗边的小豆豆.jpg
0000000026	杜拉拉升职记	图书	18	50	0		图书\杜拉拉升职记.jpg
0000000027	服装设计视觉词典	图书	40	19	1		图书\服装设计视觉词典.jpg
0000000028	时装设计元素	图书	45	19	1		图书\时装设计元素.jpg
0000000029	藏地密码	图书	20	50	0		图书\藏地密码.jpg
0000000030	长袜子皮皮	图书	20	48	2		图书\长袜子皮皮.jpg

注：因 profile 字段内容较多，在此暂时略去，具体内容参见第 7 章中 T-SQL 语句。

表 D-6 Orders（订单表）

Oid	Uid	Pid	Pamount	Otime	deliver	payment	status
0000000001	test	0000000001	1	2018-10-2	快递	已付款	已收货
0000000002	test	0000000006	1	2018-10-2	快递	已退款	取消订单
0000000003	test	0000000011	1	2018-10-2	快递	未付款	未发货
0000000004	毛毛熊	0000000006	1	2018-10-2	快递	已付款	未发货
0000000005	毛毛熊	0000000030	2	2018-10-2	快递	已付款	已收货
0000000006	毛毛熊	0000000025	1	2018-10-2	快递	未付款	未发货
0000000007	小鱼菁菁	0000000027	1	2018-10-2	快递	已付款	未发货
0000000008	小鱼菁菁	0000000026	1	2018-10-2	快递	已付款	取消订单
0000000009	樱桃	0000000017	1	2018-10-2	快递	已付款	未发货
0000000010	樱桃	0000000020	1	2018-10-2	快递	未付款	未发货
0000000011	樱桃	0000000023	1	2018-10-2	平邮	未付款	取消订单
0000000012	樱桃	0000000028	1	2018-10-2	平邮	已付款	已发货

参考文献

[1] 张巨俭. 数据库基础案例教程与实验指导［M］. 北京：机械工业出版社，2011.

[2] 郑玲利. 数据库原理与应用案例教程［M］. 北京：清华大学出版社，2008.

[3] 韩耀军. 数据库系统原理与应用［M］. 北京：机械工业出版社，2007.

[4] 王珊，萨师煊. 数据库系统概论［M］. 5 版. 北京：高等教育出版社，2014.

[5] 于小川. 数据库原理与应用［M］. 北京：人民邮电出版社，2007.

[6] 卫琳. SQL Server 2008 数据库应用与开发教程［M］. 2 版. 北京：清华大学出版社，2011.

[7] 马俊，袁暋. SQL Server 2012 数据库管理与开发：慕课版［M］. 北京：人民邮电出版社，2016.

[8] VIEIRA R. SQL Server 2005 高级程序设计［M］. 董明，等译. 北京：人民邮电出版社，2008.

[9] NIELSEN P. SQL Server 2005 宝典［M］. 赵子鹏，袁国忠，乔健，译. 北京：人民邮电出版社，2008.

[10] 董志鹏，侯艳书. SQL Server 2012 中文版数据库管理、应用与开发实践教程［M］. 北京：清华大学出版社，2016.

[11] 梁冰，陈丹丹，苏宇. SQL 语言参考大全［M］. 北京：人民邮电出版社，2008.

[12] MANNINO M V. 数据库设计、应用开发和管理［M］. 3 版. 韩宏志，译. 北京：清华大学出版社，2007.

[13] CONNOLLY T M, EEGG C E. 数据库设计教程［M］. 2 版. 何主洁，黄婷儿，译. 北京：机械工业出版社，2005.

[14] FROST R, DAY J, SLYKE C V. 数据库设计与开发［M］. 邱海艳，李翔鹰，等译. 北京：清华大学出版社，2007.

[15] 徐安东，李飞，邢晓怡. Visual Basic 数据库应用开发教程［M］. 北京：清华大学出版社，2006.

[16] 刘白林. Visual Basic 数据库程序设计实验指导［M］. 西安：西安交通大学出版社，2009.

[17] 刘志妩，马焕君，马秀丽，等. 基于 VB 和 SQL 的数据库编程技术［M］. 北京：清华大学出版社，2008.

[18] 徐军，杨丽君. Visual Basic 与 SQL Server 2005 数据库应用系统开发：大学实用案例驱动教程［M］. 北京：清华大学出版社，2015.

[19] 陶国荣. ASP. NET 2.0 数据库与网络开发从入门到精通（VB. NET）［M］. 北京：人民邮电出版社，2008.

[20] 李春葆，赵丙秀，张牧. 数据库系统开发教程：基于 SQL Server 2005+VB［M］. 北京：清华大学出版社，2008.

[21] 孙风芝，李瑞旭，梁振军. VisualBasic 程序设计教程［M］. 北京：清华大学出版社，2011.